A Handbook
Authorized Certificate of Applied Electronic Design

Altium应用电子设计认证

张义和◎编著
Zhang Yihe

清華大學出版社
北京

内容简介

本书是由Altium中国公司——聚物腾云物联网（上海）有限公司院校合作部授权张义和教授编写的认证考试用书。全书共分为6个部分，全面、系统地分析了Altium Designer应用工程师认证的主客观题型的解答及评分规范。帮助读者通过从分立式插装器件印制电路板到分立式表面贴装器件印制电路板的电路实训操作训练，逐步学习并掌握“Altium Designer应用电子设计认证之应用工程师等级”的考试规范及技巧。

通过对本书内容的学习，读者不但能熟练地掌握规范的Altium Designer15.0版软件的PCB电子线路绘图的应用技能，还能完整地学习行业中PCB设计的基本流程。本书可以作为高等院校电子信息工程专业Altium Designer应用技能评估和相关社会培训机构开展Altium Designer应用电子设计认证项目培训的教学参考用书。

图书在版编目(CIP)数据

Altium应用电子设计认证之PCB绘图师/张义和编著.—北京：清华大学出版社，2018（2019.8重印）
ISBN 978-7-302-49685-4

Ⅰ. ①A…　Ⅱ. ①张…　Ⅲ. ①印刷电路-计算机辅助设计-应用软件　Ⅳ. ①TN410.2

中国版本图书馆CIP数据核字（2018）第035255号

责任编辑：盛东亮
封面设计：李召霞
责任校对：李建庄
责任印制：李红英

出版发行：清华大学出版社
网　　址：http://www.tup.com.cn, http://www.wqbook.com
地　　址：北京清华大学学研大厦A座　　**邮　　编：**100084
社 总 机：010-62770175　　**邮　　购：**010-62786544
投稿与读者服务：010-62776969，c-service@tup.tsinghua.edu.cn
质量反馈：010-62772015，zhiliang@tup.tsinghua.edu.cn
课件下载：http://www.tup.com.cn，010-62795954
印 装 者：北京密云胶印厂
经　　销：全国新华书店
开　　本：185mm×260mm　　**印　张：**21.75　　**字　　数：**344千字
版　　次：2018年4月第1版　　**印　　次：**2019年8月第3次印刷
定　　价：79.00元

产品编号：076829-01

前言

PREFACE

Altium Limited（ASX:ALU）是全球智能系统设计自动化、电子产品设计解决方案（Altium Designer）平台和嵌入式软件开发（TASKING）工具的提供商，始终致力于打破技术创新的障碍，让工程师可以最大限度地利用最新的设备和技术来设计新一代电子产品。为 Altium 全球客户提供增值技术服务一直以来都是 Altium 价值的重要组成部分，解决 Altium 用户在选择和评估电子设计及应用技术人力资源中不断遇到的专业技术性挑战，开发 Altium 应用电子设计认证（Certificate of Applied Electronics Design，CAED）的必要性逐渐凸显。2008 年初，Altium 在亚太区技术支持经理 David.Read（李大伟）先生的主持下，开发了 Altium 内部应用技术认证标准，随后开始对 Altium 全球各个区域内合作代理商中 Altium 工具应用技术推广及服务类岗位从业工程师开展 Altium 应用电子设计认证项目的测试并不断完善。自 2014 年起，Altium 公司授权 Altium 中国区（含中国香港、中国澳门、中国台湾三个地区）在 Altium 内部应用技术认证标准的框架下率先开发 Altium 应用电子设计认证标准。经过近 8 年的不断摸索，Altium 于 2015 年正式发布了 Altium 应用电子设计认证白皮书并于 2017 年 11 月底开始在线提供 Altium 应用电子设计认证考试。

Altium 应用电子设计认证按照 PCB 职业技能的应用需求规划了三个等级，分别是应用工程师、应用设计师和应用架构师，每个等级是进行下一等级认证的先决条件。应用工程师认证考试采用在线开卷考试的模式，每位考生需要在 Altium 认证考试中心内并在 120 分钟限定时间下，独立完成 30 道单项选择题和 1 道电路绘图题。考生需要同时达到 21 道单项选择题和 60%电路绘图题作答正确的条件，将获得由 Altium 颁发的 Altium 应用电子设计认证资格证书。

Altium 应用工程师等级认证培训教材按照认证考试标准分为主观题和客观题两个部分，涵盖了认证题库的全部试题，从第 1 章到第 5 章分别为 5 道电路绘图题，每一章都是针对题目要求，包含元件库创建、电路原理图设计、PCB 版图设计和设计数据输出，完全依据行业中对于 PCB 职业应用技能的设计流程和需求；第 6 章为单项选择题，包含电路原理图设计题库（242 题）、PCB 版图设计题库（168 题）和电子设计基础知识（200 题）。Altium 应用工程师等级认证题库在保证试题连贯性的基础下，也将跟随 Altium Designer 软件版本升级调整并更新题库中部分试题（更新部分再版时将同步更新）。需要说明：①本书所提及的“附录”文件存放于本书配套在线资料库中（见 www.tup.com.cn 本书页面）；②本书基于中文版 Altium Designer 软件，该软件中的参数、命令等未全部采用中文（有部分英文名称）；③涉及元件属性、元件值时，电容、电阻的单位名称与 Altium Designer 软件一致，uF 指μF，K 指 kΩ。

我们非常感谢曾任教于台湾勤益科技大学的张义和教授和华格科技（苏州）有限公司在 Altium 应用电子设计认证项目开发和市场推广上辛勤的付出。

有关 Altium 认证考试中心考试流程事宜，请将院校、专业及联系人的信息发邮件到 certificate.cn@altium.com，我们随后将会安排华格科技（苏州）有限公司的 Altium 认证专员具体联系。

华文龙（Altium 大中国区院校合作部）

2018 年 1 月于上海

目录

CONTENTS

第四章 绘图操作第四题 155

第一章
绘图操作第一题
七段数码管显示电路
➢ 认识题目
➢ 元件库编辑
➢ 原理图设计
➢ 电路板设计
➢ 设计输出
➢ 训练建议

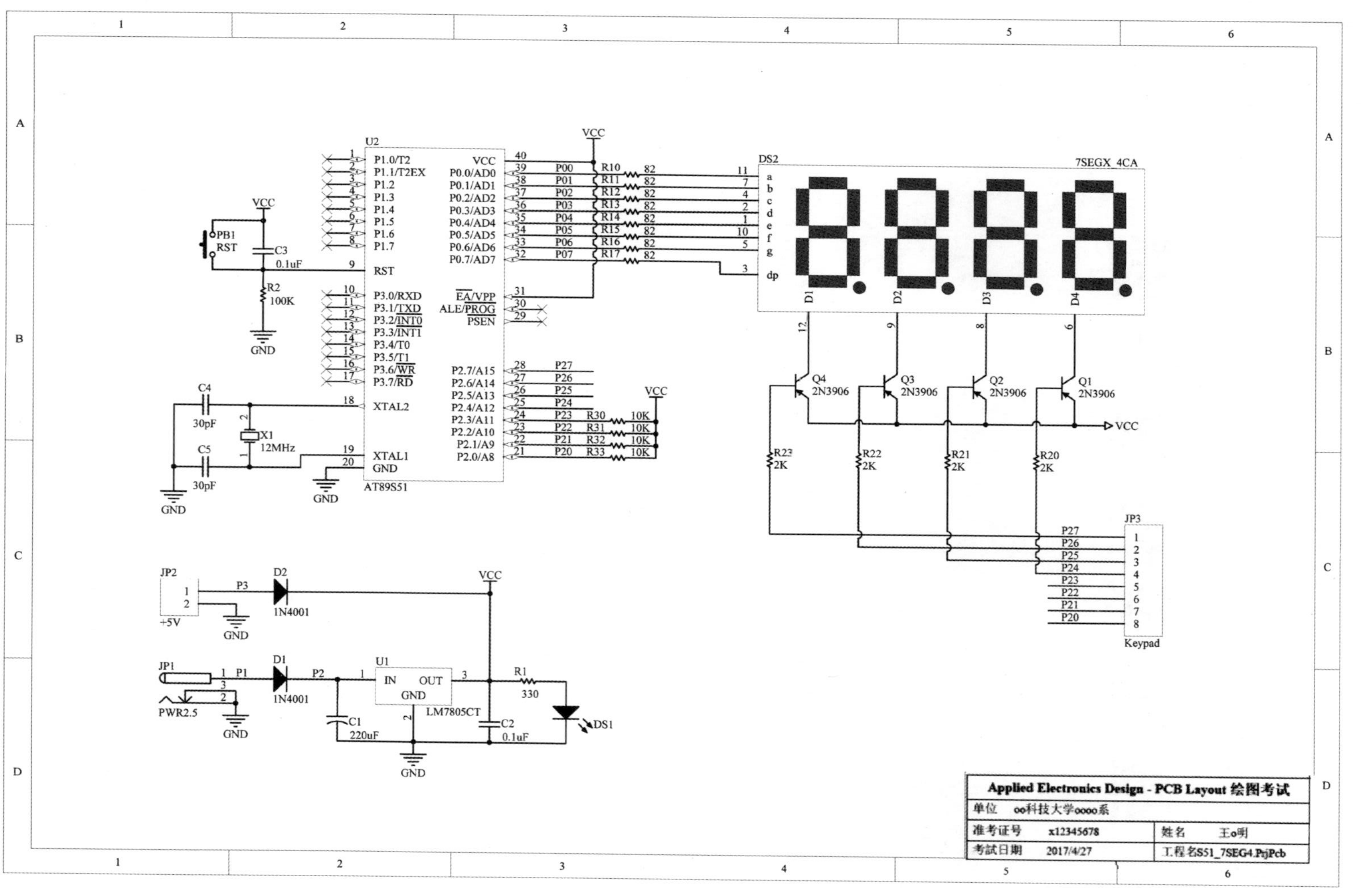
Applied Electronics Design - PCB Layout 绘图考试
单位 oo科技大学oooo系
准考证号 x12345678
姓名 王o明
考试日期 2017/4/27
工程名S51_7SEG4.PrjPcb
U2
AT89S51
DS2
7SEGX_4CA
Q1 2N3906
Q2 2N3906
Q3 2N3906
Q4 2N3906
JP3
Keypad
JP2
+5V
JP1
PWR2.5
D1 1N4001
D2 1N4001
U1
LM7805CT
C1 220uF
C2 0.1uF
C3 0.1uF
C4 30pF
C5 30pF
X1 12MHz
R1 330
R2 100K
PB1 RST
DS1
VCC
GND

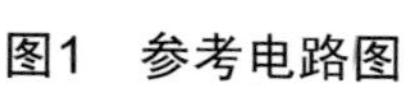
图1 参考电路图

1-1 认识题目

试题名称：S51_7SEG4（七段数码管显示电路）

本试题目的是验证考生具有基本元件库编辑、项目管理、原理图设计与电路板设计能力，并能输出辅助制造的相关文件。

计算机环境需求

1. 操作系统：Windows 7（或后续版本）。
2. 使用版本：Altium Designer 16。
3. 语言设定：简体中文。

供考生使用的文件

1. **AED_PCB1.PcbLib**：元件封装库文件。
2. **AED_PCB1.SchLib**：元器件符号库文件。
3. **BOM.xlsx**：BOM 材料清单文件。
4. **LM7805.PDF**：LM7805 数据手册。
5. **S51_7SEG4.DXF**：电路板板框文件。
6. **SCH_template.SchDot**：原理图模板文件。
7. **绘图操作考题 S51_7SEG4.PDF**：本考题的文件，含附录一（电路图）[①]。

注意事项

☺ 提供的文件统一保存在 **S51_7SEG4** 文件夹中，若有缺少文件，须于开始考试 20 分钟内提出，并补发。超过 20 分钟后提出补发，将扣 5 分。

☺ 考生所完成的文件，请存放于此文件夹，并将文件夹压缩为以准考证号为文件名的压缩文件。若没有产生此压缩文件，将不予评分（0 分）。

考试内容

本认证分为四个部分，分别是元件库编辑、原理图设计、电路板设计与设计输出，各部分的设计方法与顺序，全由考生自行决定。以下是各部分的参考设计流程概要与要求。

---

① 附录文件存放于本书配套在线资料库中。

元件库编辑

1. 元件库建立流程

1.1 新建元件库项目文件，并将题目提供的元件符号库文件与封装元件库文件，加载到此项目，并保存。

1.2 打开元件封装库文件，并新增一个封装。

1.2.1 定义此封装的属性与元件名称。

1.2.2 放置封装焊盘，并参考原点，绘制外形图案。

1.2.3 保存文件。

1.3 打开元器件符号库文件，并新增一个元件符号。

1.3.1 放置元件引脚，并绘制外形图案。

1.3.2 加载封装。

1.3.3 保存文件。

1.3.4 生成元件集成库。

2. 元件库创建的各项要求

2.1 新建元件库项目（文件名为 AED_PCB1.LibPkg），并将题目所给出的 AED_PCB1.SchLib、AED_PCB1.PcbLib 加载到此元件库项目。

2.2 新增 TO-220 封装，其焊盘属性规格，如表 1 所示。

表 1 TO-220 焊盘属性表①

焊盘序号	焊盘板层	钻孔孔径	钻孔形状	焊盘尺寸	焊盘形状	间距
1	Multi-Layer	1.1mm	圆孔	1.7mm*1.7mm	Rectangular	2.54mm
2	Multi-Layer	1.1mm	圆孔	1.7mm*1.7mm	Round	2.54mm
3	Multi-Layer	1.1mm	圆孔	1.7mm*1.7mm	Round	2.54mm

2.3 TO-220 封装的外形线条属性规格，如表 2 所示。

表 2 TO-220 线条属性表

线段线宽	线段层	外框范围-宽	外框范围-上高	外框范围-下高	方向指示线
0.2mm	Top Overlay	11mm	3mm	2mm	上方

---

① 本书采用中文版 Altium Designer 软件，该软件中的参数、命令等未全部采用中文表示，故表中数据既有中文，又有英文，皆与软件一致。后文不再说明。

2.4 定义封装原点 Pin 2。

2.5 TO-220 尺寸要求如图 2 所示（文字尺寸自行设定）。

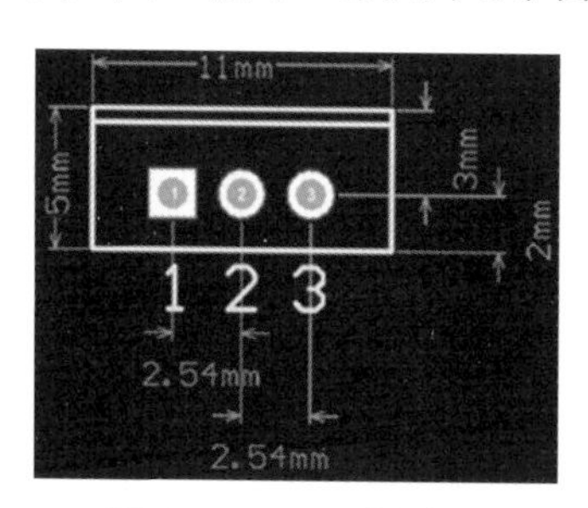

图 2　TO-220 尺寸图

2.6 AED_PCB1.SchLib 文件中新增 LM7805CT 元件，其元件引脚属性如表 3 所示。

表 3　LM7805CT 元件引脚属性表

引脚编号	引脚名称	引脚长度	引脚名称间距	引脚名称方向
1	IN	20	x	x
2	GND	20	1	90 Degrees
3	OUT	20	x	x

2.7 LM7805CT 元件符号参考范例如图 3 所示。

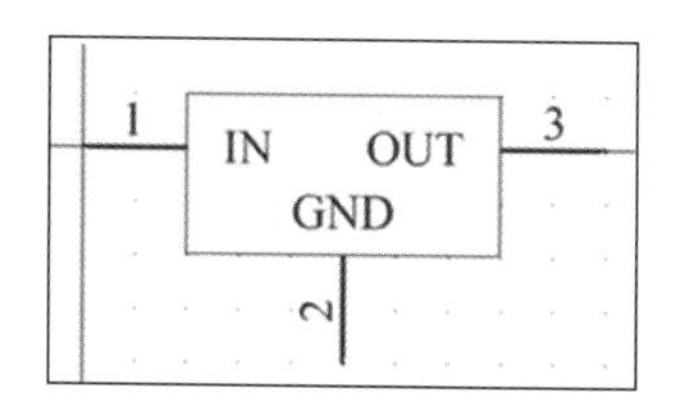

图 3　LM7805CT 元件符号（Symbol）

2.8 LM7805CT 加载封装 TO-220。

2.9 建立元件集成库文件，如图 4 所示。

图 4　元件集成库文件

原理图设计

1. 原理图绘制流程

1.1 新建 PCB 工程文件和原理图文件并保存。

1.2 套用原理图模板文件。

1.3 放置元件。

1.4 连接线路。

1.5 放置网络标号、电源符号、接地符号及 NoERC 符号。

1.6 原理图编译检查。

1.7 保存电路图。

2. 原理图绘制-绘图操作各项目要求

使用所提供的元件属性表（请参照表 4）以及原理图（附录一）完成原理图绘制，此线路需符合附录一的原理图（包含模板、元件、线路连接、网络标号、电源/接地、NoERC 符号等）。而 ERC 检查需无任何错误项目，如线路连接有误、对象属性定义有误、对象少放/浮接、模板套用有误等，都会扣分。

2.1 新建电路板工程（文件名 S51_7SEG4.PrjPcb）及原理图文件（文件名 Main.SchDoc）。

2.2 套用原理图模板文件（SCH_template.SchDot），并需依规定填入参数值内容，如“王〇明”。

Applied Electronics Design - PCB Layout绘图考试			
单位	〇〇科技大学〇〇〇〇系		
准考证号	xxxxxxxx123	姓名	王〇明
考试日期	YYYY/MM/DD	工程名称	S51_7SEG4.PrjPcb

2.3 元件属性表如表 4 所示。

表 4　元件属性表

元件标号 Designator	元件值 Comment	放置元件名称 Design Item ID	封装 Footprint	元件库 Library Name
C1	220uF	Cap2	CAPR5-4X5	AED_PCB1.IntLib
C2, C3	0.1uF	Cap	RAD-0.3	AED_PCB1.IntLib
C4, C5	30pF	Cap	RAD-0.3	AED_PCB1.IntLib
D1, D2	1N4001	Diode 1N4001	DO-41	AED_PCB1.IntLib
DS1	LED0	LED0	LED-0	AED_PCB1.IntLib
DS2	7SEGX_4CA	7SEGX_4CA	7SEGX4	AED_PCB1.IntLib
JP1	PWR2.5	PWR2.5	KLD-0202	AED_PCB1.IntLib
JP2	+5V	Header 2	HDR1X2	AED_PCB1.IntLib
JP3	Keypad	Header 8	HDR1X8	AED_PCB1.IntLib

续表

元件标号 Designator	元件值 Comment	放置元件名称 Design Item ID	封装 Footprint	元件库 Library Name
PB1	RST	SW-PB	TACK6	AED_PCB1.IntLib
Q1, Q2, Q3, Q4	2N3906	2N3906	TO-92A	AED_PCB1.IntLib
R1	330	Res1	AXIAL-0.3	AED_PCB1.IntLib
R2	100K	Res1	AXIAL-0.3	AED_PCB1.IntLib
R10,R11,R12,R13, R14,R15,R16,R17	82	Res1	AXIAL-0.3	AED_PCB1.IntLib
R20,R21,R22,R23	2K	Res1	AXIAL-0.3	AED_PCB1.IntLib
R30,R31,R32,R33	10K	Res1	AXIAL-0.3	AED_PCB1.IntLib
U1	LM7805CT	LM7805CT	TO-220	AED_PCB1.IntLib
U2	AT89S51	AT89S51	DIP-40	AED_PCB1.IntLib
X1	12MHz	XTAL	XTAL4-8	AED_PCB1.IntLib

注：表中元件值 uF 实际为μF，K 实际为 kΩ；但 Altium Designer 软件如此，不再改动[①]。

电路板设计

1. 电路板设计流程

1.1　添加 PCB 文件到工程。

1.2　导入 PCB 板框文件。

1.3　定义板型，并设置相对原点。

1.4　设定网络分类。

1.5　设定设计规则。

1.6　更新原理图数据到 PCB。

1.7　元件布局。

1.8　PCB 布线。

1.9　放置字符串与指定数据。

1.10　设计规则检查。

1.11　保存 PCB 文件。

2. 电路板设计-绘图操作各项目要求

2.1　新建 PCB 文件，文件名为 MyPCB.PcbDoc，使用单位为 mm。

2.2　导入 PCB 板框文件（S51_7SEG4.DXF）。

① 全书均采用 Altium Designer 软件中的约定，后文不再说明。

2.3 定义板型，并在板子左下角处设置相对原点。

2.4 设定 Power 分类，其中包括 GND、VCC、P1、P2 与 P3 网络。

2.5 设计规则如表 5 所示，其他设计规则按默认值（不得更改）。

表 5 设计规则表

规则类别	规则名称	范围	设 定 值	优先等级
Electrical	Clearance	All - All	0.406mm	1
Electrical	ShortCircuit	All - All	Not Allowed	1
Routing	Width	Power 分类	0.762mm	1
Routing	Width	All - All	（最小）0.254mm—（推荐）0.305mm—（最大）0.381mm	2
Manufacturing	SilkToSilkClearance	All - All	0.01mm	1
Manufacturing	HoleSize	All	最大 3.3mm、最小 0.025mm	1

2.6 更新原理图数据到 PCB：将绘制完成的原理图数据更新到 PCB 中，其中项目都要准确无误。

2.7 元件布局

2.7.1 在 PCB 中进行元件布局，元件需放置在板框内，且仅限放置于 Top Layer 层。

2.7.2 依板框文件放置在规定的位置，放置电源接头（JP1）、LED（DS1）及七段数码管（DS2）。

2.7.3 元件放置角度仅限于 0 度/360 度、90 度、180 度与 270 度。

2.8 PCB 布线

2.8.1 布线不得超出板框。

2.8.2 可在 Top Layer 与 Bottom Layer 布线。

2.8.3 不得构成线路回路（loop）。

2.8.4 不得有 90 度或小于 90 度锐角布线。

2.8.5 过孔（Via）用量不得超过 3 个。

2.8.6 布线不可从封装焊盘间穿过。

2.9 放置钻孔符号表与字符串（输出层名称/考生数据）

2.9.1 放置 Drill Table，将 Drill Table 放至字符串**.Printout_Name** 上方。

2.9.2　在 Top Overlay 层上放置考生数据，不可重叠。

2.9.3　输出层名称与考生数据的属性，如表 6 所示。

表 6　输出层名称与考生数据属性

字符串	位置	线宽	高度	文字	层	字体	字体名
输出层名称	板框上方	0.2mm	3mm	.Printout_Name	Mechanical 1	比划	Default
考生资料	板框内空白处	x	5mm	考生姓名	Top Overlay	True Type	Default
考生资料	板框内空白处	0.2mm	1.5mm	准考证号	Top Overlay	比划	Default

2.10　设计规则检查

2.10.1　设计规则检查报告（Report Options）选项全部勾选。

2.10.2　检查基本六项规则（Rule To Check），勾选 Clearance、ShortCircuit、UnRoutedNet、Width、SilkToSilkClearance、NetAntennae 实时及批次等选项。

2.10.3　执行设计规则检查，而在 DRC 报表页中，不可出现警告或违规项目，否则按规定扣分。

设计输出

1. 输出文件项目如下

1.1　BOM 表（Bill of Materials）。

1.2　Gerber 文件。

1.3　钻孔文件（NC Drill files）。

2. 输出文件-实际操作各项目要求

2.1　BOM 表（Bill of Materials）

2.1.1　BOM 表文件格式需为 Microsoft Excel Worksheet 文件，并加载到电路板工程。

2.1.2　输出字段顺序依规定由左至右排列为：Designator、Comment、Description、LibRef、Footprint、Quantity。

2.1.3　需依规定套用所提供的 BOM.xlsx 模板文件。

2.1.4　需在原理图编辑环境下生成 BOM 表。

2.2　Gerber 文件

2.2.1 Gerber 文件要求：需有*.GTO、*.GTS、*.GTL、*.GBL、*.GBS、*.GM1、*.GM2 层，并附加机构层 1 到各 Gerber 文件中，各 Gerber 文件需包含在考生文件夹中。

2.2.2 钻孔图要求：需有*.GD1（孔径图）、*.GG1（孔位图），并使用字符符号输出，各文件需包含在考生文件夹中。

2.2.3 输出后的*.Cam 文件需将其名称存为 Gerber.Cam，并加载到 PCB 工程。

2.3 钻孔文件（NC Drill files）

2.3.1 钻孔文件要求：需有圆孔*.RoundHoles.TXT 与槽孔*.SlotHoles.TXT，各文件需包含在考生文件夹中。

2.3.2 输出单位、格式、补零形态等须与 Gerber Files 设定一致。

2.3.3 输出后的*.Cam 文件须将其名称保存为 NC.Cam，并加载到 PCB 工程。

1-2 元件库编辑

题目已提供一个元件集成库文件（AED_PCB1.SchLib）与一个元件封装库文件（AED_PCB1.PcbLib）。在此将依次进行下列 4 项工作。

1. **项目管理**：新建元件库项目（AED_PCB1.LibPkg），并将 AED_PCB1.SchLib 与 AED_PCB1.PcbLib 添加到此工程。
2. **元件符号模型编辑**：在 AED_PCB1.SchLib 文件里，新增/编辑一个稳压 IC（LM7805CT）元件（Symbol）。
3. **元件封装编辑**：在 AED_PCB1.PcbLib 文件里，新增/编辑一个 TO-220 封装（Footprint）。
4. **产生元件集成库**（AED_PCB1.IntLib）。

1-2-1 元件库项目管理

元件库项目管理的步骤如下。

复制元件库文件：在硬盘里新建一个 **AED*12*** 文件夹，其中“*12*”

为考场座位号。然后将题目所附的 AED_PCB1.SchLib、AED_PCB1.PcbLib、SCH_template.SchDot、S51_7SEG4.DXF 与 BOM.xlsx 文件复制到此文件夹。

Step 2 **新建元件库项目**：打开 Altium Designer，然后在窗口里执行文件/新建/项目/元件集成库项目命令，则在左边 Projects 面板里，将出现 Integrated_Library1.LibPkg 项目。

Step 3 **保存项目**：指向 Projects 面板里的 Integrated_Library1.LibPkg 项目，单击鼠标右键，在下拉菜单中选择“另存项目”选项。在随即出现的存档对话框里，指定保存到刚才新建的 **AED*12*** 文件夹，文件名为 **AED_PCB1.LibPkg**。而原来的“Integrated_Library1.LibPkg”将变为“AED_PCB1.LibPkg”。

Step 4 **连接既有文件**：指向 Projects 面板里的 AED_PCB1.LibPkg 项目，单击鼠标右键，在下拉菜单中选择“添加现有文件到项目中”，在随即出现的对话框里，指定添加 AED_PCB1.SchLib 文件，则此文件将出现在 AED_PCB1.LibPkg 项目下，成为项目中的一部分。同样地，再把 AED_PCB1.PcbLib 文件也加入此项目。

Step 5 **存档**：指向 Projects 面板里的 AED_PCB1.LibPkg 项目，单击鼠标右键，在下拉菜单中选择保存项目选项，即可存盘，而元件库的项目管理也告一个段落。

1-2-2 元件符号模型编辑

元件符号模型编辑步骤包括**新增元件**、**元件默认属性编辑**、**元件引脚编辑**、**元件外形编辑**与**链接元件模块**等，继续 1-2-1 节进行如下操作。

新建元件：

1. 指向 Projects 面板里的 AED_PCB1.LibPkg 下的 **AED_PCB1.SchLib** 项目，双击鼠标左键，打开该文件，并进入元器件符号模型编辑环境。
2. 单击 Projects 面板下方的 SCH Library 标签，切换到 SCH Library

面板。

3. 执行工具/新增元件命令，然后在随即出现的对话框里，输入新增元件的名称，即 **LM7805CT**，再单击 确定 按钮关闭对话框，则 SCH Library 面板上方区域里出现此元件，同时，程序也准备好空白编辑区。

4. 指向 SCH Library 面板里的 **LM7805CT** 项，双击鼠标左键，打开此元件的默认属性对话框，如图 5 所示。

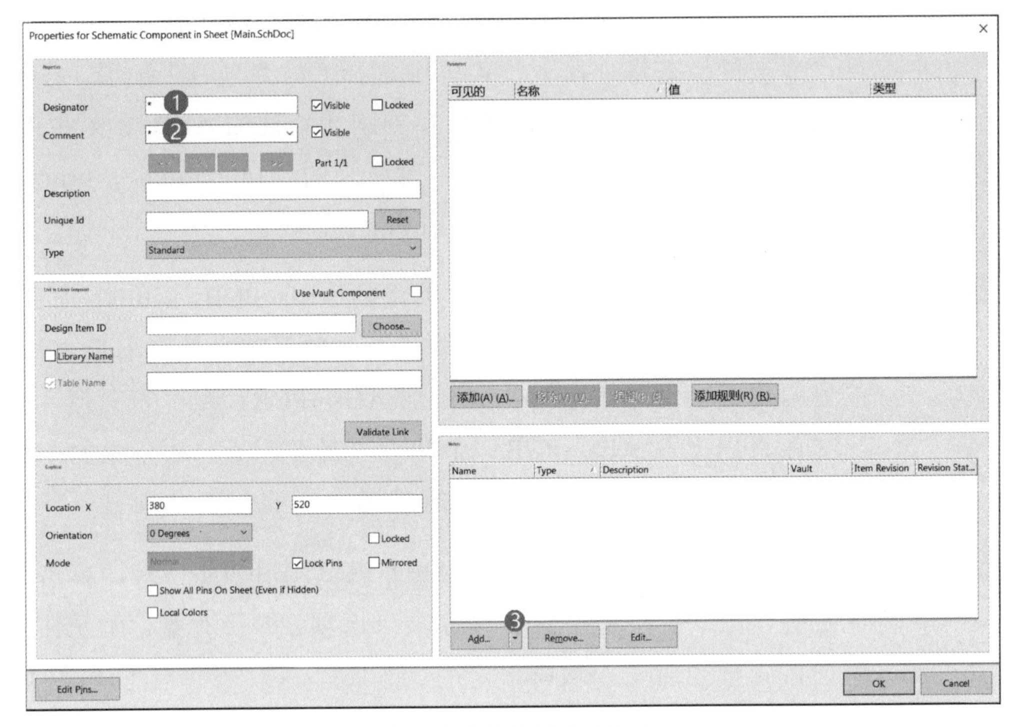

图 5　元件默认属性对话框

5. 在 Designator 字段里（标示❶处）输入 **U?**，在 Comment 字段里（标示❷处）输入 **LM7805CT**。

6. 单击 Add... 按钮右侧的倒三角形（标示❸处），在下拉菜单中选择 Footprint 项，打开如图 6 所示的对话框。

7. 在名称字段里（标示❶处）内容改为 **TO-220** 后，单击 确定 按钮返回前一个对话框（图 5）。最后，单击 OK 按钮关闭对话框即可。

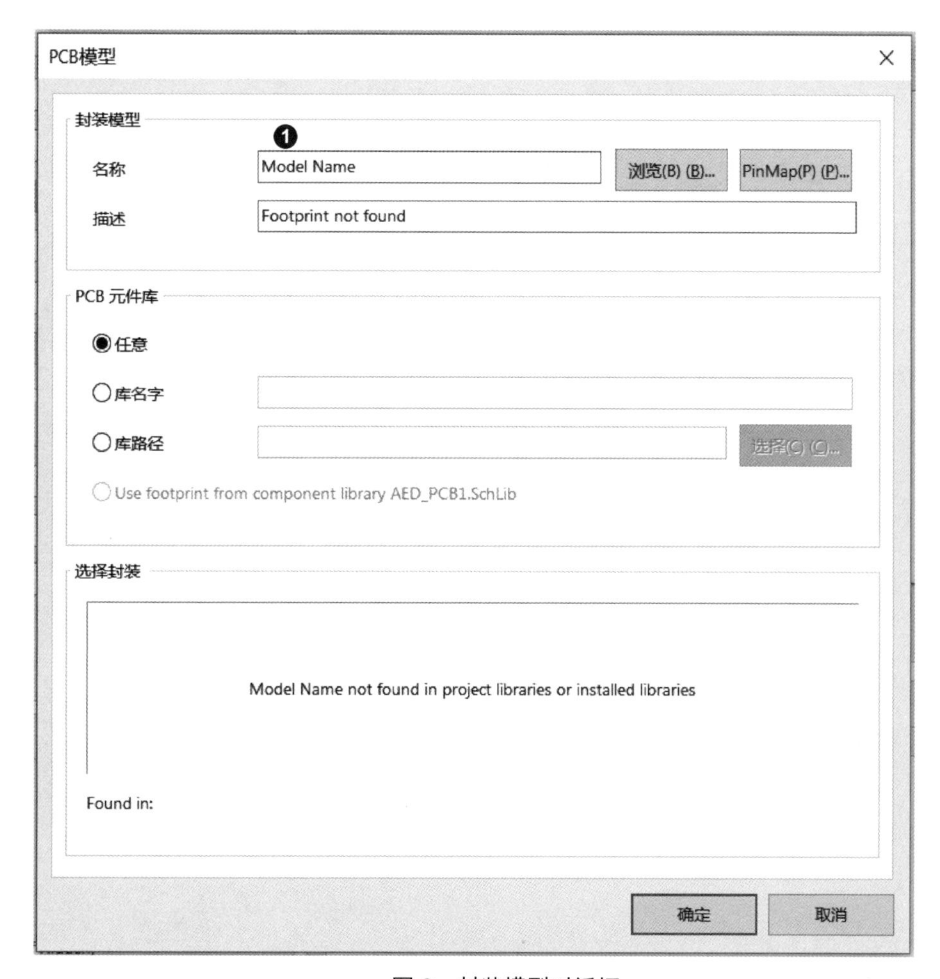

图 6　封装模型对话框

元件引脚编辑：本元件有三个引脚，其主要属性如表 3 所示，这三个引脚的电气类型都是**电源引脚**（可设定为 Power 或 Passive）。若要放置引脚，按 P 键两下，则光标上将黏着一支浮动的引脚，随光标而动。此时，可应用下列功能键。

- （空格键）：引脚逆时针旋转 90 度。
- X：引脚左右翻转。
- Y：引脚上下翻转。
- Tab：打开引脚属性对话框。

此时，先定义引脚属性，按 Tab 键打开**引脚属性对话框**，如图 7 所示。

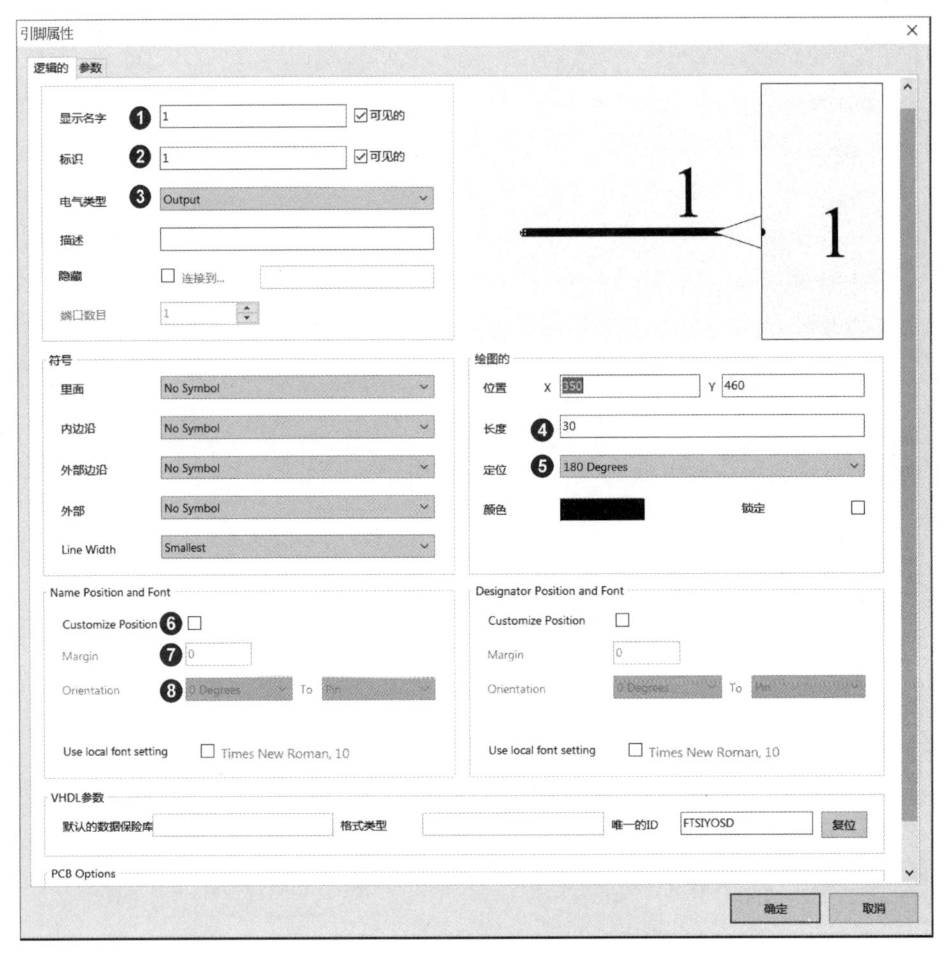

图 7　引脚属性对话框

三个引脚的属性设定分别如表 7 所示。

表 7　引脚属性

属　性	第一脚	第二脚	第三脚
❶ 显示名字	IN	GND	OUT
❷ 标识	1	2	3
❸ 电气类型	Passive	Passive	Passive
❹ 长度	20	20	20
❺ 定位	180 Degrees	270 Degrees	0 Degrees
❻ Customize Position	不选取	选取	不选取
❼ Margin	不设定	1	不设定
❽ Orientation	不设定	90 Degrees	不设定

按照表 7 的属性，分别放置三个引脚，其结果如图 8 所示。

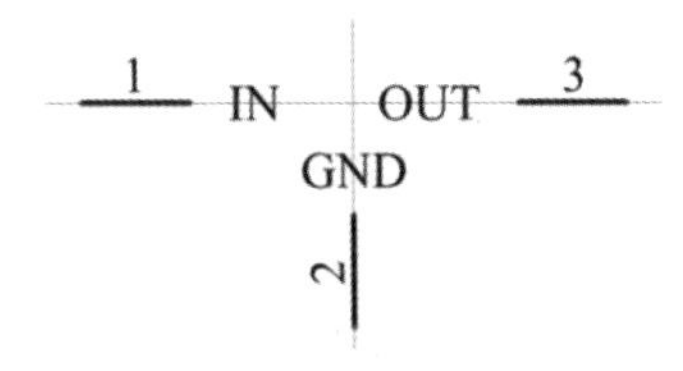

图 8 放置三个引脚

元件外形编辑：按 P 、R 键进入**放置矩形状态**，光标上出现一个浮动的矩形，再指向第一脚（右端点）的上方，单击鼠标左键，移至第三脚（左端点）的下方，再单击鼠标左键、右键各一次，即可完成一个矩形并退出**放置矩形状态**，如图 9 左图所示。

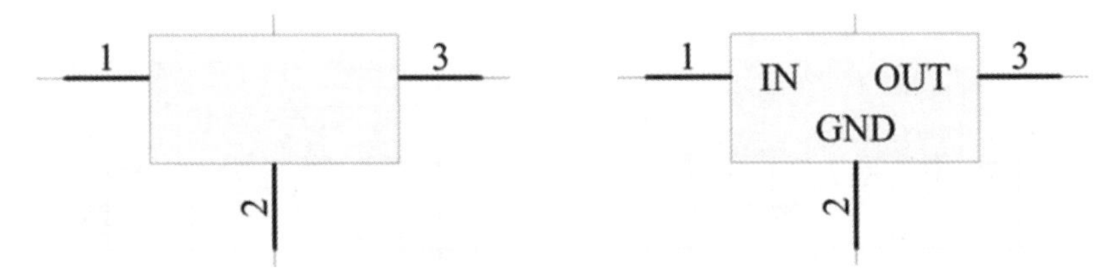

图 9 放置矩形

若矩形盖住引脚名称，执行编辑/移动/下推一层命令，然后指向矩形，单击鼠标左键，即可将矩形放到引脚名称之下。最后，单击鼠标右键结束**移动状态**，其结果如图 9 右图所示。

存档：按 Ctrl + S 键保存即可。

1-2-3 元件封装编辑

元件封装编辑的步骤包括**新增元件**、**焊盘编辑**与**元件外形编辑**，操作如下。

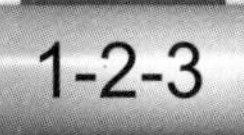

新增元件

1. 指向 Projects 面板里的 AED_PCB1.LibPkg 下的 **AED_PCB1.PCBLib** 项目，双击鼠标左键，打开该文件，并进入电路板元件编辑环境。
2. 单击 Projects 面板下方的 PCB Library 标签，切换到 PCB Library 面板。
3. 执行工具/新增元件命令，则在 PCB Library 面板里，新增一个 **PCBCOMPONENT_1** 元件，同时，程序也准备好空白编辑区。

4. 指向 PCB Library 面板里的 **PCBCOMPONENT_1** 项，双击鼠标左键，然后在随即出现的对话框里，将名称字段里的元件名称修改为 **TO-220**，再单击 确定 按钮关闭对话框即可。

焊盘编辑：本元件有三个焊盘（分别对应于电路图元件的引脚），其主要属性如表 1 所示，再按下述操作。

1. 对于元件封装而言，将专注于实体尺寸，在此采用公制尺寸（mm），首先看左下方的坐标字段所显示的坐标单位，是否为 mm。若不是，可按 Q 键切换为 mm 单位。
2. 按 P 键两下进入**放置焊盘状态**，光标上黏着一个浮动的焊盘，随光标而动。按 Tab 键打开**焊盘属性对话框**，如图 10 所示。

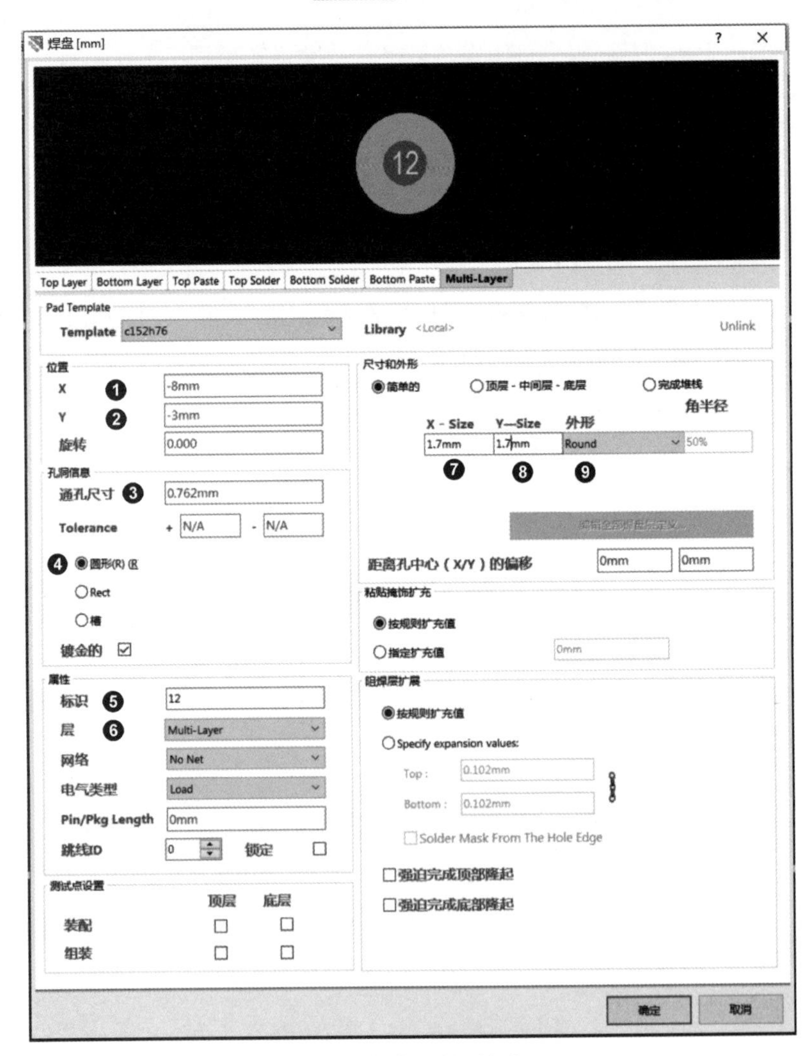

图 10　焊盘属性对话框

三个焊盘的属性设定，分别如表 8 所示。

表 8　焊盘属性

属　性	1 号焊盘	2 号焊盘	3 号焊盘
❶X 轴坐标	-2.54mm	0	2.54mm
❷Y 轴坐标	0	0	0
❸通孔尺寸	1.1mm	1.1mm	1.1mm
❹孔洞种类	圆孔	圆孔	圆孔
❺标识	1	2	3
❻层	Multi-Layer	Multi-Layer	Multi-Layer
❼X-Size	1.7mm	1.7mm	1.7mm
❽Y-Size	1.7mm	1.7mm	1.7mm
❾外形	Rectangular	Round	Round

按表 8 的属性，分别放置三个焊盘，其结果如图 11 所示。

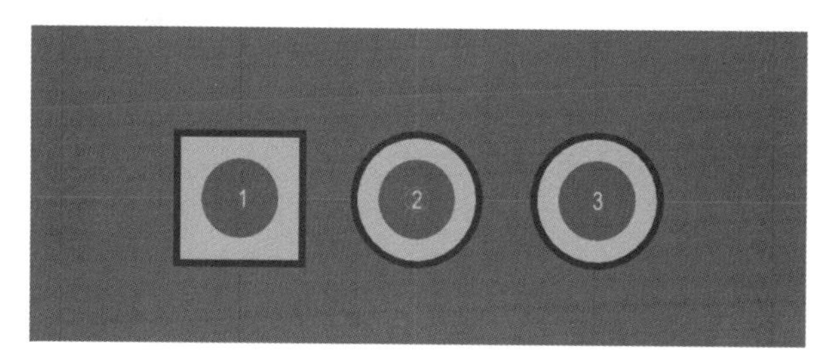

图 11　放置焊盘

Step 3

元件外形编辑：元件外形在**顶层丝印层**（Top Overlay），先切换到**顶层丝印层**，指向编辑区下方板层卷标列里的 Top Overlay 卷标（黄色），单击鼠标左键即可切换到**顶层丝印层**。如图 12 所示为此元件的外形，其中矩形的四个坐标已经标示。

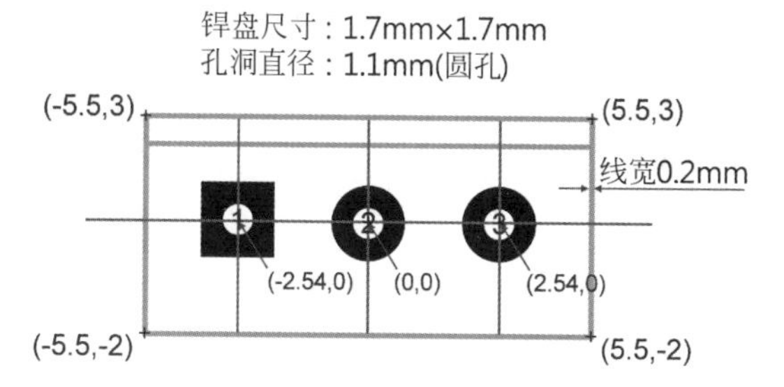

图 12　绘制外形的工作图

按 P + L 键进入**画线状态**，再按 Tab 键打开**线条属性对话框**，在线宽字段里输入 0.2mm，并确定目前板层字段为 Top

Overlay 层，最后单击 确定 按钮关闭对话框即可。

然后，绘制外框（矩形），而在绘制外框的过程中，不要碰鼠标，完全使用键盘操作，操作过程如下。

1. 按 J 、 L 键打开对话框，然后输入-5.5、 Tab 、-2，再按 Enter 键两下，光标跳到（-5.5,-2）位置。
2. 按 J 、 L 键打开对话框，然后输入 5.5，再按 Enter 键三下，光标跳到（5.5,-2）位置，并画出一条黄线。
3. 按 J 、 L 键打开对话框，然后输入 Tab 、3，再按 Enter 键三下，光标跳到（5.5,3）位置，并画出第二条黄线。
4. 按 J 、 L 键打开对话框，然后输入-5.5、 Tab ，再按 Enter 键三下，光标跳到（-5.5,3）位置，并画出第三条黄线。
5. 按 J 、 L 键打开对话框，然后输入 Tab 、-2，再按 Enter 键两下，光标跳到（-5.5,-2）位置，并画出第四条黄线。
6. 最后，按 End 键，结束矩形的绘制，但仍在**画线状态**。

绘制好矩形后，再绘制上方的一条线，而这条线并没有精确的尺寸限制。为绘制方便，可将格点变小一点，按 G 键，出现下拉菜单，再选取 0.025mm 选项即可。

指向矩形左上角下面一点点的位置，再移至矩形的右边框处单击鼠标左键，即可画出一条线。最后，双击鼠标右键结束**画线状态**，其结果如图 13 所示。

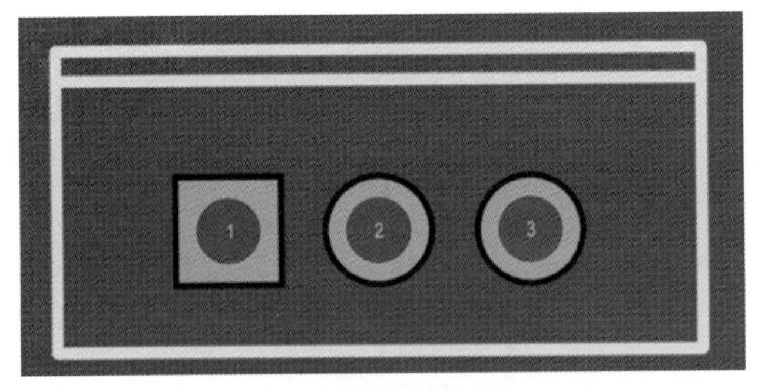

图 13　完成元件外形

标示号码：最后在 Top Overlay 层里，每个焊盘下方放置其编号，按 P 、 S 键进入**放置字符串状态**，而光标上也将出现一个浮动的文字，按 Tab 键打开**字符串属性对话框**，如图 14 所示。

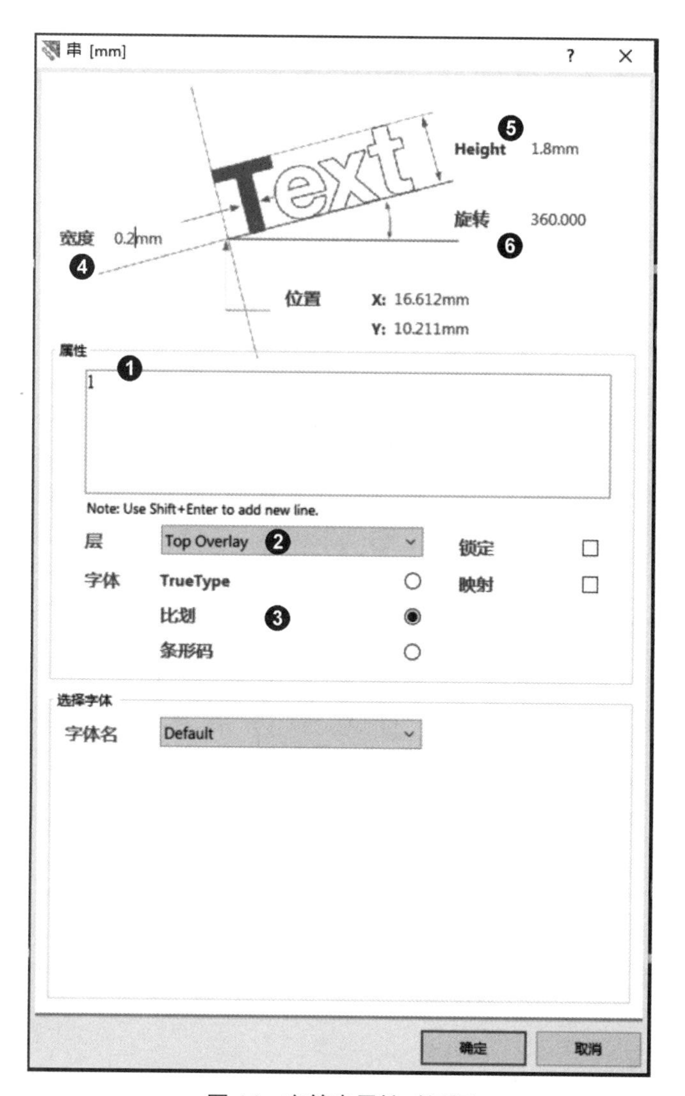

图 14　字符串属性对话框

三个文字的属性设定，分别如表 9 所示。

表 9　字符串属性

属　性	1 号焊盘下方文字	2 号焊盘下方文字	3 号焊盘下方文字
❶文字	1	2	3
❷层	Top Overlay		
❸字体	比划		
❹宽度	0.2mm（建议）		
❺Height	1.8mm（建议）		
❻旋转	0 或 360		

按表 9 设置属性，分别放置三个焊盘，其结果如图 15 所示，而此元件的编辑也告一个段落。

图 15 放置焊盘

存档：按 Ctrl + S 键保存即可。

1-2-4 产生元件集成库

完成元件符号模型编辑与元件封装编辑，切换回 Projects 面板，再指向面板里的 AED_PCB1.LibPkg 项目，单击鼠标右键，出现下拉菜单，再选择 Compile Integrated Library AED_PCB1.LibPkg 选项，即可进行编译，并产生 **AED_PCB1.IntLib** 元件集成库。

1-3 原理图设计

当我们产生 **AED_PCB1.IntLib** 元件集成库后，将自动加载到系统中。在此，将继续 1-2 节的操作，进行原理图设计，其中包括项目管理与原理图编辑。

1-3-1 项目管理

在此将新建一个 PCB 设计项目，并载入原理图文件与 PCB 文件，操作如下。

新建 PCB 项目：继续 1-2 节的操作，在 Altium Designer 窗口里执行文件/新建/项目/电路板项目命令，则在左边 Projects 面板里，将出现 PCB_Project1.PrjPCB 项目。

新建原理图文件：执行文件/新建/原理图文件命令，则 Projects 面板里，PCB_Project1.PrjPCB 项目下将新建一个 Sheet1.SchDoc 项目，同时打开一个空白的原理图编辑区（白底）。

新建 PCB 文件：执行文件/新建/电路板文件命令，则 Projects 面板里，PCB_Project1.PrjPCB 项目下将新建一个 PCB1.PcbDoc 项目，同时打开一个空白的 PCB 编辑区（黑底）。

保存项目与文件：指向 Projects 面板里的 PCB_Project1.PrjPCB 项目，单击鼠标右键，出现下拉菜单，再选择另存项目选项。随即出现 **PCB** 的存盘对话框，指定保存到刚才的 **AED*12*** 文件夹，文件名为 **My_PCB.PcbDoc**（扩展名可不必指定）。

单击 保存(S) 按钮存盘后，随即出现**原理图**的存盘对话框，同样保存在刚才的 **AED*12*** 文件夹里，文件名为 **Main.SchDoc**（扩展名可不必指定）。

单击 保存(S) 按钮保存后，随即出现**项目**的保存对话框，同样是保存在刚才的 **AED*12*** 文件夹里，文件名为 **S51_7SEG4.PrjPcb**（扩展名可不必指定）。

再次单击 保存(S) 按钮存盘，完成项目的创建。

1-3-2 原理图编辑

在原理图的编辑方面，包括**套用题目指定的模板**、**输入基本数据**、**取用元件**、**连接线路**等操作，说明如下。

套用模板：继续 1-3-1 节的操作，切换到原理图编辑区（白底），执行设计/项目模板/Choose a File...命令，在随即出现的对话框里，指定题目所附的 **SCH_template.SchDot** 模板文件，再单击 Open 按钮关闭对话框。屏幕又出现如图 16 所示的对话框。

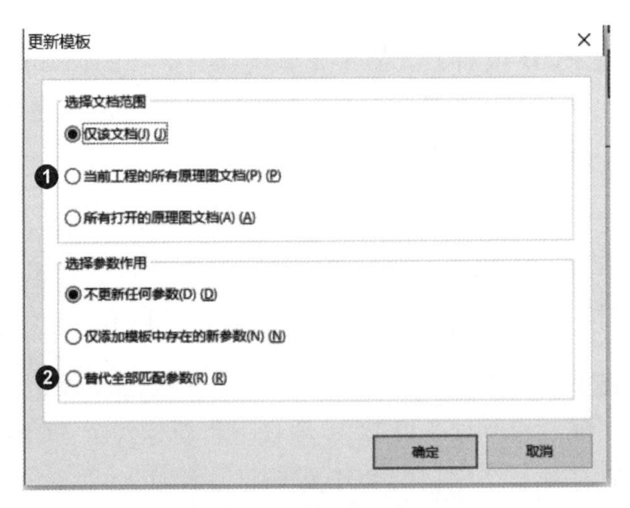

图 16 更新模板对话框

选取当前工程的所有原理图文档选项（❶）与替代全部匹配参数选项（❷），再单击 确定 按钮关闭对话框，即可进行模板的套用，并出现**确认对话框**。此时，只要单击 OK 按钮关闭该对话框，即可完成套用，而编辑区右下方也会出现如图 17 所示的标题栏。

Applied Electronics Design - PCB Layout绘图考试	
单位 *	
准考证号 *	姓名 *
考试日期 *	工程名 S51_7SEG4.PrjPcb

图 17 新标题栏

输入基本数据：在此必须填入题目要求的基本数据，执行设计/图纸设定命令，在随即出现的对话框里，切换到参数页，如图 18 所示。表 10 为字段说明，其中数值字段数据内容应以考生数据为准。

表 10 字段数据

名 称	数 值	反应到标题栏字段
CompanyName	○○科技大学○○系	单位
AdmissionTicket	x12345678	准考证号
DrawnBy	王小明	姓名
Date	2017/04/27	考试日期

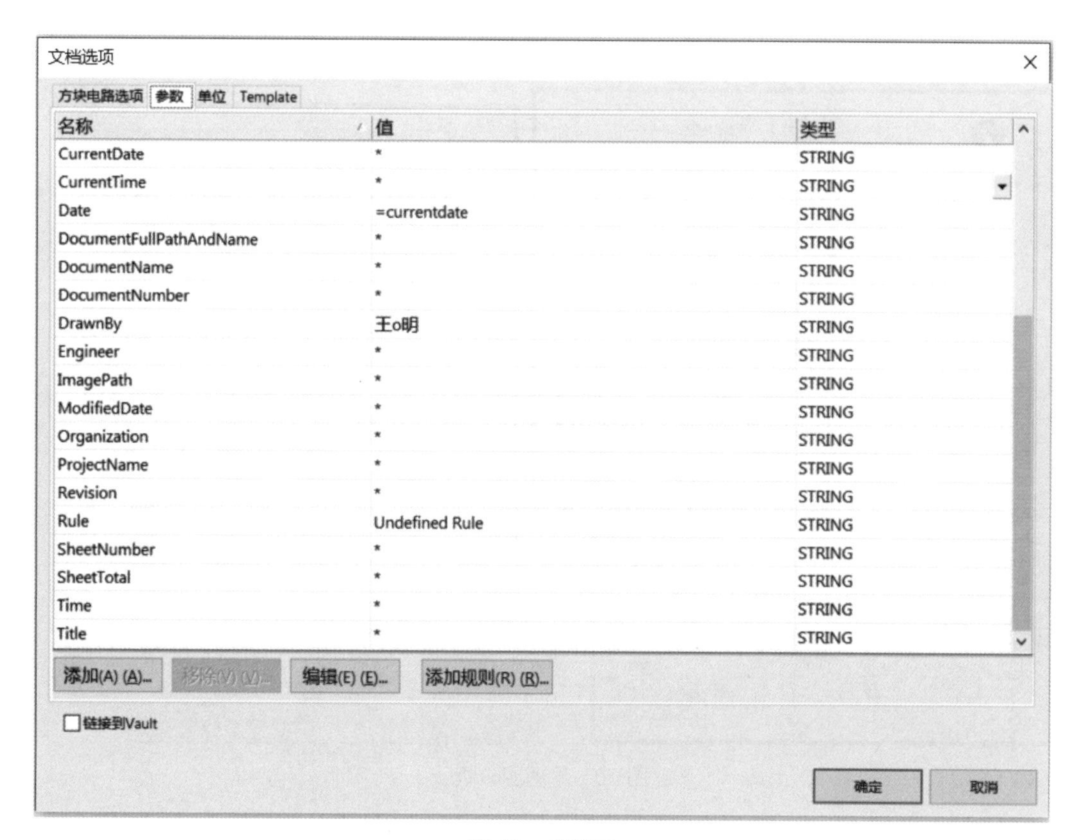

图 18　参数页

按表 10 输入到其中的数值字段，再单击 确定 按钮即可反映到图纸上，如图 19 所示。

Applied Electronics Design - PCB Layout 绘图考试	
单位　oo科技大学oooo系	
准考证号　x12345678	姓名　王o明
考试日期　2017/4/27	工程名S51_7SEG4.PrjPcb

图 19　完成基本数据的输入

设计分析：在设计原理图之前，首先分析所要绘制的原理图组成，以绘图操作第一题为例（图 1），按功能可分为三部分，分别是**电源电路**（❶）、**微处理器电路**（❷）与**外围电路**（❸），如图 20 所示。绘制原理图与设计 PCB 时，最好是按每个部分来进行，同一部分的电路都在一起，不容易缺漏，电路的结构也比较容易理解。

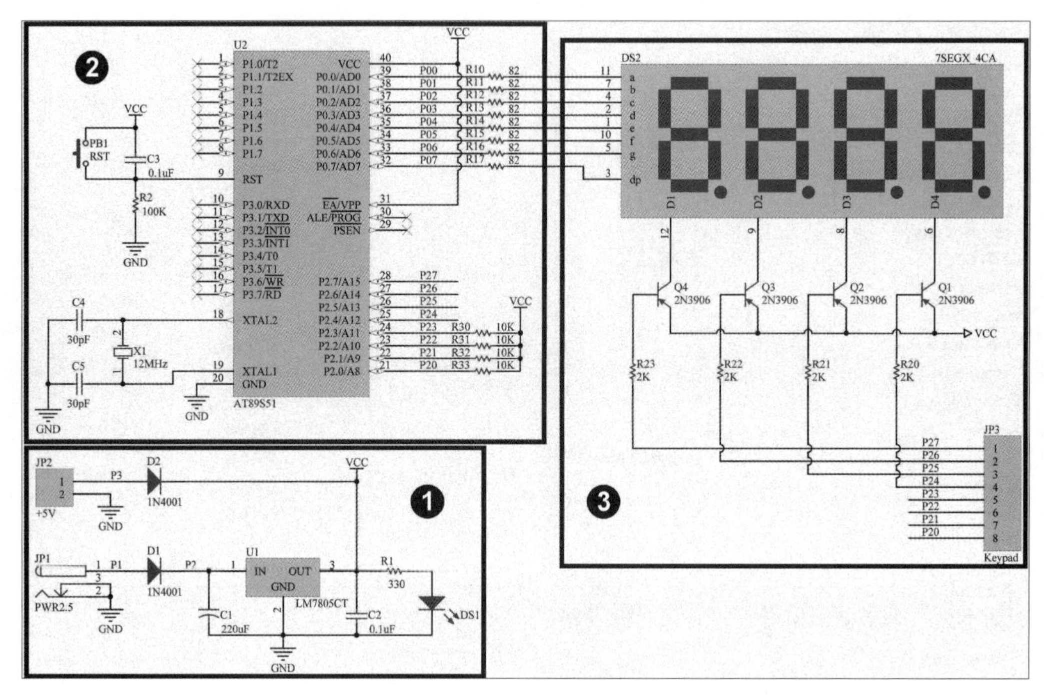

图 20 原理图分析

放置元件与元件属性编辑：在设计原理图时，通常会把取用元件与元件属性视为连续动作。当我们要取用元件时，最直接的方式是从右边的元件库面板着手。元件库面板是一种***弹出式***面板，当光标指向右边元件库卷标，不必单击鼠标左键，就会弹出元件库面板；而光标离开元件库面板，元件库面板就会收回去。

以取用 LM7805CT 元件为例，光标指向元件库卷标，弹出元件库面板，然后在上面的元器件库列区字段中，选择 AED_PCB1.IntLib 项目，则其下的元器件目录区里将列出该元件库里的所有元件，选择其中的 **LM7805CT** 项，该元件的元件符号与封装分别出现在下方的元器件符号预览区与元器件封装预览区里，如图 21 所示。

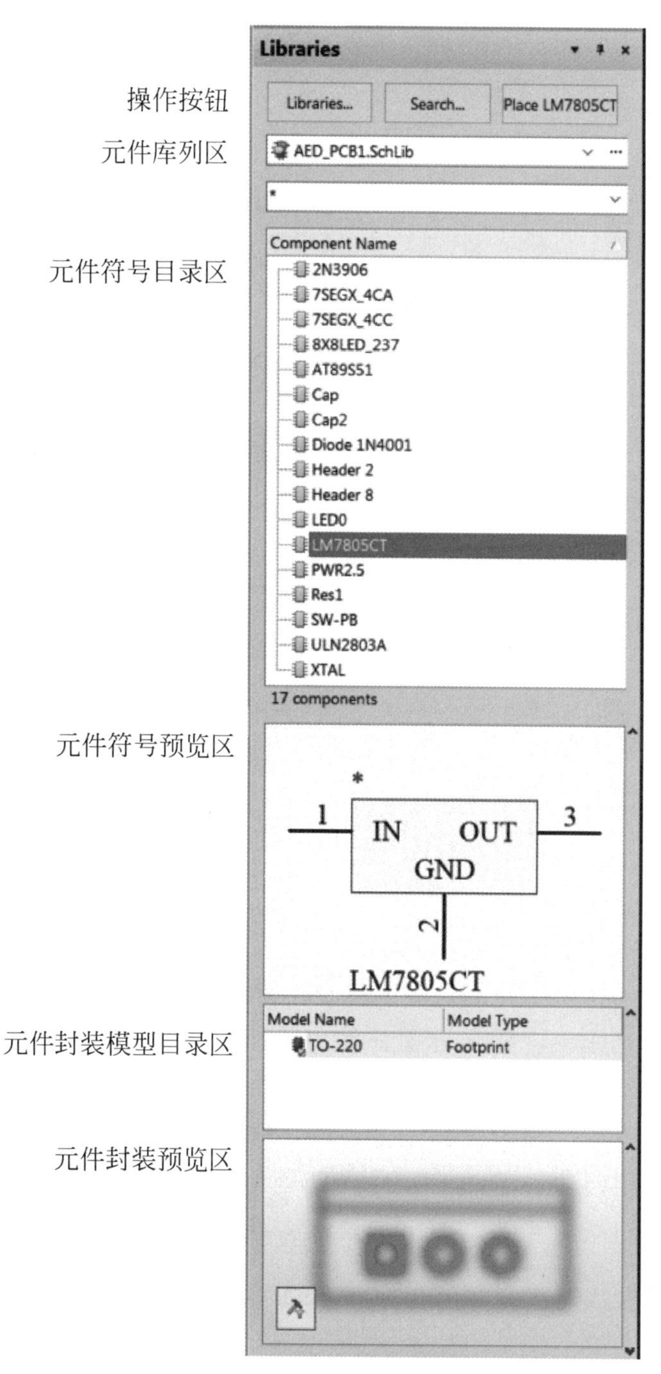

图 21　元件库面板

单击 Place LM7805CT 按钮，再将光标移出元件库面板，光标上就会黏一个浮动的 LM7805CT 元件。此时，按 Tab 键打开其属性对话框，如图 22 所示。

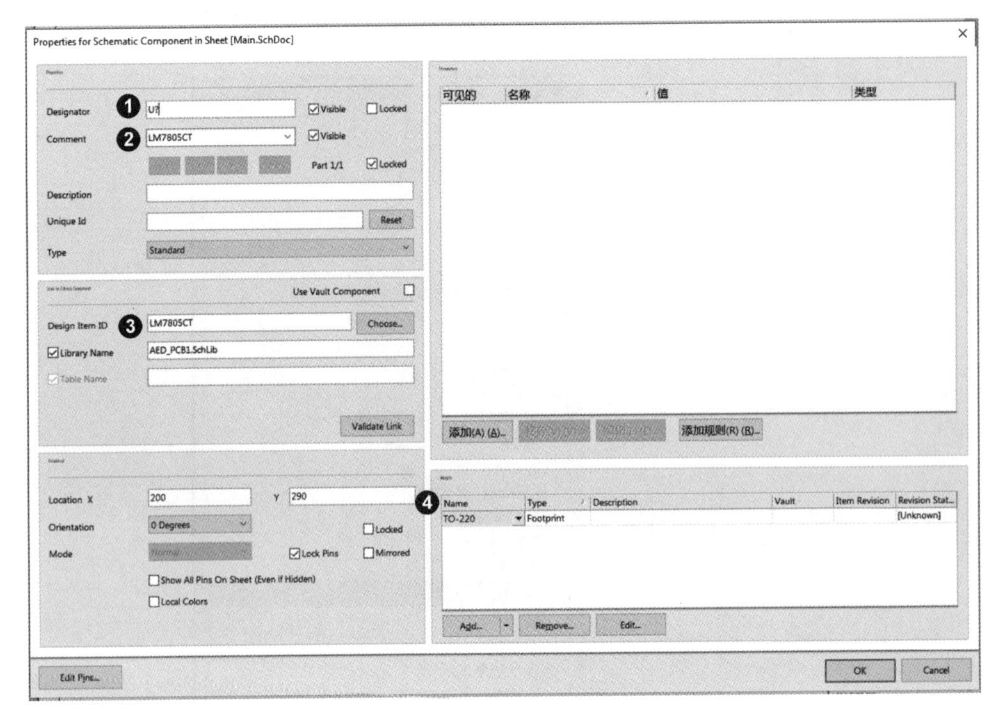

图 22　元件属性对话框

根据图 20 所示，在此所要输入的字段数据如表 11 所示，在认证题目里，简化为单一元件库，所有元件取自同一个元件库（❸）；并且各元件的元件封装（Footprint），大多是该元件的默认元件封装（❹）。因此，取用元件后，只需修改元件序号（❶）与元件值（❷）即可。

完成属性编辑后，单击 OK 按钮关闭对话框，则该元件还是黏在光标上，随光标而移动，若按 键该元件逆时针旋转，按 X 键该元件左右翻转，按 Y 键该元件上下翻转，移至合适位置，单击鼠标左键，即可固定于该处；而光标上又将出现一个相同的、浮动的元件，只是元件序号自动增加，我们可继续放置相同的元件，或单击鼠标右键，光标恢复正常。

连接线路：在 Altium Designer 的原理图编辑环境里，连接线路的方法很多，说明如下。

1. 使用导线连接：当我们要连接线路时，则按 P 、 W 键进入**连接线路状态**。连接线路的基本准则，就是要**对准引脚的端点，这时会出现红色的交叉线，代表有效连接，**再单击鼠标左键，即可开始绘制线路，转弯之前，单击鼠标左键，到达另一个引脚端点或另一条导线上，再次单击鼠标左键即可完成该线路的连接。

表 11 元件数据

电源电路				
放置元件名称	❶元件序号	❷元件值	❸元件库	❹封装
PWR2.5	JP1	PWR2.5	AED_PCB1.IntLib	KLD-0202
Header 2	JP2	+5V	AED_PCB1.IntLib	HDR1X2
Diode 1N4001	D1, D2	1N4001	AED_PCB1.IntLib	DO-41
Cap2	C1	220uF	AED_PCB1.IntLib	CAPR5-4X5
Cap	C2	0.1uF	AED_PCB1.IntLib	RAD-0.3
LM7805CT	U1	LM7805CT	AED_PCB1.IntLib	TO-220
Res1	R1	330	AED_PCB1.IntLib	AXIAL-0.3
LED0	DS1	LED	AED_PCB1.IntLib	LED-0
微处理器电路				
放置元件名称	❶元件序号	❷元件值	❸元件库	❹封装
AT89S51	U2	AT89S51	AED_PCB1.IntLib	DIP-40
Res1	R2	100K	AED_PCB1.IntLib	AXIAL-0.3
SW-PB	PB1	RST	AED_PCB1.IntLib	TACK6
Cap	C3	0.1uF	AED_PCB1.IntLib	RAD-0.3
Cap	C4,C5	30pF	AED_PCB1.IntLib	RAD-0.3
XTAL	X1	12MHz	AED_PCB1.IntLib	XTAL4-8
Res1	R10~R17	82	AED_PCB1.IntLib	AXIAL-0.3
Res1	R30~R33	10K	AED_PCB1.IntLib	AXIAL-0.3
外围电路				
放置元件名称	❶元件序号	❷元件值	❸元件库	❹封装
7SEGX_4CA	DS2	7SEGX_4CA	AED_PCB1.IntLib	7SEGX4
2N3906	Q1~Q4	2N3906	AED_PCB1.IntLib	TO-92A
Res1	R20~R23	2K	AED_PCB1.IntLib	AXIAL-0.3
Header 8	JP3	Keypad	AED_PCB1.IntLib	HDR1X8

2. 使用网络标号连接：除了使用导线（Wire）连接外，使用网络标号（Net Label）连接则是最简便、实用的方法，相同网络标号代表连接在一起。若要放置网络标号时，可按 P 、 N 键进入**放置网络标号状态**，光标上将出现一

个浮动的网络标号，再按 Tab 键即可打开其属性对话框，并可于其中的网络字段里，修改网络标号，最后单击 确定 按钮关闭对话框，即可完成网络标号的修改。光标移至所要放置的导线上，接触点上将出现**红色的交叉线（代表有效连接）**，再单击鼠标左键，即可于该处放置一个网络标号；而光标上仍有一个浮动的网络标号。这个浮动的网络标号一般是相同的网络标号，但如果网络标号的末端有数字，将会自动增号。

- 若要改变网络标号的方向，按 键。
- 若要改变网络标号的内容，按 Tab 键，再从随即出现的属性对话框修改。
- 若不再放置网络标号，则单击鼠标右键即可退出**放置网络标号状态**。

3. 使用电源符号：相同的电源符号代表连接，当我们要放置电源符号时，则单击按钮进入**放置电源符号状态**，光标上将出现一个浮动的电源符号，其默认的网络标号为 VCC，通常不修改，若要修改，则按 Tab 键，再从随即出现的属性对话框的网络字段中修改。在浮动状态下，按 键，可改变其方向。
4. 使用接地符号：相同的接地符号代表连接，当我们要放置接地符号时，则单击按钮进入**放置接地符号状态**，光标上将出现一个浮动的接地符号，其默认的网络标号为 GND，通常不修改，若要修改，则按 Tab 键，再从随即出现的属性对话框的网络字段中修改。在浮动状态下，按 键，可改变其方向。

绘制电源电路：按图 23 绘制电源电路，其步骤依次如下。

1. 放置元件（并定义其元件标号）。
2. 连接线路。
3. 放置网络标号（P1、P2、P3）。
4. 放置电源符号与接地符号。

图 23　电源电路

绘制微处理器电路：按图 24 绘制微处理器电路，其步骤依次如下。

1. 放置元件（并定义其元件标号）。
2. 连接线路。
3. 放置网络标号（P00~P07、P20~P27）。
4. 放置电源符号与接地符号。

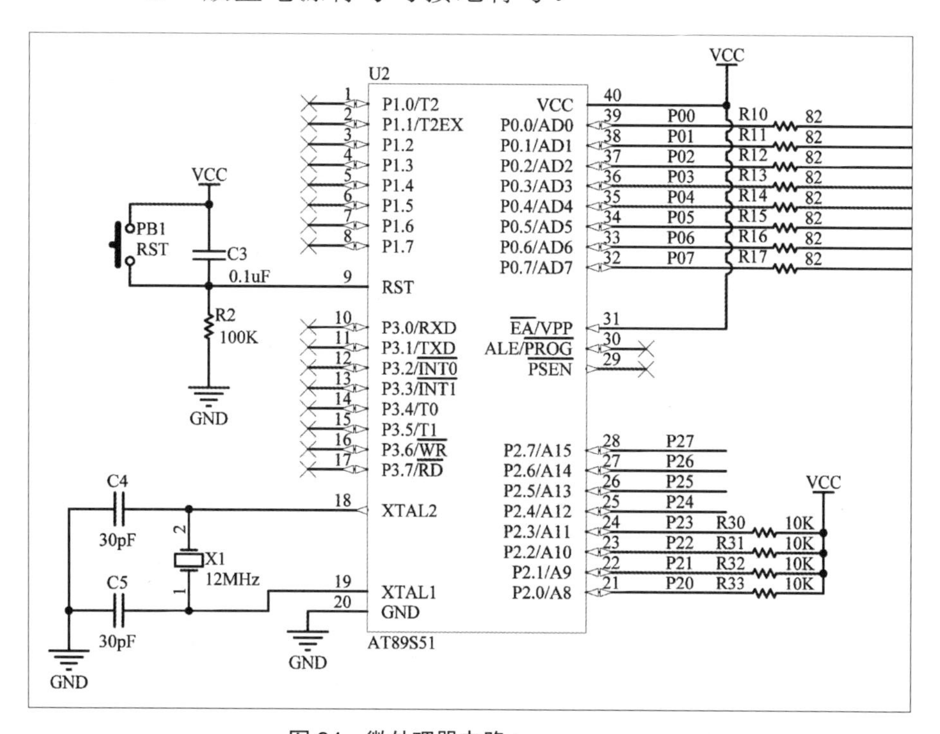

图 24　微处理器电路

5. 放置不连接符号：单击 ☒ 按钮即进入**放置不连接符号**状态，光标上出现一个浮动的不连接符号，移至引脚端点，单击鼠标左键，即可放置一个不连接符号。而光标上仍有一个浮动的不连接符号，可继续放置不连接符号；若不再放置不连接符号，可单击鼠标右键结束**放置不连接符号**。

绘制外围电路：按图 25 绘制外围电路，其步骤依次如下。

1. 取用元件（并定义其元件标号）。
2. 连接线路。
3. 放置网络标号（P20~P27）。
4. 放置电源符号与接地符号。

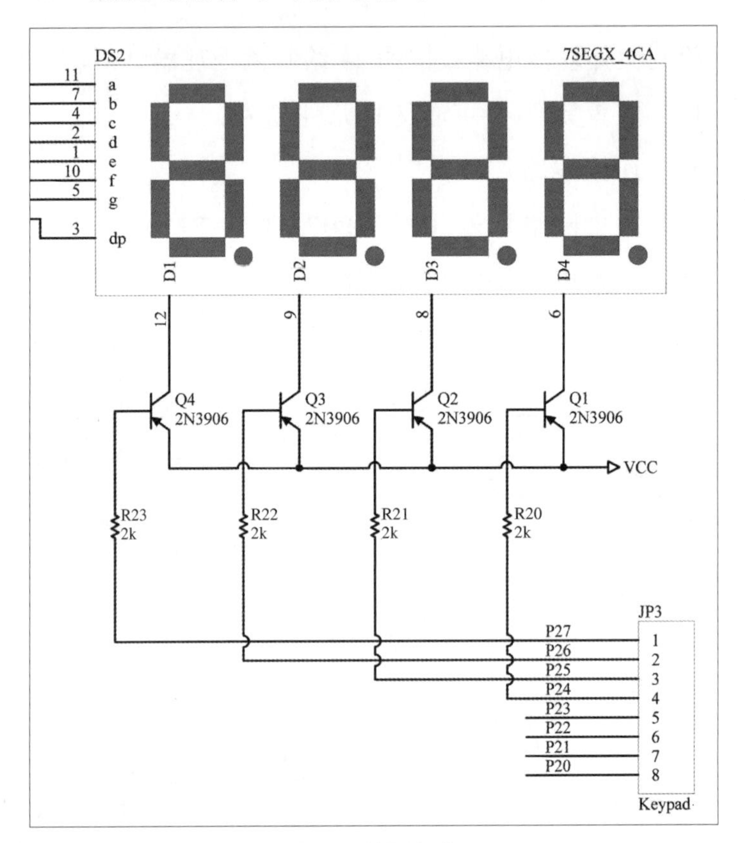

图 25 外围电路

电路检查：完成电路绘制后，还要检查一下，有无违反电气规则。指向 Projects 面板里的 Main.SchDoc 项，单击鼠标右键，出现下拉菜单，再选择 Compile Document Main.SchDoc 项即可进行检查。然后，单击编辑区下方的 System 按钮，在下拉菜单中再选择 Messages 选项，即可打开如图 26 所示的 Messages 面板，其中显示 Compile successful, no errors found（1），表示没有错误。

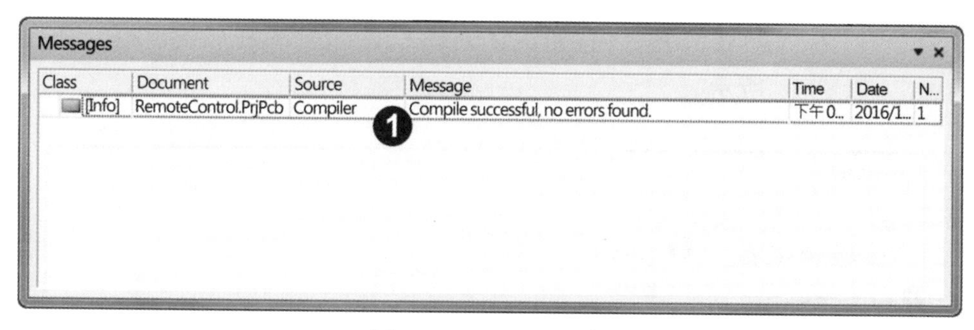

图 26　Messages 面板

存档：完成电路绘制后，按 Ctrl + S 键保存。

1-4 电路板设计

PCB 设计是应用电子设计认证的重点部分！完成原理图设计后，接下来是电路板设计，其中包括**板子形状**、**加载原理图数据**、**元件布局**、**制定设计规则**、**电路板布线**与**放置指定数据**等。

1-4-1 板子形状

本题目要求使用指定的板子文件（S51_7SEG4.DXF），并定义板形，其步骤如下。

准备工作：首先切换到电路板编辑区（黑底），左下方所显示的坐标，若不是采用公制单位（mm），则按 Q 键切换为公制单位。

载入板子文件：执行文件/导入命令，在随即出现的对话框里，指定 **S51_7SEG4.DXF**，并单击 Open 按钮，屏幕出现如图 27 所示的对话框。设定如下。

1. 在块区域里保持选择作为元素导入选项（❶）。
2. 在绘制空间区域里保持选择模型选项（❷）。
3. 在默认线宽字段里输入 0.2mm（❸）。
4. 在单位区域里选择 mm 选项（❹）。
5. 在层匹配区域里保持图 27 的设定（❺）。

6. 单击 确定 按钮关闭对话框，即可顺利加载板框，如图 28 所示。

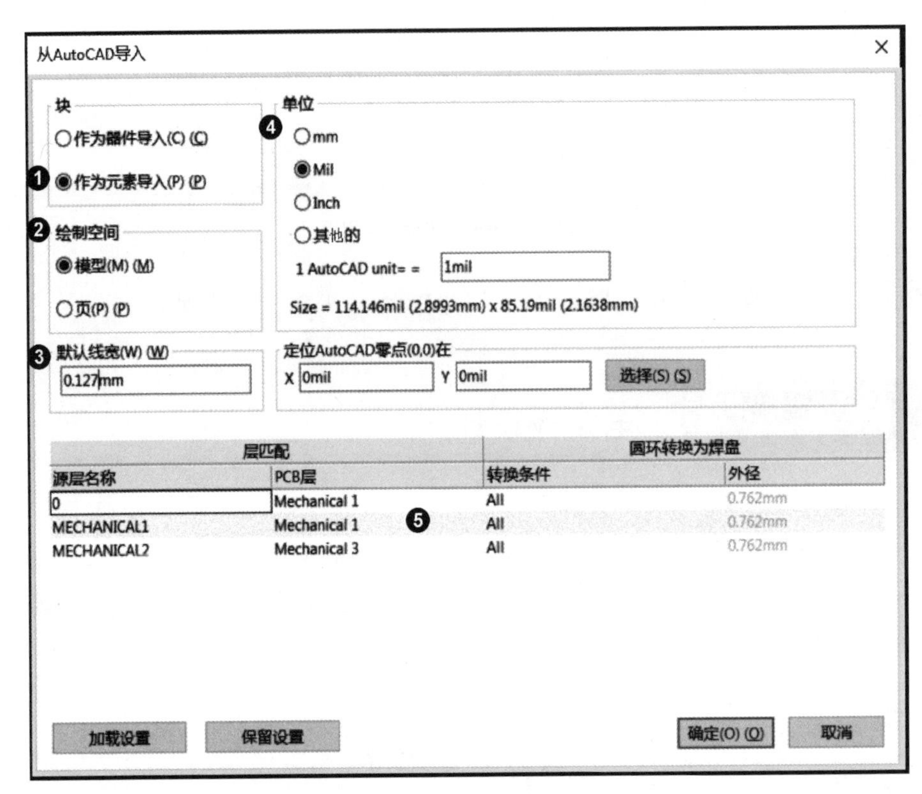

图 27　导入 AutoCAD 对话框

图 28　载入板框

选取板框：在编辑区下方的层标签里，单击 Mechanical 1 标签（桃红色），再按 Shift + S 键（单层显示）让编辑区只显示 Mechanical 1 层，然后拖曳选取刚才加载的整个板框，使之变成白色。

定义板形：执行设计/板子形状/根据选取对象定义板子命令，即可定义板形；按 Shift + S 键让编辑区恢复正常显示状态，如图 29 所示。

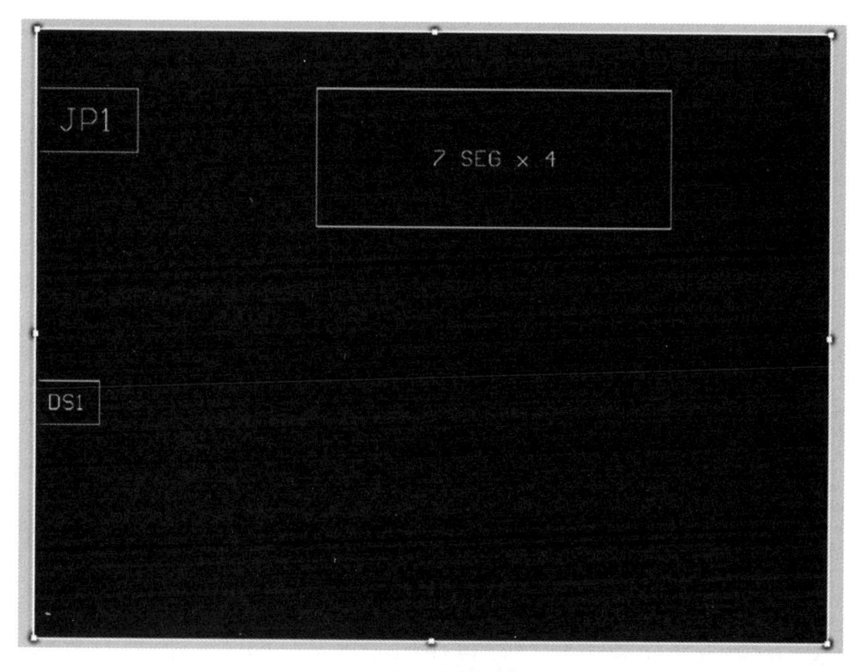

图 29 板形定义

设置相对原点：单击按钮出现下拉菜单，再单击按钮，进入**放置相对原点状态**，再指向新板框的左下角，单击鼠标左键即可于该处放置一个相对原点。

1-4-2 加载原理图数据

若要加载原理图数据，则执行设计/Import Change From S51_7SEG4. PrjPcb 命令，屏幕上出现如图 30 所示的对话框，其中包含许多设计更改动作与记录；而基本的设计更改动作，包括**新增元件**（Add Components）、**新增网络**（Add Nets）、**新增元件分类**（Add Component Classes）与**新增元件放置区域**（Add Rooms）等动作。首先单击 生效更改 按钮（❶）更改，而更改的结果都将记录在检测字段（❷）

里，若可顺利更改则出现绿色的勾，否则出现红色的叉。通常我们只要看新增元件项目是否全部成功就可以了，若有新增元件项目不成功（红色的叉），代表无法加载该元件，则后面的新增网络等，都会有不成功的项目。这种情况，需要单击 关闭 按钮关闭对话框，先返回原理图编辑区，确认无法新增的元件，所挂的封装（Footprint）是否正确、是否存在？若不存在，则再重新指定其他存在的封装。

工程更改顺序

修改					状态		
使能	作用	受影响对象		受影响文档	检测 ❷	完成 ❹	消息
☑	Add	DS0	To	MyPCB.PcbDoc			
☑	Add	DS1	To	MyPCB.PcbDoc			
☑	Add	JP1	To	MyPCB.PcbDoc			
☑	Add	JP2	To	MyPCB.PcbDoc			
☑	Add	KP1	To	MyPCB.PcbDoc			
☑	Add	PB0	To	MyPCB.PcbDoc			
☑	Add	Q1	To	MyPCB.PcbDoc			
☑	Add	Q2	To	MyPCB.PcbDoc			
☑	Add	Q3	To	MyPCB.PcbDoc			
☑	Add	Q4	To	MyPCB.PcbDoc			
☑	Add	R0	To	MyPCB.PcbDoc			
☑	Add	R1	To	MyPCB.PcbDoc			
☑	Add	R10	To	MyPCB.PcbDoc			
☑	Add	R11	To	MyPCB.PcbDoc			
☑	Add	R12	To	MyPCB.PcbDoc			
☑	Add	R13	To	MyPCB.PcbDoc			
☑	Add	R14	To	MyPCB.PcbDoc			
☑	Add	R15	To	MyPCB.PcbDoc			
☑	Add	R16	To	MyPCB.PcbDoc			
☑	Add	R20	To	MyPCB.PcbDoc			
☑	Add	R21	To	MyPCB.PcbDoc			
☑	Add	R22	To	MyPCB.PcbDoc			
☑	Add	R23	To	MyPCB.PcbDoc			
☑	Add	R30	To	MyPCB.PcbDoc			
☑	Add	R31	To	MyPCB.PcbDoc			

❶ 生效更改　❸ 执行更改　报告更改(R) (R)...　☐ 仅显示错误　关闭

图 30　工程更改顺序对话框

在认证的题目里，除考生自行设计的元件外，每个元件都有封装，所以在图 30 中的更改动作里，一般不会出现错误。单击 执行更改 按钮（❸）即可执行更改动作，而更改动作也会记录在完成字段（❹）里。最后，单击 关闭 按钮关闭对话框，所加载的原理图数据（包含元件与网络），将出现在编辑区右边的元件放置区域里，如图 31 所示。

图 31　加载原理图数据

1-4-3 元件布局

在元件布局方面，可遵守下列原则进行。

1. 根据题目要求，先将 JP1（连接器）、DS1（LED）与 DS2（七段数码管）放置到指定的矩形框内。
2. 依据原理图里元件的相对位置，就近放置，且尽可能让预拉线直一点、少一点交叉。

由于**元件放置区域**距离板框太远，元件布局效率较低，可先指向**元件放置区域**的空白处（没有元件的位置），按住鼠标左键不放，即可选中整个**元件放置区域**，然后将它移至板框上方。最后，再单击**元件放置区域**，按 Delete 键将它删除。

按 G 键拉出菜单，选择 0.025mm 选项，将格点间距设为最小，以方便元件排列。基本的元件放置方式为以拖曳方式移动元件，且在拖曳过程中，可按　键逆时针旋转元件，元件布局的顺序如下。

1. 先将题目要求的元件放置到指定位置。
2. 放置主要的元件，即 U2（AT89S51）、U1（LM7805CT），其中 U2 须在 DS2（七段数码管）下面，U1 须离 JP1 近一点。
3. 按照原理图，将 U2 微处理器电路的相关元件移到 U2 周围，U1 电源电路（离 JP1 近一点）的相关元件移到 U1 周围，而 U2 与 DS2（七段数码管）之间的接口元件也移至 U2 与 DS2 之间，如图 32 所示（建议位置）。

当然，除了题目要求的三个元件外，只要元件不在板框外即可。完成元件布局之后，元件标号的位置、方向，也要适度调整，让方向一致，且不要重叠或碰到其他对象（扣分）。一般的，元件标号的位置、方向并不计分，只是美观问题。R10~R17、R20~R27 可避免重叠，而没有显示元件标号，并不会扣分，所以，可将 R10~R17、R20~R27 的元件标号关闭。若要把 R10~R17、R20~R27 的元件标号关闭，则按住 Ctrl 键，再完整拖曳选取这几个元件标号，如图 33 所示。

单击编辑区右下方的 PCB 按钮，出现下拉菜单，再选取 PCB Inspector 选项，或直接按 F11 键，打开 PCB Inspector 面板，如图 34 所示。选择 Hide 选项，即可关闭选取的元件标号。

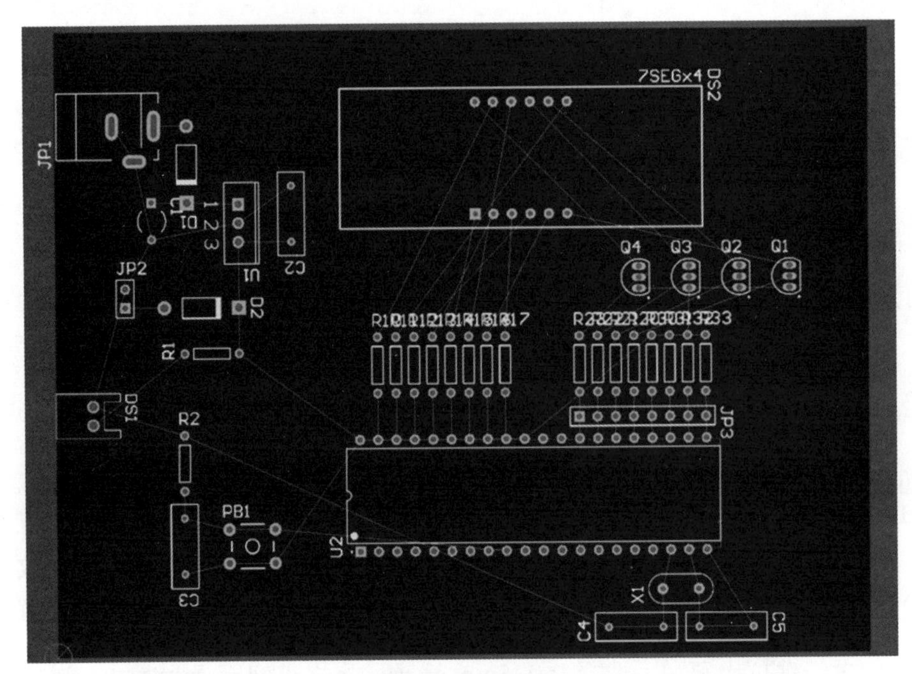

图 32　元件布局

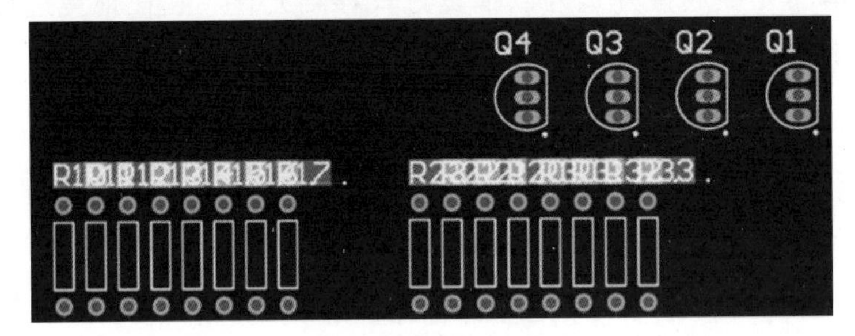

图 33　选择元件标号

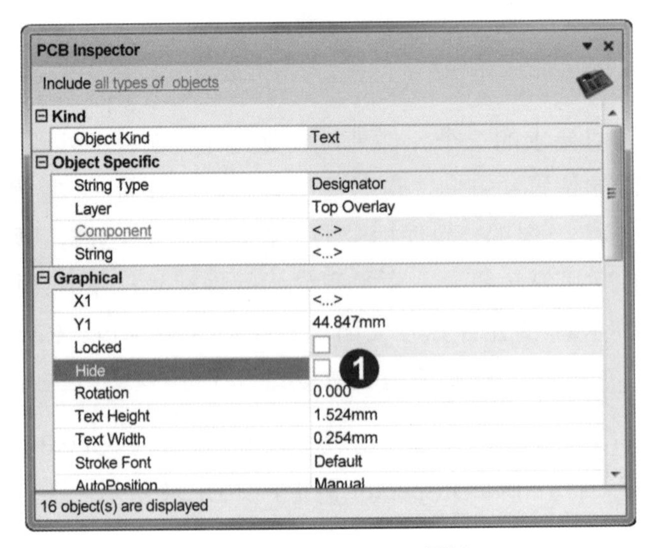

图 34　PCB Inspector 面板

完成元件布局，如图 35 所示。

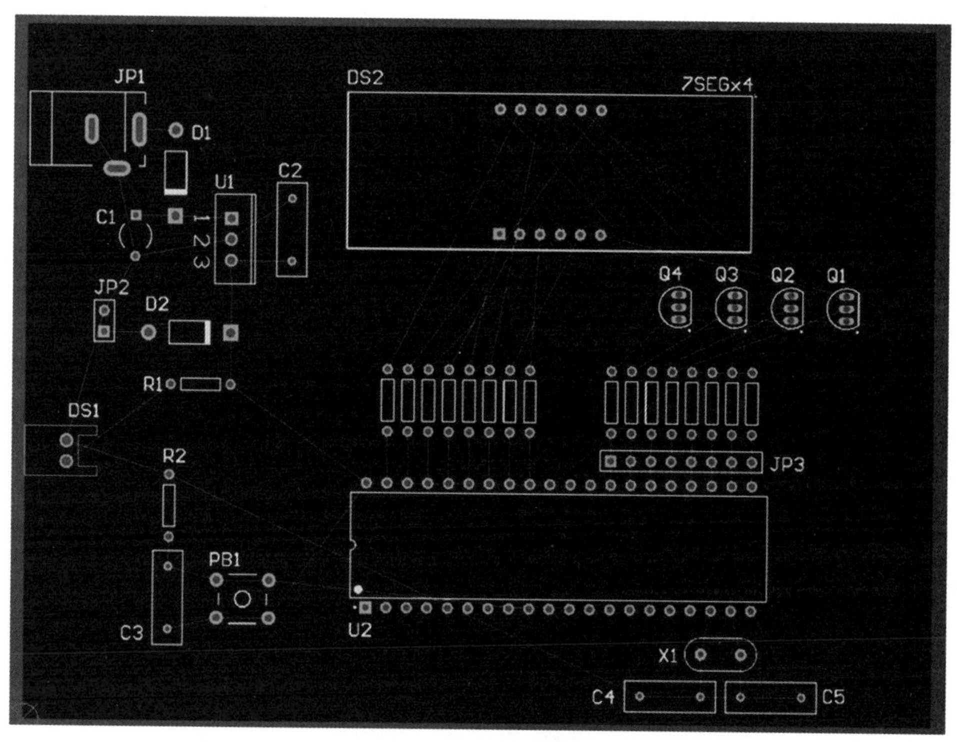

图 35 元件标号调整

1-4-4 建立网络分类

题目要求建立一个名为 **Power** 的网络分类，其中包括 GND、P1、P2、P3 与 VCC 网络。首先执行设计/分类命令，屏幕出现如图 36 所示的对话框（对象类浏览器）。指向左上方的 Net Classes 项（❶），单击鼠标右键，出现下拉菜单，再选择新增分类项目，即可在 Net Classes 项目下面建立 New Class 项目。再指向这个新增项目单击鼠标左键选取，再次单击鼠标左键，即可编辑此分类的名称，将它改为 **Power**。然后，指向这个项目，双击鼠标左键，则对话框左侧变为图 37 所示状态。

在左边的非成员区域里，选择 GND 项（❶），再单击 › 按钮（❷），即可将 GND 移到右边的成员区域，成为此网络分类的成员；以此类推，分别将 P1、P2、P3 与 VCC 移到成员区域，再单击 关闭 按钮关闭对话框即可。

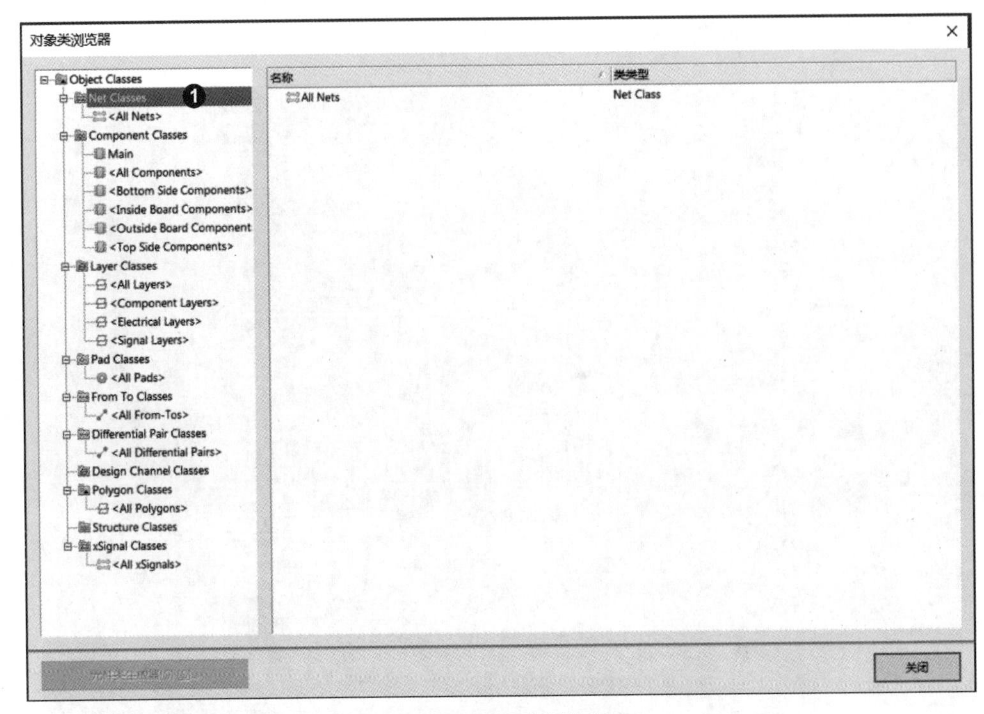

图 36　对象类浏览器

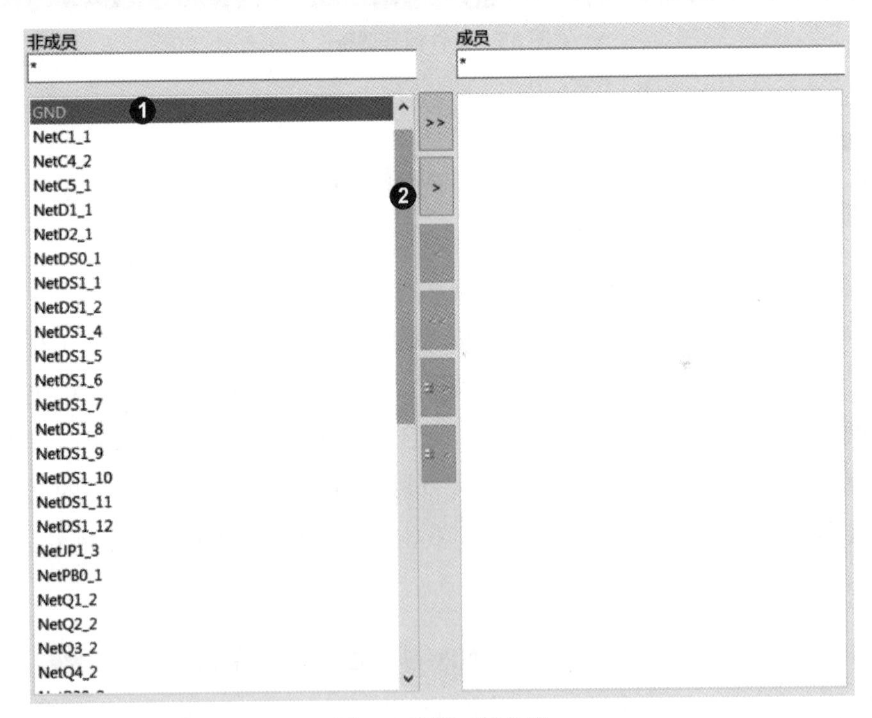

图 37　新建网络分类

1-4-5 制定设计规则

在此要将题目所指定的线宽等制定为设计规则。制定设计规则时，执行设计/设计规则命令，屏幕出现如图 38 所示的 PCB 规则及约束编辑器对话框。

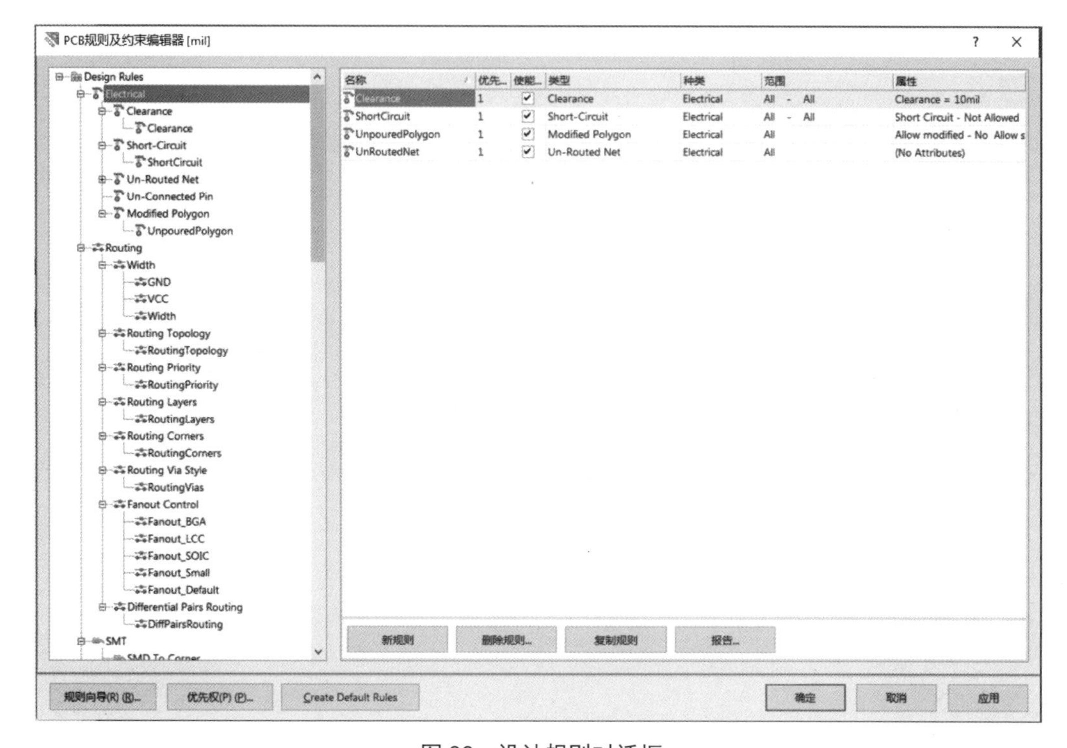

图 38　设计规则对话框

题目要求的 Electrical 相关设计规则

题目要求安全间距不得小于 0.406mm，且不允许短路，这两项属于 Electrical 项目规则，设定如下。

1. 指向 Electrical 项目下方的 Clearance 选项，双击鼠标左键，右边出现安全间距的设定区域。题目要求安全间距不得小于 0.406mm，所以在标示❶处（图 39），输入 0.406mm 即可。
2. 题目规定不可短路，而 Altium Designer 默认的设计规则本身不允许短路（Short Circuit - Not Allowed），所以不必再设定。

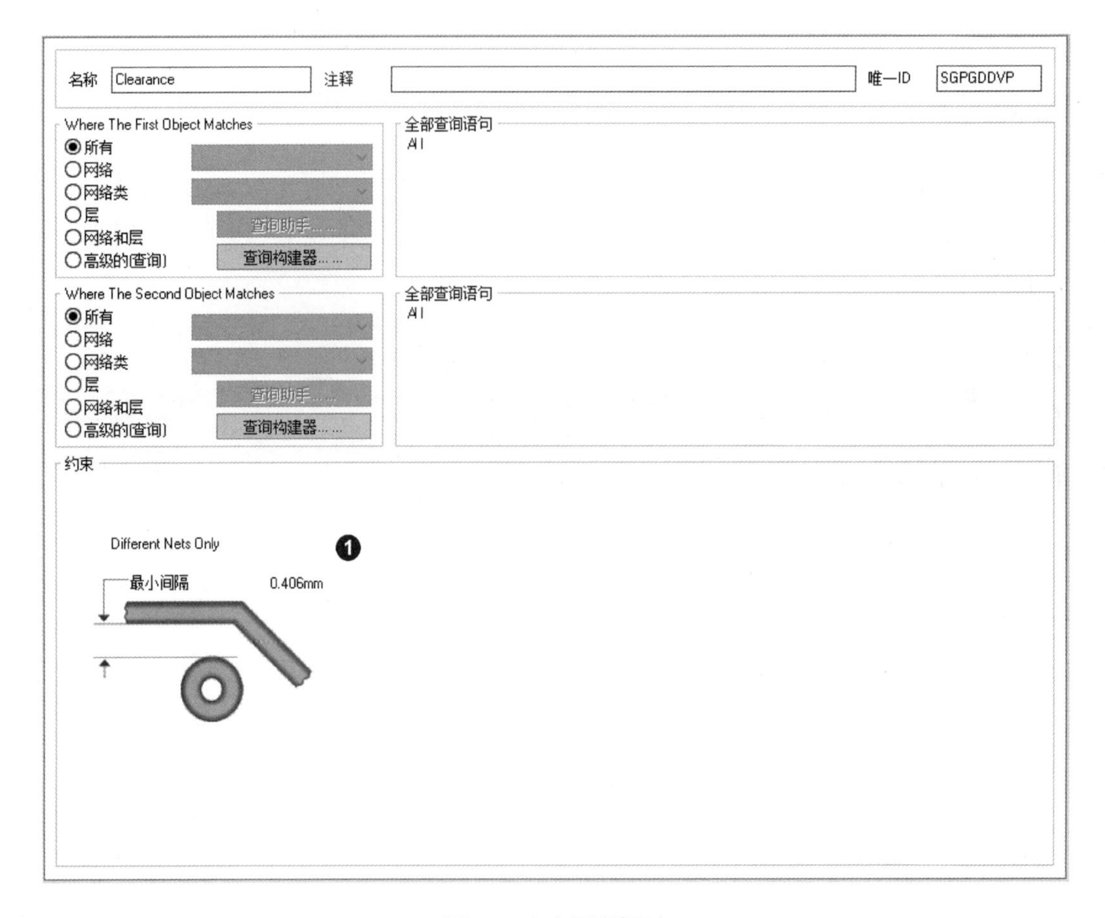

图 39　安全间距规则

题目要求的 Routing 相关设计规则

题目要求 Power 分类网络采用 0.762mm 线宽走线，而其他走线的最细线宽为 0.254mm、最宽线宽为 0.381mm、优选线宽为 0.305mm，这两项属于 Routing 项目下的 Width 项，设定如下。

1. 指向 Routing 项目左边的加号，单击鼠标左键，展开其下项目；再指向 Width 项，单击鼠标右键，出现下拉菜单，选择新增规则项，即可新增 Width_1。指向这个项目，双击鼠标左键，右边出现其线宽的设定区域，如图 40 所示。

   - 在名称字段里，将名称改为 **Power**（❶）。

- 选择网络类选项（❷），然后在其右上字段（❸）里选择 Power 选项。
- 在 Min Width 字段（❹）里输入 **0.762mm**，在 Preferred Width 字段（❺）里输入 **0.127mm**，在 Max Width 字段（❻）里输入 **1.524mm** 即可。

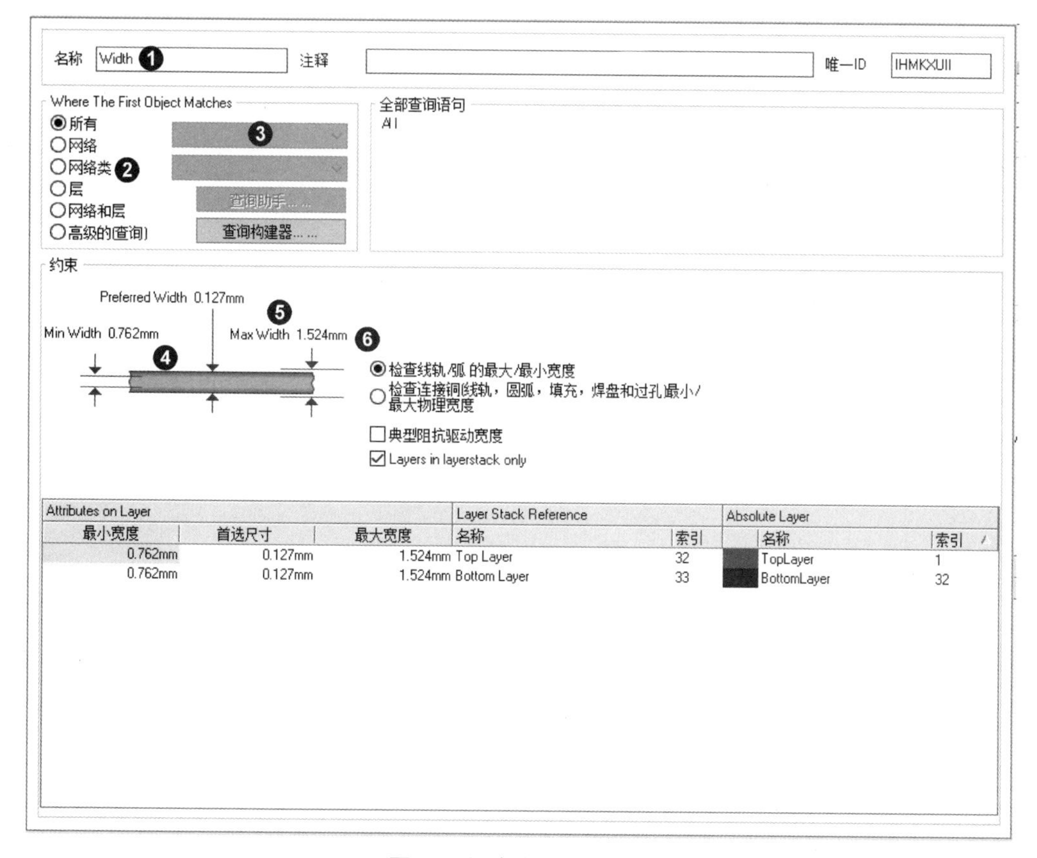

图 40　设定电源线宽规则

2. 指向左边 Routing 项目下面的 Width 项目，单击鼠标左键，右边出现其设定区域。然后在 Min Width 字段里输入 **0.254mm**，在 Preferred Width 字段里输入 **0.305mm**，在 Max Width 字段里输入 **0.381mm** 即可。

题目要求的 Manufacturing 相关设计规则

在制造方面，题目有两点要求，第一是钻孔的孔径必须在 0.025mm 与 3.3mm 之间，第二是丝印层的间距不得小于 0.01mm。这两项属于 Manufacturing 项，设定如下。

1. 指向 Manufacturing 项目左边的加号，单击鼠标左键，展开其下项目；再指向 Hole Size/HoleSize 项，单击鼠标左键，右边出现其设定区域，如图 41 所示。
   - 选择所有选项（❶）。
   - 在最小的字段（❷）里输入 **0.025mm**，然后在最大的字段（❸）里输入 **3.3mm**。

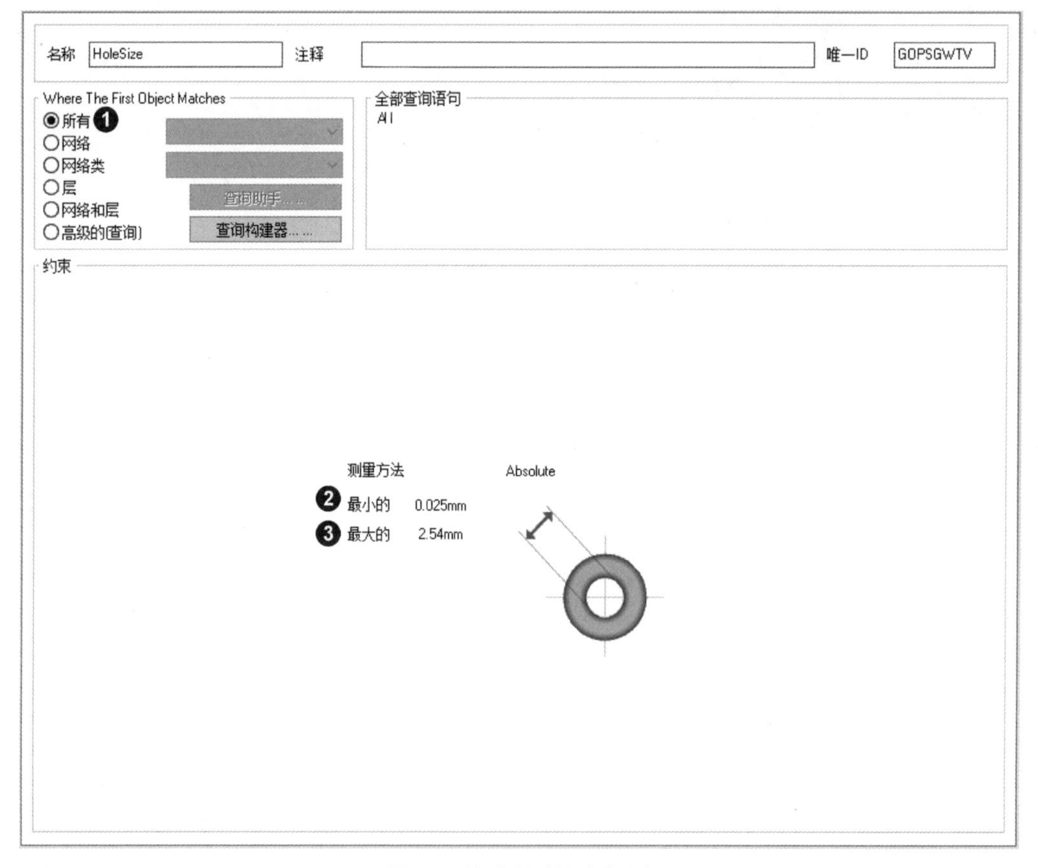

图 41　钻孔尺寸设定规则

2. 指向 Manufacturing 项目下的 Silk To Silk Clearance 项，单击鼠标左键，右边出现其设定区域，如图 42 所示。
   - 选择所有选项（❶、❷）。
   - 在丝印层文字和其他丝印层对象间距字段（❸）里输入 **0.01mm**。

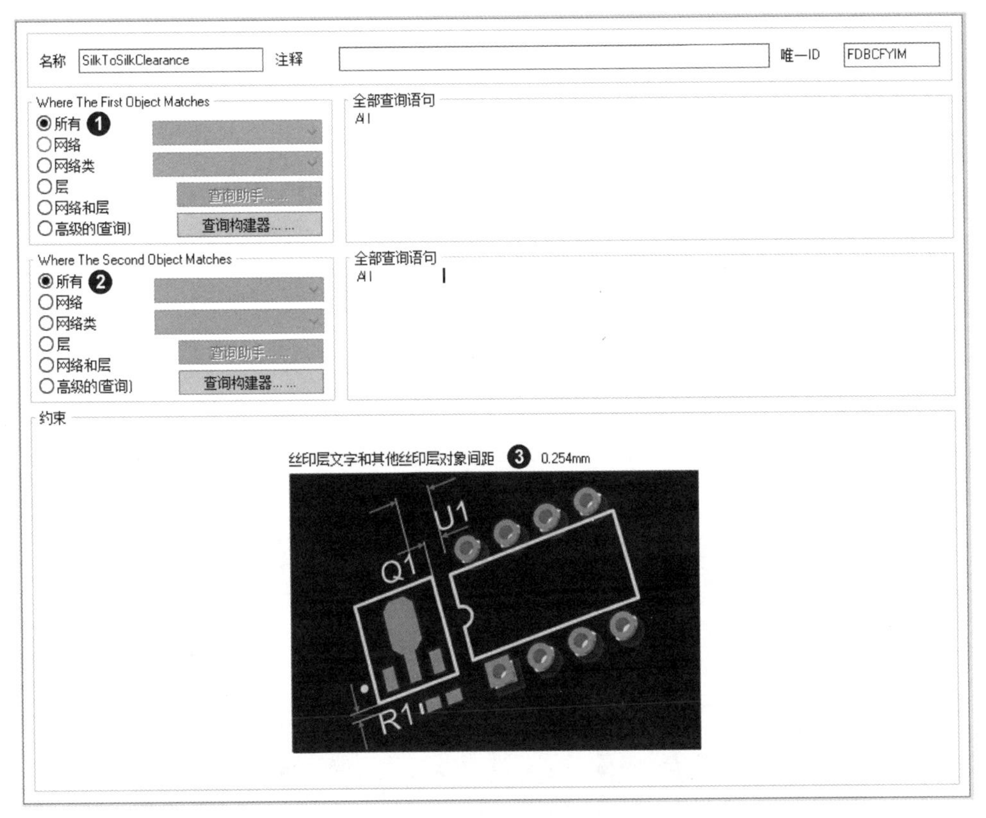

图 42 丝印层间距设定规则

完成上述设定后，单击 确定 按钮关闭对话框即可。

1-4-6 PCB 布线

本电路并不复杂，因此布线也不困难。虽然采用双面板布线，但题目规定过孔（Via）用量不可超过 3 个，所以不能随意使用过孔，这会使布线难度稍微增加。按下列准则与方法操作，则可快速有效地完成整块电路板的布线。

1. 若要进行交互式布线，可单击按钮，或按 P 、 T 键，进入**交互式布线状态**，光标变为十字线（动作光标）。若要结束布线，可单击鼠标右键或按 Esc 键。
2. 此处，布线层只有顶层（Top Layer）与底层（Bottom Layer），尽量固定每个层的走线方向，例如顶层水平走线（红色走线），底层垂直走线（蓝色走线）；相反亦可。

3. 切换布线层的方法，除了可按编辑区下方的层标签外，比较简单的方法是按 * 键。不管在哪个层，按 * 键就会切换到布线层。若原先是在顶层，按 * 键就会切换到底层；若原先是在底层，按 * 键就会切换到顶层。若是在布线过程中，除会切换层外，还会自动产生一个过孔。

4. 按功能区域布线，例如电源电路、微处理器电路、外围电路等，对**距离近的、简单的**部分先布线。如图 43 所示，由于元件布置合理，U2 与其上方的电阻器排列都很直，也很简单明了；而 U2 与其右下方的 X1、C4、C5 线路也很简单。当然可列为优先布线处。

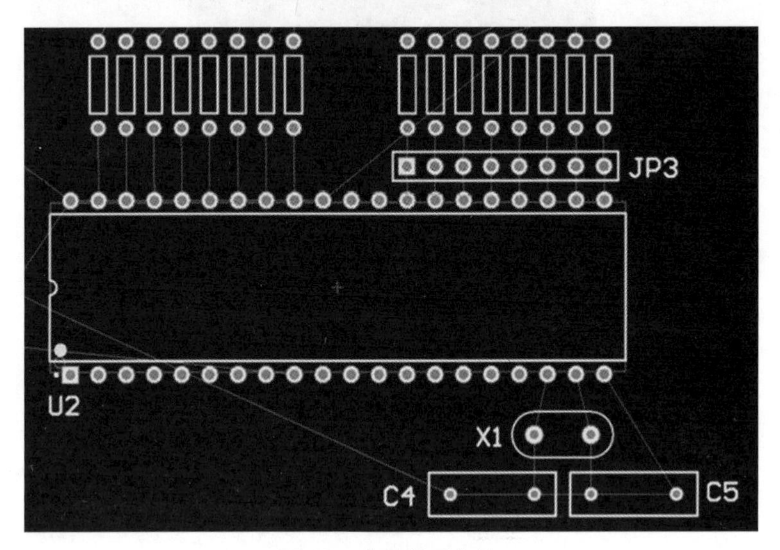

图 43　容易着手之处

从简单开始

在此将以顶层垂直线为主、底层水平线为主，所以先确定工作层为顶层。由于设计规则的关系，一般信号走线默认为 0.254mm 线宽、电源线为 0.762mm，自动设定线宽，不必再考虑线宽问题。按 P 、 T 键，即可进入**交互式布线状态**，指向起点焊盘单击鼠标左键，到目的焊盘再次单击鼠标左键、右键各一下，即可完成该直线布线，并可进行其他布线，如图 44 所示，简单、快速地完成此部分布线。

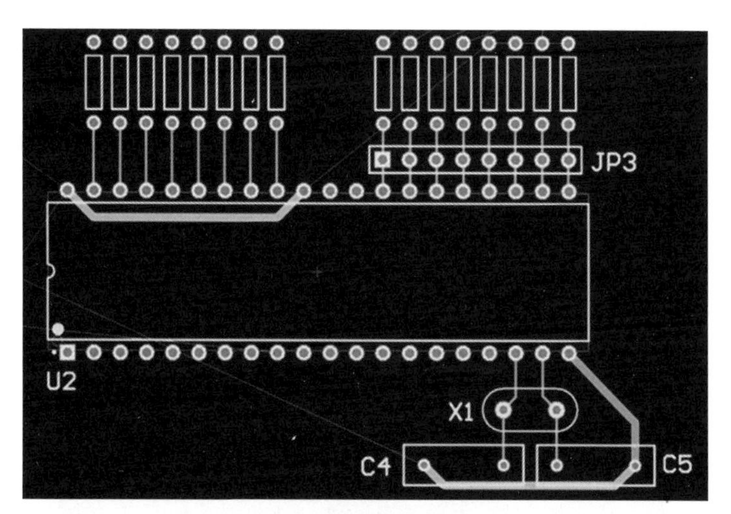

图 44　完成部分布线

复杂部分

在本题目中，大部分线路都非常简单，只有外围电路稍复杂一些，如图 45 所示。这一部分就无法完全按“**顶层布垂直线、底层布水平线**”的要求布线，而是以垂直线为主（依实际状态而定）。

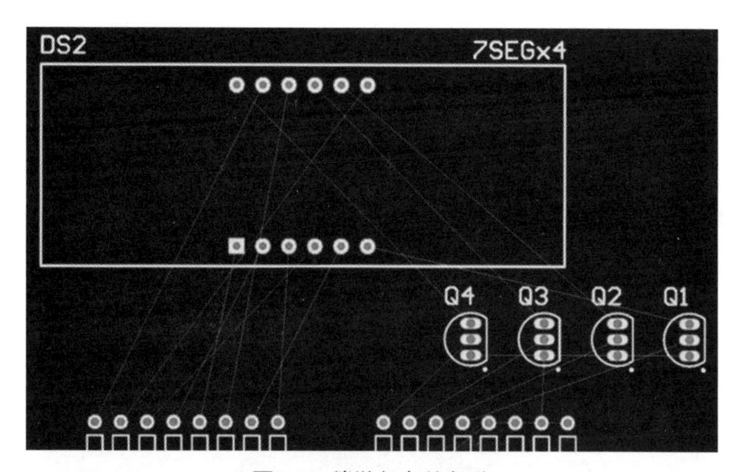

图 45　稍微复杂的部分

依据“能走的先走”的原则，操作如下。

1. 首先，由下方电阻器连接到 Q4~Q1 中间点焊盘（基极）的布线没有障碍，可以采用顶层布线方式完成。
2. Q4~Q2 上方焊盘连接到 DS2，也很平顺，可以采用顶层布线方式完成，但与 Q1 上方焊盘连接到 DS2 的线交叉；所以 Q1 上方焊盘连接到 DS2 的线，采用底层布线，可避免交叉。

3. 图 45 左下方的电阻器与 DS2 的连接，也有许多交叉！很明显，最右边电阻器可直接垂直顶层走线连接到上方 DS2，而其旁边的电阻器，同样是顶层走线，只需要先往下再绕上去即可。以此类推，即可完成这一部分交叉线较多的走线。

在图 46 里已完成布线，但此图为灰阶图，比较不容易区分蓝色（较亮）或红色线，必须仔细看才能区分。

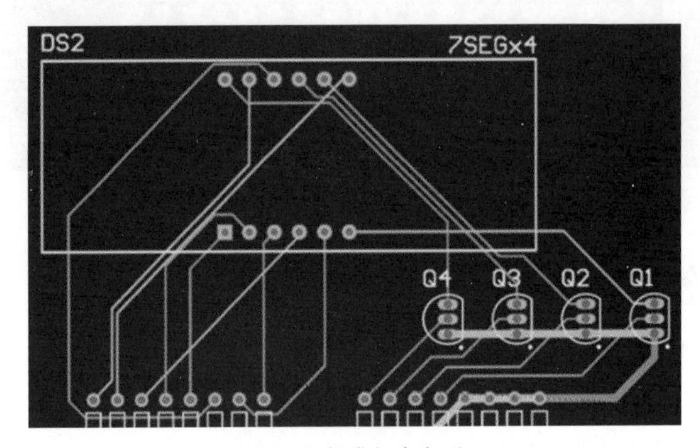

图 46 完成复杂部分

完成布线

上述说明只针对比较简单与比较复杂的部分，而所剩的部分，一般都是没有障碍的走线，也就是简单的布线，此处省略，不再描述。如图 47 所示为完成布线的参考图。

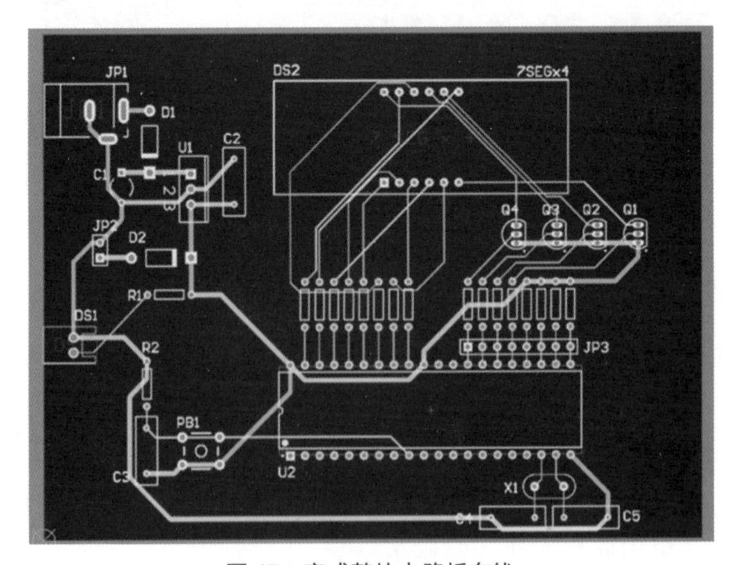

图 47 完成整块电路板布线

1-4-7 放置指定数据

题目要求在电路板上方放置钻孔表与三项数据（表 6），操作如下。

考生资料

考生数据包括**考生姓名**、**准考证号**两项，没有位置要求，但一定要在 Top Overlay 层（黄色）。因此，先切换到 Top Overlay 层，再按下列步骤操作。

1. 单击A按钮进入**放置字符串状态**，光标上已有一个浮动的字符串，按Tab键打开其属性对话框，如图 48 所示。

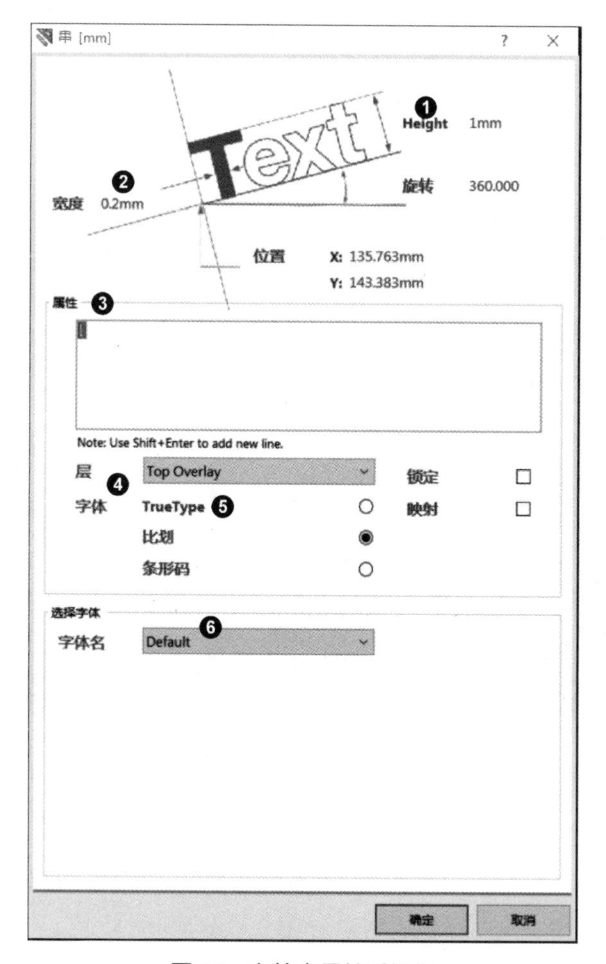

图 48 字符串属性对话框

2. 在文字字段里输入姓名（❸），例如王小明，层字段（❹）保持为 **Top Overlay**。
3. 选取 True Type 选项（❺），在字体名字段（❻）指定为**微软正黑体**，或其他中文字型。

4. 将 Height 字段（❶）设定为 **3mm**，再单击 确定 按钮关闭对话框，光标上将出现浮动的“王小明”，移至合适位置（不要覆盖到焊盘或其他 Top Overlay 对象），单击鼠标左键，即可固定于该处。
5. 光标上仍有一个浮动的“王小明”，按 Tab 键打开其属性对话框，如图 48 所示。
6. 输入准考证号，则在文字字段里输入准考证号（❸），例如 **x12345678**。
7. 选取比划选项（❺），在字体名字段（❻）指定为 **Default**。
8. 将 Height 字段（❶）设定为 **1.5mm**，将宽度字段（❷）设定为 **0.2mm**。再单击 确定 按钮关闭对话框，光标上将出现浮动的“x12345678”，移至合适位置（不要覆盖到焊盘或其他 Top Overlay 对象），单击鼠标左键，即可固定于该处。
9. 最后，单击鼠标右键结束**放置字符串状态**，如图 49 所示。

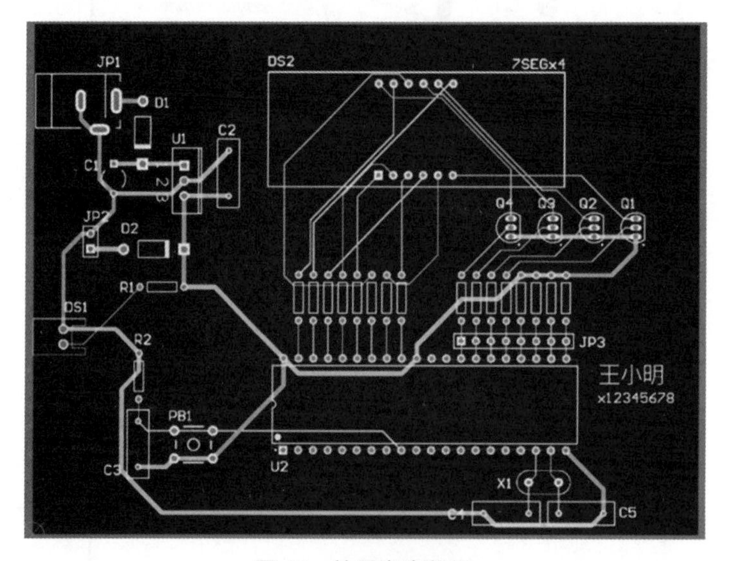

图 49 放置考生数据

层名称

题目要求将层名称放在 Mechanical 1 层，而层名称必须以**.Printout Name** 特殊字符串方式，才能在不同的层上显示该层的名称。因此，先切换到 Mechanical 1 层（桃红色），再按下列步骤操作。

1. 单击 A 按钮进入**放置字符串状态**，光标上已有一个浮动的字符串，按 Tab 键打开其属性对话框，如图 48 所示。

2. 在文字字段（❸）里输入**.Printout Name**，层字段（❹）保持为 **Mechanical 1**。
3. 选取比划选项（❺），在字体名字段（❻）保持为 **Default**。
4. 将 Height 字段（❶）设定为 **3mm**，将宽度字段（❷）设定为 **0.2mm**。再单击 确定 按钮关闭对话框，光标上将出现浮动的“.Printout Name”，移至电路板左上方，单击鼠标左键，即可固定于该处。
5. 最后，单击鼠标右键结束**放置字符串状态**，如图 50 所示。

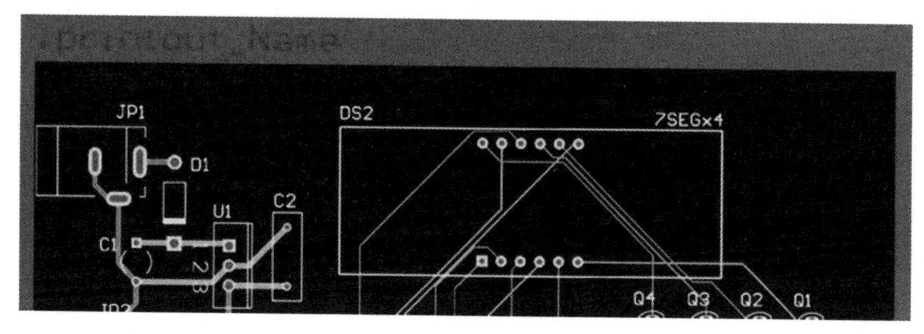

图 50　放置层名称

钻孔表

题目要求将钻孔表（Drill Table）放在打印层名称“.Printout_Name”之上，在 Altium Designer 里可使用专用命令来放置钻孔表。执行放置/钻孔表命令，光标上将出现红色的钻孔表，随光标而动。移至电路板上方的“打印层名称”的上方，单击鼠标左键即可，其结果如图 51 所示。

Symbol	Hit Count	Finished Hole Size	Plated	Hole Type	Physical Length	Rout Path Length
[illegible]	1	0.800mm (31.50mil)	PTH	Slot	2.800mm (110.24mil)	2.000mm (78.74mil)
[illegible]	1	0.900mm (35.43mil)	PTH	Slot	2.500mm (98.43mil)	1.600mm (62.99mil)
[illegible]	1	0.900mm (35.43mil)	PTH	Slot	3.300mm (129.92mil)	2.400mm (94.49mil)
[illegible]	2	1.270mm (50.00mil)	PTH	Round		
[illegible]	3	1.100mm (43.31mil)	PTH	Round		
[illegible]	4	0.800mm (31.50mil)	PTH	Round		
[illegible]	4	1.000mm (39.37mil)	PTH	Round		
[illegible]	4	1.200mm (47.24mil)	PTH	Round		
[illegible]	8	0.700mm (27.56mil)	PTH	Round		
[illegible]	12	0.762mm (30.00mil)	PTH	Round		
[illegible]	36	0.850mm (33.46mil)	PTH	Round		
[illegible]	62	0.900mm (35.43mil)	PTH	Round		
	138 Total					

图 51　放置钻孔表

1-4-8 设计规则检查

按前述内容依次操作，一般不会有违反设计规则的事，但是题目要求必须进行设计规则检查。若要执行设计规则检查，则执行工具/设计规则检查命令，然后在随即出现的对话框里，保持预设选取的所有检查项目，再单击左下方的 执行设计规则检查 (R)... 按钮，即可进行设计规则检查，并将检查结果列在 Messages 面板及 Design Rule Verification Report 标签页里。若没有问题，Messages 面板是空的；若有问题，可依照 Messages 面板里列出的项目，到电路图编辑区或电路板编辑区检查与修改。

1-5 设计输出

在 1-4 节里已完成所有设计工作，在此将依据题目的要求，产生所需要的输出文件，包括材料清单（Bill of Materials, BOM）、Gerber 文件与钻孔文件（NC Drill）。在此所产生的设计输出都放在项目文件夹里的 Project Outputs for S51_SEG4 文件夹。

1-5-1 输出材料清单

当我们要输出元件表时，依题目要求，先切换到电路图编辑区，再执行报告/Bill of Materials 命令，屏幕出现如图 52 所示的对话框。题目要求在所产生的元件表里，其字段由左至右排列为 Designator、Comment、Description、LibRef、Footprint、Quantity，在此请按下述操作。

1. 若有未按顺序者，则指向域名（❶），按住鼠标左键，拖曳到按顺序的字段位置，即可调整其字段顺序。
2. 确定输出格式为 Excel 格式（❷），预设本身就是 Excel 格式，并选择添加到工程选项（❸），让产生的材料清单添加到工程。
3. 单击模板字段右边的 ... 按钮（❹），并在随即出现的对话框里，加载题目指定的 **BOM.xlsx** 模板文件。
4. 单击 输出 (E)... 按钮（❺），然后在随即出现的存档对话框里，指定文件名为 **MyPCB**，再单击 保存 (S) 按钮，即可输出材料清单。最后，单击 取消 (C) 按钮关闭**元件库对话框**。

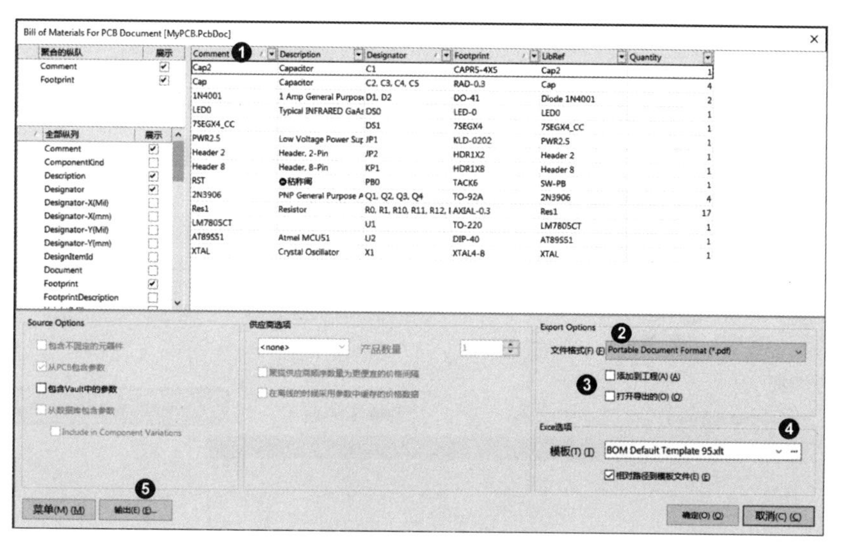

图 52　材料清单对话框

1-5-2 输出 Gerber 文件

若要产生 Gerber 文件，则切回电路板编辑环境，再执行文件/辅助制造输出/Gerber Files 命令，在随即出现的对话框里，切换到层页，如图 53 所示。

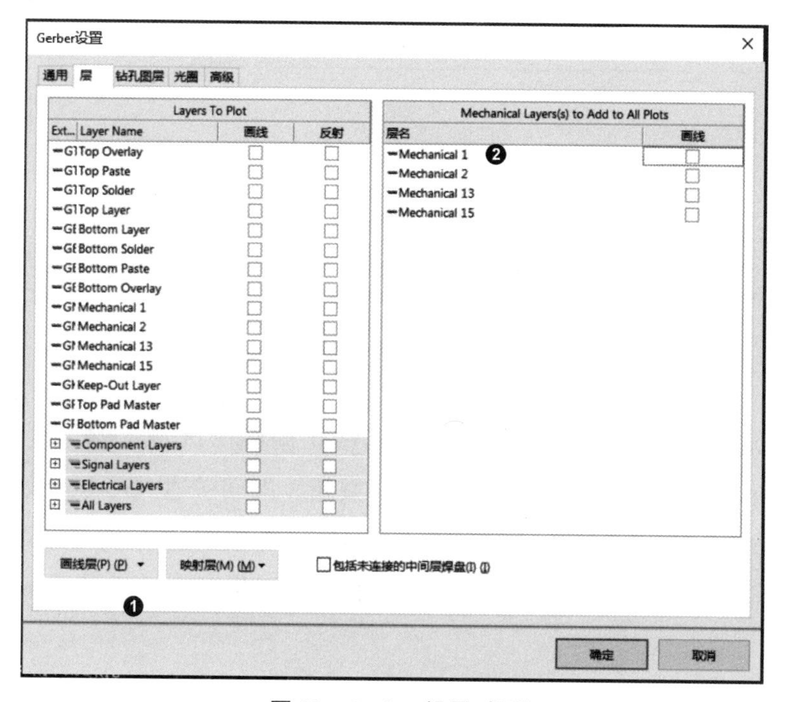

图 53　Gerber 设置对话框

单击左下方的 画线层 (P) ▾ 按钮（❶），出现下拉菜单，再选择使用选项，让程序自动选择输出层；再选择 Mechanical 1 右边的选项（❷）。然后，单击上方的钻孔图层标签，切换到钻孔图层页，如图 54 所示。

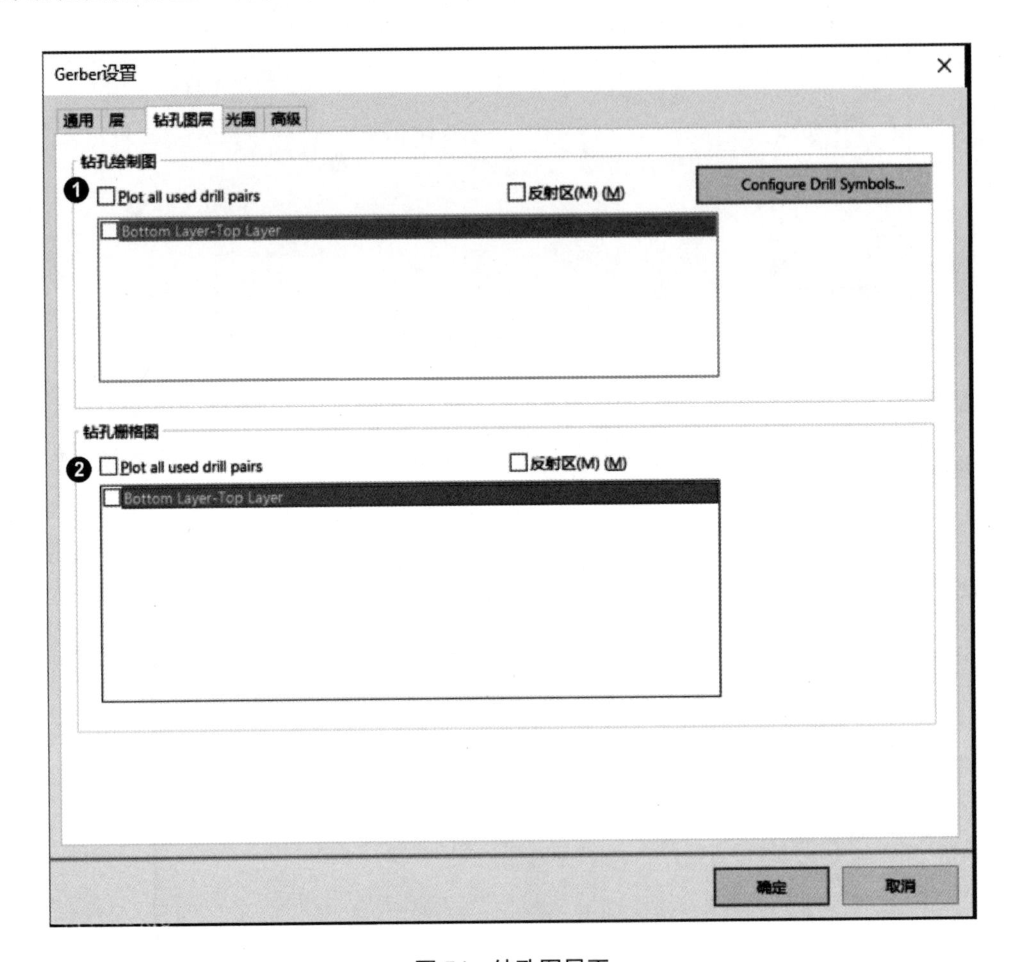

图 54 钻孔图层页

分别选择钻孔绘制图区域（❶）与钻孔栅格图区域（❷）里的 Plot all used drill pairs 选项，最后单击 确定 按钮，即可产生 Gerber 文件，并打开 CAMTastic1.CAM 文件，如图 55 所示。题目要求将它存为 Gerber.CAM，则按 Ctrl + S 键，并在随即出现的对话框里，指定存为 Gerber.CAM 即可。

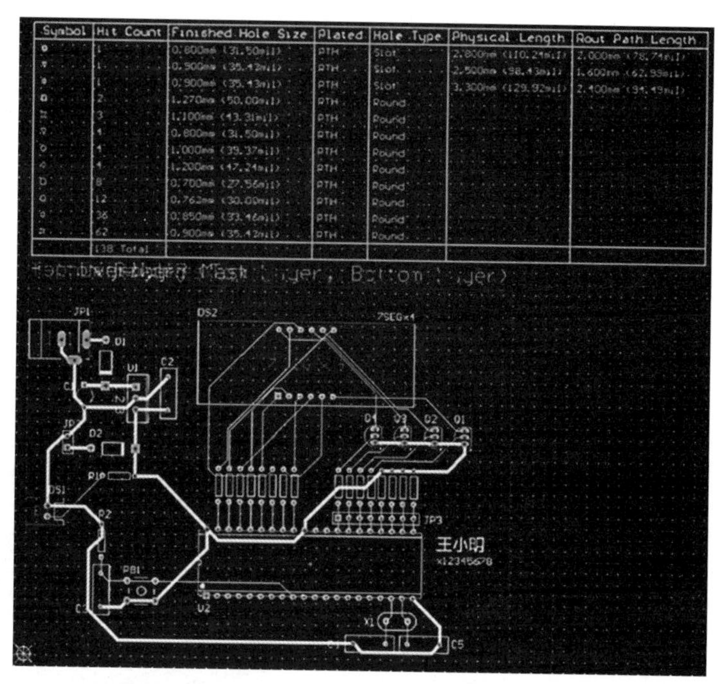

图 55　Gerber.CAM

1-5-3　输出钻孔文件

当我们要产生钻孔文件时，先切换到 PCB 编辑区，再执行文件/辅助制造输出/NC Drill Files 命令，然后在随即出现的对话框里，单击 确定 按钮。屏幕再次出现一个对话框，再次单击 确定 按钮；屏幕再次出现一个对话框，再单击 确定 按钮，即可产生钻孔文件，并打开 CAMTastic2.CAM 文件，如图 56 所示。题目要求将它存为 NC.CAM，则按 Ctrl + S 键，并在随即出现的对话框里，指定存为 NC.CAM 即可。

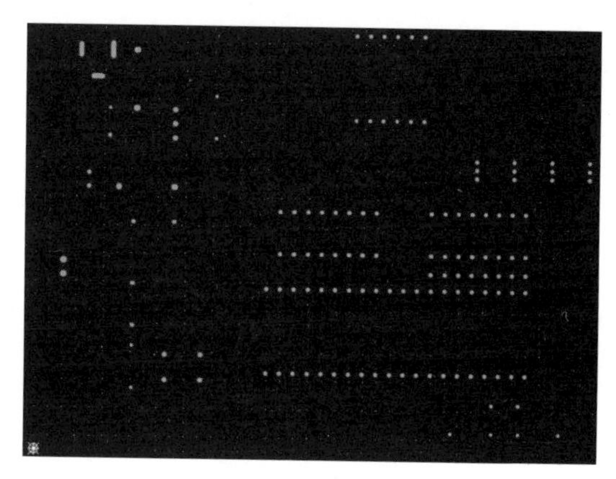

图 56　NC.CAM

1-6 训练建议

Altium 应用电子设计认证的绘图考试时间为 **90 分钟**，其中可分为元件库编辑（1-2 节）、原理图设计（1-3 节）、电路板设计（1-4 节）与设计输出（1-5 节）等四部分，考试时，按顺序依次进行。

第二章

绘图操作第二题

LED 数组电路

- 认识题目
- 元件库编辑
- 原理图设计
- 电路板设计
- 设计输出
- 训练建议

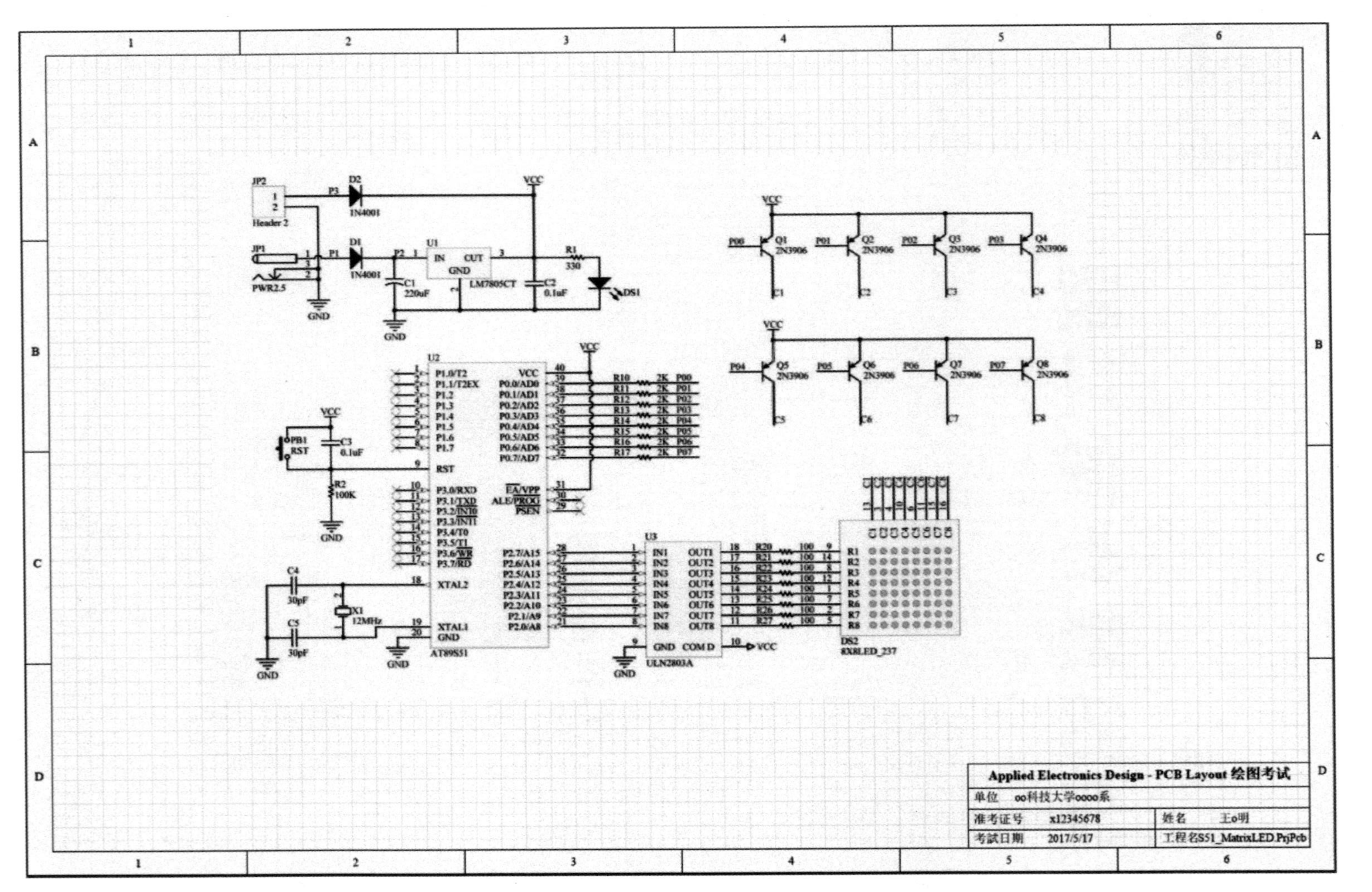
Applied Electronics Design - PCB Layout 绘图考试
单位 oo科技大学oooo系
准考证号 x12345678
姓名 王o明
考试日期 2017/5/17
工程名S51_MatrixLED.PrjPcb

图1 参考电路图

2-1 认识题目

试题名称：S51_ MatrixLED（LED 数组电路）

本试题目的是验证考生具有基本元件库编辑、项目管理、原理图设计与电路板设计能力，并能输出辅助制造的相关文件。

计算机环境需求

1. 操作系统：Windows 7（或后续版本）。
2. 使用版本：Altium Designer 16。
3. 语言设定：简体中文。

供考生使用的文件

1. **AED_PCB1.PcbLib**：元件封装库文件。
2. **AED_PCB1.SchLib**：元件符号库文件。
3. **BOM.xlsx**：BOM 材料清单文件。
4. **LM7805.PDF**：LM7805 数据手册。
5. **S51_MatrixLED.DXF**：电路板板框文件。
6. **SCH_template.SchDot**：原理图模板文件。
7. **绘图操作考题 S51_MatrixLED.PDF**：本考题的文件，含附录一[①]（电路图）。

注意事项

☺ 提供的文件统一保存在 S51_MatrixLED 文件夹中，若有缺少文件，须于开始考试 20 分钟内提出，并补发。超过 20 分钟后提出补发，将扣 5 分。

☺ 考生所完成的文件，请存放于此文件夹，并将文件夹压缩为以准考证号为文件名的压缩文件。若没有产生此压缩文件，将不予评分（0 分）。

考试内容

本认证分为四个部分，分别是元件库编辑、原理图设计、电路板设计与设计输出，各部分的设计方法与顺序，全由考生自行决定。以下是各部分的参考设计流程概要与要求。

---

① 书中“附录一”内容见本书配套网络资源，后文不再说明。

元件库编辑

1. 元件库建立流程

   1.1 新建元件库项目文件，并将题目提供的元件符号库文件与元件封装库文件，加载到此项目，并保存。

   1.2 打开 PCB 元件封装库文件，并新增一个封装。

      1.2.1 定义此封装的属性与元件名称。

      1.2.2 放置封装焊盘，并参考原点，绘制外形图案。

      1.2.3 保存文件。

   1.3 打开元件符号库文件，并新增一个元件符号。

      1.3.1 放置元件引脚，并绘制外形图案。

      1.3.2 加载封装。

      1.3.3 保存文件。

      1.3.4 生成元件集成库。

2. 元件库创建的各项要求

   2.1 新建元件库项目（文件名为 AED_PCB1.LibPkg），并将题目所给出的 AED_PCB1.SchLib、AED_PCB1.PcbLib 加载到此元件库项目。

   2.2 新增 TO-220 封装，其焊盘属性规格，如表 1 所示。

表 1　TO-220 焊盘属性表

焊盘序号	焊盘板层	钻孔孔径	钻孔形状	焊盘尺寸	焊盘形状	间距
1	Multi-Layer	1.1mm	圆孔	1.7mm*1.7mm	Rectangular	2.54mm
2	Multi-Layer	1.1mm	圆孔	1.7mm*1.7mm	Round	2.54mm
3	Multi-Layer	1.1mm	圆孔	1.7mm*1.7mm	Round	2.54mm

   2.3 TO-220 封装的外形线条属性规格，如表 2 所示。

表 2　TO-220 线条属性表

线段线宽	线段层	外框范围-宽	外框范围-上高	外框范围-下高	方向指示线
0.2mm	Top Overlay	11mm	3mm	2mm	上方

   2.4 定义封装原点 Pin 2。

   2.5 TO-220 尺寸要求如图 2 所示（文字尺寸自行设定）。

图 2 TO-220 尺寸图

2.6 AED_PCB1.SchLib 文件中新增 LM7805CT 元件，其元件引脚属性如表 3 所示。

表 3 LM7805CT 元件引脚属性表

引脚编号	引脚名称	引脚长度	引脚名称之间距	引脚名称之方向
1	IN	20	x	x
2	GND	20	1	90 Degrees
3	OUT	20	x	x

2.7 LM7805CT 元件图参考范例如图 3 所示。

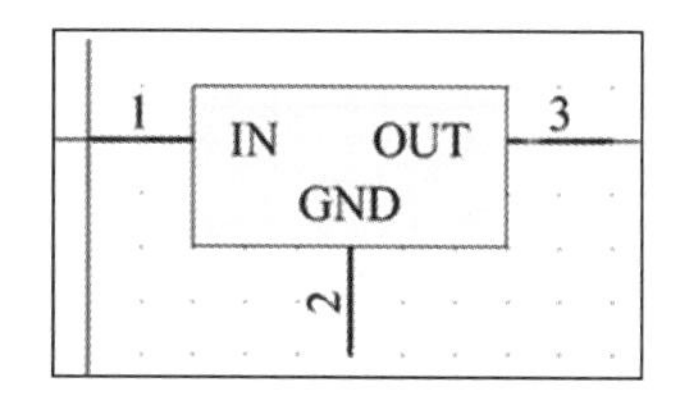

图 3 LM7805C T 元件符号（Symbol）

2.8 LM7805CT 加载封装 TO-220。

2.9 建立元件集成库文件，如图 4 所示。

图 4 元件集成库文件

原理图设计

1. 原理图绘制流程

1.1 新建 PCB 工程文件和原理图文件并保存。

1.2 套用原理图模板文件。

1.3 放置元件。

1.4 连接线路。

1.5 放置网络标号、电源符号、接地符号及 NoERC 符号。

1.6 原理图编译检查。

1.7 保存原理图。

2. 原理图绘制-绘图操作各项目要求

使用所提供的元件属性表（请参照表 4）以及原理图（附录一）完成原理图绘制，此线路需符合附录一的电路图（包含模板、元件、线路连接、网络标号、电源/接地、NoERC 符号等）。而 ERC 检查需无任何错误项目，如线路连接有误、对象属性定义有误、图件少放/浮接、模板套用有误等，都会扣分。

2.1 新建 PCB 工程（文件名 S51_MatrixLED.PrjPcb）及原理图文件（文件名 Main.SchDoc）。

2.2 套用原理图模板文件（SCH_template.SchDot），并需依规定填入参数值内容，如“王〇明”。

Applied Electronics Design - PCB Layout绘图考试	
单位　〇〇科技大学〇〇〇〇系	
准考证号　xxxxxxxx123	姓名　王〇明
考试日期　YYYY/MM/DD	工程名称　S51_MatrixLED.PrjPcb

2.3 元件属性表如表 4 所示。

表 4　元件属性表

元件标号 Designator	元件值 Comment	放置元件名称 Design Item ID	封装 Footprint	元件库 Library Name
C1	220uF	Cap2	CAPR5-4X5	AED_PCB1.IntLib
C2, C3	0.1uF	Cap	RAD-0.3	AED_PCB1.IntLib
C4, C5	30pF	Cap	RAD-0.3	AED_PCB1.IntLib
D1, D2	1N4001	Diode 1N4001	DO-41	AED_PCB1.IntLib
DS1	LED0	LED0	LED-0	AED_PCB1.IntLib
DS2	8X8LED_237	8X8LED_237	8X8LED_237	AED_PCB1.IntLib
JP1	PWR2.5	PWR2.5	KLD-0202	AED_PCB1.IntLib
JP2	Header 2	Header 2	HDR1X2	AED_PCB1.IntLib
PB1	RST	SW-PB	TACK6	AED_PCB1.IntLib
Q1, Q2, Q3, Q4, Q5, Q6, Q7, Q8	2N3906	2N3906	TO-92A	AED_PCB1.IntLib
R1	330	Res1	AXIAL-0.3	AED_PCB1.IntLib

续表

元件标号 Designator	元件值 Comment	放置元件名称 Design Item ID	封装 Footprint	元件库 Library Name
R2	100K	Res1	AXIAL-0.3	AED_PCB1.IntLib
R10,R11,R12,R13, R14,R15,R16,R17	2K	Res1	AXIAL-0.3	AED_PCB1.IntLib
R20,R21,R22,R23, R24,R25,R26,R27	82	Res1	AXIAL-0.3	AED_PCB1.IntLib
U1	LM7805CT	LM7805CT	TO-220	AED_PCB1.IntLib
U2	AT89S51	AT89S51	DIP-40	AED_PCB1.IntLib
U3	ULN2803A	ULN2803A	DIP18	AED_PCB1.IntLib
X1	12MHz	XTAL	XTAL4-8	AED_PCB1.IntLib

电路板设计

1. 电路板设计流程

   1.1 添加 PCB 文件到工程。

   1.2 导入 PCB 板框文件，并设置 4 个装配孔（3.3mm）。

   1.3 定义板型，并设置相对原点。

   1.4 设定网络分类。

   1.5 设定设计规则。

   1.6 更新原理图数据到 PCB。

   1.7 元件布局。

   1.8 PCB 布线。

   1.9 放置字符串。

   1.10 设计规则检查。

   1.11 保存 PCB 文件。

2. 电路板设计-实际操作各项要求

   2.1 新建 PCB 文件，文件名为 MyPCB.PcbDoc，使用单位为 mm。

   2.2 导入 PCB 板框文件（S51_MatrixLED.DXF）。

   2.3 定义板型，并在板子左下角处设置相对原点。

   2.4 设置 4 个装配孔，其位置在板框的标示圆圈里，而其属性如表 5 所示。

表 5　装配孔属性表

焊盘序号	焊盘层	钻孔孔径	钻孔形状	焊盘尺寸	焊盘形状	装配孔数量
0	Multi-Layer	3.3mm	圆孔	3.3mm*3.3mm	Round	共 4 个

2.5　设定 Power 分类，其中包括 GND、VCC、P1、P2 与 P3 网络。

2.6　设计规则如表 6 所示，其他设计规则按默认值（不得更改）：

表 6　设计规则表

规则类别	规则名称	范围	设　定　值	优先等级
Electrical	Clearance	All-All	0.406mm	1
Electrical	ShortCircuit	All-All	Not Allowed	1
Routing	Width	Power 分类	0.762mm	1
Routing	Width	All-All	（最小）0.254mm–（推荐）0.305mm–（最大）0.381mm	2
Manufacturing	SilkToSilkClearance	All-All	0.01mm	1
Manufacturing	HoleSize	All	最大 3.3mm、最小 0.025mm	1

2.7　更新原理图数据到电路板：将绘制完成的原理图数据更新到电路板中，其中项目都要准确无误。

2.8　元件布局

2.8.1　在电路板中进行元件布局，元件需放置在板框内，且仅限放置于 Top Layer 层。

2.8.2　依板框文件放置在规定的位置，放置电源接头（JP1）、LED（DS1）及 8×8 LED 数组（DS2）。

2.8.3　元件放置角度仅限于 0 度/360 度、90 度、180 度与 270 度。

2.9　PCB 布线

2.9.1　布线不得超出板框。

2.9.2　可在 Top Layer 与 Bottom Layer 布线。

2.9.3　不得构成线路回路（loop）。

2.9.4　不得有 90 度或小于 90 度锐角布线。

2.9.5　过孔（Via）用量不得超过 3 个。

2.9.6　布线不可从封装焊盘间穿过。

2.10　放置钻孔符号表与字符串（输出层名称/考生数据）：

2.10.1 放置 Drill Table，将 Drill Table 放至字符串.Printout_Name 上方。

2.10.2 在 Top Overlay 层上放置考生数据，不可重叠。

2.10.3 输出层名称与考生数据的属性，如表 7 所示。

表 7　输出层名称与考生数据属性

字符串	位置	线宽	高度	文字	层	字体	字体名
输出层名称	板框上方	0.2mm	3mm	.Printout_Name	Mechanical 1	比划	Default
考生资料	板框内空白处	x	5mm	考生姓名	Top Overlay	True Type	Default
考生资料	板框内空白处	0.2mm	1.5mm	准考证号	Top Overlay	比划	Default

2.11 设计规则检查

2.11.1 设计规则检查报告（Report Options）选项全部勾选。

2.11.2 检查基本六项规则（Rule To Check），勾选 Clearance、ShortCircuit、UnRoutedNet、Width、SilkToSilkClearance、NetAntennae 实时及批次等选项。

2.11.3 执行设计规则检查，而在 DRC 报表页中，不可出现警告或违规项目，否则按规定扣分。

设计输出

1. 输出文件项目如下

1.1 BOM 表（Bill of Materials）。

1.2 Gerber 文件。

1.3 钻孔文件（NC Drill files）。

2. 输出文件-实际操作各项目要求

2.1 BOM 表（Bill of Materials）

2.1.1 BOM 表文件格式需为 Microsoft Excel Worksheet 文档，并加载到 PCB 工程。

2.1.2 输出字段顺序请依规定由左至右排列为：Designator、Comment、Description、LibRef、Footprint、Quantity。

2.1.3 需依规定套用所提供的 BOM.xlsx 模板文件。

2.1.4 需在原理图编辑环境下生成 BOM 表。

2.2 Gerber 文件

2.2.1 Gerber 文件要求：需有*.GTO、*.GTS、*.GTL、*.GBL、*.GBS、*.GM1、*.GM2 层，并附加机构层 1 到各 Gerber 文件中，各 Gerber 文件需包含在考生文件夹中。

2.2.2 钻孔图要求：需有*.GD1（孔径图）、*.GG1（孔位图），并使用字符符号输出，各文件需包含在考生文件夹中。

2.2.3 输出后的*.Cam 文件需将其名称存为 Gerber.Cam，并加载到 PCB 工程。

2.3 钻孔文件（NC Drill files）

2.3.1 钻孔文件要求：需有圆孔*.RoundHoles.TXT 与槽孔*.SlotHoles.TXT，各文件需包含在考生文件夹中。

2.3.2 输出单位、格式、补零形态等需与 Gerber Files 设定一致。

2.3.3 输出后的*.Cam 文件需将其名称保存为 NC.Cam，并加载到 PCB 工程。

2-2 元件库编辑

题目已提供一个元件符号库文件（AED_PCB1.SchLib）与一个元件封装库文件（AED_PCB1.PcbLib）。在此将依次进行下列四项工作。

1. **项目管理**：新建元件库项目（AED_PCB1.LibPkg），并将 AED_PCB1.SchLib 与 AED_PCB1.PcbLib 添加到此工程。
2. 元件符号模型编辑：在 AED_PCB1.SchLib 文件里，新增/编辑一个稳压 IC（LM7805CT）元件（Symbol）。
3. 元件封装编辑：在 AED_PCB1.PcbLib 文件里，新增/编辑一个 TO-220 封装（Footprint）。
4. 产生元件集成库（AED_PCB1.IntLib）。

2-2-1 元件库项目管理

元件库项目管理的步骤如下。

复制元件库文件： 在硬盘里新建一个 **AED*22*** 文件夹，其中“*22*”为考场座位号。然后将题目所附的 AED_PCB1.SchLib、AED_PCB1.PcbLib、SCH_template.SchDot、S51_MatrixLED.DXF 与 BOM.xlsx 文件复制到此文件夹。

新建元件库项目： 打开 Altium Designer，然后在窗口里执行文件/新建/项目/元件集成库项目命令，则在左边 Projects 面板里，将出现 Integrated_Library1.LibPkg 项目。

保存项目： 指向 Projects 面板里的 Integrated_Library1.LibPkg 项目，单击鼠标右键，在下拉菜单中选择另存项目选项。在随即出现的存档对话框里，指定保存到刚才新建的 **AED*22*** 文件夹，文件名为 **AED_PCB1.LibPkg**。而原来的“Integrated_Library1.LibPkg”将变为“AED_PCB1.LibPkg”。

连接既有文件： 指向 Projects 面板里的 AED_PCB1.LibPkg 项目，单击鼠标右键，在下拉菜单中选择“添加现有文件到项目”中，在随即出现的对话框里，指定添加 AED_PCB1.SchLib 文件，则此文件将出现在 AED_PCB1.LibPkg 项目下，成为项目中的一部分。同样地，再把 AED_PCB1.PcbLib 文件也加入此项目。

存档： 指向 Projects 面板里的 AED_PCB1.LibPkg 项目，单击鼠标右键，在下拉菜单中选择保存项目选项，即可存盘，而元件库的项目管理也告一个段落。

2-2-2 元件符号模型编辑

元件符号模型编辑步骤包括**新增元件**、**元件默认属性编辑**、**元件引脚编辑**、**元件外形编辑**与**链接元件模块**等，继续 2-2-1 节进行如下操作。

新建元件：

1. 指向 Projects 面板里的 AED_PCB1.LibPkg 下的 **AED_PCB1.SchLib** 项目，双击鼠标左键，打开该文件，并进入元件符号模型编辑环境。

2. 单击 Projects 面板下方的 SCH Library 标签，切换到 SCH Library 面板。

3. 执行工具/新增元件命令，在随即出现的对话框里，输入新增元件的名称（即 **LM7805CT**），再单击 确定 按钮关闭对话框，则 SCH Library 面板上方区域里出现此元件，同时，程序也准备好空白编辑区。

4. 指向 SCH Library 面板里的 **LM7805CT** 项，双击鼠标左键，打开此元件的默认属性对话框，如图 5 所示。

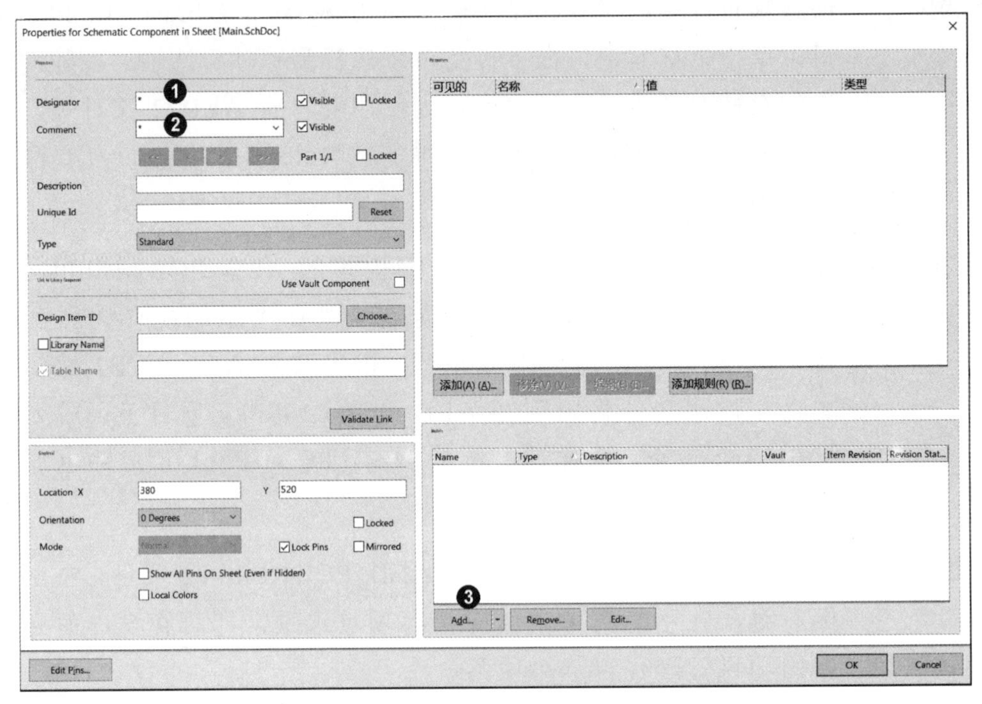

图 5　元件默认属性对话框

5. 在 Designator 字段里（标示❶处）输入 **U?**，在 Comment 字段里（标示❷处）输入 **LM7805CT**。

6. 单击 Add... 按钮右侧的倒三角形（标示❸处），在下拉菜单中选择 Footprint 项，打开如图 6 所示的对话框。

7. 在名称字段里（标示❶处）内容改为 **TO-220** 后，单击 确定 按钮返回前一个对话框（图 5）。最后，单击 OK 按钮关闭对话框即可。

图 6　封装模型对话框

元件引脚编辑：本元件有三个引脚，其主要属性如表 3 所示，这三个引脚的电气类型都是电源引脚（可设定为 Power 或 Passive）。若要放置引脚，可按 P 键两下，则光标上将黏着一个浮动的引脚，随光标而动。此时，可应用下列功能键。

- （空格键）：引脚逆时针旋转 90 度。
- X：引脚左右翻转。
- Y：引脚上下翻转。
- Tab：打开引脚属性对话框。

此时，先定义引脚属性，按 Tab 键打开**引脚属性对话框**，如图 7 所示。

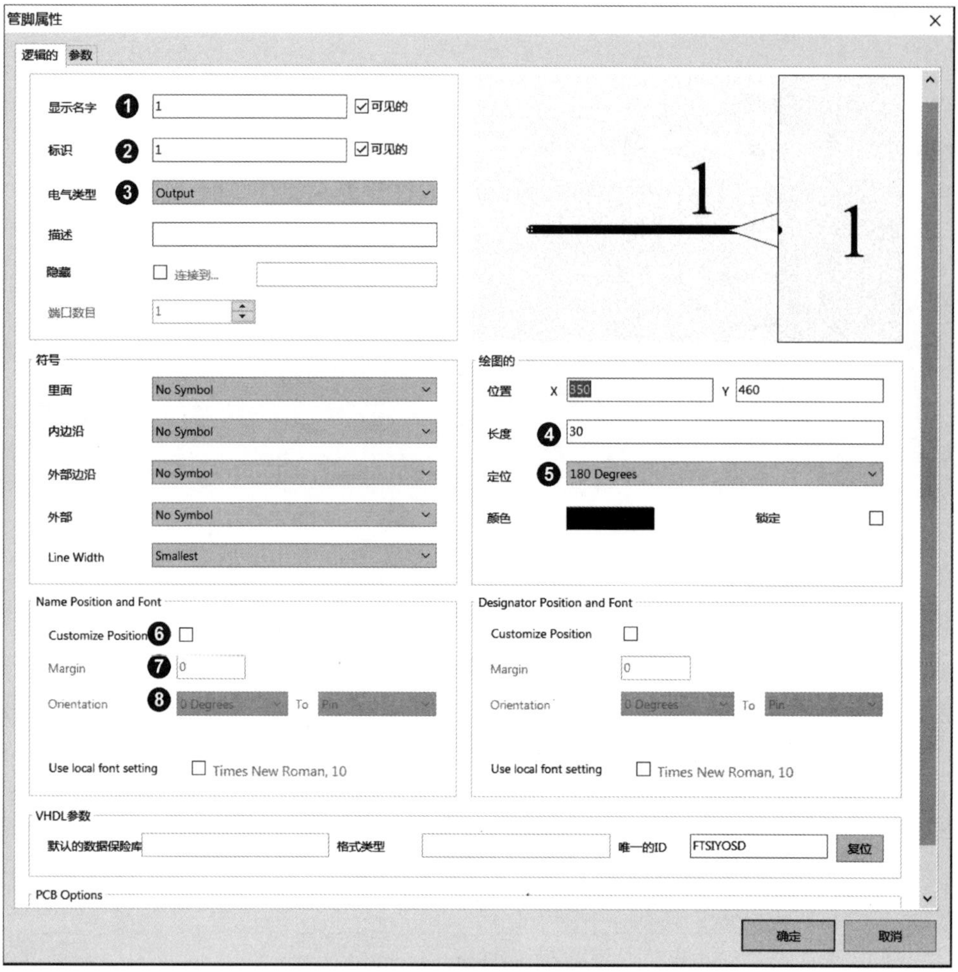

图 7　引脚属性对话框

三个引脚的属性设定分别如表 8 所示。

表 8　引脚属性

属　性	第一引脚	第二引脚	第三引脚
❶显示名字	IN	GND	OUT
❷标识	1	2	3
❸电气类型	Passive	Passive	Passive
❹长度	20	20	20
❺定位	180 Degrees	270 Degrees	0 Degrees
❻Customize Position	不选取	选取	不选取
❼Margin	不设定	1	不设定
❽Orientation	不设定	90 Degrees	不设定

按照表 8 的属性，分别放置三个引脚，其结果如图 8 所示。

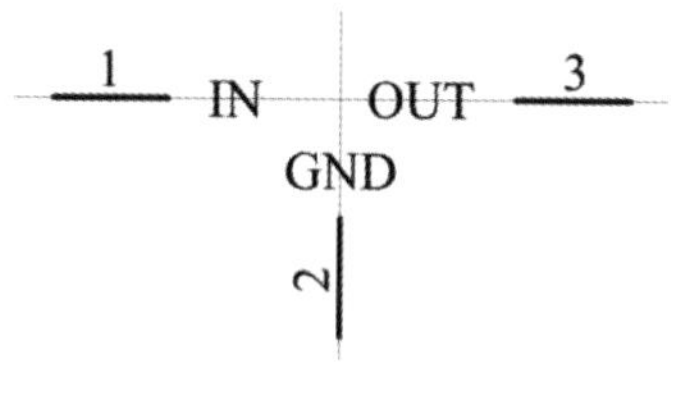

图 8　放置三个引脚

元件外形编辑：按 P 、 R 键进入**放置矩形状态**，光标上出现一个浮动的矩形，再指向第一引脚（右端点）的上方，单击鼠标左键，移至第三引脚（左端点）的下方，再单击鼠标左键、右键各一次，即可完成一个矩形并退出**放置矩形状态**，如图 9 左图所示。

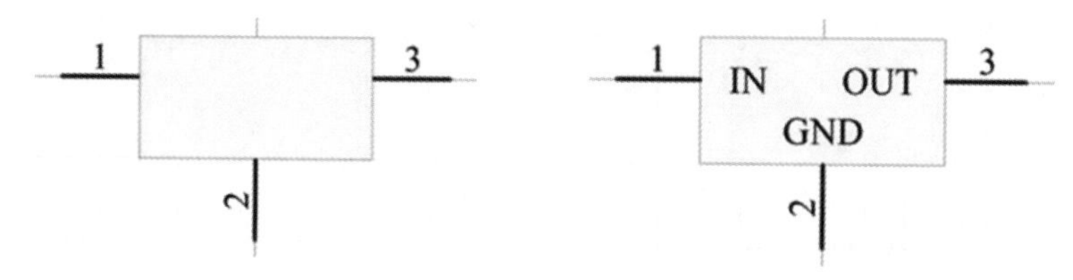

图 9　放置矩形

若矩形盖住引脚名称，执行编辑/移动/下推一层命令，然后指向矩形，单击鼠标左键，即可将矩形放到引脚名称之下。最后，单击鼠标右键结束**移动状态**，其结果如图 9 右图所示。

存档：按 Ctrl + S 键保存即可。

2-2-3 元件封装编辑

元件封装编辑的步骤包括新增元件、焊盘编辑与元件外形编辑，操作如下。

新增元件

1. 指向 Projects 面板里的 AED_PCB1.LibPkg 下的 **AED_PCB1.PCBLib** 项目，双击鼠标左键，打开该文件，并进入元件封装编辑环境。
2. 单击 Projects 面板下方的 PCB Library 标签，切换到 PCB Library 面板。
3. 执行工具/新增元件命令，则在 PCB Library 面板里，新增一个 **PCBCOMPONENT_1** 元件，同时，程序也准备好空白编辑区。
4. 指向 PCB Library 面板里的 **PCBCOMPONENT_1** 项，双击鼠标左键，然后在随即出现的对话框里，将名称字段里的元件名

称修改为 **TO-220**，再单击 确定 按钮关闭对话框即可。

焊盘编辑：本元件有三个焊盘（分别对应于电路图元件的引脚），其主要属性如表 1 所示，再按下述操作。

1. 对于电路板元件而言，将专注于实体尺寸，在此采用公制尺寸（mm），首先看左下方的坐标字段所显示的坐标单位，是否为 mm。若不是，可按 Q 键切换为 mm 单位。
2. 按 P 键两下进入**放置焊盘状态**，光标上将黏着一个浮动的焊盘，随光标而动。按 Tab 键打开**焊盘属性对话框**，如图 10 所示。

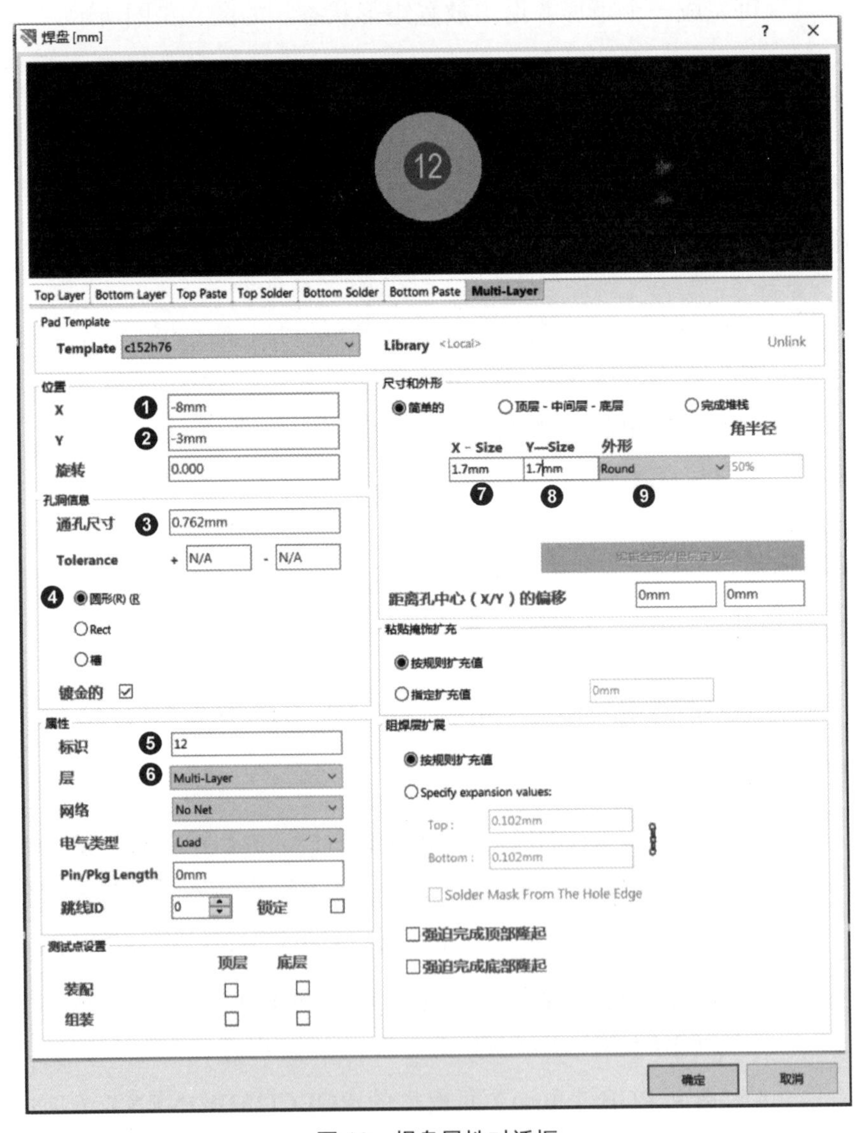

图 10　焊盘属性对话框

三个焊盘的属性设定，分别如表 9 所示。

表 9　焊盘属性

属　性	1 号焊盘	2 号焊盘	3 号焊盘
❶X 轴坐标	-2.54mm	0	2.54mm
❷Y 轴坐标	0	0	0
❸通孔尺寸	1.1mm	1.1mm	1.1mm
❹孔洞种类	圆孔	圆孔	圆孔
❺标识	1	2	3
❻层	Multi-Layer	Multi-Layer	Multi-Layer
❼X-size	1.7mm	1.7mm	1.7mm
❽Y-size	1.7mm	1.7mm	1.7mm
❾外形	Rectangular	Round	Round

按表 9 的属性，分别放置三个焊盘，其结果如图 11 所示。

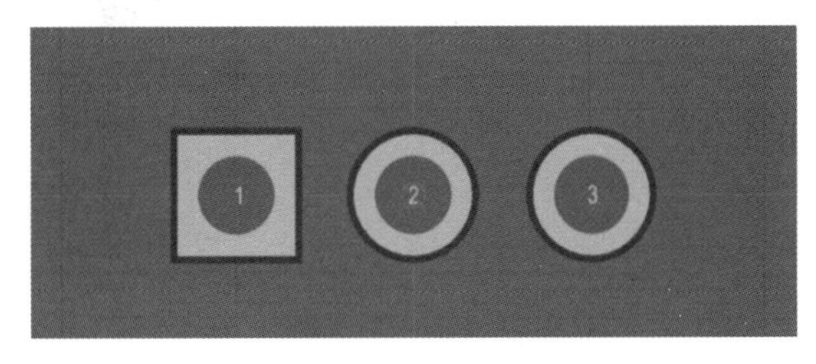

图 11　放置焊盘

元件外形编辑：元件外形在**顶层丝印层**（Top Overlay），先切换到**顶层丝印层**，指向编辑区下方板层卷标列里的 Top Overlay 卷标（黄色），单击鼠标左键即可切换到**顶层丝印层**。如图 12 所示为此元件的外形，其中标示矩形的四个坐标。

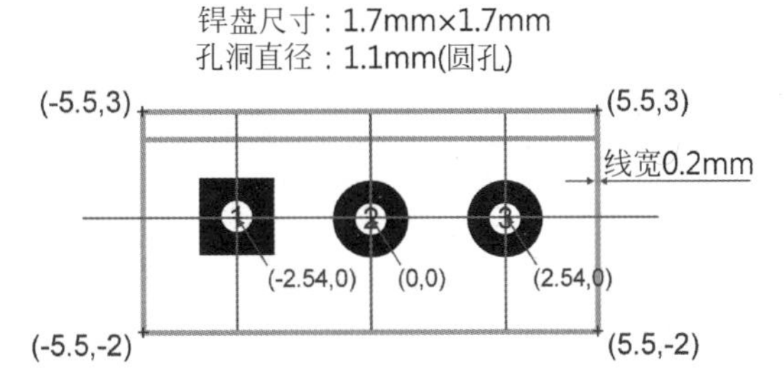

图 12　绘制外形的工作图

按 P + L 键进入**画线状态**，再按 Tab 键打开**线条属性对话框**，在线宽字段里输入 0.2mm，并确定目前板层字段为 Top

Overlay 层，最后单击 确定 按钮关闭对话框即可。

然后，绘制外框（矩形），而在绘制外框的过程中，不要碰鼠标，完全使用键盘操作，操作过程如下。

1. 按 J 、 L 键打开对话框，然后输入-5.5、 Tab 、-2，再按 Enter 键两下，光标跳到（-5.5, -2）位置。
2. 按 J 、 L 键打开对话框，然后输入 5.5，再按 Enter 键三下，光标跳到（5.5, -2）位置，并画出一条黄线。
3. 按 J 、 L 键打开对话框，然后输入 Tab 、3，再按 Enter 键三下，光标跳到（5.5,3）位置，并画出第二条黄线。
4. 按 J 、 L 键打开对话框，然后输入-5.5、 Tab ，再按 Enter 键三下，光标跳到（-5.5,3）位置，并画出第三条黄线。
5. 按 J 、 L 键打开对话框，然后输入 Tab 、-2，再按 Enter 键两下，光标跳到（-5.5,-2）位置，并画出第四条黄线。
6. 最后，按 End 键，结束矩形的绘制，但仍在**画线状态**。

绘制好矩形后，再绘制上方的一条线，而这条线并没有精确的尺寸限制。为绘制方便，可将格点变小一点，按 G 键，出现下拉菜单，再选取 0.025mm 选项即可。

指向矩形左上角下面一点点的位置，再移至矩形的右边框处单击鼠标左键，即可画出一条线。最后，双击鼠标右键结束**画线状态**，其结果如图 13 所示。

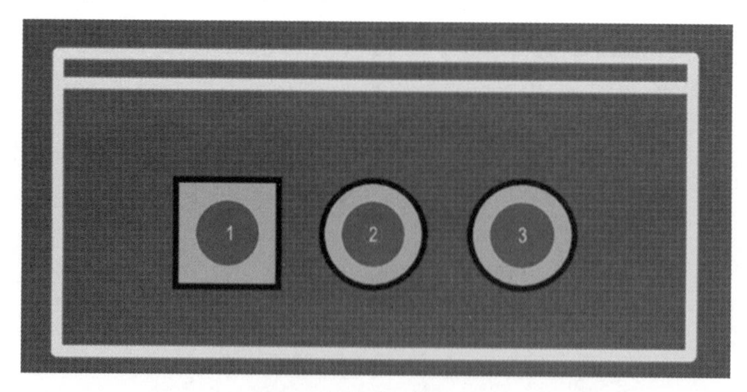

图 13 完成元件外形

标示号码：最后在 Top Overlay 层里，每个焊盘下方放置其编号，按 P 、 S 键进入**放置字符串状态**，而光标上也将出

现一个浮动的文字，按 Tab 键打开**字符串属性对话框**，如图 14 所示。

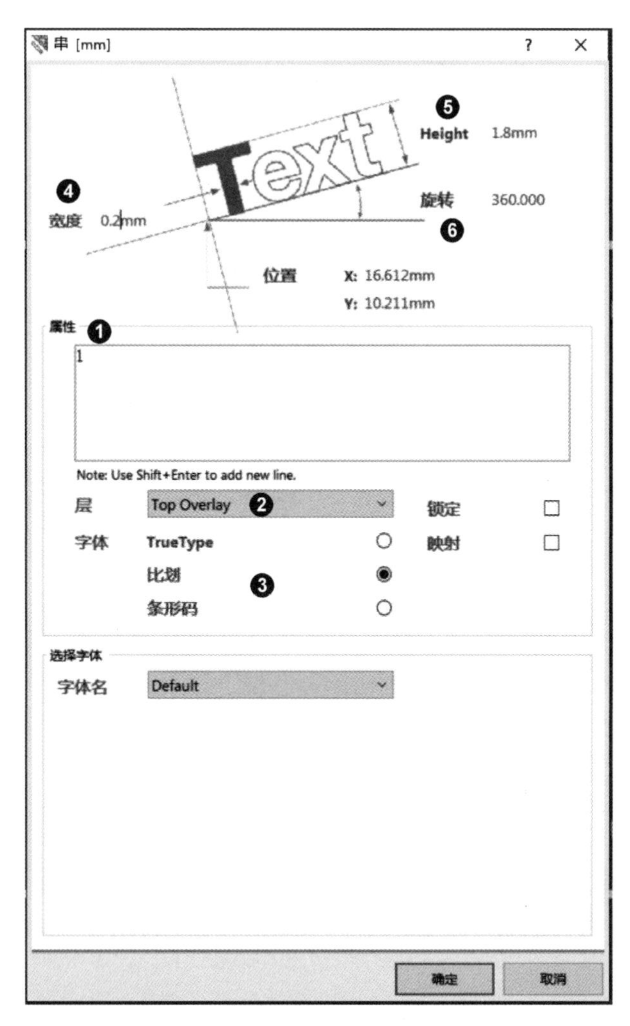

图 14　字符串属性对话框

三个文字的属性设定，分别如表 10 所示。

表 10　字符串属性

属　性	1 号焊盘下方文字	2 号焊盘下方文字	3 号焊盘下方文字
❶文字	1	2	3
❷层	Top Overlay		
❸字体	比划		
❹宽度	0.2mm（建议）		
❺Height	1.8mm（建议）		
❻旋转	0 或 360		

按表 10 设置属性，分别放置三个焊盘，其结果如图 15 所示，而此元件的编辑也告一个段落。

图 15 放置焊盘

存档：按 Ctrl + S 键保存即可。

2-2-4 产生元件集成库

完成元件符号模型编辑与电路板元件编辑，切换回 Projects 面板，再指向面板里的 AED_PCB1.LibPkg 项目，单击鼠标右键，出现下拉菜单，再选择 Compile Integrated Library AED_PCB1.LibPkg 选项，即可进行编译，并产生 **AED_PCB1.IntLib** 元件集成库。

2-3 原理图设计

当我们产生 **AED_PCB1.IntLib** 元件集成库后，将自动加载到系统中。在此，将继续 2-2 节的操作，进行原理图设计，其中包括项目管理与原理图编辑。

2-3-1 项目管理

在此将新建一个 PCB 设计项目，并载入原理图文件与 PCB 文件，操作步骤如下。

新建 PCB 项目：继续 2-2 节的操作，在 Altium Designer 窗口里执行文件/新建/项目/电路板项目命令，则在左边 Projects 面板里，将出现 PCB_Project1.PrjPCB 项目。

新建原理图文件：执行文件/新建/原理图文件命令，则 Projects 面板里，PCB_Project1.PrjPCB 项目下将新建一个 Sheet1.SchDoc 项目，同时打开一个空白的原理图编辑区（白底）。

新建 PCB 文件：执行文件/新建/电路板文件命令，则 Projects 面板里，PCB_Project1.PrjPCB 项目下将新建一个 PCB1.PcbDoc 项目，同时打开一个空白的 PCB 编辑区（黑底）。

保存项目与文件：指向 Projects 面板里的 PCB_Project1.PrjPCB 项目，单击鼠标右键，出现下拉菜单，再选择另存项目选项。随即出现 **PCB** 的存盘对话框，指定保存到刚才的 **AED*22*** 文件夹，文件名为 **My_PCB.PcbDoc**（扩展名可不必指定）。

单击 保存(S) 按钮存盘后，随即出现原理图的存盘对话框，同样保存在刚才的 **AED*22*** 文件夹里，文件名为 **Main.SchDoc**（扩展名可不必指定）。

单击 保存(S) 按钮保存后，随即出现项目的保存对话框，同样是存在刚才的 **AED*22*** 文件夹里，文件名为 **S51_MatrixLED.PrjPcb**（扩展名可不必指定）。

再次单击 保存(S) 按钮存盘，完成项目的创建。

2-3-2 原理图编辑

在原理图的编辑方面，包括**套用题目指定的模板**、**输入基本数据**、**取用元件**、**连接线路**等操作，说明如下。

套用模板：继续 2-3-1 节的操作，切换到原理图编辑区（白底），执行设计/项目模板/Choose a File...命令，然后在随即出现的对话框里，指定题目所附的 **SCH_template.SchDot** 模板文件，再单击 Open 按钮。屏幕又出现如图 16 所示的对话框。

选取当前工程的所有原理图文档选项（❶）与替代全部匹配参数选项（❷），再单击 确定 按钮关闭对话框，即可进行模板的套用，并出现**确认对话框**。此时，只要单击 OK 按钮关闭该对话框，即可完成套用，而编辑区右下方也会出现如图 17 所示的标题栏。

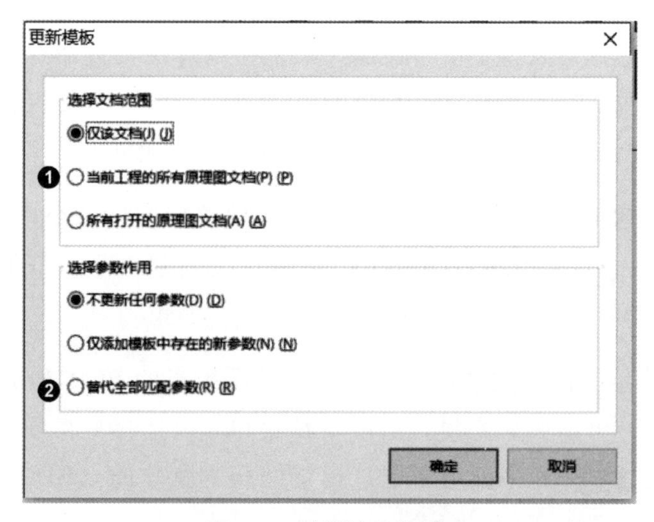

图 16　更新模板对话框

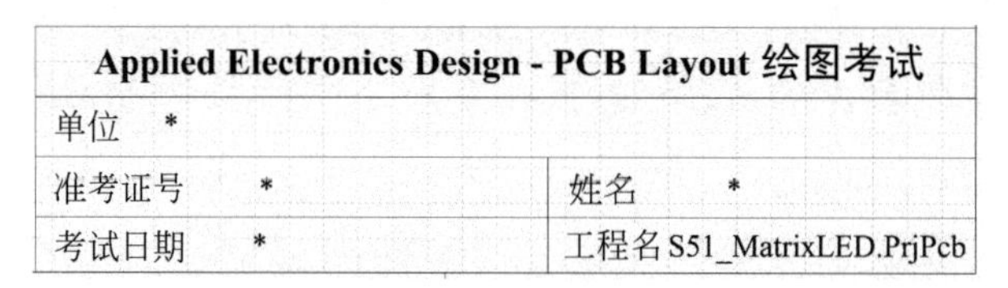

Applied Electronics Design - PCB Layout 绘图考试	
单位　*	
准考证号　　*	姓名　　*
考试日期　　*	工程名 S51_MatrixLED.PrjPcb

图 17　新标题栏

输入基本数据：在此必须填入题目要求的基本数据，执行设计/图纸设定命令，在随即出现的对话框里，切换到参数页，如图 18 所示。表 11 为字段说明，其中数值字段数据内容应以考生数据为准。

文档选项

方块电路选项　参数　单位　Template

名称	值	类型
CurrentDate	*	STRING
CurrentTime	*	STRING
Date	=currentdate	STRING
DocumentFullPathAndName	*	STRING
DocumentName	*	STRING
DocumentNumber	*	STRING
DrawnBy	王o明	STRING
Engineer	*	STRING
ImagePath	*	STRING
ModifiedDate	*	STRING
Organization	*	STRING
ProjectName	*	STRING
Revision	*	STRING
Rule	Undefined Rule	STRING
SheetNumber	*	STRING
SheetTotal	*	STRING
Time	*	STRING
Title	*	STRING

添加(A) (A)...　移除(V) (V)...　编辑(E) (E)...　添加规则(R) (R)...

链接到Vault

确定　取消

图 18　参数页

表 11　字段数据

参数名称	数　值	反应到标题栏字段
CompanyName	○○科技大学○○系	单位
AdmissionTicket	x12345678	准考证号
DrawnBy	王小明	姓名
Date	2016/01/23	考试日期

按表 11 输入到其中的数值字段，再单击 确定 按钮即可反映到图纸上，如图 19 所示。

Applied Electronics Design - PCB Layout绘图考试			
单位	○○科技大学○○系		
准考证号	x12345678	姓名	王小明
考试日期	2016/01/23	工程名	S51_MatrixLED.PrjPcb

图 19　完成基本数据的输入

设计分析：在设计原理图之前，首先分析所要绘制的原理图组成，以实际操作第二题为例，按功能可分为三部分，分别是电源电路（❶）、微处理器电路（❷）与外围电路（❸），如图 20 所示。绘制原理图与设计 PCB 时，最好是按每个部分来进行，同一部分的电路都在一起，不容易缺漏，电路的结构也比较容易理解。

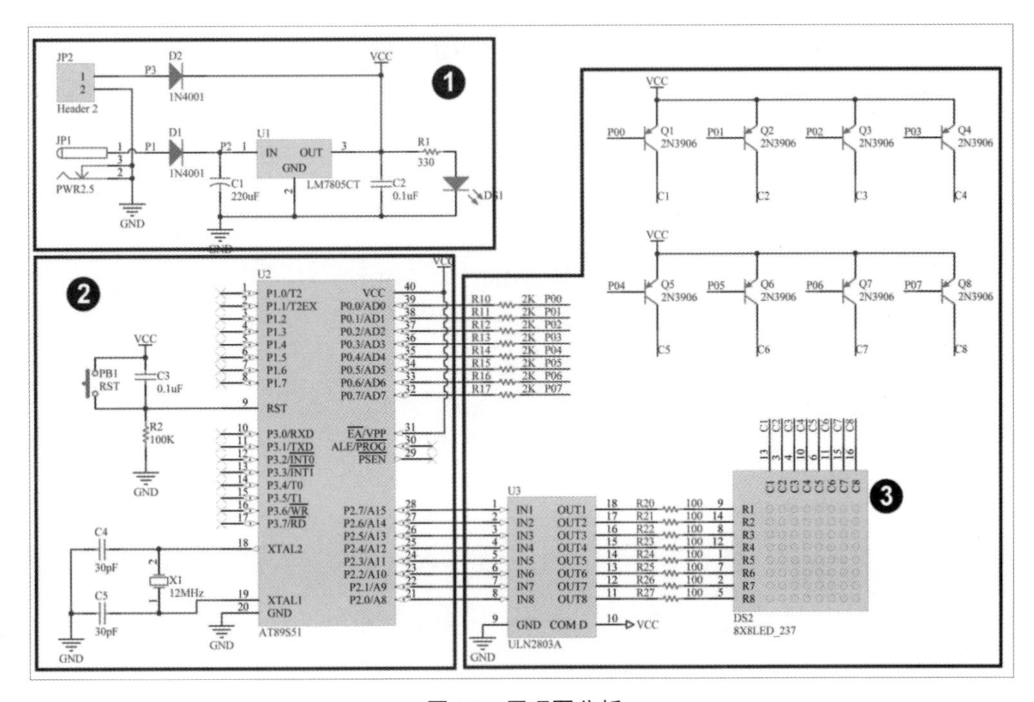

图 20　原理图分析

放置元件与元件属性编辑：在设计原理图时，通常会把取用元件与元件属性视为连续动作。当我们要取用元件时，最直接的方式是从右边的元件库面板着手。元件库面板是一种***弹出式***面板，当光标指向右边元件库卷标，不必单击鼠标左键，就会弹出元件库面板；而光标离开元件库面板，元件库面板就会收回去。

以取用 LM7805CT 元件为例，光标指向元件库卷标，弹出元件库面板，然后在上面的元器件库列区字段中，选择 AED_PCB1.IntLib 项目，则其下的元器件目录区里将列出该元件库里的所有元件，选择其中的 **LM7805CT** 项，该元件的元件符号与封装分别出现在下方的元器件符号预览区与元器件封装预览区里，如图 21 所示。

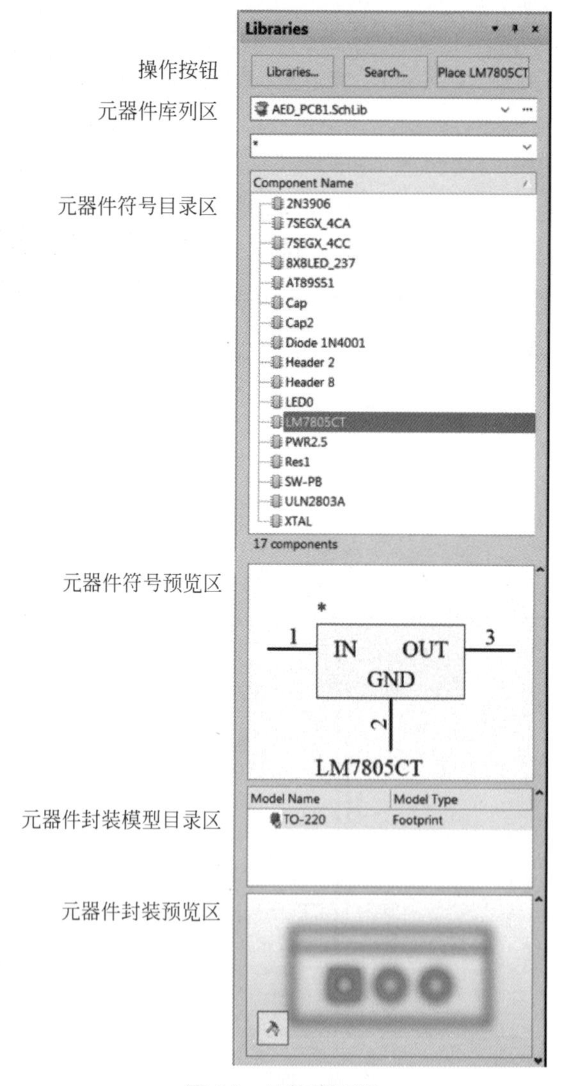

图 21　元件库面板

单击 Place LM7805CT 按钮，再将光标移出元件库面板，光标上就黏一个浮动的 LM7805CT 元件。再按 Tab 键打开其属性对话框，如图 22 所示。

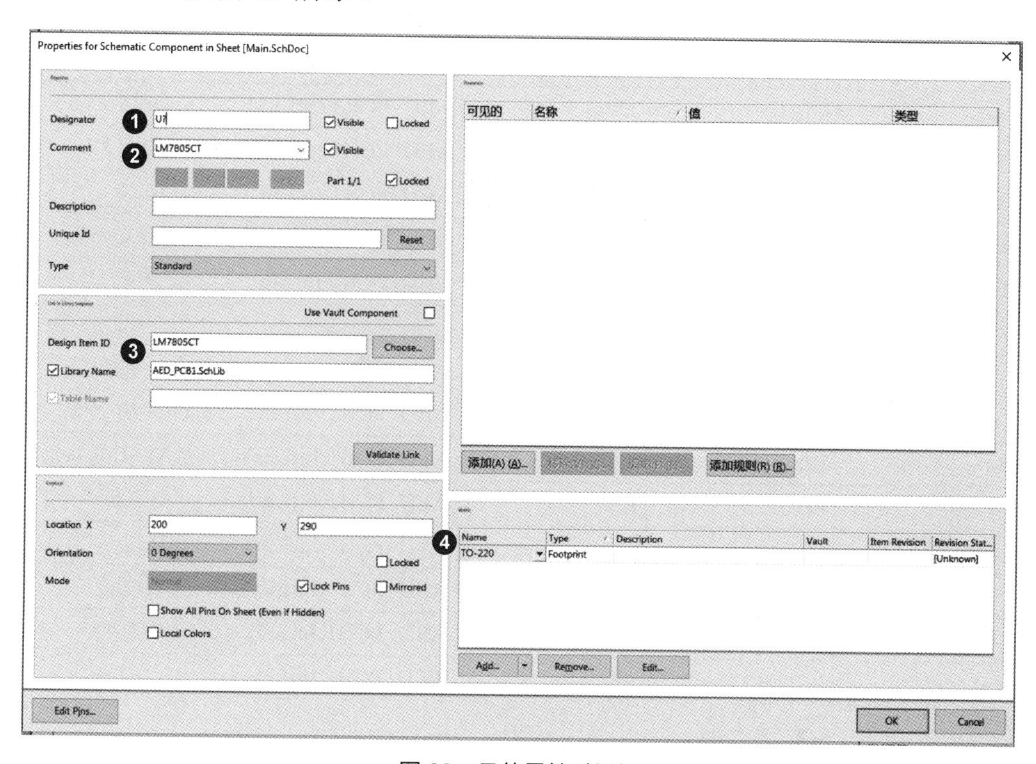

图 22　元件属性对话框

根据图 20 所示，在此所要输入的字段数据如表 12 所示，在认证题目里，简化为单一元件库，所有元件取自同一个元件库（❸）；并且，各元件的元件封装（Footprint），大多是该元件的默认元件封装（❹）。因此，取用元件后，只需修改元件序号（❶）与元件值（❷）就可以了。

完成属性编辑后，单击 OK 按钮关闭对话框，则该元件还是黏在光标上，随光标而移动，若按　键该元件逆时针旋转，按 X 键该元件左右翻转，按 Y 键该元件上下翻转，移至合适位置，单击鼠标左键，即可固定于该处；而光标上又将出现一个相同的、浮动的元件，只是元件序号自动增加，我们可继续放置相同的元件，或单击鼠标右键，光标恢复正常。

表 12 元件数据

电源电路				
放置元件名称	❶元件标号	❷元件值	❸元件库	❹封装
PWR2.5	JP1	PWR2.5	AED_PCB1.IntLib	KLD-0202
Header 2	JP2	+5V	AED_PCB1.IntLib	HDR1X2
Diode 1N4001	D1, D2	1N4001	AED_PCB1.IntLib	DO-41
Cap2	C1	220uF	AED_PCB1.IntLib	CAPR5-4X5
Cap	C2	0.1uF	AED_PCB1.IntLib	RAD-0.3
LM7805CT	U1	LM7805CT	AED_PCB1.IntLib	TO-220
Res1	R1	330	AED_PCB1.IntLib	AXIAL-0.3
LED0	DS1	LED	AED_PCB1.IntLib	LED-0
微处理器电路				
放置元件名称	❶元件标号	❷元件值	❸元件库	❹封装
AT89S51	U2	AT89S51	AED_PCB1.IntLib	DIP-40
Res1	R2	100K	AED_PCB1.IntLib	AXIAL-0.3
SW-PB	PB1	RST	AED_PCB1.IntLib	TACK6
Cap	C3	0.1uF	AED_PCB1.IntLib	RAD-0.3
Cap	C4,C5	30pF	AED_PCB1.IntLib	RAD-0.3
XTAL	X1	12MHz	AED_PCB1.IntLib	XTAL4-8
Res1	R10~R17	2K	AED_PCB1.IntLib	AXIAL-0.3
外围电路				
放置元件名称	❶元件标号	❷元件值	❸元件库	❹封装
8X8LED_237	DS2	8X8LED_237	AED_PCB1.IntLib	8X8LED_237
2N3906	Q1~Q8	2N3906	AED_PCB1.IntLib	TO-92A
Res1	R20~R27	100	AED_PCB1.IntLib	AXIAL-0.3
ULN2803A	U3	ULN2803A	AED_PCB1.IntLib	DIP18

连接线路：在 Altium Designer 的原理图编辑环境里，连接线路的方法很多，说明如下。

1. 使用导线连接：当我们要连接线路时，则按 P 、 W 键进入**连接线路状态**。连接线路的基本准则，就是要**对准引脚的端点，这时会出现红色的交叉线，代表有效连接**，再单击鼠标左键，即可开始绘制线路，转弯之前，单击鼠标左键，到达另一个引脚端点或另一条导线上，再次单击鼠标左键即可完成该线路的连接。

2. 使用网络标号连接：除了使用导线（Wire）连接外，使用网络标号（Net Label）连接则是最简便、实用的方法，相同网络标号代表连接在一起。若要放置网络标号时，可按 P 、 N 键进入**放置网络标号状态**，光标上将出现一个浮动的网络标号，再按 Tab 键即可打开其属性对话框，并可于其中的网络字段里，修改网络标号，最后单击 确定 按钮关闭对话框，即可完成网络标号的修改。光标移至所要放置的导线上，接触点上将出现**红色的交叉线（代表有效连接）**，再单击鼠标左键，即可于该处放置一个网络标号；而光标上仍有一个浮动的网络标号。一般的，这个浮动的网络标号是相同的网络标号，但如果网络标号的末端有数字，将会自动增号。
   - 若要改变网络标号的方向，按 键。
   - 若要改变网络标号的内容，按 Tab 键，再从随即出现的属性对话框修改。
   - 若不要再放置网络标号，则单击鼠标右键即可退出**放置网络标号状态**。
3. 使用电源符号：相同的电源符号代表连接，若要放置电源符号时，则单击 VCC 按钮进入**放置电源符号状态**，光标上出现浮动的电源符号，其默认的网络标号为 VCC。若要修改，则按 Tab 键，再从随即出现的属性对话框的网络字段中修改。在浮动状态下，按 键，可改变其方向。
4. 使用接地符号：相同的接地符号代表连接，若要放置接地符号时，则单击 ⏚ 按钮进入**放置接地符号状态**，光标上出现浮动的接地符号，其默认的网络标号为 GND。若要修改，则按 Tab 键，再从随即出现的属性对话框的网络字段中修改。在浮动状态下，按 键，可改变其方向。

绘制电源电路：按图 23 绘制电源电路，其步骤依次如下。

1. 放置元件（并定义其元件标号）。
2. 连接线路。
3. 放置网络标号（P1、P2、P3）。
4. 放置电源符号与接地符号。

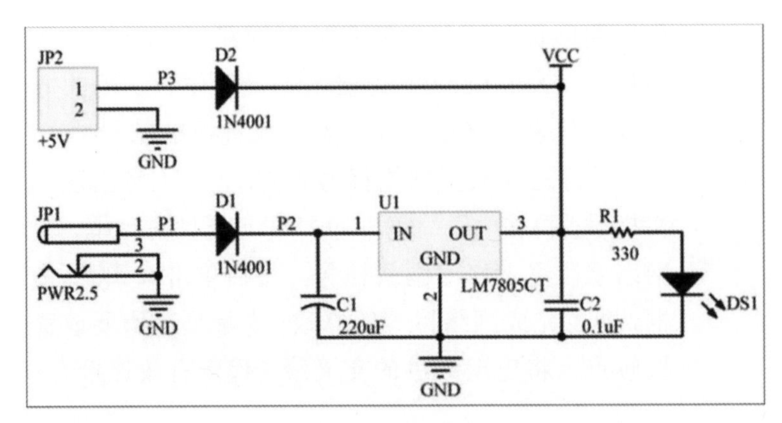

图 23 电源电路

绘制微处理器电路：按图 24 绘制微处理器电路，其步骤依次如下。

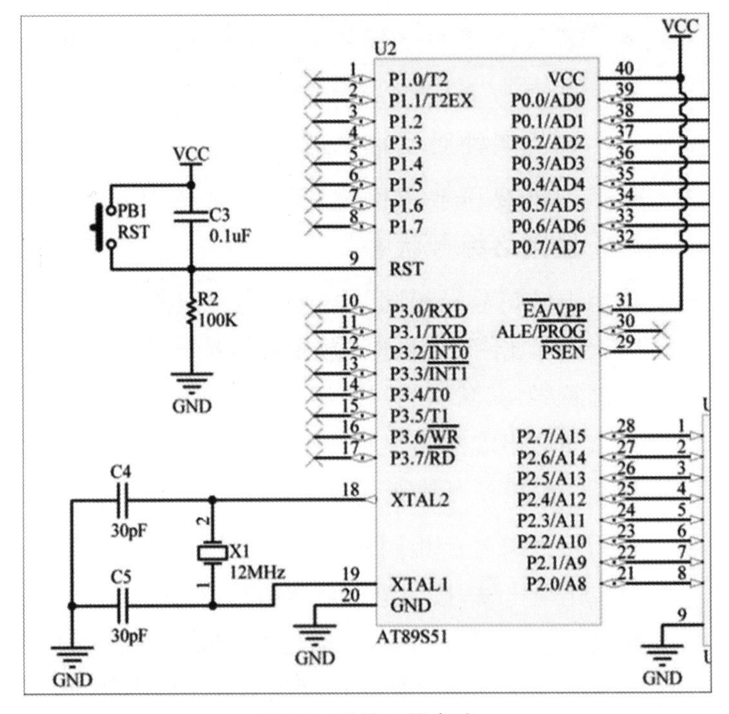

图 24 微处理器电路

1. 放置元件（并定义其元件标号）。
2. 连接线路。
3. 放置电源符号与接地符号。
4. 放置不连接符号：单击 ✕ 按钮即进入**放置不连接符号**状态，光标上出现一个浮动的不连接符号，移至引脚端点，单击鼠标左键，即可放置一个不连接符号。而光标上仍有一个浮动的不连接符号，可继续放置不连接符号；若不再放置不连接符号，可单击鼠标右键结束**放置不连接符号**。

绘制外围电路：按图 25 绘制外围电路，其步骤依次如下。

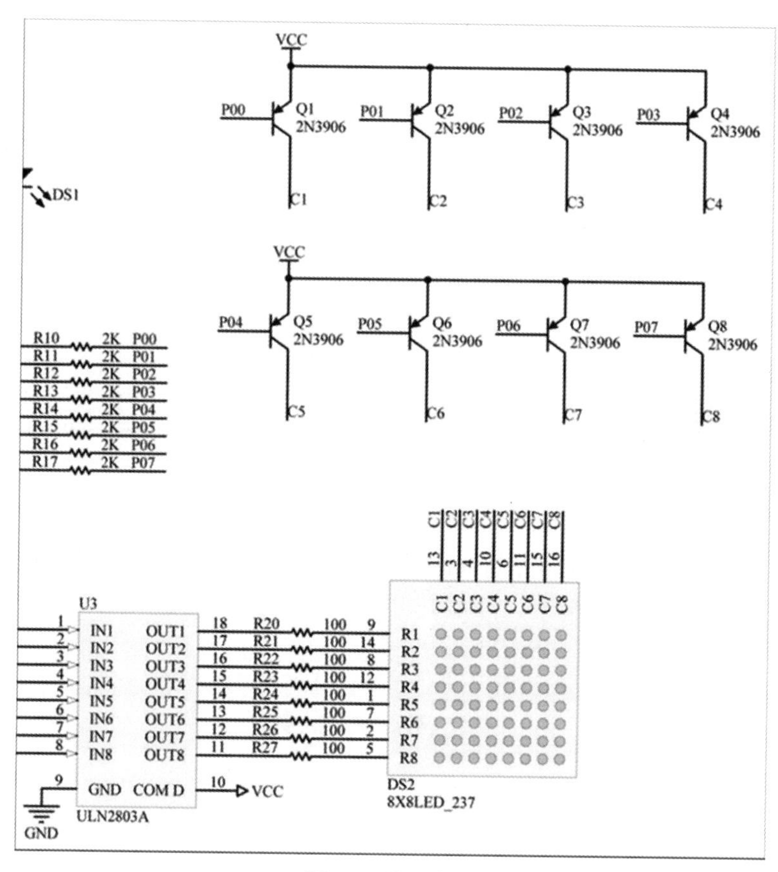

图 25　外围电路

1. 取用元件（并定义其元件标号）。
2. 连接线路。
3. 放置网络标号（P00~P07、C1~C8）。
4. 放置电源符号与接地符号。

电路检查：完成电路绘制后，还要检查一下，有无违反电气规则。指向 Projects 面板里的 Main.SchDoc 项，单击鼠标右键，出现下拉菜单，再选择 Compile Document Main.SchDoc 项即可进行检查。然后，单击编辑区下方的 System 按钮，在下拉菜单中再选择 Messages 选项，即可打开如图 26 所示的 Messages 面板，其中显示 Compile successful, no errors found（❶），表示没有错误。

存档：完成电路绘制后，按 Ctrl + S 键保存。

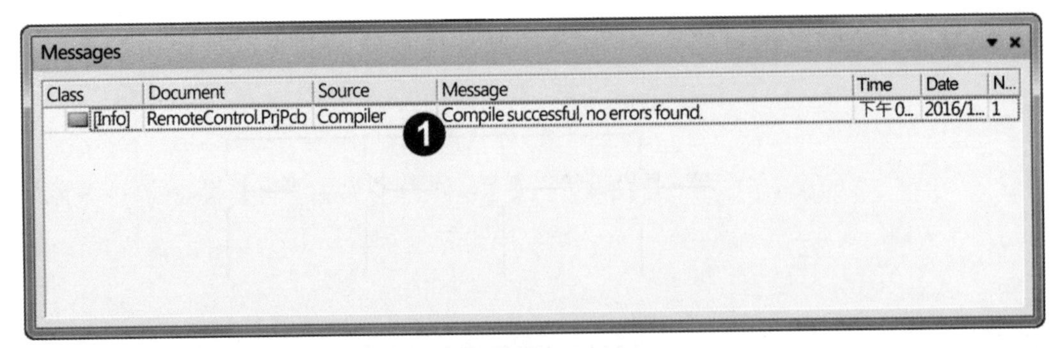

图 26　Messages 面板

2-4 电路板设计

PCB 设计是应用电子设计认证的重点部分！完成原理图设计后，接下来是电路板设计，其中包括**板子形状**、**加载原理图数据**、**元件布局**、**制定设计规则**、**电路板布线**与**放置指定数据**等。

2-4-1 板子形状

本题目要求套用指定的板子文件（S51_MatrixLED.DXF），并定义板形，其步骤如下。

准备工作：首先切换到电路板编辑区（黑底），左下方所显示的坐标，若不是采用公制单位（mm），则按 Q 键切换为公制单位。

载入板子文件：执行文件/导入命令，在随即出现的对话框里，指定 **S51_MatrixLED.DXF**，并单击 Open 按钮，屏幕出现如图 27 所示的对话框。设定如下。

1. 在块区域里保持选择作为元素导入选项（❶）。
2. 在绘制空间区域里保持选择模型选项（❷）。
3. 在默认线宽字段里输入 0.2mm（❸）。
4. 在单位区域里选择 mm 选项（❹）。
5. 在层匹配区域里保持图 27 的设定（❺）。
6. 单击 确定 按钮，即可顺利加载板框，如图 28 所示。

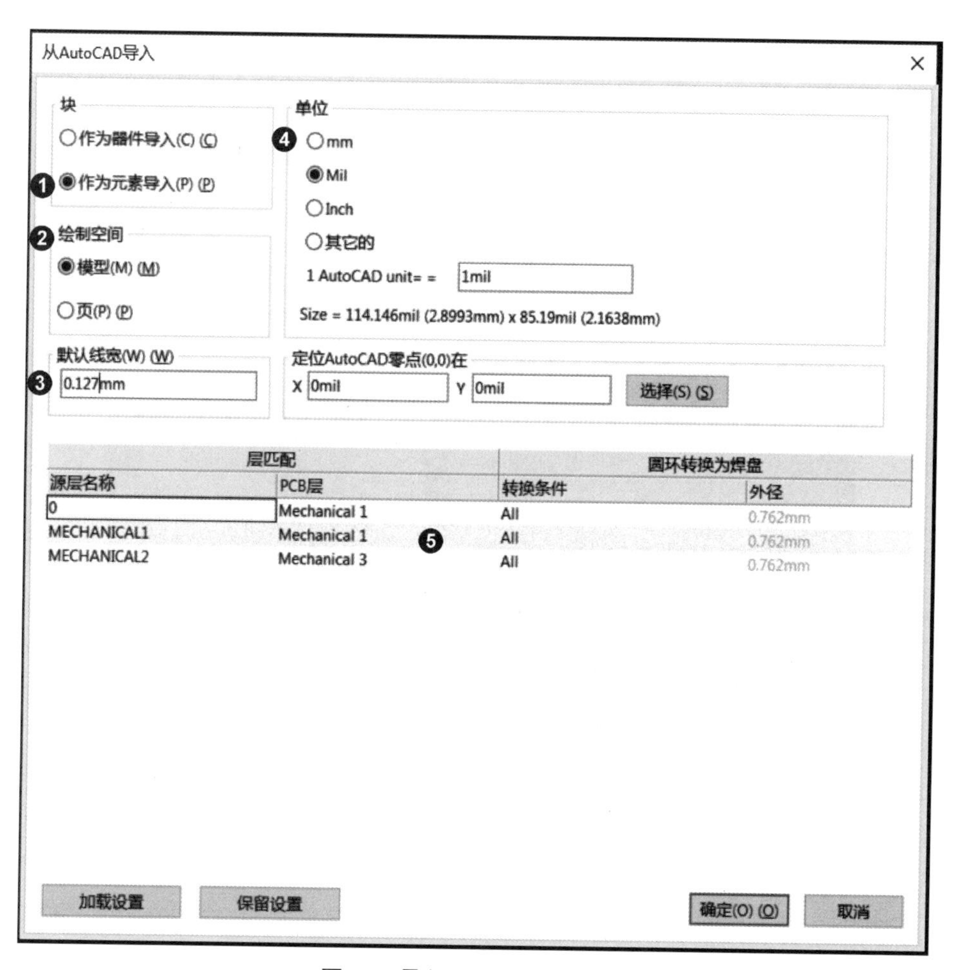

图 27　导入 AutoCAD 对话框

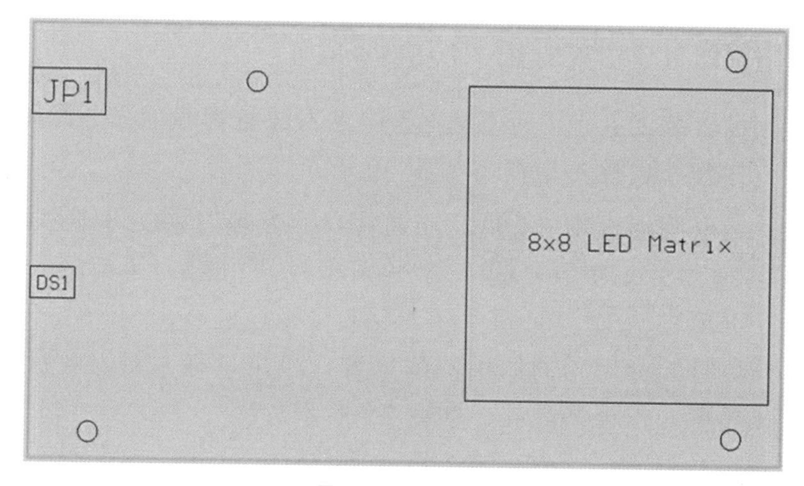

图 28　载入板框

选取板框：在编辑区下方的层标签里，单击 Mechanical 1 标签（桃红色），再按 Shift + S 键（单层显示）让编辑区只显示 Mechanical 1 层，然后拖曳选取刚才加载的整个板框，使之变成白色。

定义板形：执行设计/板子形状/根据选取对象定义板子命令，即可定义板形；按 Shift + S 键让编辑区恢复正常显示状态，如图 29 所示。

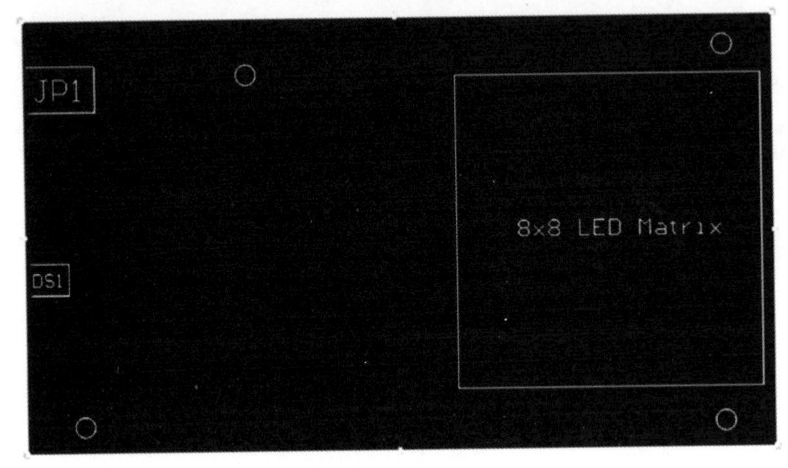

图 29　板形定义

设置相对原点：单击按钮，出现下拉菜单，再单击按钮，进入**放置相对原点状态**，再指向新板框的左下角，单击鼠标左键即可于该处放置一个相对原点。

设置装配孔：按两下 P 键进入**放置焊盘状态**，再按 Tab 键打开其属性对话框，如图 30 所示。

选取圆形选项（❷）、在通孔尺寸字段（❶）里输入 3.3mm、在 X-Size 字段（❸）与 Y-Size 字段（❹）里都输入 3.3mm，再单击 确定 按钮关闭对话框。光标上将出现一个不小的浮动焊盘，分别指向四个圆圈位置，单击鼠标左键，各放置一个大焊盘，作为装配孔，如图 31 所示。

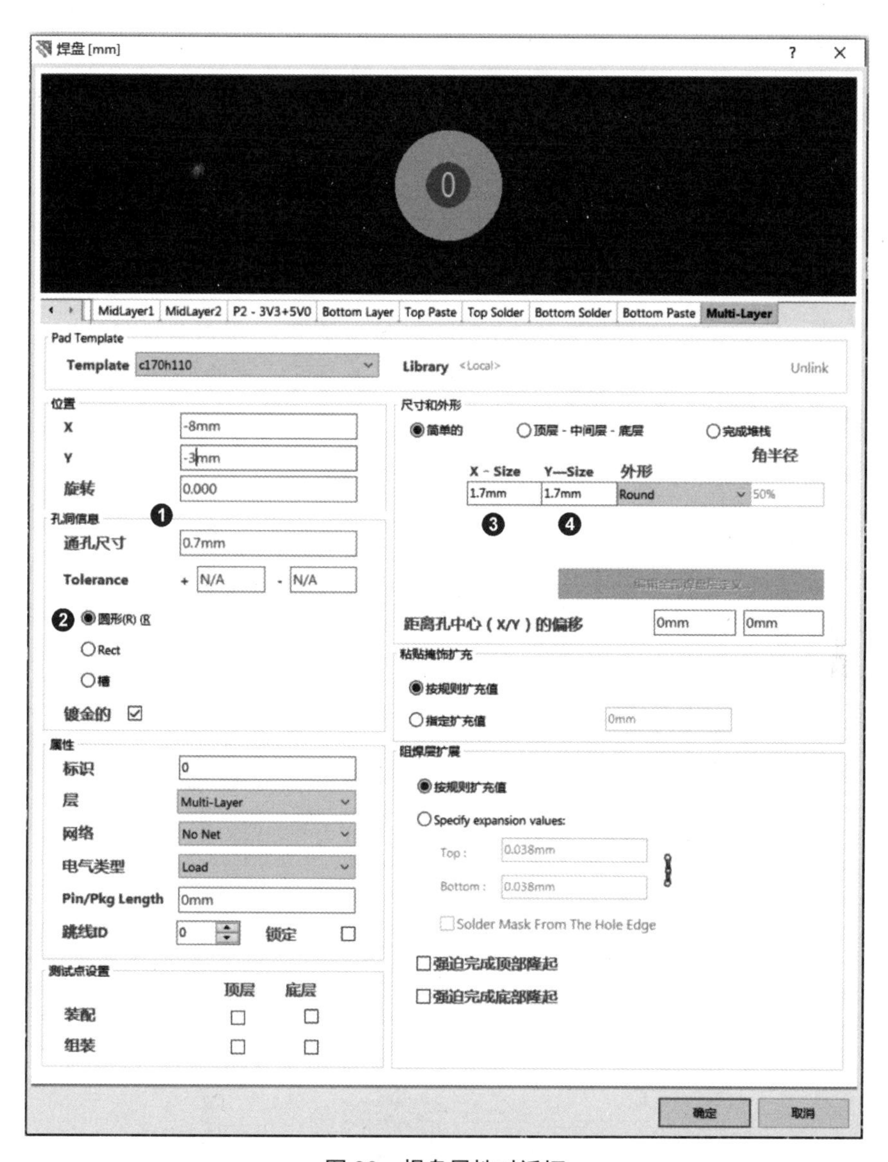

图 30　焊盘属性对话框

图 31　放置装配孔

2-4-2 加载原理图数据

若要加载原理图数据，则执行设计/Import Change From S51_MatrixLED. PrjPcb 命令，屏幕上出现如图 32 所示的对话框，其中包含许多设计更改动作与记录；而基本的设计更改动作，包括**新增元件**（Add Components）、**新增网络**（Add Nets）、**新增元件分类**（Add Component Classes）与**新增元件放置区域**（Add Rooms）等动作。首先单击 生效更改 按钮（❶）更改，而更改的结果都将记录在检测字段（❷）里，若可顺利更改则出现绿色的勾，否则出现红色的叉。通常我们只要看新增元件项目是否全部成功就可以了，若有新增元件项目不成功（红色的叉），代表无法加载该元件，则后面的新增网络等，都会有不成功项目。这种情况，需要单击 关闭 按钮关闭对话框，先返回原理图编辑区，确认无法新增的元件，所挂的封装（Footprint）是否正确、是否存在？若不存在，则再重新指定其他存在的封装。

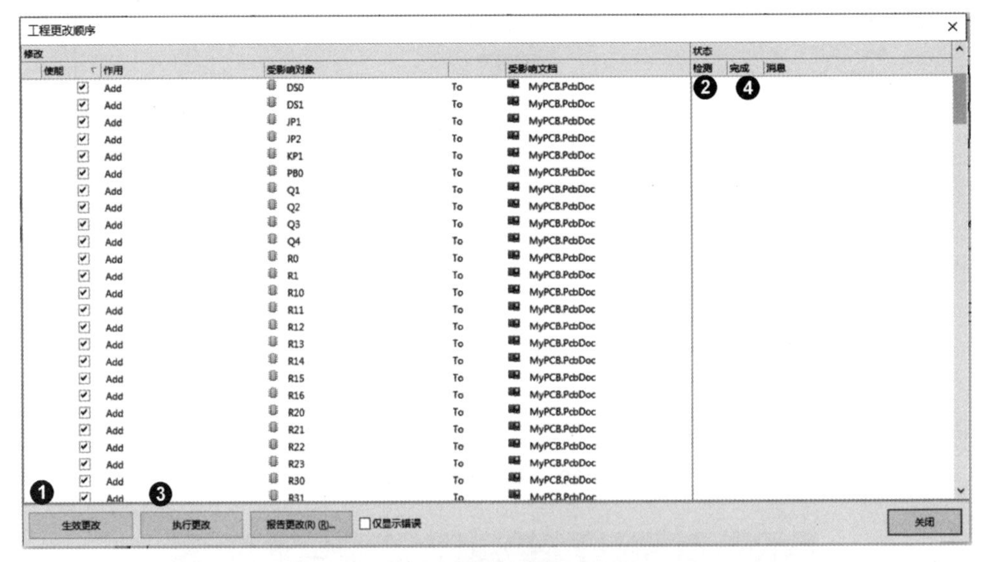

图 32 工程更改顺序对话框

在认证的题目里，除考生自行设计的元件外，每个元件都有封装，所以在图 32 中的更改动作里，一般不会出现错误。单击 执行更改 按钮（❸）即可执行更改动作，而更改动作也会记录在完成字段（❹）里。最后，单击 关闭 按钮关闭对话框，所加载的原理图数据（包含元件与网络），将出现在编辑区右边的元件放置区域里，如图 33 所示。

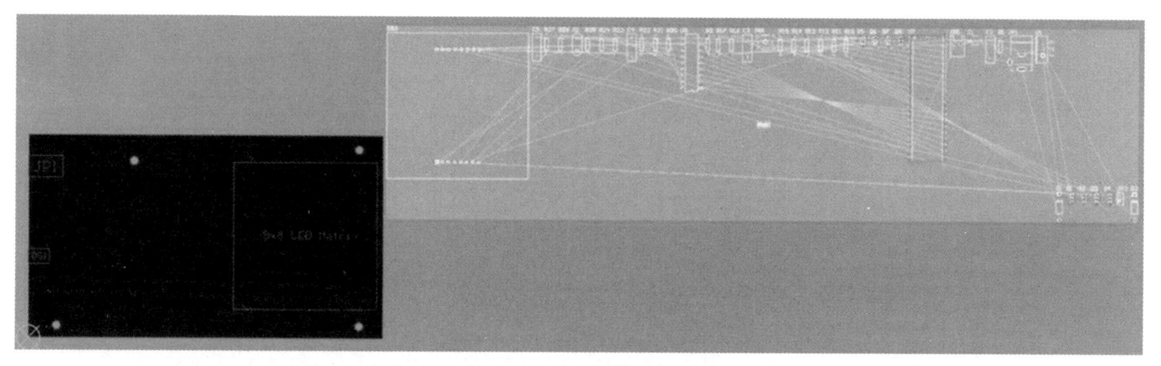

图 33　加载原理图数据

2-4-3　元件布局

在元件布局方面，可遵守下列原则进行。

1. 根据题目要求，先将 JP1（连接器）、DS1（LED）与 DS2（LED 数组）放置到指定的矩形框内。
2. 依据原理图里元件的相对位置，就近放置，且尽可能让预拉线直一点、少一点交叉。

由于**元件放置区域**距离板框太远，元件布局效率较低，可先指向**元件放置区域**的空白处（没有元件的位置），按住鼠标左键不放，即可选中整个**元件放置区域**，然后将它移至板框上方。最后，再单击**元件放置区**，按 Delete 键将它删除。

按 G 键拉出菜单，选择 0.025mm 选项，将格点间距设为最小，以方便元件排列。基本的元件放置方式包括以拖曳方式移动元件，且在拖曳过程中，可按 键逆时针旋转元件，元件布局的顺序如下。

1. 先将题目要求的元件放置到指定位置。
2. 放置主要的元件，即 U2（AT89S51）、U1（LM7805CT），其中 U2 须在 DS2（LED 数组）左面，U1 必须离 JP1 近一点。
3. 按照原理图，将 U2 微处理电路的相关元件移到 U2 周围，U1 电源电路（离 JP1 近一点）的相关元件移到 U1 周围，而 U2 与 DS2（LED 数组）之间的接口元件也移至 U2 与 DS2 之间，如图 34 所示（建议位置）。

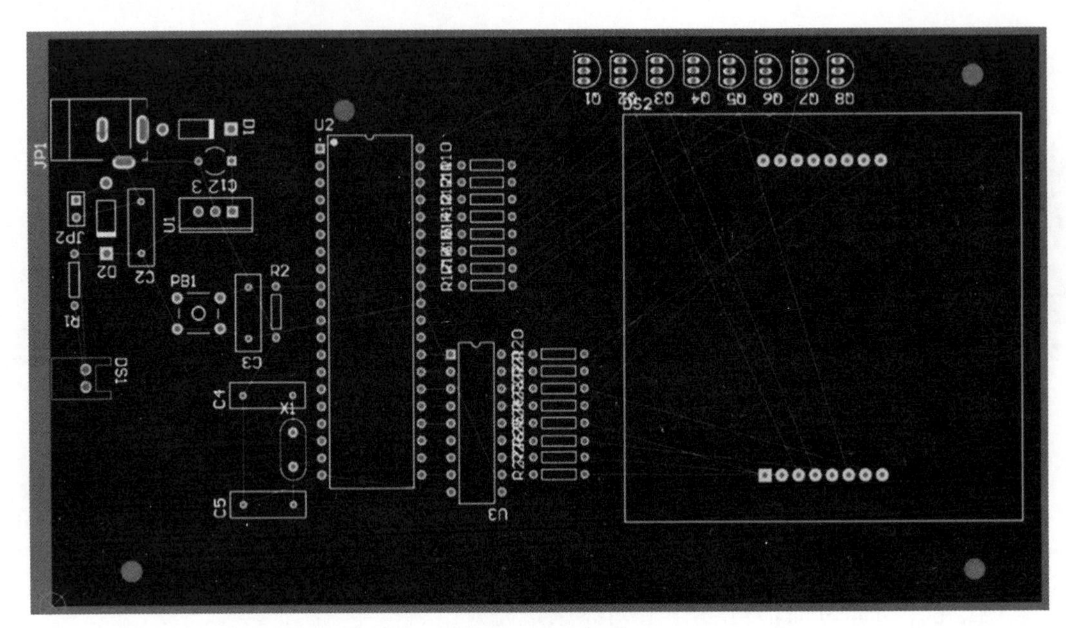

图 34 元件布局

当然，除了题目要求的三个元件外，只要元件不在板框外即可。完成元件布局之后，元件标号的位置、方向，也要适度调整，让方向一致，且不要重叠或碰到其他对象（扣分）。一般的，元件标号的位置、方向并不计分，只是美观问题。R10~R17、R20~R27 可避免重叠，而没有显示元件标号，并不会扣分，所以，可将 R10~R17、R20~R27 的元件标号关闭。若要把 R10~R17、R20~R27 的元件标号关闭，则按住 Ctrl 键，再完整拖曳选取这几个元件标号，如图 35 所示。

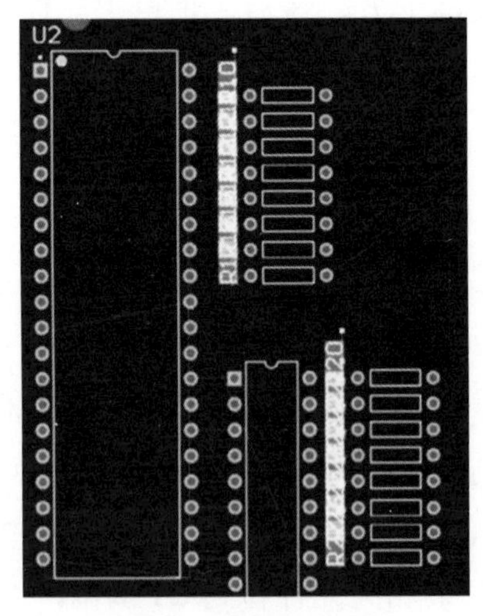

图 35 选择元件标号

单击编辑区右下方的 PCB 按钮，出现下拉菜单，再选取 PCB Inspector 选项，打开 PCB Inspector 面板，如图 36 所示。选择 Hide 选项，即可关闭选取的元件标号。

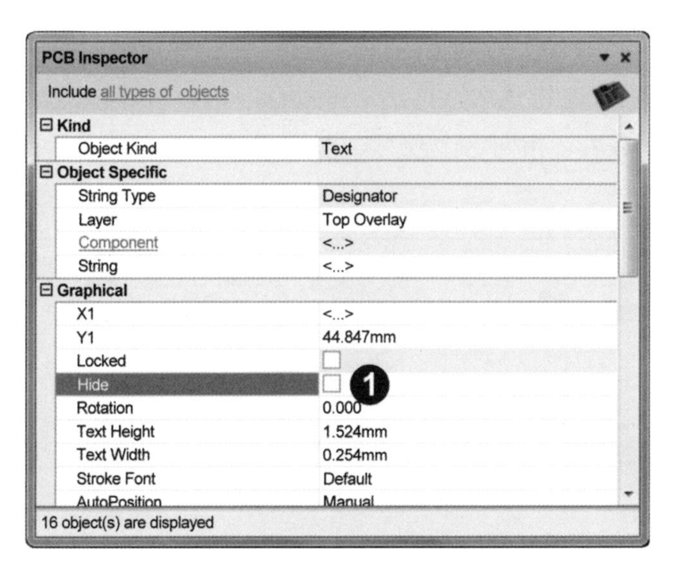

图 36　PCB Inspector 面板

完成元件布局，如图 37 所示。

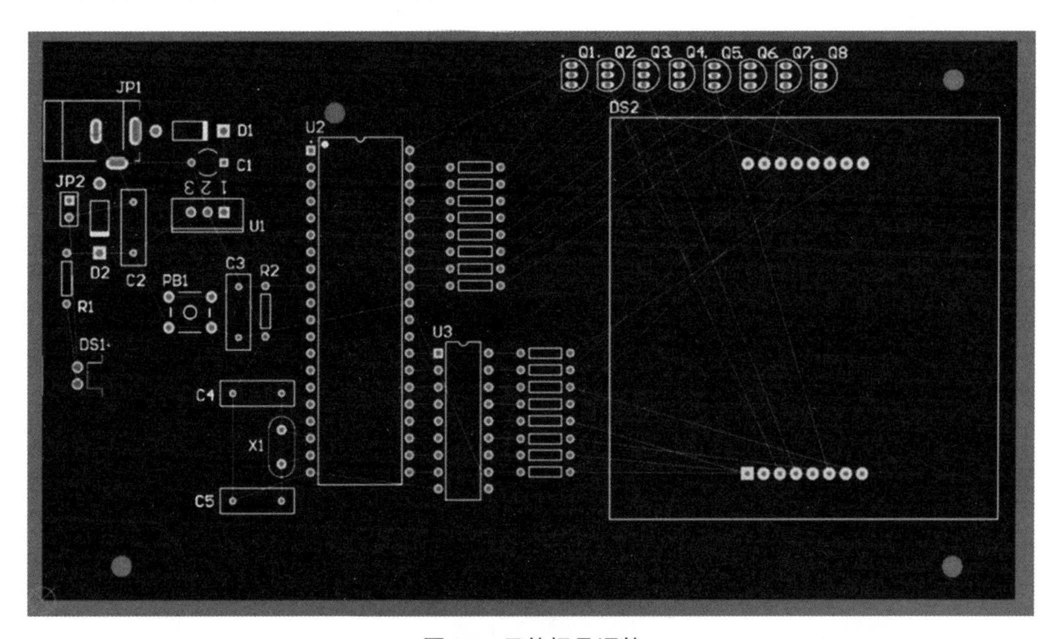

图 37　元件标号调整

2-4-4　建立网络分类

题目要求建立一个名为 **Power** 的网络分类，其中包括 GND、P1、P2、P3 与 VCC 网络。首先执行设计/分类命令，屏幕出现如图 38 所示的对话框（对象类浏览器）。指向左上方的 Net Classes 项（❶），单击鼠标右键，出现下拉菜单，再选择新增分类项目，即可在 Net Classes 项目下面建立 New Class 项目。再指向这个新增项目单击鼠标左键选取，再次单击鼠标左键，即可编辑此分类的名称，将它改为 **Power**。然后，指向这个项目，双击鼠标左键，则对话框左侧变为图 39 所示状态。

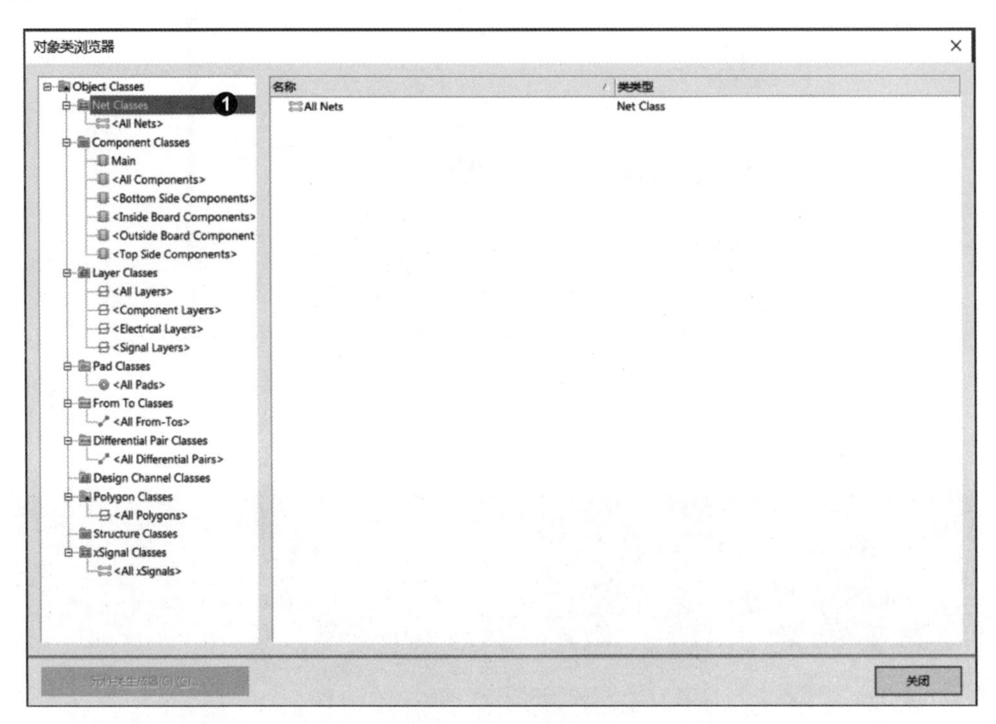

图 38　对象类浏览器

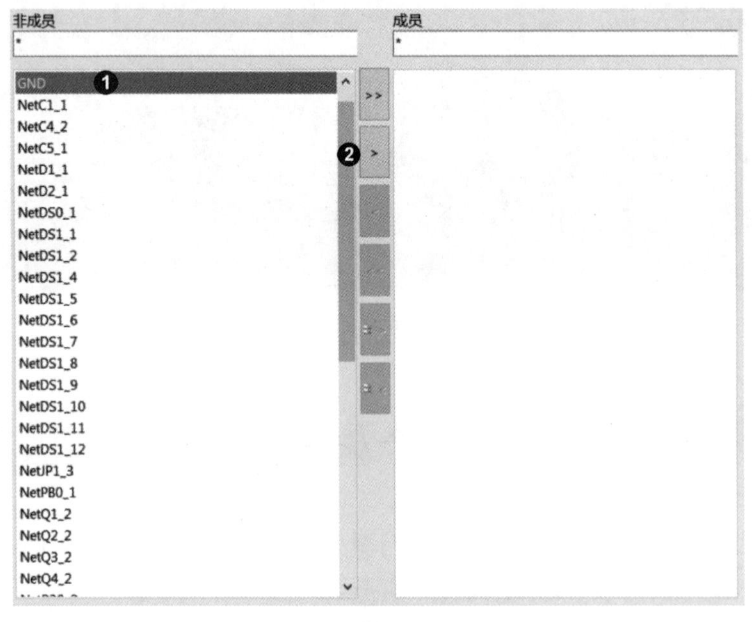

图 39　新建网络分类

在左边的非成员区域里，选择 GND 项（❶），再单击›按钮（❷），即可将 GND 移到右边的成员区域，成为此网络分类的成员；以此类推，分别将 P1、P2、P3 与 VCC 移到成员区域，再单击关闭按钮关闭对话框即可。

2-4-5 制定设计规则

在此要将题目所指定的线宽等（如表 6 所示），制定为设计规则。要制定设计规则时，执行设计/设计规则命令，屏幕出现如图 40 所示的 PCB 规则及约束编辑器对话框。

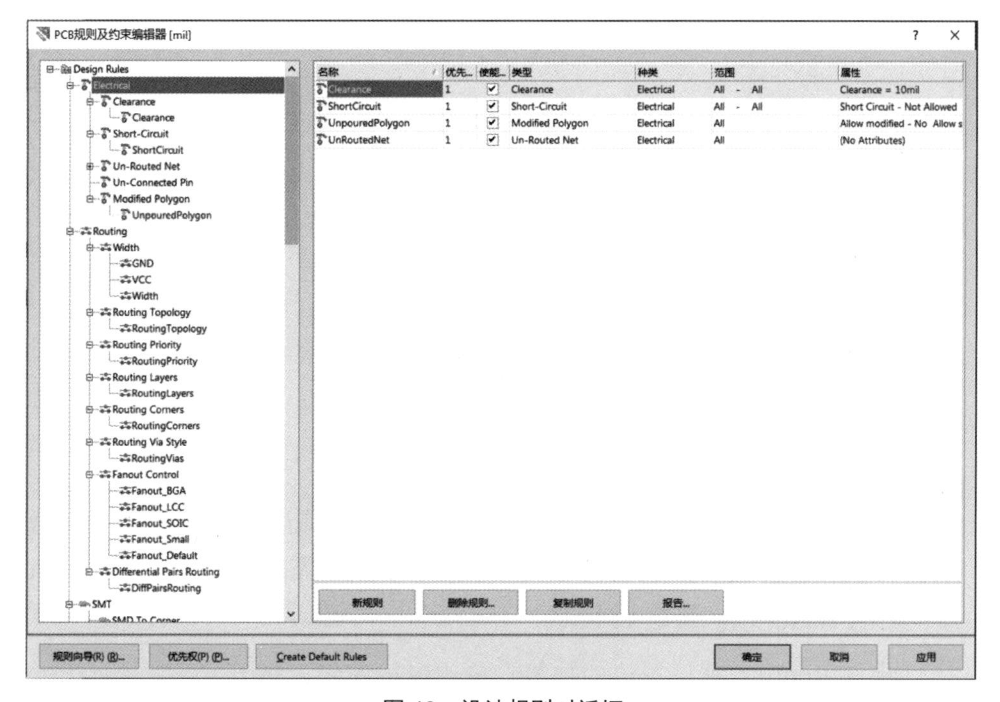

图 40　设计规则对话框

题目要求的 Electrical 相关设计规则

题目要求安全间距不得小于 0.406mm，且不允许短路，这两项属于 Electrical 项目规则，设定如下。

1. 指向 Electrical 项目下方的 Clearance/Clearance 选项，双击鼠标左键，右边出现安全间距的设定区域。题目要求安全间距不得小于 0.406mm，所以在标示❶处（图 41），输入 0.406mm 即可。
2. 题目规定不可短路，而 Altium Designer 默认的设计规则本身不允许短路（Short Circuit - Not Allowed），所以不必再设定。

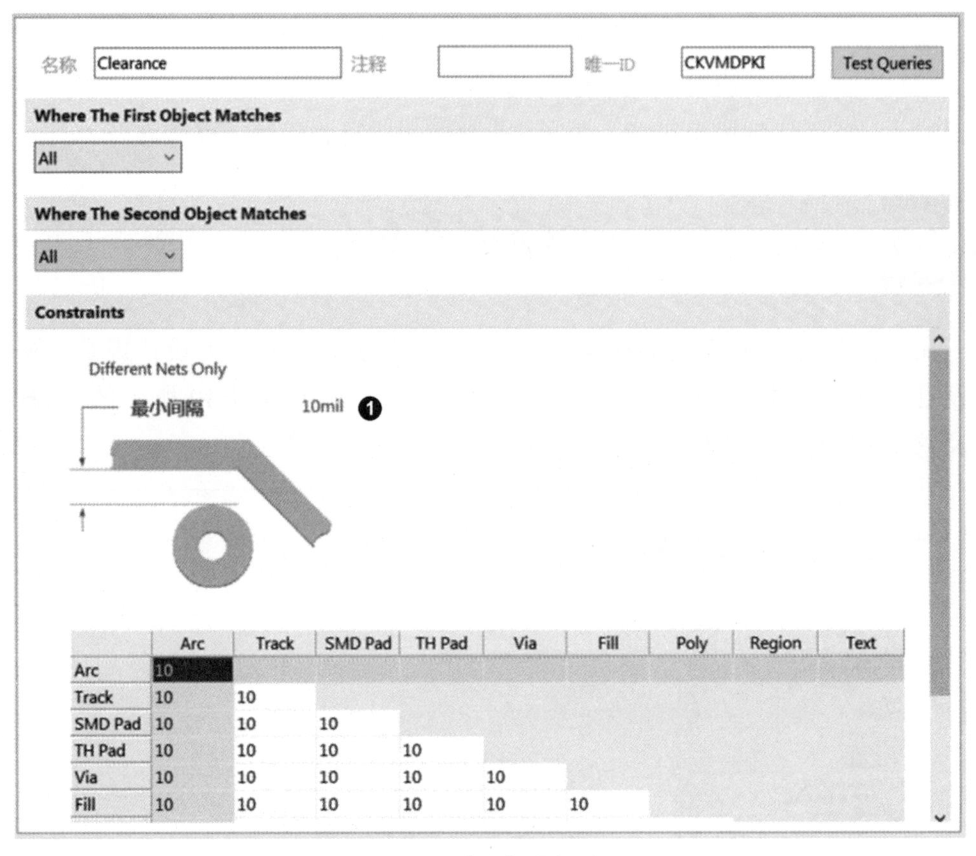

	Arc	Track	SMD Pad	TH Pad	Via	Fill	Poly	Region	Text
Arc	10								
Track	10	10							
SMD Pad	10	10	10						
TH Pad	10	10	10	10					
Via	10	10	10	10	10				
Fill	10	10	10	10	10	10			

图 41 安全间距规则

题目要求的 Routing 相关设计规则

题目要求 Power 分类网络采用 0.762mm 线宽走线，而其他走线的最细线宽为 0.254mm、最宽线宽为 0.381mm、优选线宽为 0.305mm，这两项属于 Routing 项目下的 Width 项，设定如下。

1. 指向 Routing 项目左边的加号，单击鼠标左键，展开其下项目；再指向 Width 项，单击鼠标右键，出现下拉菜单，选择新增规则项，即可新增 Width_1。指向这个项目，双击鼠标左键，右边出现其线宽的设定区域，如图 42 所示。

    - 在名称字段里，将名称改为 **Power**（❶）。
    - 选择网络类选项（❷），然后在其右上字段（❸）里选择 Power 选项。
    - 在 Min Width 字段（❹）里输入 **0.762mm**，在 Preferred Width 字段（❺）里输入 **0.762mm**，在 Max Width 字段（❻）里输入 **0.762mm** 即可。

2. 指向左边 Routing 项目下面的 Width 项目，单击鼠标左键，右边出现其设定区域。然后在 Min Width 字段里输入 **0.254mm**，在 Preferred Width 字段里输入 **0.305mm**，在 Max Width 字段里输入 **0.381mm** 即可。

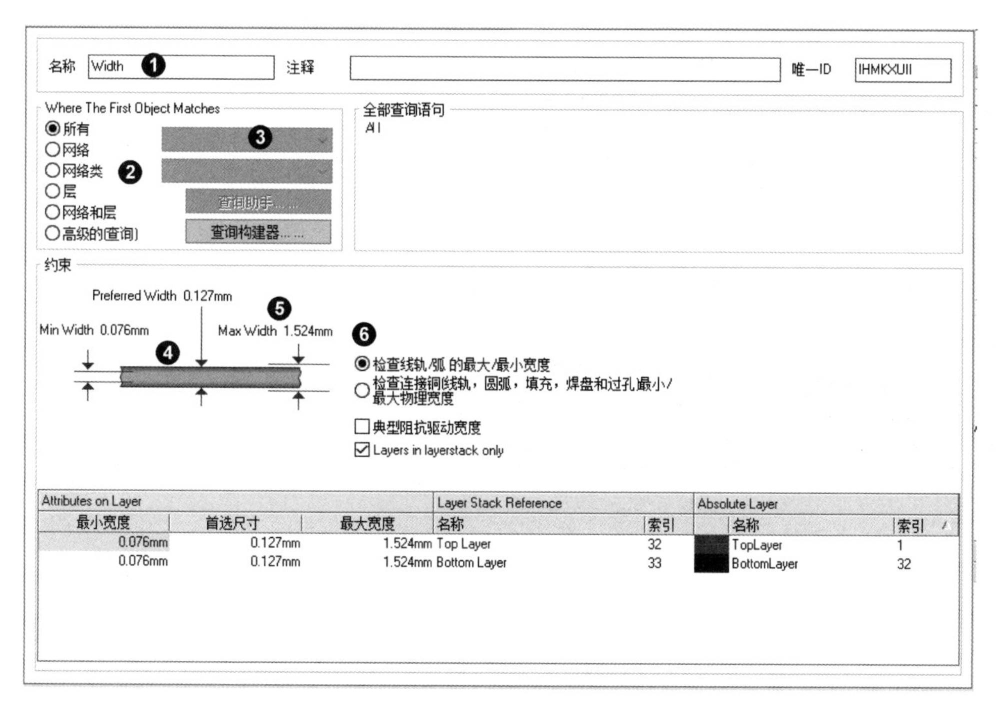

图 42　设定电源线宽规则

题目要求的 Manufacturing 相关设计规则

在制造方面，题目有两点要求，第一是钻孔的孔径必须在 0.025mm 与 3.3mm 之间，第二是丝印层的间距不得小于 0.01mm。这两项都属于 Manufacturing，设定如下。

1. 指向 Manufacturing 项目左边的加号，单击鼠标左键，展开其下项目；再指向 Hole Size/HoleSize 项，单击鼠标左键，右边出现其设定区域，如图 43 所示。
    - 选择所有选项（❶）。
    - 在最小的字段（❷）里输入 **0.025mm**，然后在最大的字段（❸）里输入 **3.3mm**。
2. 指向 Manufacturing 项目下的 Silk To Silk Clearance 项，单击鼠标左键，右边出现其设定区域，如图 44 所示。
    - 选择所有选项（❶、❷）。

- 在丝印层文字与其他丝印层对象间距字段（❸）里输入 **0.01mm**。

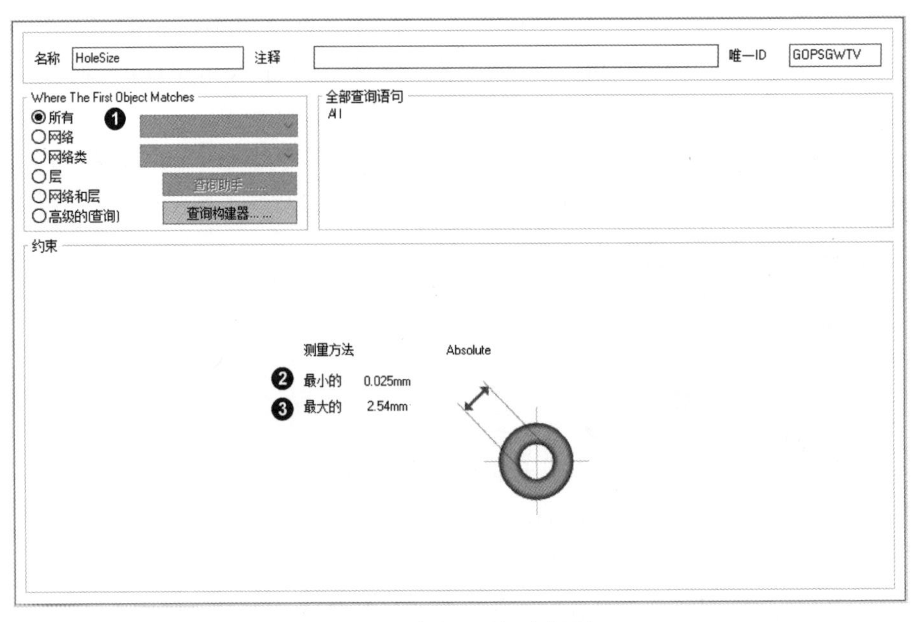

图 43　钻孔尺寸设定规则

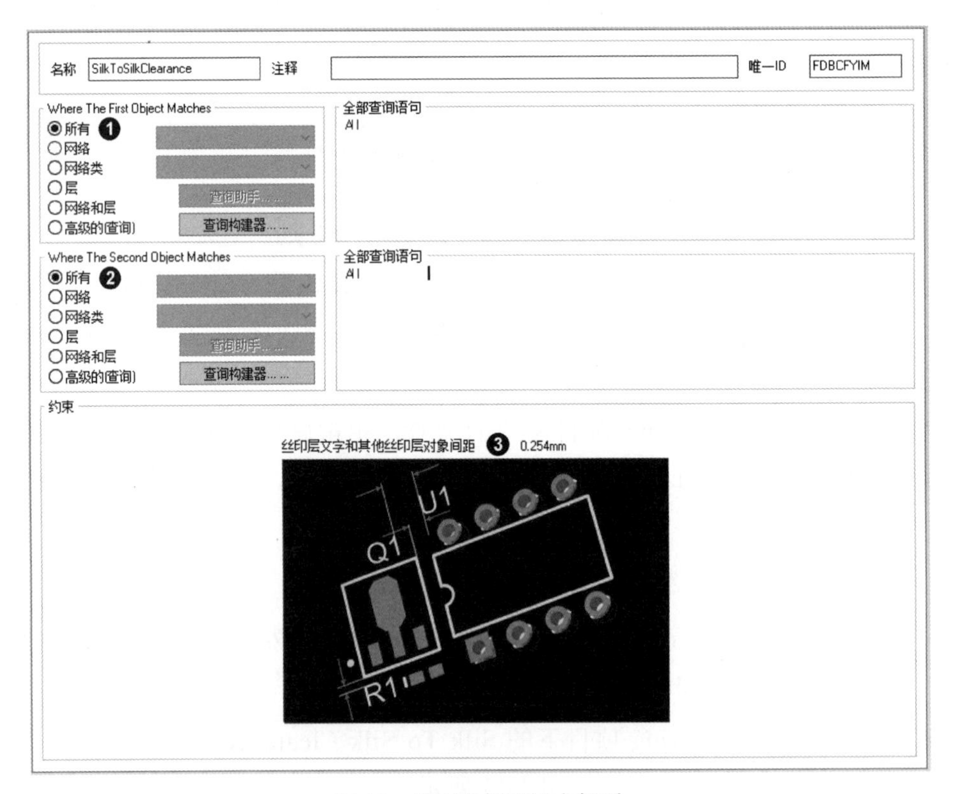

图 44　丝印层间距设定规则

完成上述设定后，单击确定按钮关闭对话框即可。

2-4-6 PCB 布 线

本电路采用双面板布线，而要注意的是题目规定过孔（Via）用量不可超过3个，因此不能随意使用过孔，按下列准则与方法操作，即可快速有效地完成整块电路板的布线。

1. 若要进行交互式布线，可单击按钮，或按 P 、 T 键，进入**交互式布线状态**，光标变为十字线（动作光标）。若要结束布线，可单击鼠标右键或按 Esc 键。
2. 此处可在顶层（Top Layer）或底层（Bottom Layer）布线，尽量固定每个层的走线方向，例如顶层水平走线（红色走线），底层垂直走线（蓝色走线）；相反亦可。
3. 切换布线层的方法，除了可按编辑区下方的层标签外，也可按 * 键。不管在哪个层，按 * 键就会切换到布线层。若原先在顶层，按 * 键就会切换到底层；若原先在底层，按 * 键就会切换到顶层。若是在布线过程中，除会切换层外，还会自动产生一个过孔。
4. 按功能区域布线，例如电源电路、微处理器电路、外围电路等，对**距离近的、简单的部分先布线**。如图 45 所示，由于元件布置合理，U2 与其右边电阻器排列都很直，也很简单明了；而 U2 与其左下方的 X1、C4、C5 线路也很简单。当然可列为优先布线处。

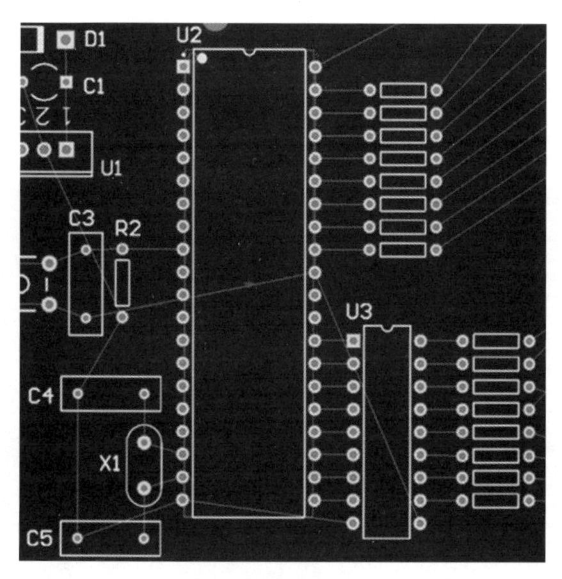

图 45　容易着手之处

从简单开始

在此将以顶层垂直线为主、底层水平线为主，所以先确定工作层为顶层。由于设计规则的关系，一般信号布线默认为 0.254mm 线宽、电源线为 0.762mm，自动设定线宽，不必再考虑线宽问题。按 P 、 T 键，即可进入**交互式布线状态**，指向起点焊盘单击鼠标左键，到目的焊盘再次单击鼠标左键、右键各一下，即可完成该直线布线，并可进行其他布线，如图 46 所示，简单、快速地完成此部分布线。

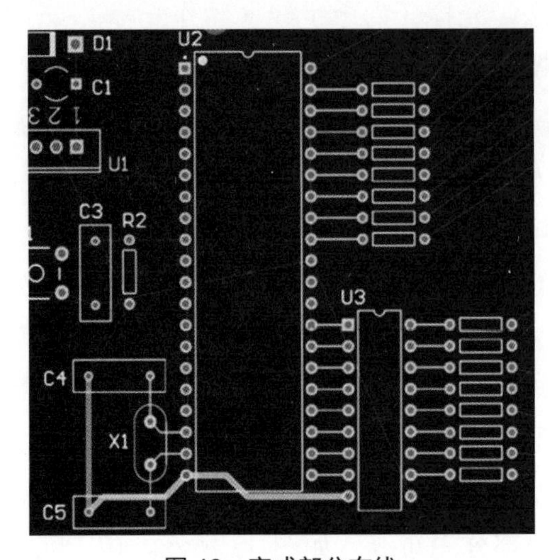

图 46 完成部分布线

复杂部分

在本题目中，大部分线路都非常简单，只有外围电路稍微复杂一些，如图 47 所示。这一部分就无法完全按“**顶层布垂直线、底层布水平线**”的要求布线，而是以水平线为主（依实际状态而定）。

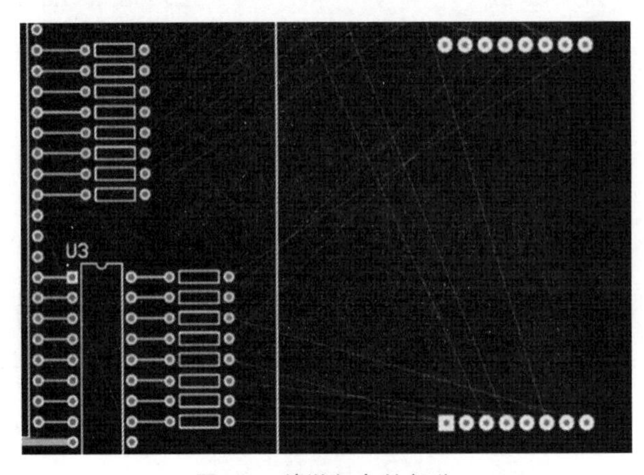

图 47 稍微复杂的部分

依据“能走的先走”的原则，操作如下。

1. 首先，由下方 8 个电阻器的右边引脚连接到 DS2 焊盘，以横线为多，所以切换到底层（蓝线），由电阻器的焊盘向右布线，可容易完成布线。
2. 若有交叉部分，如倒数第 4、6 个电阻器，则改由左边走出，跳过可能交叉处，再转往右边走线，即可避开交叉，而完成走线，如图 48 所示。

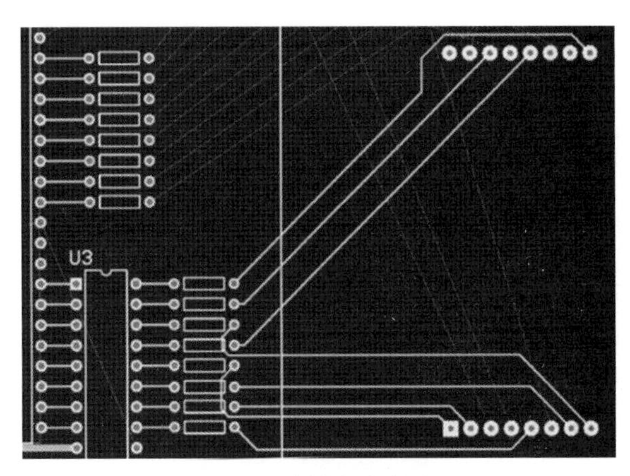

图 48　完成复杂部分

完成布线

上述说明只针对比较简单与比较复杂的部分，而在剩下的部分中，除右上方晶体管与 DS2 间的布线稍微复杂外，基本都是没有障碍的布线，也就是简单的布线，此处省略，不再描述。如图 49 所示为完成布线的参考图。

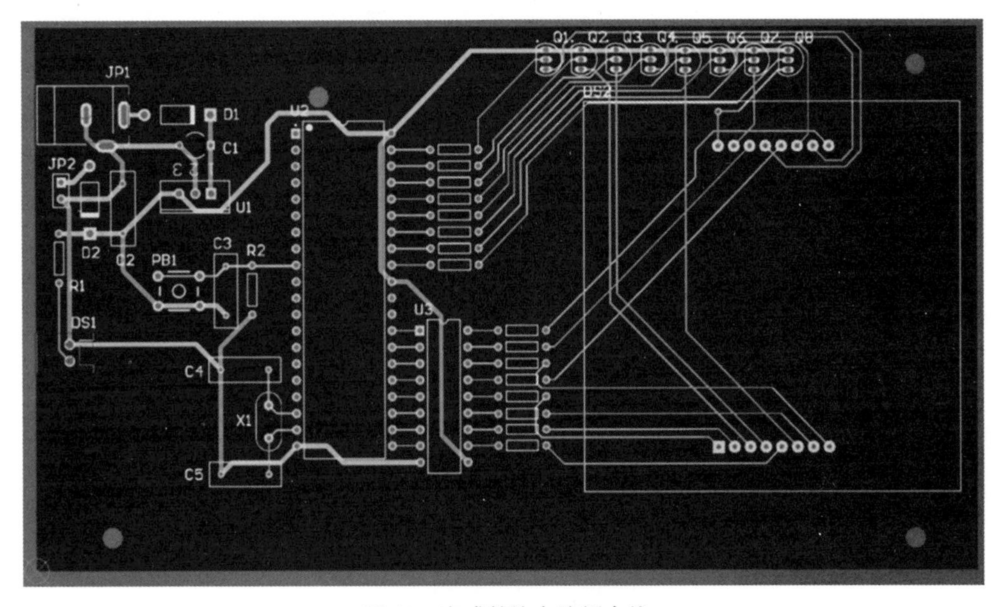

图 49　完成整块电路板布线

2-4-7 放置指定数据

题目要求在电路板上方放置钻孔表与三项数据（表 7），操作如下。

考生资料

考生数据包括**考生姓名**、**准考证号**两项，没有位置要求，但一定要在 Top Overlay 层（黄色）。因此，先切换到 Top Overlay 层，再按下列步骤操作。

1. 单击 A 按钮进入**放置字符串状态**，光标上已有一个浮动的字符串，按 Tab 键打开其属性对话框，如图 50 所示。

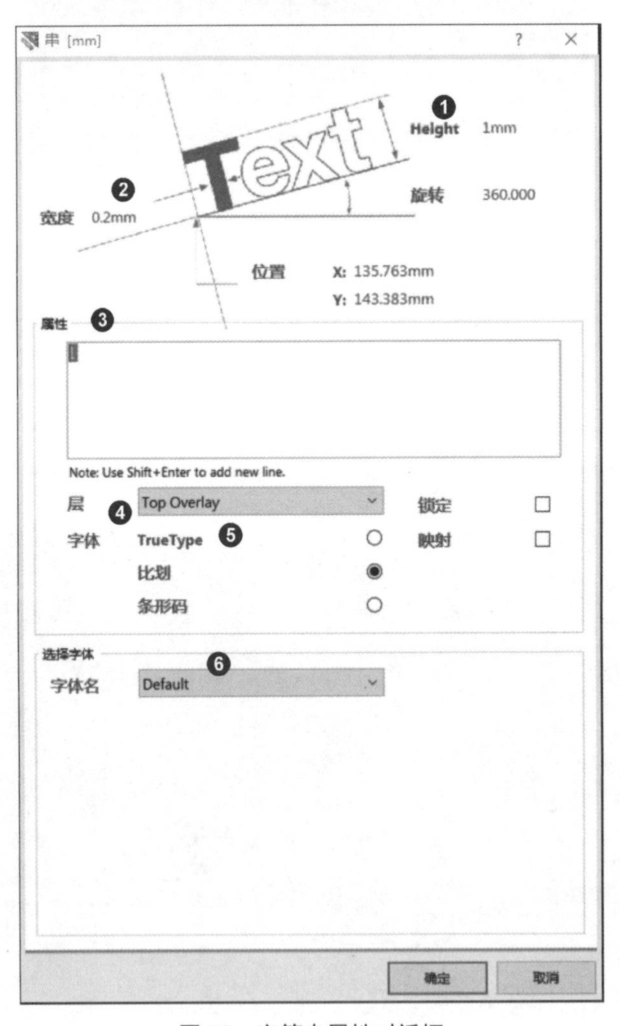

图 50 字符串属性对话框

2. 在文字字段里输入姓名(❸),例如**王小明**,层字段(❹)保持为 **Top Overlay**。
3. 选取 True Type 选项（❺），在字体名字段（❻）指定为**微软正黑体**，或其他中文字型。
4. 将 Height 字段（❶）设定为 **5mm**，再单击 确定 按钮关闭对话框，光标上将出现浮动的“王小明”，移至合适位置（不要覆盖到焊盘或其他 Top Overlay 对象），单击鼠标左键，即可固定于该处。
5. 光标上仍有一个浮动的“王小明”，按 Tab 键打开其属性对话框，如图 50 所示。
6. 输入准考证号，则在文字字段里输入准考证号（❸），例如 **x12345678**。
7. 选取比划选项（❺），在字体名字段（❻）指定为 **Default**。
8. 将 Height 字段（❶）设定为 **1.5mm**，将宽度字段（❷）设定为 **0.2mm**。再单击 确定 按钮关闭对话框，光标上将出现浮动的“x12345678”，移至合适位置（不要覆盖到焊盘或其他 Top Overlay 对象），单击鼠标左键，即可固定于该处。
9. 最后，单击鼠标右键结束**放置字符串状态**，如图 51 所示。

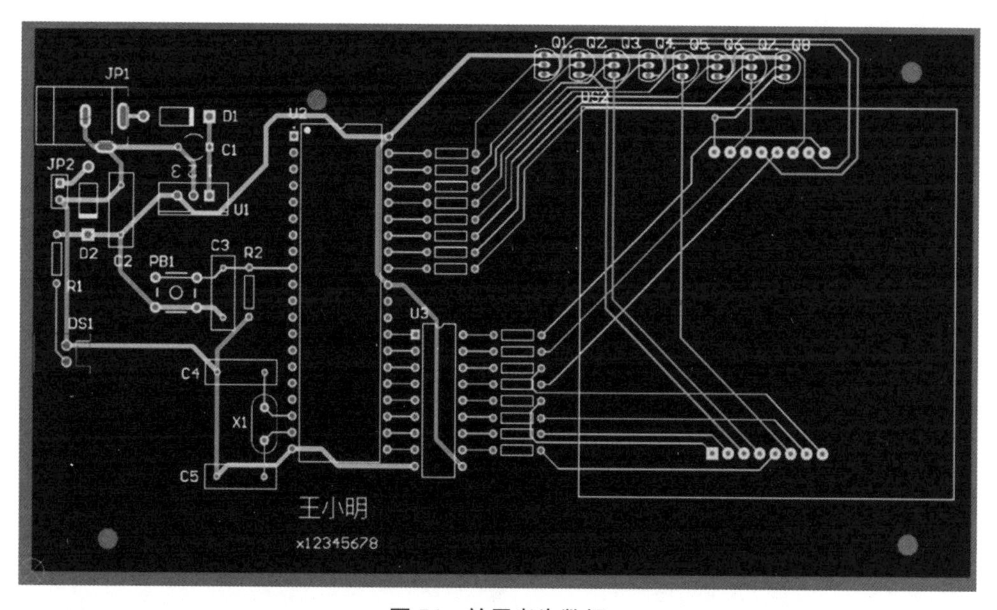

图 51　放置考生数据

板层名称

题目要求将层名称放在 Mechanical 1 层，而层名称必须以**.Printout Name** 特殊字符串方式，才能在不同的层上显示该层的名称。因此，先切换到 Mechanical

1 层（桃红色），再按下列步骤操作。

1. 单击 A 按钮进入**放置字符串状态**，光标上已有一个浮动的字符串，按 Tab 键打开其属性对话框，如图 50 所示。
2. 在文字字段（❸）里输入**.Printout Name**，层字段（❹）保持为 **Mechanical 1**。
3. 选取比划选项（❺），在字体名字段（❻）保持为 **Default**。
4. 将 Height 字段（❶）设定为 **3mm**，将宽度字段（❷）设定为 **0.2mm**。再单击 确定 按钮关闭对话框，光标上将出现浮动的".Printout Name"，移至电路板左上方，单击鼠标左键，即可固定于该处。
5. 最后，单击鼠标右键结束**放置字符串状态**，如图 52 所示。

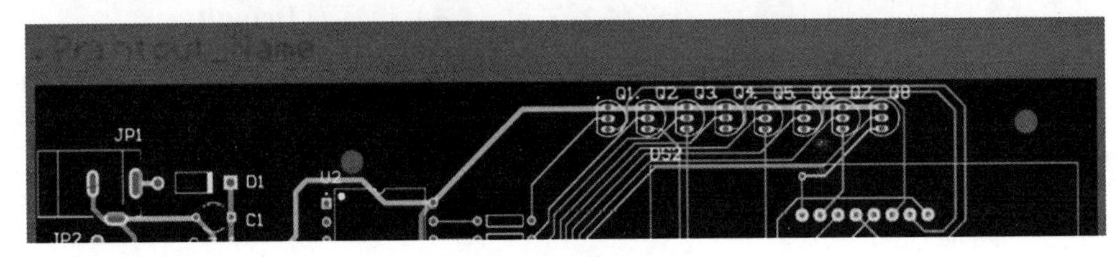

图 52 放置层名称

钻孔表

题目要求将钻孔表（Drill Table）放在打印层名称".Printout_Name"之上，在 Altium Designer 里可使用专用命令来放置钻孔表。执行放置/钻孔表命令，光标上将出现红色的钻孔表，随光标而动。移至电路板上方，层名称的上方，单击鼠标左键即可，其结果如图 53 所示。

Symbol	Hit Count	Finished Hole Size	Plated	Hole Type	Physical Length	Rout Path Length
	1	0.711mm (28.00mil)	PTH	Round		
	1	0.800mm (31.50mil)	PTH	Slot	2.800mm (110.24mil)	2.000mm (78.74mil)
	1	0.900mm (35.43mil)	PTH	Slot	2.500mm (98.43mil)	1.600mm (62.99mil)
	1	0.900mm (35.43mil)	PTH	Slot	3.300mm (129.92mil)	2.400mm (94.49mil)
	2	1.270mm (50.00mil)	PTH	Round		
	3	1.100mm (43.31mil)	PTH	Round		
	4	1.000mm (39.37mil)	PTH	Round		
	4	1.200mm (47.24mil)	PTH	Round		
	4	3.300mm (129.92mil)	PTH	Round		
	8	0.700mm (27.56mil)	PTH	Round		
	20	0.800mm (31.50mil)	PTH	Round		
	36	0.850mm (33.46mil)	PTH	Round		
	84	0.900mm (35.43mil)	PTH	Round		
	169 Total					

.Printout_Name

图 53 放置钻孔表

2-4-8 设计规则检查

按前述内容依次操作，一般不会有违反设计规则的事，但是题目要求必须进行设计规则检查。若要执行设计规则检查，则执行工具/设计规则检查命令，然后在随即出现的对话框里，保持预设选取的所有检查项目，再单击左下方的 执行设计规则检查 (R)... 按钮，即可进行设计规则检查，并将检查结果列在 Messages 面板及 Design Rule Verification Report 标签页里。若没有问题，Messages 面板里是空的；若有问题，可依照 Messages 面板里列出的项目，到电路图编辑区或电路板编辑区检查与修改。

2-5 设计输出

在 2-4 节里已完成所有设计工作，在此将依据题目的要求，产生所需要的输出文件，包括元件表（Bill of Materials，BOM）、Gerber 文件与钻孔文件（NC Drill）。而在此所产生的设计输出都放在项目文件夹里的 Project Outputs for S51_MatrixLED 文件夹。

2-5-1 输出材料清单

当我们要输出材料清单时，依题目要求，先切换到电路图编辑区，再执行报告/Bill of Materials 命令，屏幕出现如图 54 所示的对话框。

题目要求在所产生的材料清单里，其字段由左至右排列为 Designator、Comment、Description、LibRef、Footprint、Quantity，在此请按下述操作。

1. 若有未按顺序者，则指向域名（❶），按住鼠标左键，拖曳到按顺序的字段位置，即可调整其字段顺序。
2. 确定输出格式为 Excel 格式（❷），预设本身就是 Excel 格式，并选择添加到工程选项（❸），让产生的材料清单添加到工程。

3. 单击模板字段右边的…按钮（❹），并在随即出现的对话框里，加载题目指定的 **BOM.xlsx** 模板文件。

4. 单击 输出(E)... 按钮（❺），然后在随即出现的存盘对话框里，指定文件名为 **MyPCB**，再单击 保存(S) 按钮，即可输出材料清单。最后，单击 取消(C) 按钮关闭**元件库对话框**。

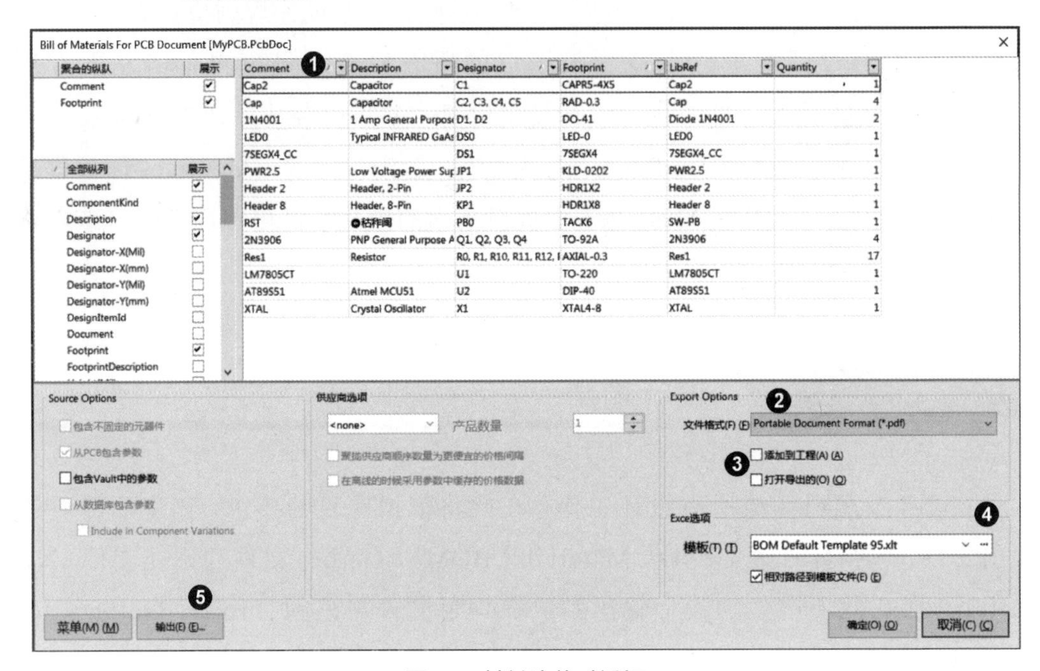

图 54 材料清单对话框

2-5-2 输出 Gerber 文件

若要产生 Gerber 文件，则切回电路板编辑环境，再执行文件/辅助制造输出/Gerber Files 命令，在随即出现的对话框里，切换到层页，如图 55 所示。

单击左下方的 画线层(P)... 按钮（❶），出现下拉菜单，再选择选取使用选项，让程序自动选择输出层；再选择 Mechanical 1 右边的选项（❷）。然后，单击上方的钻孔图层标签，切换到钻孔图层页，如图 56 所示。

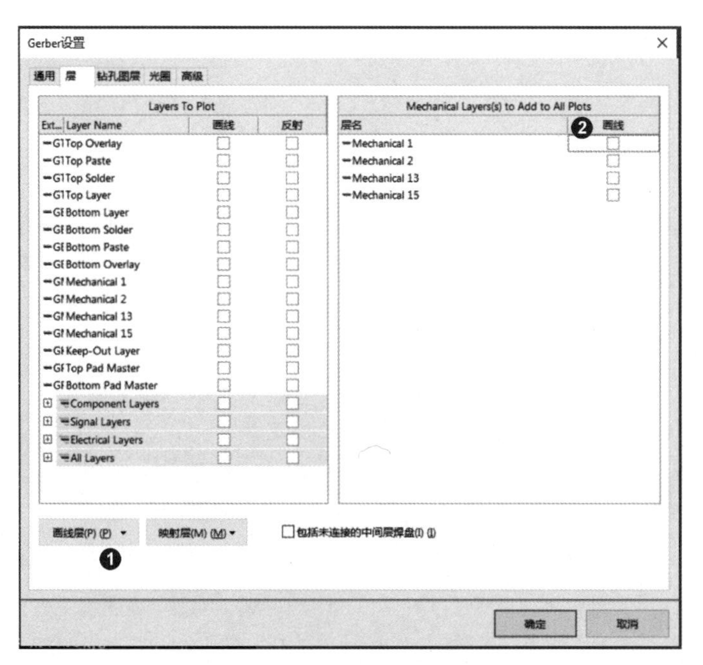

图 55　Gerber 设置对话框

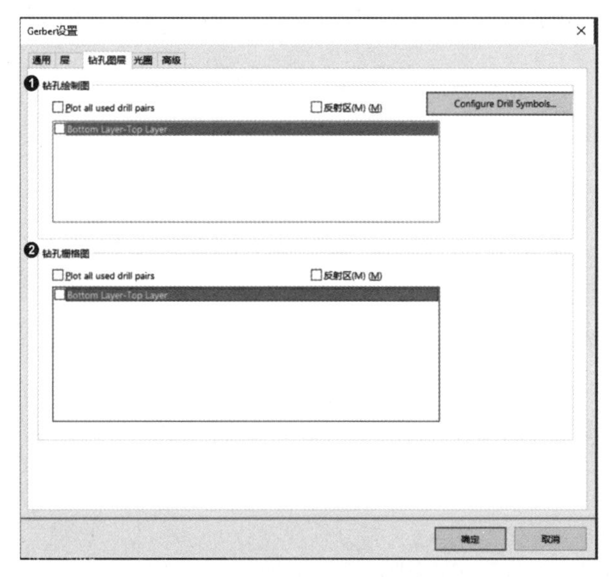

图 56　钻孔图层页

分别选择钻孔绘制图区域(❶)与钻孔栅格图区域(❷)里的 Plot all used drill pairs 选项，最后单击 确定 按钮，即可产生 Gerber 文件，并打开 CAMTastic1.CAM 文件，如图 57 所示。题目要求将它存为 Gerber.CAM，则按 Ctrl + S 键，并在随即出现的对话框里，指定存为 Gerber.CAM 即可。

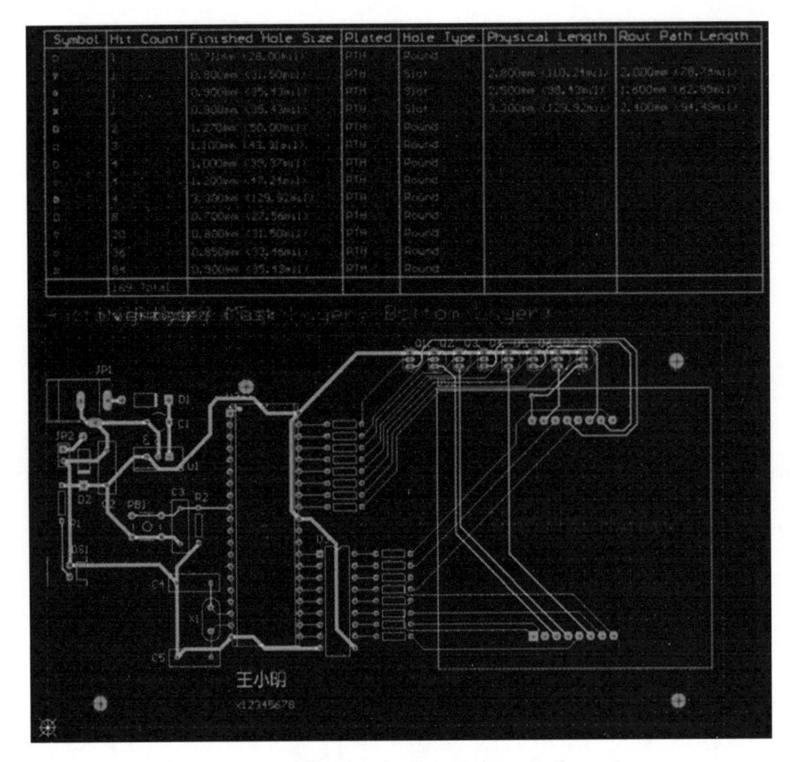

图 57 Gerber.CAM

2-5-3 输出钻孔文件

当我们要产生钻孔文件时，先切换到 PCB 编辑区，再执行文件/辅助制造输出/NC Drill Files 命令，然后在随即出现的对话框里，单击 确定 按钮。屏幕再次出现一个对话框，再次单击 确定 按钮；屏幕再次出现一个对话框，再次单击 确定 按钮，即可产生钻孔文件与 CAMTastic2.CAM 文件，并打开 CAMTastic2.CAM 文件，如图 58 所示。题目要求将它存为 NC.CAM，则按 Ctrl + S 键，并在随即出现的对话框里，指定存为 NC.CAM 即可。

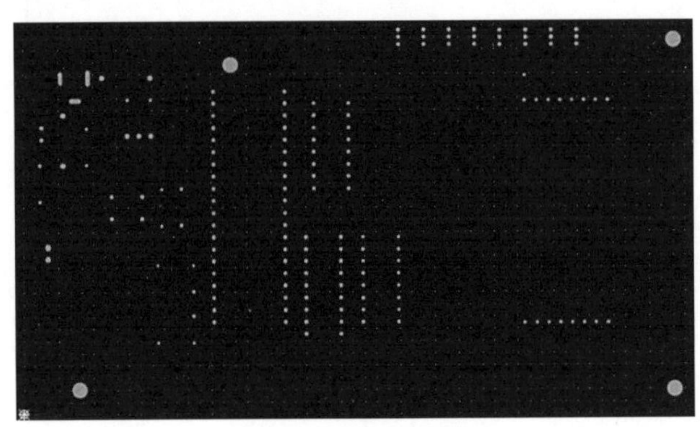

图 58 NC.CAM

2-6 训练建议

Altium 应用工程师认证考试的绘图考试时间为 **90 分钟**，其中可分为元件库编辑（2-2 节）、原理图设计（2-3 节）、电路板设计（2-4 节）与设计输出（2-5 节）等四部分，考试时，按顺序依次进行。

第三章

绘图操作第三题

遥控电路

- 认识题目
- 元件库编辑
- 原理图设计
- 电路板设计
- 设计输出
- 训练建议

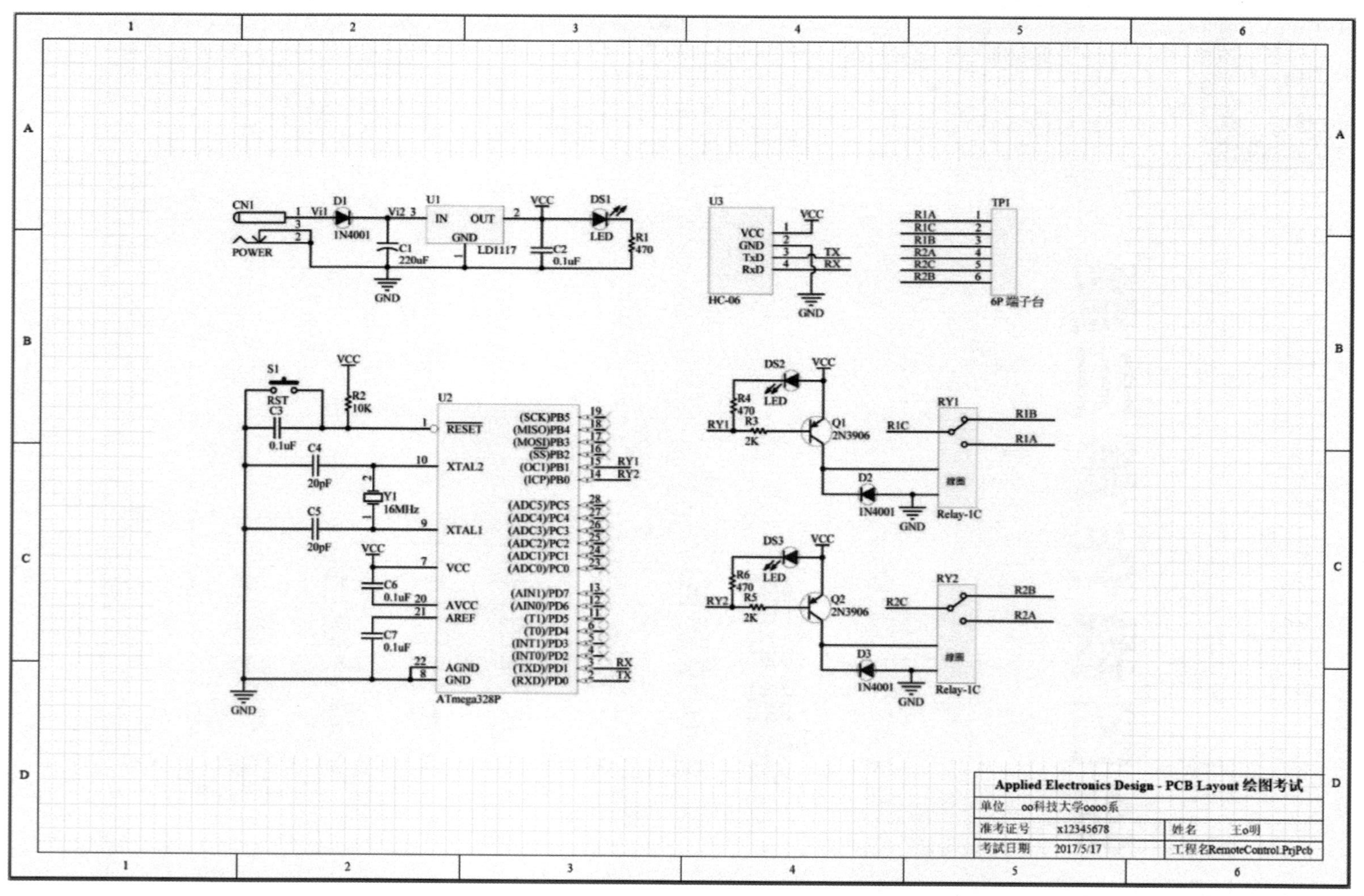
CN1
POWER
D1
1N4001
Vi1
Vi2
U1
IN
OUT
GND
LD1117
C1
220uF
C2
0.1uF
VCC
DS1
LED
R1
470
GND
U3
VCC
GND
TxD
RxD
HC-06
TX
RX
TP1
R1A
R1C
R1B
R2A
R2C
R2B
6P 端子台
S1
RST
C3
0.1uF
R2
10K
C4
20pF
C5
20pF
Y1
16MHz
C6
0.1uF
C7
0.1uF
U2
RESET
XTAL2
XTAL1
AVCC
AREF
AGND
(SCK)PB5
(MISO)PB4
(MOSI)PB3
(SS)PB2
(OC1)PB1
(ICP)PB0
(ADC5)PC5
(ADC4)PC4
(ADC3)PC3
(ADC2)PC2
(ADC1)PC1
(ADC0)PC0
(AIN1)PD7
(AIN0)PD6
(T1)PD5
(T0)PD4
(INT1)PD3
(INT0)PD2
(TXD)PD1
(RXD)PD0
ATmega328P
RY1
RY2
DS2
DS3
R4
470
R3
2K
R6
470
R5
2K
Q1
Q2
2N3906
D2
D3
Relay-1C
Applied Electronics Design - PCB Layout 绘图考试
单位 oo科技大学oooo系
准考证号 x12345678
姓名 王o明
考试日期 2017/5/17
工程名RemoteControl.PrjPcb

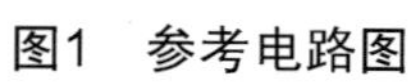
图1 参考电路图

3-1 认识题目

试题名称：RemoteControl（遥控电路）

本试题目的是验证考生具有基本元件库编辑、项目管理、原理图设计与电路板设计能力，并能输出辅助制造的相关文件。

计算机环境需求

1. 操作系统：Windows 7（或后续版本）。
2. 使用版本：Altium Designer 16。
3. 语言设定：简体中文。

供考生使用的文件

1. **AED_PCB2.PcbLib**：元件封装库文件。
2. **AED_PCB2.SchLib**：元件符号库文件。
3. **BOM.xlsx**：BOM 材料清单文件。
4. **LD1117-33.PDF**：LD1117-33 数据手册。
5. **RemoteControl.DXF**：电路板板框文件。
6. **SCH_template.SchDot**：原理图模板文件。
7. **绘图操作考题 RemoteControl.PDF**：本考题的文件，含附录一（电路图）。

注意事项

☺ 提供的文件统一保存在 RemoteControl 文件夹中，若有缺少文件，须于开始考试 20 分钟内提出，并补发。超过 20 分钟后提出补发，将扣 5 分。

☺ 考生所完成的文件，请存放于此文件夹，并将文件夹压缩为以准考证号为文件名的压缩文件。若没有产生此压缩文件，将不予评分（0 分）。

考试内容

本认证分为四个部分，分别是元件库编辑、原理图设计、电路板设计与设计输出，各部分的设计方法与顺序，全由考生自行决定。以下是各部分的参考设计流程概要与要求。

元件库编辑

1. 元件库建立流程

   1.1 新建元件库项目文件，并将题目提供的元件符号库文件与元件封装库

文件，加载到此项目，并保存。

1.2 打开元件封装库文件，并新增一个封装。

1.2.1 定义此封装的属性与元件名称。

1.2.2 放置封装焊盘，并参考原点，绘制外形图案。

1.2.3 保存文件。

1.3 打开元件符号库文件，并新增一个元件符号。

1.3.1 放置元件引脚，并绘制外形图案。

1.3.2 加载封装。

1.3.3 保存文件。

1.3.4 生成元件集成库。

2. 元件库创建的各项要求

2.1 新建元件库项目（文件名为 AED_PCB2.LibPkg），并将题目所给出的 AED_PCB2.SchLib、AED_PCB2.PcbLib 加载到此元件库项目。

2.2 按 LD1117-33 数据手册里的规格（尺寸），在 AED_PCB2.PcbLib 新建一个封装，并命名为 SOT-223_LD1117-33。可利用 IPC 元件封装向导建构此封装，再将其中的 4 号焊盘改为 2 号，如图 2 所示。

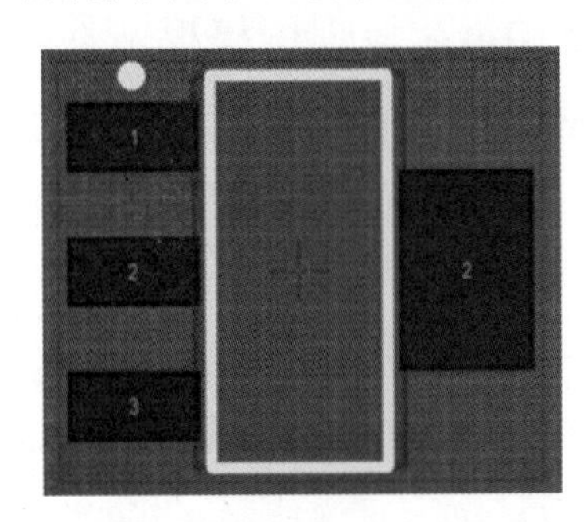

图 2　SOT-223_LD1117

2.3 AED_PCB2.SchLib 文件中新建 LD1117-3.3 元件，其元件引脚属性如表 1 所示。

表 1　LD1117-3.3 元件引脚属性表

引脚编号	引脚名称	引脚长度	引脚名称之间距	引脚名称之方向
1	GND	20	1	90 Degrees
2	OUT	20	x	x
3	IN	20	x	x

2.4 LD1117-3.3 元件图参考范例如图 3 所示。

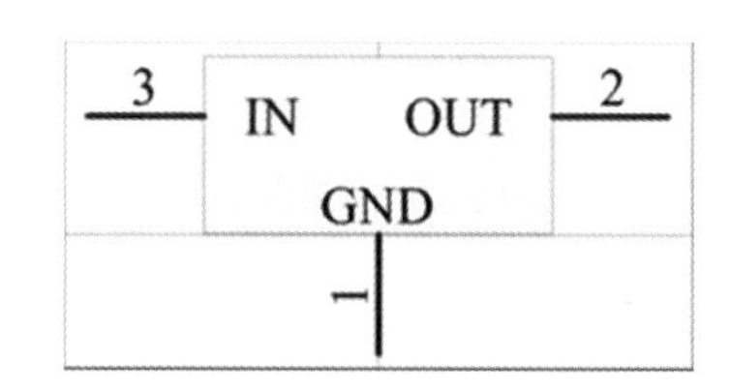

图 3　LD1117-3.3 元件图（Symbol）

2.5 LD1117-3.3 加载封装 SOT-223_LD1117-33，并建构 LD1117-5、LD1117A-3.3 及 LD1117A-5 等元件别名。

2.6 建立元件集成库文件（AED_PCB2.IntLib）。

原理图设计

1. 原理图绘制流程

   1.1 新建 PCB 工程文件和原理图文件并保存。

   1.2 套用原理图模板文件。

   1.3 放置元件。

   1.4 连接线路。

   1.5 放置网络标号、电源符号、接地符号及 NoERC 符号。

   1.6 原理图编译检查。

   1.7 保存原理图。

2. 原理图绘制-实际操作各项目要求

   使用所提供的元件属性表（请参照表 2）以及原理图（附录一）完成原理图绘制，此线路需符合附录一的原理图（包含模板、元件、线路连接、网络标号、电源/接地、NoERC 符号等）。而 ERC 检查需无任何错误项目，如线路连接有误、对象属性定义有误、对象少放/浮接、模板套用有误等，都会扣分。

   2.1 新建 PCB 工程（文件名 RemoteControl.PrjPcb）及电路图文件（文件名 Main.SchDoc）。

   2.2 套用原理图模板文件（SCH_template.SchDot），并需依规定填入参数值内容，如“王〇明”。

Applied Electronics Design - PCB Layout绘图考试			
单位	○○科技大学○○○○系		
准考证号	xxxxxxxx123	姓名	王○明
考试日期	YYYY/MM/DD	工程名称	RemoteControl.PrjPcb

2.3 元件属性表如表 2 所示。

表 2 元件属性表

元件标号 Designator	元件值 Comment	放置元件名称 Design Item ID	封装 Footprint	元件库 Library Name
C1	220uF	Cap2	CAP-260-1	AED_PCB2.IntLib
C2, C3, C6, C7	0.1uF	Cap	C200 - 1	AED_PCB2.IntLib
C4, C5	20pF	Cap	C200 - 1	AED_PCB2.IntLib
CN1	POWER	PWR2.5	KLD-0202	AED_PCB2.IntLib
D1, D2, D3	1N4001	1N4001	D400	AED_PCB2.IntLib
DS1	LED	LED	LED-3mm_G	AED_PCB2.IntLib
DS2, DS3	LED	LED	LED-3mm_R	AED_PCB2.IntLib
Q1, Q2	2N3906	2N3906	TO-92-AP	AED_PCB2.IntLib
R1, R4, R6	470	Res	AXIAL-0.3	AED_PCB2.IntLib
R2	10K	Res	AXIAL-0.3	AED_PCB2.IntLib
R3,R5	2K	Res	AXIAL-0.3	AED_PCB2.IntLib
RY1, RY2	Relay-1C	Relay-1C	Relay-1C-1	AED_PCB2.IntLib
S1	RST	SW-PB	TACT6-Panasonic	AED_PCB2.IntLib
TP1	6P 端子台	TP6	TP6-3.8mm	AED_PCB2.IntLib
U1	LD1117	LD1117-3.3	SOT-223_LD1117-33	AED_PCB2.IntLib
U2	Atmega328P	Atmega328P	DIP-28	AED_PCB2.IntLib
U3	HC-06	HC-06	BT-06	AED_PCB2.IntLib
Y1	16MHz	XTAL	XTAL4-8	AED_PCB2.IntLib

电路板设计

1. 电路板设计流程

1.1 添加 PCB 文件到工程。

1.2 导入 PCB 板框文件，并设置 4 个装配孔（3.3mm）。

1.3 定义板型，并设置相对原点。

1.4 设定网络分类。

1.5 设定设计规则。

1.6 更新原理图数据到 PCB。

1.7 元件布局。

1.8 PCB 布线。

1.9 放置字符串与指定数据。

1.10 设计规则检查。

1.11 保存 PCB 文件。

2. 电路板设计-绘图操作各项目要求

2.1 新建 PCB 文件，文件名为 MyPCB.PcbDoc，使用单位为 mm。

2.2 导入 PCB 板框文件（RemoteControl.DXF）。

2.3 定义板型，并在板子左下角处设置相对原点，并以直径 3.3mm 的焊盘（焊盘编号为 0）作为装配孔，放置在板框中的四个圆圈里。

2.4 设定 Power 分类，其中包括 GND、VCC、Vi1 与 Vi2 网络。

2.5 设定 AC 分类，其中包括 R1A、R1B、R1C、R2A、R2B 与 R2C 网络。

2.6 设计规则如表 3 所示，其他设计规则按默认值（不得更改）。

表 3 设计规则表

规则类别	规则名称	范围	设定值（mm）	优先等级
Electrical	Clearance	All - All	0.406mm	1
Electrical	ShortCircuit	All - All	Not Allowed	1
Routing	Width	AC 分类	1mm	1
Routing	Width	Power 分类	0.635mm	2
Routing	Width	All - All	（最小）0.254mm –（推荐）0.305mm –（最大）0.381mm	3
Manufacturing	SilkToSilkClearance	All - All	0.01mm	1
Manufacturing	SilkToSolderMaskClearance	IsPad - All	0.01mm	1
Manufacturing	HoleSize	All	最大 3.3mm、最小 0.025mm	1

2.7 更新原理图数据到 PCB：将绘制完成的原理图数据更新到电路板中，其中项目都要准确无误。

2.8 元件布局

2.8.1 在 PCB 中进行元件布局，元件需放置在板框内，且仅限放置于 Top Layer 层。

2.8.2 依板框文件放置在规定的位置，放置电源接头（CN1）、LED（DS1）、蓝牙模块（BT）及 6P 端子台（TP1）。

2.8.3 元件放置角度仅限于 0 度/360 度、90 度、180 度与 270 度。

2.9 PCB 布线

2.9.1 布线不得超出板框。

2.9.2 可在 Top Layer 与 Bottom Layer 布线。

2.9.3 不得构成线路回路（loop）。

2.9.4 不得有 90 度或小于 90 度锐角布线。

2.9.5 过孔（Via）用量不得超过 3 个。

2.9.6 布线不可从封装焊盘间穿过。

2.10 放置钻孔符号表与字符串（输出层名称/考生数据）。

2.10.1 放置 Drill Table，将 Drill Table 放至字符串.Printout_Name 上方。

2.10.2 在 Top Overlay 层上放置考生数据，不可重叠。

2.10.3 输出层名称与考生数据的属性，如表 4 所示。

表 4　输出层名称与考生数据属性

字符串	位置	线宽	高度	文字	层	字体	字体名
输出层名称	板框上方	0.2mm	3mm	.Printout_Name	Mechanical 1	比划	Default
考生资料	板框内空白处	x	5mm	考生姓名	Top Overlay	True Type	Default
考生资料	板框内空白处	0.2mm	1.5mm	准考证号	Top Overlay	比划	Default

2.11 设计规则检查

2.11.1 设计规则检查报告（Report Options）选项全部勾选。

2.11.2 检查基本六项规则（Rule To Check），勾选 Clearance、ShortCircuit、UnRoutedNet、Width、SilkToSilkClearance、NetAntennae 实时及批次等选项。

2.11.3 执行设计规则检查，而在 DRC 报表页中，不可无出现警告或违规项目，否则按规定扣分。

设计输出

1. 输出文件项目如下

1.1 BOM 表（Bill of Materials）。

1.2 Gerber 文件。

1.3 钻孔文件（NC Drill files）。

2. 输出文件-绘图操作各项目要求

2.1 BOM 表（Bill of Materials）

2.1.1 BOM 表文件格式需为 Microsoft Excel Worksheet 文件，并加载到 PCB 工程。

2.1.2 输出字段顺序请依规定由左至右排列为：Designator、Comment、Description、LibRef、Footprint、Quantity。

2.1.3 需依规定套用所提供的 BOM.xlsx 模板文件。

2.1.4 需在原理图编辑环境下生成 BOM 表。

2.2 Gerber 文件

2.2.1 Gerber 文件要求：需有*.GTO、*.GTS、*.GTL、*.GBL、*.GBS、*.GM1、*.GM2 层，并附加机构层 1 到各 Gerber 文件中，各 Gerber 文件需包含在考生文件夹中。

2.2.2 钻孔图要求：需有*.GD1（孔径图）、*.GG1（孔位图），并使用字符符号输出，各文件需包含在考生文件夹中。

2.2.3 输出后的*.Cam 文件需将其名称存为 Gerber.Cam，并加载到 PCB 工程。

2.3 钻孔文件（NC Drill files）

2.3.1 钻孔文件要求：需有圆孔*.RoundHoles.TXT 与槽孔*.SlotHoles.TXT，各文件需包含在考生文件夹中。

2.3.2 输出单位、格式、补零形态等需与 Gerber Files 设定一致。

2.3.3 输出后的*.Cam 文件需将其名称保存为 NC.Cam，并加载到 PCB 工程。

3-2 元件库编辑

题目已提供一个元件符号库文件（AED_PCB2.SchLib）与一个元件封装库文件（AED_PCB2.PcbLib）。在此将依次进行下列四项工作。

1. **项目管理**：新建元件库项目（AED_PCB2.LibPkg），并将 AED_PCB2.SchLib 与 AED_PCB2.PcbLib 添加到此工程。

2. 元件符号模型编辑：在 AED_PCB2.SchLib 文件里，新建/编辑一个稳压 IC（LD1117-3.3）元件（Symbol）。
3. 元件封装编辑：在 AED_PCB2.PcbLib 文件里新建/编辑 SOT-223_LD1117-33 封装（Footprint）。
4. 产生元件集成库（AED_PCB2.IntLib）。

3-2-1 元件库项目管理

元件库项目管理的步骤如下。

Step 1 **复制元件库文件**：在硬盘里新建一个 **AED*23*** 文件夹，其中“*23*”为考场座位号。然后将题目所附的 AED_PCB2.SchLib、AED_PCB2.PcbLib、SCH_template.SchDot、RemoteControl.DXF 与 BOM.xlsx 文件复制到此文件夹。

Step 2 **新建元件库项目**：打开 Altium Designer，然后在窗口里执行文件/新建/项目/元件集成库项目命令，则在左边 Projects 面板里，将出现 Integrated_Library1.LibPkg 项目。

Step 3 **保存项目**：指向 Projects 面板里的 Integrated_Library1.LibPkg 项目，单击鼠标右键，在下拉菜单中选择另存项目选项。在随即出现的存档对话框里，指定保存到刚才新建的 **AED*23*** 文件夹，文件名为 **AED_PCB2.LibPkg**。而原来的“Integrated_Library1.LibPkg”将变为“AED_PCB2.LibPkg”。

Step 4 **连接既有文件**：指向 Projects 面板里的 AED_PCB2.LibPkg 项目，单击鼠标右键，在下拉菜单中选择添加现有文件到项目中选项，在随即出现的对话框里，指定添加 AED_PCB2.SchLib 文件，则此文件将出现在 AED_PCB2.LibPkg 项目下，成为项目中的一部分。同样地，再把 AED_PCB2.PcbLib 文件也加入此项目。

Step 5 **存档**：指向 Projects 面板里的 AED_PCB2.LibPkg 项目，单击鼠标右键，在下拉菜单中选择保存项目选项，即可存盘，而元件库的项目管理也告一个段落。

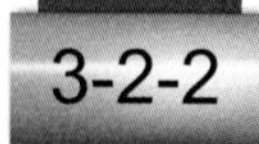

元件符号模型编辑

元件符号模型编辑步骤包括**新增元件**、**元件默认属性编辑**、**元件引脚编辑**、**元件外形编辑**与**链接元件模块**等，继续 3-2-1 节进行如下操作。

新增元件：

1. 指向 Projects 面板里的 AED_PCB2.LibPkg 下的 **AED_PCB2.SchLib** 项目，双击鼠标左键，打开该文件，并进入元件符号模型编辑环境。
2. 单击 Projects 面板下方的 SCH Library 标签，切换到 SCH Library 面板。
3. 执行工具/新增元件命令，在随即出现的对话框里，输入新增元件的名称（即 **LD1117-3.3**），再单击 确定 按钮关闭对话框，则 SCH Library 面板上方区域里出现此元件，同时，程序也准备好空白编辑区。
4. 指向 SCH Library 面板里的 **LD1117-3.3** 项，双击鼠标左键，打开此元件的默认属性对话框，如图 4 所示。

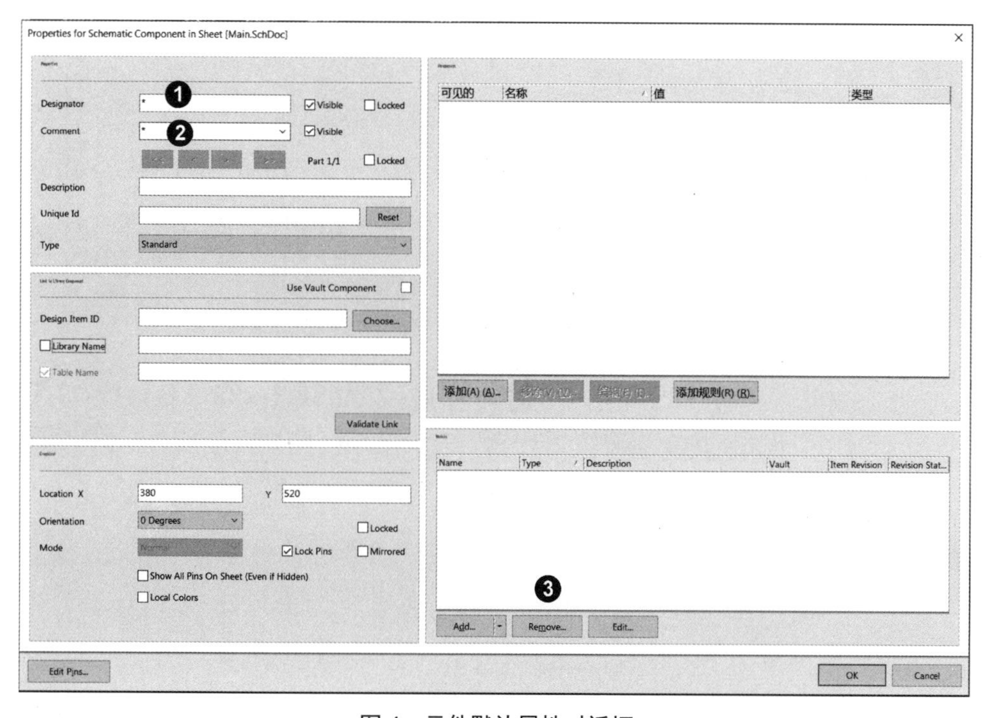

图 4　元件默认属性对话框

5. 在 Designator 字段里（标示❶处）输入 **U?**，在 Comment 字段里（标示❷处）输入 **LD1117-3.3**。
6. 单击 Add... 按钮右侧的倒三角形（标示❸处），在下拉菜单中选择 Footprint 项，打开如图 5 所示的对话框。

图5　封装模型对话框

7. 在名称字段里（标示❶处）内容改为 **SOT-223_LD1117-33** 后，单击 确定 按钮返回前一个对话框（图 4）。最后，单击 OK 按钮关闭对话框即可。

元件引脚编辑：本元件有三个引脚，其主要属性如表 1 所示，这三个引脚的电气类型都是电源引脚（可设定为 Power 或 Passive）。若要放置引脚，可按 P 键两下，则光标上将黏着一个浮动的引脚，随光标而动。此时，可应用下列功能键。

- （空格键）：引脚逆时针旋转 90 度。
- X：引脚左右翻转。
- Y：引脚上下翻转。
- Tab：打开引脚属性对话框。

此时，先定义引脚属性，按 Tab 键打开**引脚属性对话框**（图 6）。

图 6　引脚属性对话框

三个引脚的属性设定分别如表 5 所示。

表 5　引脚属性

属　性	第一脚	第二脚	第三脚
❶显示名字	GND	OUT	IN
❷标识	1	2	3
❸电气类型	Passive	Passive	Passive

续表

属 性	第一脚	第二脚	第三脚
❹长度	20	20	20
❺定位	270 Degrees	0 Degrees	180 Degrees
❻Customize Position	选取	不选取	不选取
❼Margin	1	不设定	不设定
❽Orientation	90 Degrees	不设定	不设定

按照表 5 的属性，分别放置三个引脚，其结果如图 7 所示。

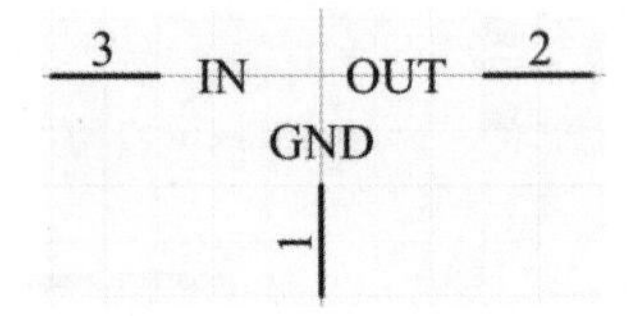

图 7 放置三个引脚

元件外形编辑：按 P 、 R 键进入**放置矩形状态**，光标上出现一个浮动的矩形，再指向第一脚（右端点）的上方，单击鼠标左键，移至第三脚（左端点）的下方，再单击鼠标左键、右键各一次，即可完成一个矩形并退出**放置矩形状态**，如图 8 左图所示。

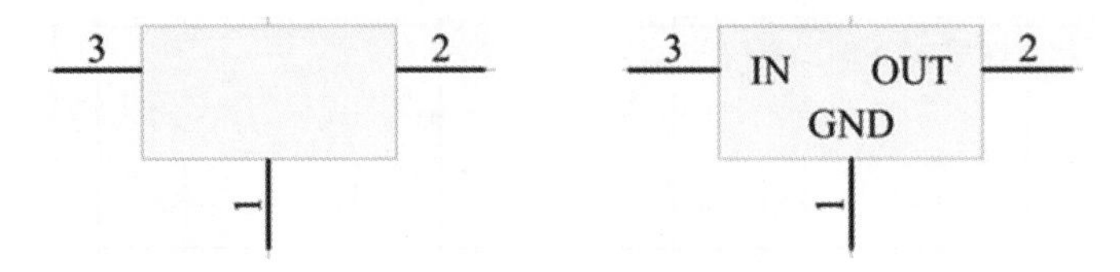

图 8 放置矩形

若矩形盖住引脚名称，执行编辑/移动/下推一层命令，然后指向矩形，单击鼠标左键，即可将矩形放到引脚名称之下。最后，单击鼠标右键结束**移动状态**，其结果如图 8 右图所示。

建立元件别名：可使用元件别名来放置同一个元件，若要建立元件别名，则在 SCH Library 面板的别名区域下方，单击 新增 按钮，然后在随即出现的对话框里，输入新增的***元件别名***，再单击 确定 按钮关闭对话框，则别名区域将出现该别名。题目要求建立 LD1117-5、LD1117A-3.3、LD1117A-5 等元件别名。

存档：按 Ctrl + S 键保存即可。

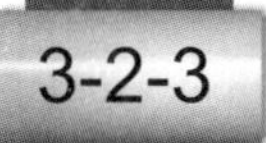

元件封装编辑

在此将应用 IPC 封装向导自动产生封装，整个步骤简化为**产生封装与焊盘编辑**，操作如下。

应用 IPC 封装向导

1. 指向 Projects 面板里 AED_PCB2.LibPkg 下的 **AED_PCB2.PCBLib** 项目，双击鼠标左键，打开该文件，并进入电路板元件编辑环境。
2. 单击 Projects 面板下方的 PCB Library 标签，切换到 PCB Library 面板。
3. 执行工具/IPC 封装向导命令，在随即出现的 IPC 封装向导里，单击 下一步(N) > 按钮切换到下一界面，如图 9 所示。

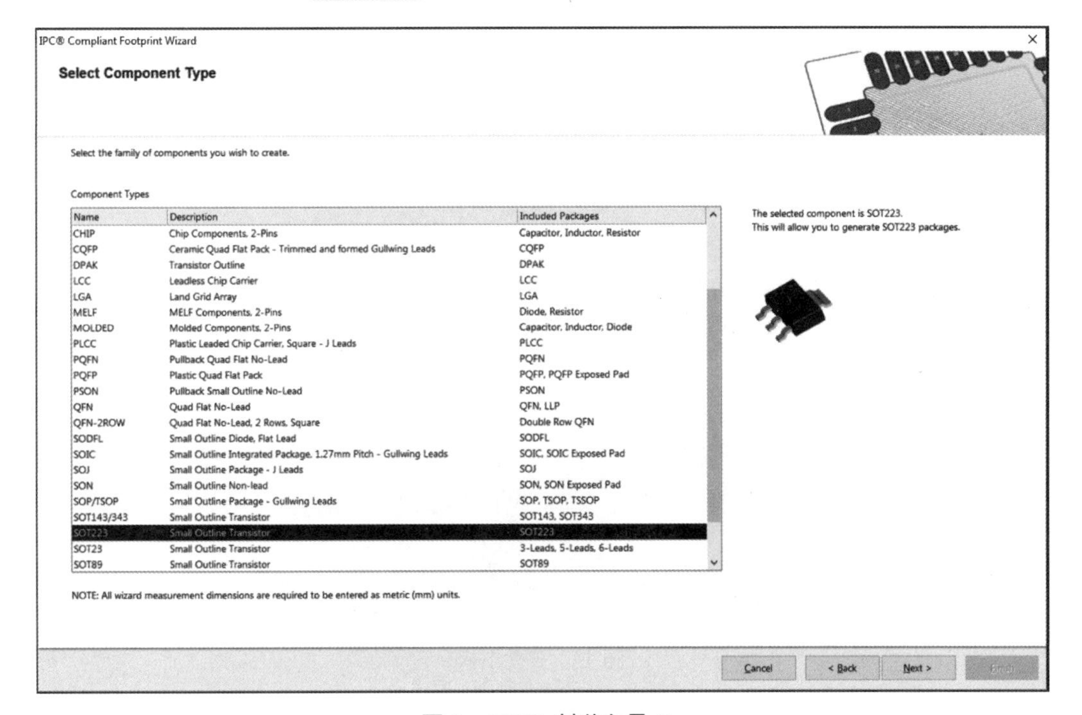

图 9　IPC® 封装向导-2

4. 选择 SOT223 项，再单击 Next 按钮切到下一个画面，如图 10 所示。

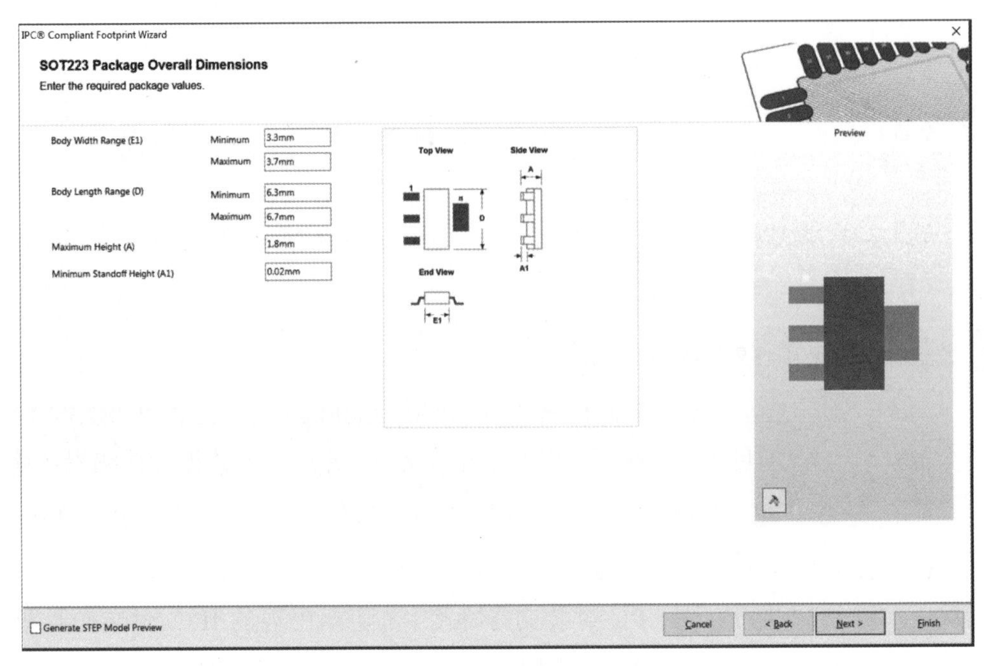

图 10 IPC® 封装向导-3

5. 保持预设状态，直接单击 Finish 按钮即可产生标准的 SOT223 封装，如图 11 所示。而在 PCB Library 面板里，新增一个 **SOT230P700X180-4N** 封装。

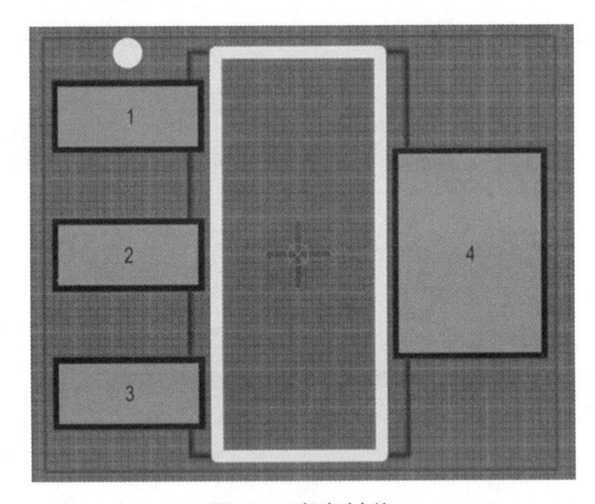

图 11 产生封装

6. 指向 PCB Library 面板里的 **SOT230P700X180-4N** 项，双击鼠标左键，然后在随即出现的对话框里，将名称字段里的元件名称修改为 **SOT-223_LD1117-33**，再单击 确定 按钮关闭对话框即可。

修改焊盘标识：题目要求将 4 号焊盘改为 2 号，所以指向 4 号焊盘，双击鼠标左键，打开其属性对话框，如图 12 所示，将其标识字段内（❶）的值改为 2，再单击 确定 按钮关闭对话框即可。

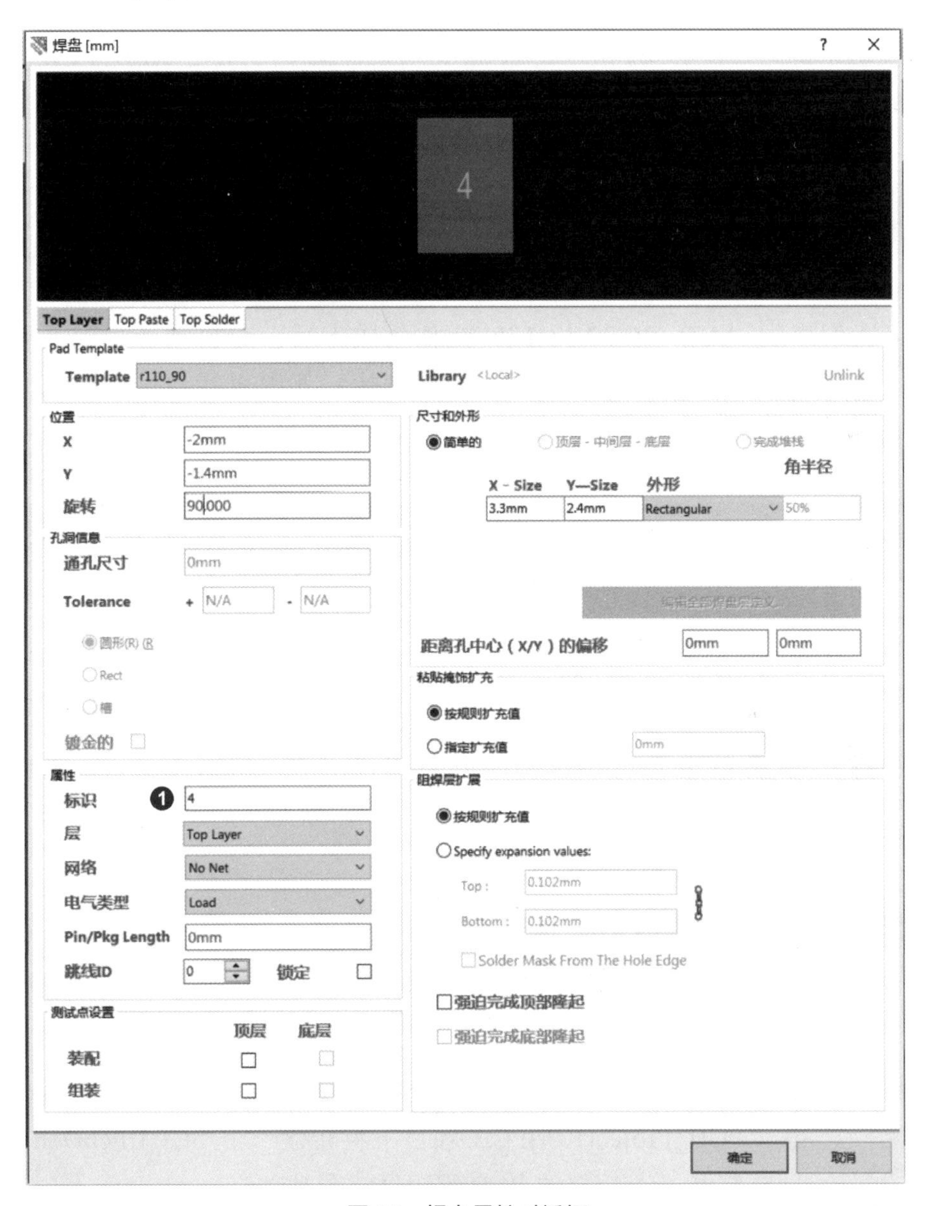

图 12　焊盘属性对话框

存档：应用 IPC 封装向导产生标准元件很简单，按 Ctrl + S 键保存即可。

3-2-4 产生元件集成库

完成元件符号模型编辑与元件封装编辑，切换回 Projects 面板，再指向面板里的 AED_PCB2.LibPkg 项目，单击鼠标右键，出现下拉菜单，再选择 Compile Integrated Library AED_PCB2.LibPkg 选项，即可进行编译，并产生 **AED_PCB2.IntLib 元件集成库**。

3-3 原理图设计

当我们产生 **AED_PCB2.IntLib** 元件集成库后，将自动加载到系统中。在此，将继续 3-2 节的操作，进行原理图设计，其中包括项目管理与原理图编辑。

3-3-1 项目管理

在此将新建一个 PCB 设计项目，并载入原理图文件与 PCB 文件，操作如下。

Step 1 **新建 PCB 项目**：继续 3-2 节的操作，在 Altium Designer 窗口里执行文件/新建/项目/电路板项目命令，则在左边 Projects 面板里，将出现 PCB_Project1.PrjPCB 项目。

Step 2 **新建原理图文件**：执行文件/新建/原理图文件命令，则 Projects 面板里，PCB_Project1.PrjPCB 项目下将新建一个 Sheet1.SchDoc 项目，同时打开一个空白的原理图编辑区（白底）。

Step 3 **新建 PCB 文件**：执行文件/新建/电路板文件命令，则 Projects 面板里，PCB_Project1.PrjPCB 项目下将新建一个 PCB1.PcbDoc 项目，同时打开一个空白的 PCB 编辑区（黑底）。

Step 4 **保存项目与文件**：指向 Projects 面板里的 PCB_Project1.PrjPCB 项目，单击鼠标右键，出现下拉菜单，再选择另存项目选项。随即出现 **PCB** 的存盘对话框，指定保存到刚才的 **AED*23*** 文件夹，文件名为 **My_PCB.PcbDoc**（扩展名可不必指定）。

单击 保存(S) 按钮存盘后，随即出现**原理图**的存盘对话框，同样保存在刚才的 **AED*23*** 文件夹里，文件名为 **Main.SchDoc**（扩展名可不必指定）。

单击 保存(S) 按钮保存后，随即出现**项目**的保存对话框，同样是存在刚才的 **AED*23*** 文件夹里，文件名为 **RemoteControl.PrjPcb**（扩展名可不必指定）。

再次单击 保存(S) 按钮存盘，完成项目的创建。

3-3-2 原理图编辑

在原理图的编辑方面，包括**套用题目指定的模板**、**输入基本数据**、**取用元件**、**连接线路**等操作，说明如下。

套用模板：继续 3-3-1 节的操作，切换到原理图编辑区（白底），执行设计/项目模板/Choose a File...命令，然后在随即出现的对话框里，指定题目所附的 **SCH_template.SchDot** 模板文件，再单击 Open 按钮。而屏幕又出现如图 13 所示的对话框。

图 13　更新模板对话框

选取当前工程的所有原理图文档选项（❶）与替代全部匹配参数选项（❷），再单击 确定 按钮关闭对话框，即可进行模板的套用，并出现**确认对话框**。此时，只要单击 OK 按钮关闭该对话框，即可完成套用，而编辑区右下方也会出现如图 14 所示的标题栏。

Applied Electronics Design - PCB Layout绘图考试			
单位 *			
准考证号	*	姓名	*
考试日期	*	工程名	RemoteControl.PrjPcb

图 14　新标题栏

输入基本数据：在此必须填入题目要求的基本数据，执行设计/图纸设定命令，在随即出现的对话框里，切换到参数页。表 6 为字段说明，其中数值字段数据内容应以考生数据为准。

表 6　字段数据

参数名称	数　值	反应到标题栏字段
CompanyName	○○大学○○系	单位
AdmissionTicket	x12345678	准考证号
DrawnBy	王小明	姓名
Date	2016/01/23	考试日期

按表 6 输入到其中的数值字段，再单击 确定 按钮即可反映到图纸上，如图 15 所示。

Applied Electronics Design - PCB Layout绘图考试			
单位 ○○科技大学○○系			
准考证号	x12345678	姓名	王小明
考试日期	2016/01/23	工程名	RemoteControl.PrjPcb

图 15　完成基本数据的输入

设计分析：在设计原理图之前，首先分析所要绘制的原理图组成，以实际操作第三题为例（图 1），按功能可分为三部分，分别是**电源电路**（❶）、**微处理器电路**（❷）与**外围电路**（❸），如图 16 所示。绘制原理图与设计 PCB 时，最好是按每个部分进行，同一部分的电路都在一起，不容易缺漏，电路的结构也比较容易理解。

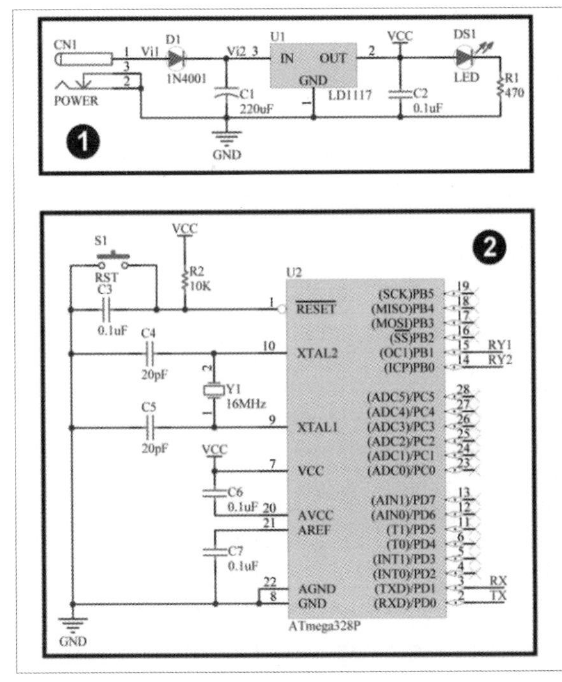

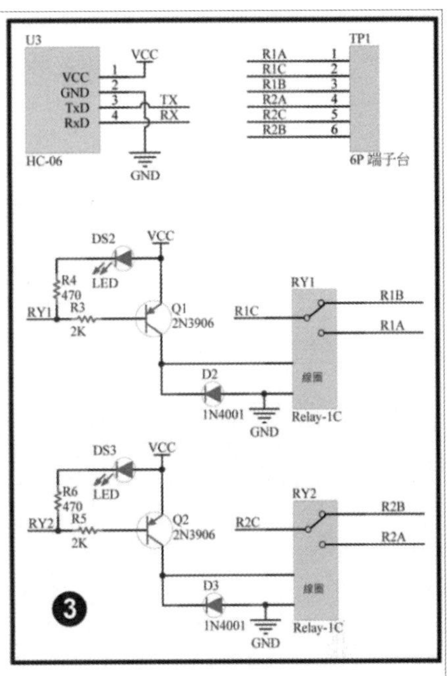

图 16　原理图分析

放置元件与元件属性编辑：在设计原理图时，通常会把取用元件与元件属性视为连续动作。当我们要取用元件时，最直接的方式是从右边的元件库面板着手。元件库面板是一种***弹出式***面板，当光标指向右边元件库卷标，不必单击鼠标左键，就会弹出元件库面板；而光标离开元件库面板，元件库面板就会收回去。

以取用 LD1117-3.3 元件为例，光标指向元件库卷标，弹出元件库面板，然后在上面的元器件库列区字段中，选择 AED_PCB2.IntLib 项目，则其下的元器件目录区里将列出该元件库里的所有元件，选择其中的 **LD1117-3.3** 项，该元件的元件符号（原理图符号模型）与封装（封装模型）分别出现在下方的元器件符号预览区与元器件封装预览区里。单击右上方的 Place LD1117-3.3 按钮，再将光标移出元件库面板，光标上就会黏一个浮动的 LD1117-3.3 元件。

按 Tab 键打开其属性对话框，只要修改元件标号与元件值就可以了，如表 7 所示。完成属性编辑后，单击 OK 按钮关闭对话框，则该元件还是黏在光标上，随光标而移动，若按　键该元件逆时针旋转，按 X 键该元件左右翻转，按 Y 键该元件上下翻转，移至合适位置，单击鼠标左键，即可固定于该处；而光标上又将出现一个相同的、浮动的元件，只是元件序号自动增加，我们可继续放置相同的元件，或单击鼠标右键，光标恢复正常。

表 7 元件数据

电源电路				
放置元件名称	元件标号	元件值	元件库	封装
PWR2.5	CN1	POWER	AED_PCB2.IntLib	KLD-0202
Cap2	C1	220uF	AED_PCB2.IntLib	CAP-260-1
Cap	C2	0.1uF	AED_PCB2.IntLib	C200 - 1
1N4001	D1	1N4001	AED_PCB2.IntLib	D400
LED	DS1	LED	AED_PCB2.IntLib	LED-3mm_G
Res	R1	470	AED_PCB2.IntLib	AXIAL-0.3
LD1117-3.3	U1	LD1117	AED_PCB2.IntLib	SOT-223_LD1117-33
微处理器电路				
放置元件名称	元件标号	元件值	元件库	封装
Cap	C3,C6,C7	0.1uF	AED_PCB2.IntLib	C200 - 1
Cap	C4,C5	20pF	AED_PCB2.IntLib	C200 - 1
Res	R2	10K	AED_PCB2.IntLib	AXIAL-0.3
SW-PB	S1	RST	AED_PCB2.IntLib	TACT6 - Panasonic
Atmega328P	U2	Atmega328P	AED_PCB2.IntLib	DIP-28
XTAL	Y1	16MHz	AED_PCB2.IntLib	XTAL4-8
外围电路				
放置元件名称	元件标号	元件值	元件库	封装
1N4001	D2,D3	1N4001	AED_PCB2.IntLib	D400
2N3906	Q1,Q2	2N3906	AED_PCB2.IntLib	TO-92-AP
HC-06	U3	HC-06	AED_PCB2.IntLib	BT-06
LED	DS2,DS3	LED	AED_PCB2.IntLib	LED-3mm_R
Relay-1C	RY1,RY2	Relay-1C	AED_PCB2.IntLib	Relay-1C-1
Res	R3,R5	2K	AED_PCB2.IntLib	AXIAL-0.3
Res	R4,R6	470	AED_PCB2.IntLib	AXIAL-0.3
TP6	TP1	6P 端子台	AED_PCB2.IntLib	TP6-3.8

连接线路：在 Altium Designer 的原理图编辑环境里，连接线路的方法很多，说明如下。

1. 使用导线连接：若要连接线路，可按 P 、 W 键进入**连接线路状态**。连接线路的基本准则是**对准引脚的端点，这时会出现红色的交叉线，代表有效连接**，再单击鼠标左键，即可开始绘制线路，转弯之前，单击鼠标左键，到达另一个引脚端点或另一条导线上，再次单击鼠标左键即可完成该线路的连接。

2. 使用网络标号连接：若采用导线连接线路比较麻烦，可使用网络标号（Net Label）连接更简便、实用，相同网络标号代表相连接。若要放置网络标号，可按 P 、 N 键进入**放置网络标号状态**，光标上将出现一个浮动的网络标号，再按 Tab 键打开其属性对话框，即可于网络字段里修改网络标号，最后单击 确定 按钮关闭对话框，即可完成网络标号的修改。光标移至所要放置的导线上，接触点上将出现**红色的交叉线（代表有效连接）**，再单击鼠标左键，即可于该处放置一个网络标号；而光标上仍有一个浮动的网络标号。一般地，这个浮动的网络标号是相同的网络标号，若网络标号的末端有数字，将自动增号。
   - 若要改变网络标号的方向，按 键。
   - 若要改变网络标号的内容，按 Tab 键，再从随即出现的属性对话框修改。
   - 若不再放置网络标号，则单击鼠标右键即可退出**放置网络标号状态**。
3. 使用电源符号：若要放置电源符号时，则单击 VCC 按钮进入**放置电源符号状态**，光标上出现浮动的电源符号，其默认的网络标号为 VCC。若要修改，则按 Tab 键，再从随即出现的属性对话框的网络字段中修改。在浮动状态下，按 键，可改变其方向。
4. 使用接地符号：若要放置接地符号时，则单击 ⏚ 按钮进入**放置接地符号状态**，光标上出现浮动的接地符号，其默认的网络标号为 GND。若要修改，则按 Tab 键，再从随即出现的属性对话框的网络字段中修改。在浮动状态下，按 键，可改变其方向。

绘制电源电路：按图 17 绘制电源电路，其步骤依次如下。

1. 放置元件（并定义其元件标号）。
2. 连接线路。
3. 放置网络标号（Vi1、Vi2）。
4. 放置电源符号与接地符号。

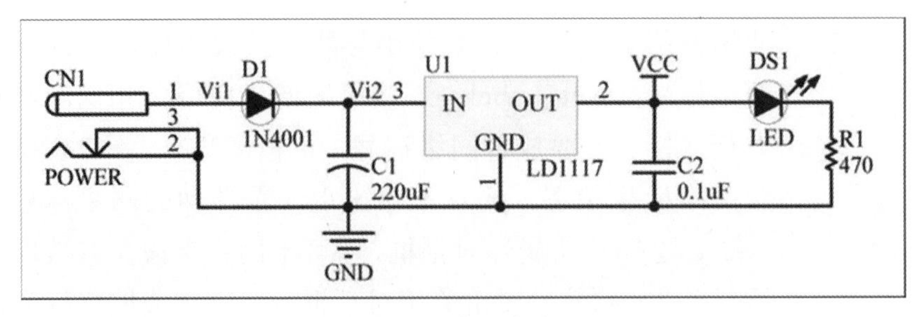

图 17　电源电路

绘制微处理器电路：按图 18 绘制微处理器电路，其步骤依次如下。

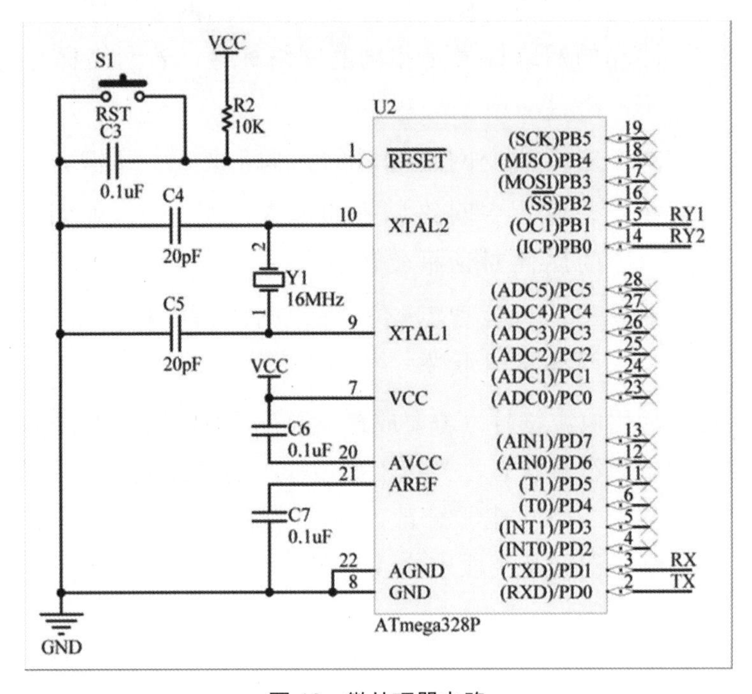

图 18　微处理器电路

1. 放置元件（并定义其元件标号）。
2. 连接线路。
3. 放置网络标号（RY1、RY2、RX、TX）。
4. 放置电源符号与接地符号。
5. 放置不连接符号：单击 ✕ 按钮即进入**放置不连接符号**状态，光标上出现一个浮动的不连接符号，移至引脚端点，单击鼠标左键，即可放置一个不连接符号。而光标上仍有一个浮动的不连接符号，可继续放置不连接符号；若不再放置不连接符号，可单击鼠标右键结束**放置不连接符号**。

绘制外围电路：按图 19 绘制外围电路，其步骤依次如下。

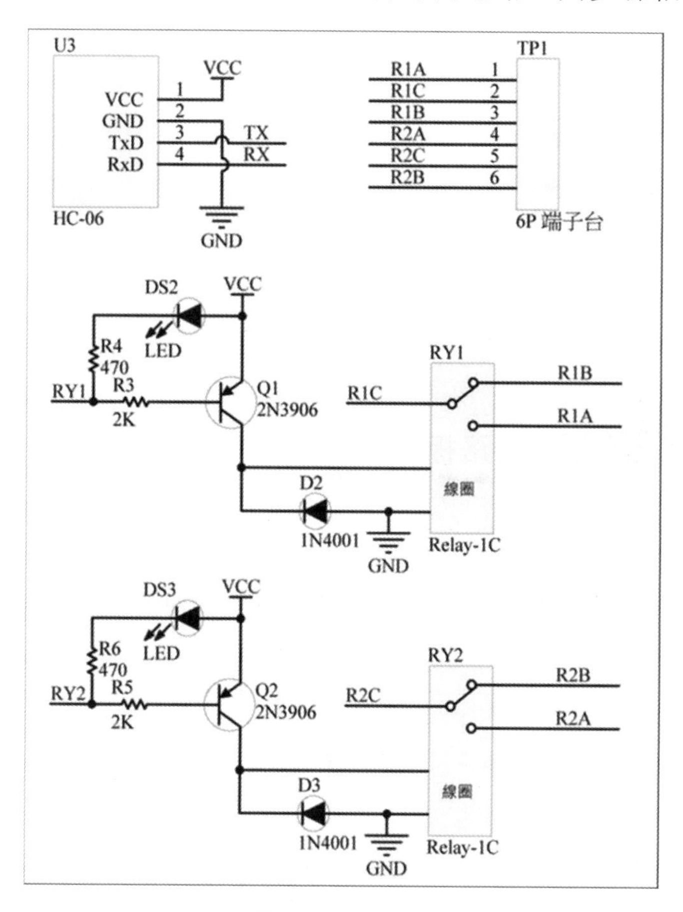

图 19　外围电路

1. 取用元件（并定义其元件标号）。
2. 连接线路。
3. 放置网络标号（RY1、RY2、RX、TX、R1A、R1B、R1C、R2A、R2B、R2C）。
4. 放置电源符号与接地符号。

电路检查：完成电路绘制后，还要检查一下，有无违反电气规则。指向 Projects 面板里的 Main.SchDoc 项，单击鼠标右键，出现下拉菜单，再选择 Compile Document Main.SchDoc 项即可进行检查。然后，单击编辑区下方的 System 按钮，在下拉菜单中再选择 Messages 选项，即可打开如图 20 所示的 Messages 面板，其中显示 Compile successful，no errors found（❶），表示没有错误。

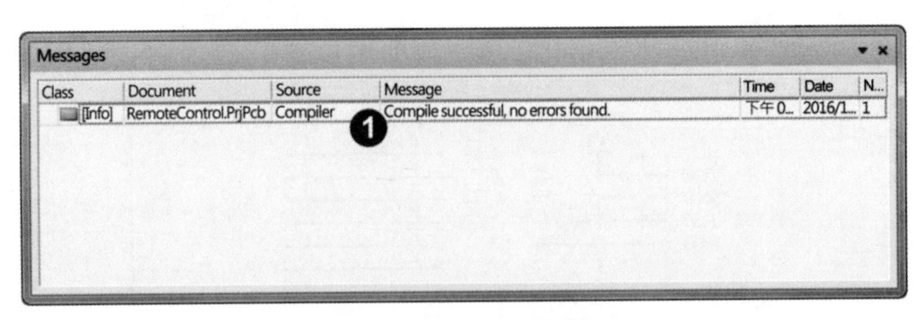

图 20　Messages 面板

存档：完成电路绘制后，按 Ctrl + S 键保存。

3-4 电路板设计

PCB 设计是应用电子设计认证的重点部分！完成原理图设计后，接下来是电路板设计，其中包括**板子形状**、**加载原理图数据**、**元件布局**、**制定设计规则**、**电路板布线**与**放置指定数据**等。

3-4-1 板子形状

本题目要求使用指定的板子文件（RemoteControl.DXF），并定义板形，其步骤如下。

准备工作：首先切换到 PCB 编辑区（黑底），左下方所显示的坐标，若不是采用公制单位（mm），则按 Q 键切换为公制单位。

载入板子文件：执行文件/导入命令，在随即出现的对话框里，指定 **RemoteControl.DXF**，并单击 Open 按钮，屏幕出现如图 21 所示的对话框。设定如下。

1. 在块区域里保持选择作为元素导入选项（❶）。
2. 在绘制空间区域里保持选择模型选项（❷）。
3. 在默认线宽字段里输入 0.2mm（❸）。
4. 在单位区域里选择 mm 选项（❹）。
5. 在层匹配区域里保持图 21 的设定（❺）。

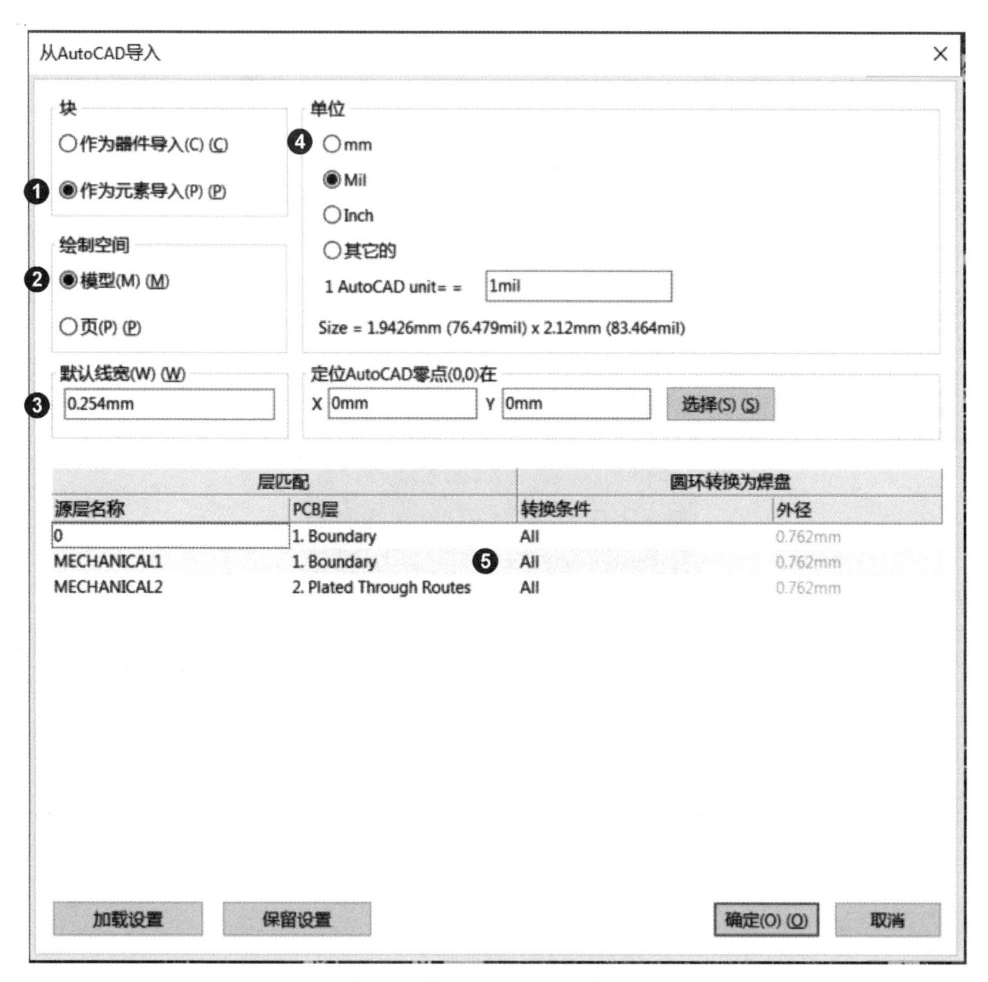

图 21　导入 AutoCAD 对话框

6.　单击 Open 按钮，即可顺利加载板框，如图 22 所示。

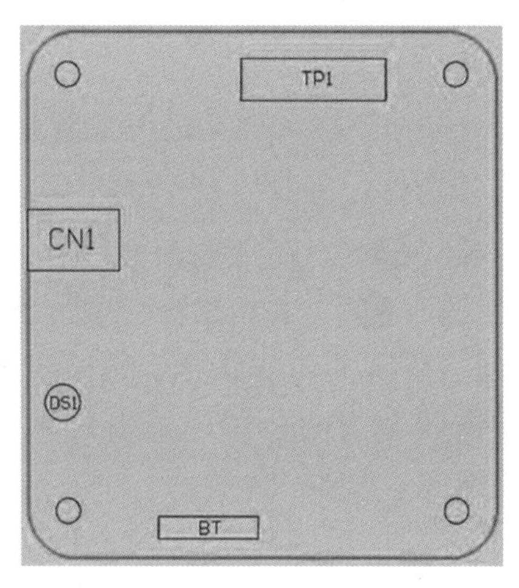

图 22　载入板框

Step 3 **选取板框**：在编辑区下方的层标签里，单击 Mechanical 1 标签（桃红色），再按 Shift + S 键（单层显示）让编辑区只显示 Mechanical 1 层，然后拖曳选取刚才加载的整个板框，使之变成白色。

定义板形：执行设计/板子形状/根据选取对象定义板子命令，即可定义板形；按 Shift + S 键让编辑区恢复正常显示状态，如图 23 所示。

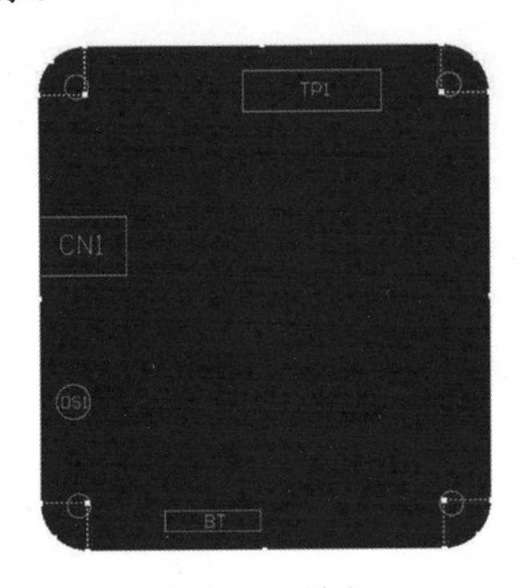

图 23　板形定义

设置相对原点：单击按钮，出现下拉菜单，再单击按钮，进入**放置相对原点状态**，再指向新板框的左下角，单击鼠标左键即可于该处放置一个相对原点。

设置装配孔：按两下 P 键进入**放置焊盘状态**，再按 Tab 键打开其属性对话框，如图 24 所示。

选取圆形选项（❷）、在通孔尺寸字段（❶）里输入 3.3mm、在 X-Size 字段（❸）与 Y-Size 字段（❹）里都输入 3.3mm，再单击 确定 按钮关闭对话框。光标将出现一个不小的浮动焊盘，分别指向四个圆圈位置，单击鼠标左键，各放置一个大焊盘，作为装配孔，如图 25 所示。

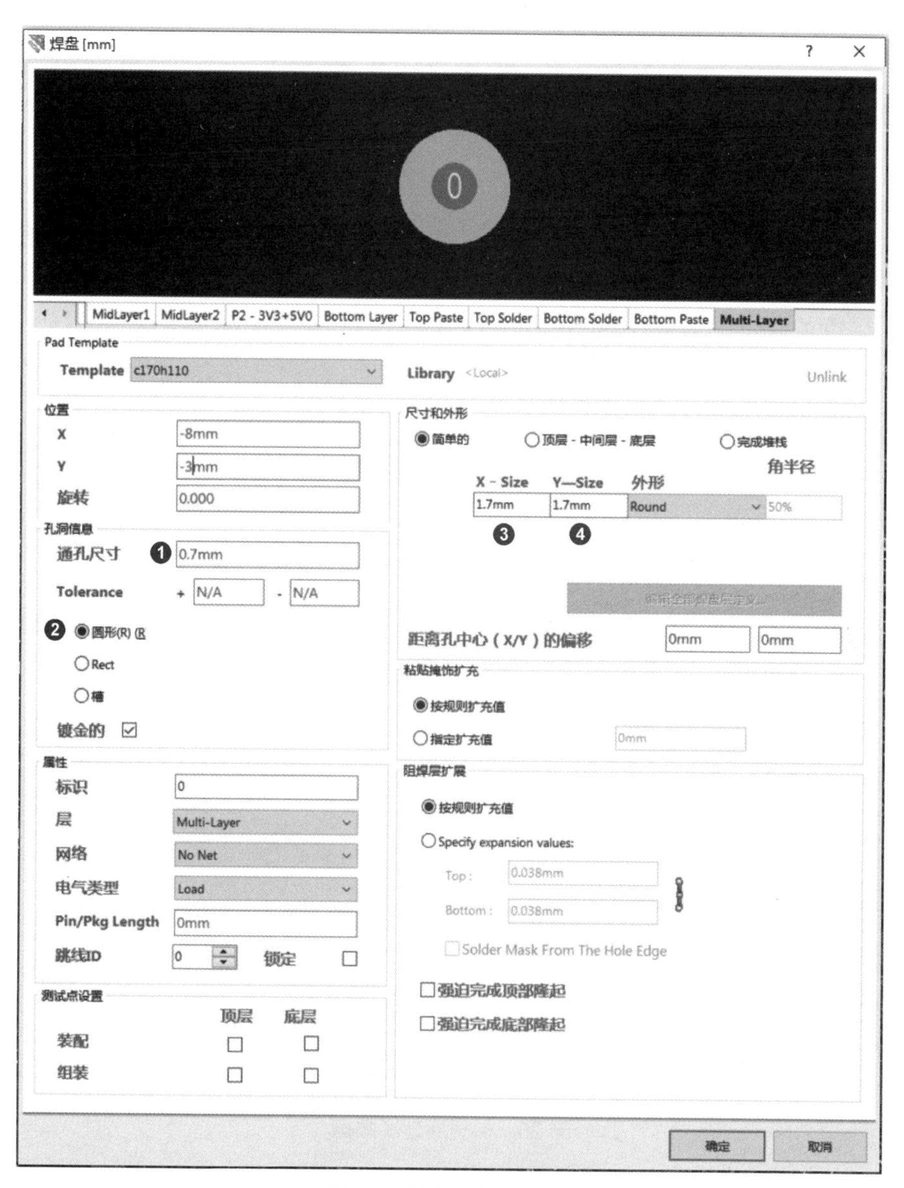

图 24　焊盘属性对话框

图 25　放置装配孔

3-4-2 加载原理图数据

若要加载原理图数据，则执行设计/Import Change From Remote Control.PrjPcb 命令，屏幕上出现工程变更设计（ECO）对话框，首先单击 生效更改 按钮更改，而更改的结果都将记录在检测字段里，若可顺利更改则出现绿色的勾，否则出现红色的叉。通常我们只要看新增元件项目是否全部成功就可以了，若有新增元件项目不成功（红色的叉），代表无法加载该元件，则后面的新增网络等，都会有不成功项目。这种情况，需要单击 关闭 按钮关闭对话框，先返回原理图编辑区，确认无法新增的元件，所挂的封装（Footprint）是否正确、是否存在？若再存在，则再重新指定其他存在的封装。

在认证的题目里，除考生自行设计的元件外，每个元件都有封装，更改数据时，一般不会出现错误。单击 执行更改 按钮即可执行更改动作，而更改动作也会记录在完成字段里。最后，单击 关闭 按钮关闭对话框，所加载的原理图数据（包含元件与网络），将出现在编辑区右边的**元件放置区域**里，如图 26 所示。

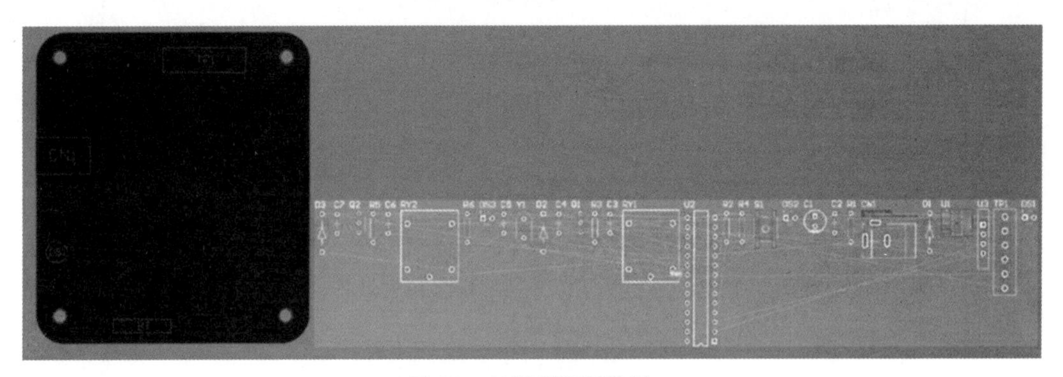

图 26 加载原理图数据

3-4-3 元件布局

在元件布局方面，可遵守下列原则进行。

1. 根据题目要求，先将 CN1（连接器）、DS1（LED）、BT（U3 蓝牙）与 TP1（单排插针）放置到指定的框内。
2. 依据原理图里元件的相对位置，就近放置，且尽可能让预拉线直一点、少一点交叉。

由于**元件放置区域**距离板框太远，元件布局效率较低，可先指向**元件放置区**

域的空白处（没有元件的位置），按住鼠标左键不放，即可选中整个**元件放置区域**，然后将它移至板框上方。最后，再单击**元件放置区**，按 Delete 键将它删除。

按 G 键拉出菜单，选择 0.025mm 选项，将格点间距设为最小，以方便元件排列。基本的元件放置方式为以拖曳方式移动元件，且在拖曳过程中，可按键逆时针旋转元件，元件布局的顺序如下。

1. 先将题目要求的元件放置到指定位置。
2. 放置主要的元件，即 RY1、RY2、U2（Atmega328P）、U1（LD1117），其中 RY1 与 RY2 在 TP1 单排插针之下，U2 须在 RY1 与 RY2 下面，U1 必须离 CN1 近一点。
3. 按照原理图，将 U2 微处理器电路的相关元件移到 U2 周围，U1 电源电路的相关元件移到 U1 周围，而 RY1、RY2 与其驱动晶体管（Q1、Q2）应近一点。

当然，除了题目要求的四个元件外，只要元件不在板框外即可。完成元件布局之后，元件标号的位置、方向，也要适度调整，让方向一致，且不要重叠或碰到其他对象（扣分）。元件标号的位置、方向一般并不计分，只是美观问题。完成元件布局，如图 27 所示。

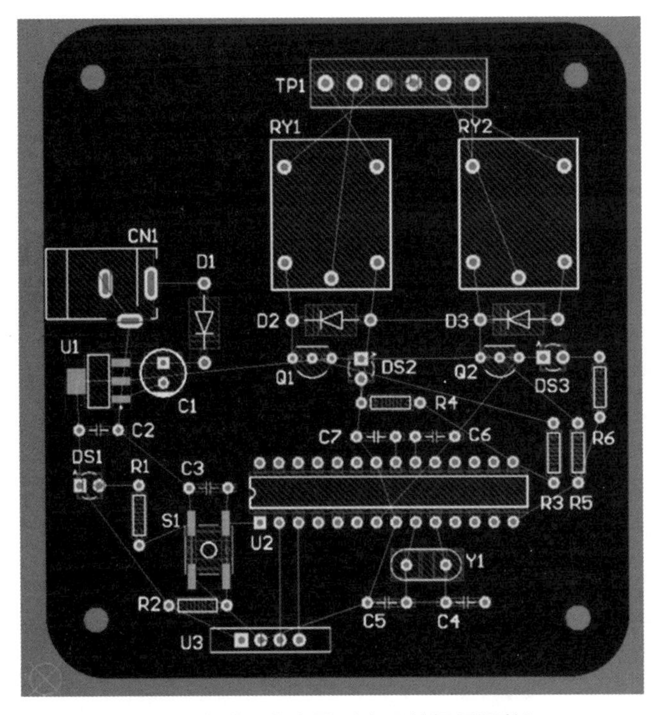

图 27 完成元件布局（含元件标号调整）

3-4-4 建立网络分类

题目要求建立 **Power**、**AC** 等两个网络分类，其中 **Power** 网络分类包括 GND、Vi1、Vi2 与 VCC 网络，**AC** 网络分类包括 R1A、R1B、R1C、R2A、R2B 与 R2C 网络。首先执行设计/分类命令，屏幕出现如图 28 所示的对话框（对象类浏览器）。指向左上方的 Net Classes 项（❶），单击鼠标右键，弹出下拉菜单，再选择新增分类项目，即可在 Net Classes 项目下面建立 New Class 项目。再指向这个新增项目单击鼠标左键选取，再单击鼠标左键，即可编辑此分类的名称，将它改为 **Power**。然后，再指向这个项目，双击鼠标左键，则对话框左侧变为图 29 所示状态。

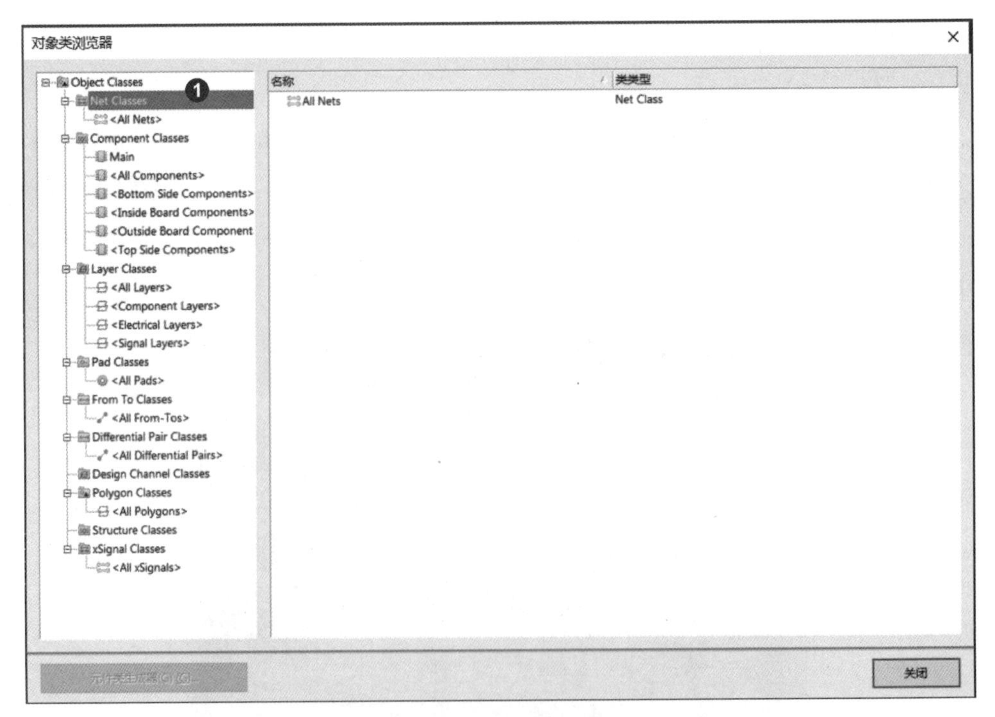

图 28 对象类浏览器

在左边的非成员区域里，选择 GND 项（❶），再单击按钮（❷），即可将 GND 移到右边的成员区域，成为此网络分类的成员；以此类推，分别将 GND、Vi1、Vi2 与 VCC 移到成员区域。

同样的方法，再新建一个网络分类、重命名为 **AC**，并分别将 R1A、R1B、R1C、R2A、R2B 与 R2C 移到成员区域，最后，单击关闭按钮关闭对话框即可。

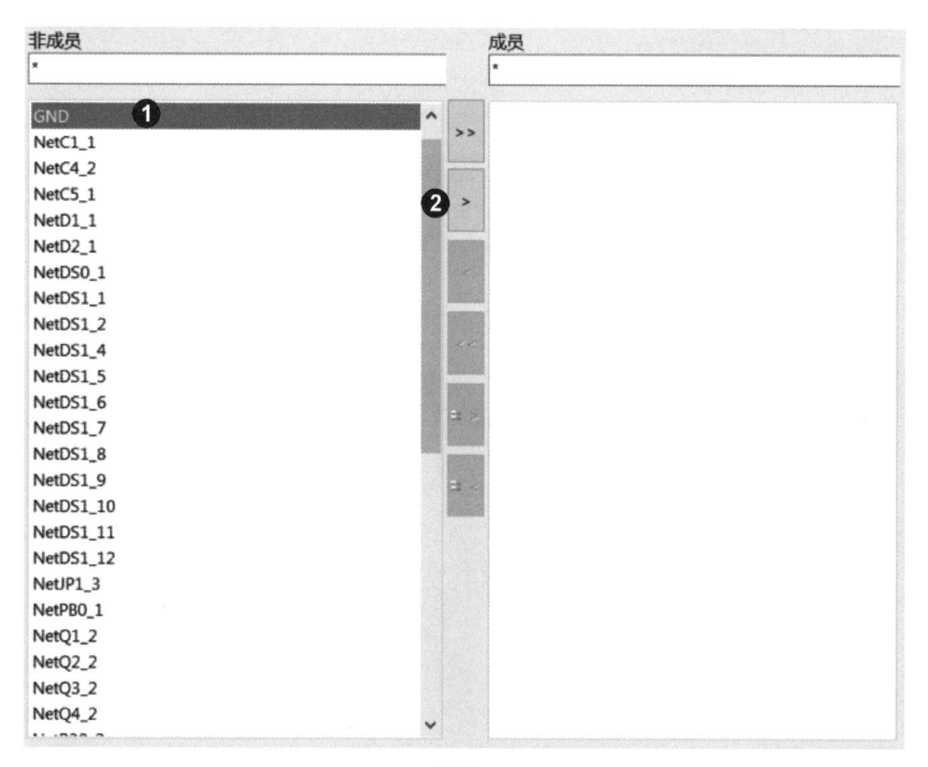

图 29　新建网络分类

3-4-5 制定设计规则

在此要将题目所指定的线宽等（如表 3 所示），制定为设计规则。同样地，若要制定设计规则，则执行设计/设计规则命令，然后在随即打开的 PCB 规则及约束编辑器对话框中，制定设计规则。

题目要求的 Electrical 相关设计规则

题目要求安全间距不得小于 0.406mm，且不允许短路，这两项属于 Electrical 项目规则，设定如下。

1. 指向 Electrical 项目下方的 Clearance/Clearance 选项，双击鼠标左键，右边出现安全间距的设定区域。题目要求安全间距不得小于 0.406mm，所以在标示❶处（图 30），输入 0.406mm 即可。
2. 题目规定不可短路，而 Altium Designer 默认的设计规则本身不允许短路（Short Circuit - Not Allowed），所以不必再设定。

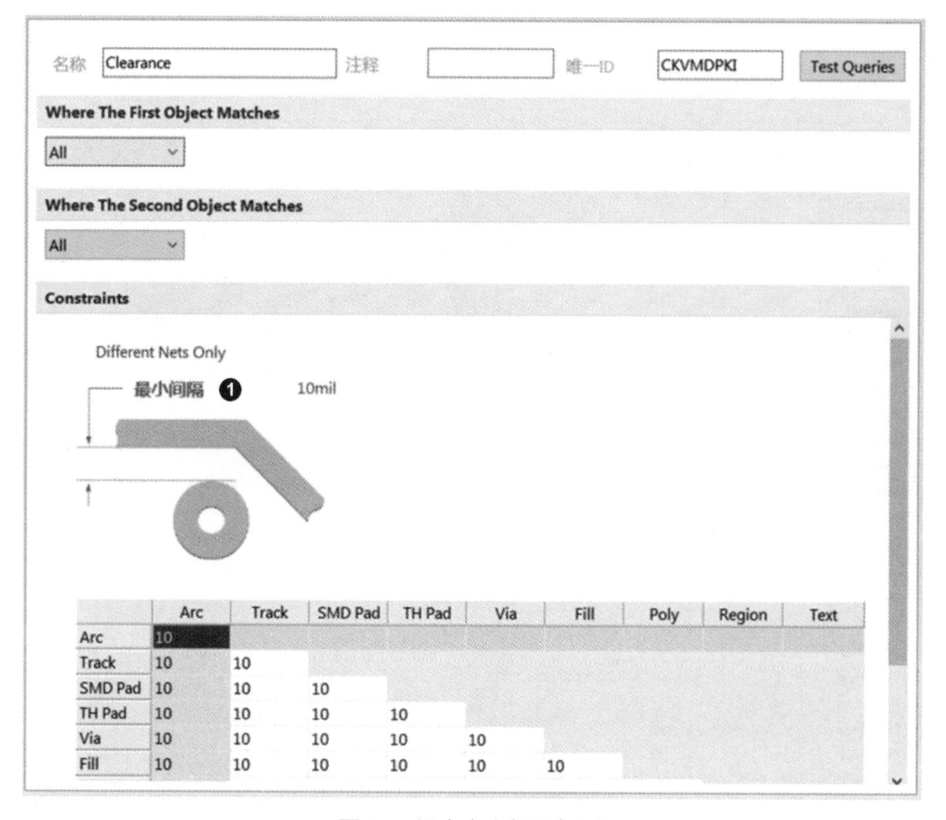

图 30　设定安全间距规则

题目要求的 Routing 相关设计规则

题目要求 **AC** 分类网络采用 1mm 线宽走线，**Power** 分类网络采用 0.762mm 线宽走线，而其他走线的最细线宽为 0.254mm、最宽线宽为 0.381mm、优选线宽为 0.305mm，这三项属于 Routing 项目下的 Width 项，设定如下。

1. 指向 Routing 项目左边的加号，单击鼠标左键，展开其下项目；再指向 Width 项，单击鼠标右键，出现下拉菜单，选择新建规则项，即可新建 Width_1。指向这个项目，双击鼠标左键，右边出现其线宽的设定区域，如图 31 所示。

   - 在名称字段里，将名称改为 **Power**（❶）。
   - 选择网络类选项（❷），然后在其右上字段（❸）里选择 Power 选项。
   - 在 Min Width 字段（❹）里输入 **0.762mm**，在 Preferred Width 字段（❺）里输入 **0.762mm**，在 Max Width 字段（❻）里输入 **0.762mm** 即可。

2. 指向左边 Routing 项目下面原本的 Width 项目，单击鼠标左键，右边出现其设定区域。然后在 Min Width 字段里输入 **0.254mm**，在 Preferred Width 字段里输入 **0.305mm**，在 Max Width 字段里输入 **0.381mm** 即可。

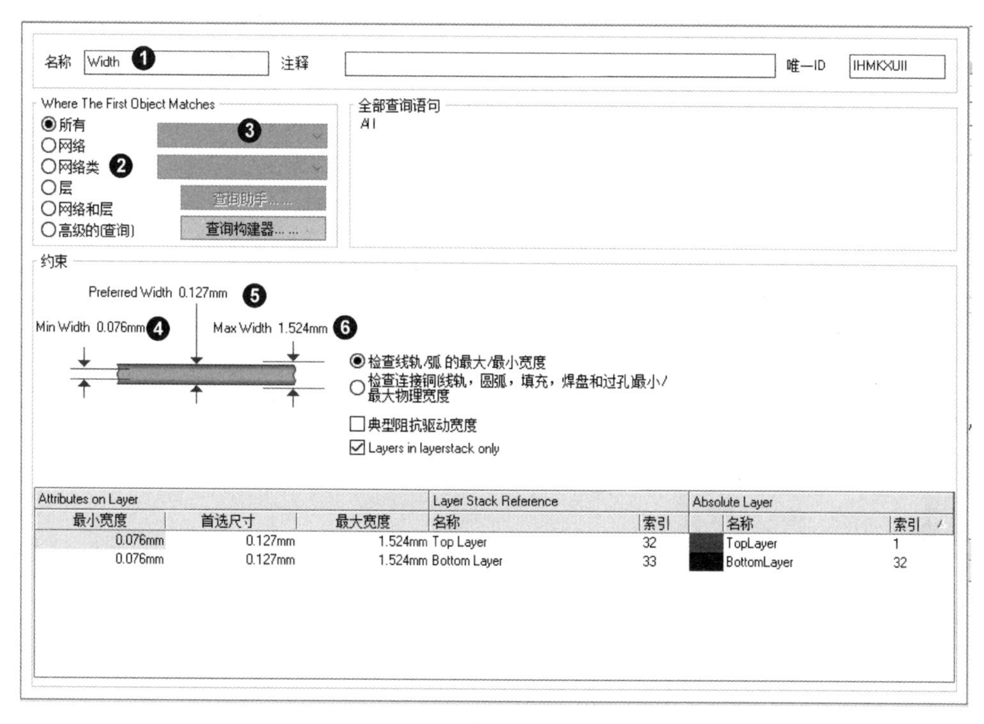

图 31　设定电源线宽规则

题目要求的 Manufacturing 相关设计规则

在制造方面，题目有三点要求，第一是钻孔的孔径必须在 0.025mm 与 3.3mm 之间，第二是丝印层的间距不得小于 0.01mm，第三是丝印层与阻焊层的间距不得小于 0.01mm。这三项都属于 Manufacturing 项，设定如下。

1. 指向 Manufacturing 项目左边的加号，单击鼠标左键，展开其下项目；再指向 Hole Size/HoleSize 项，单击鼠标左键，右边出现其设定区域，如图 32 所示。
   - 选择所有选项（❶）。
   - 在最小的字段（❷）里输入 **0.025mm**，然后在最大的字段（❸）里输入 **3.3mm**。
2. 指向 Manufacturing 项目下的 Silk To Silk Clearance 项，单击鼠标左键，右边出现其设定区域，如图 33 所示。
   - 选择所有选项（❶、❷）。
   - 在丝印层文字和其他丝印层对象间距字段（❸）里输入 **0.01mm**。

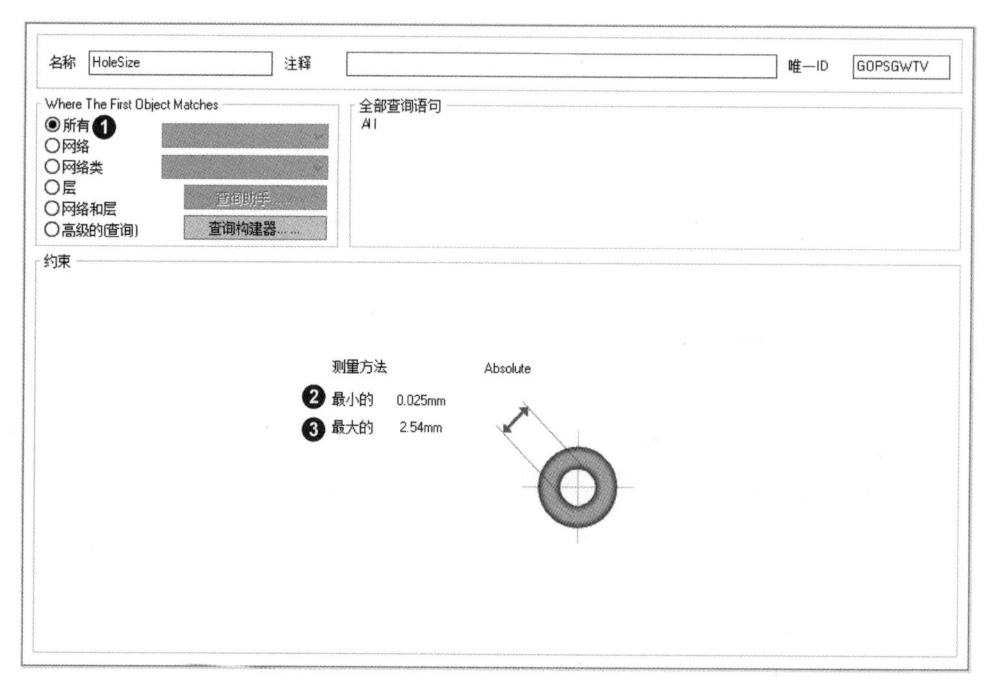

图 32　钻孔尺寸设定规则

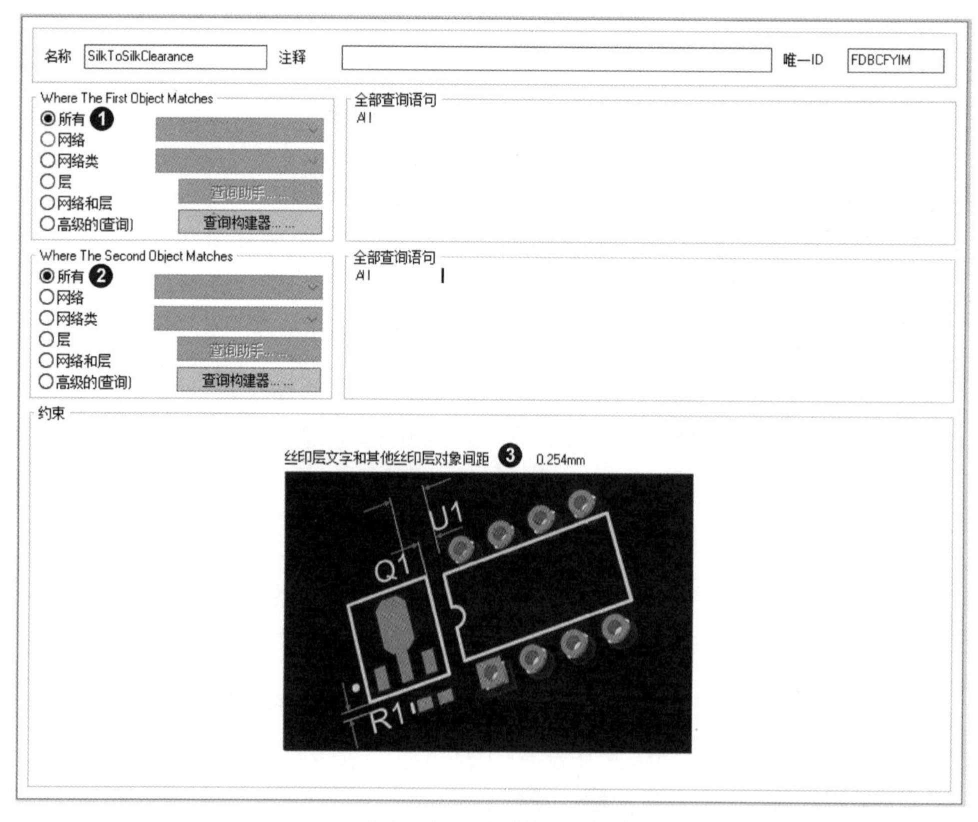

图 33　丝印层间距设定规则

3. 指向 Manufacturing 项目下的 Silk To Solder Mask Clearance 项，单击鼠标左键，右边出现其设定区域，如图 34 所示。

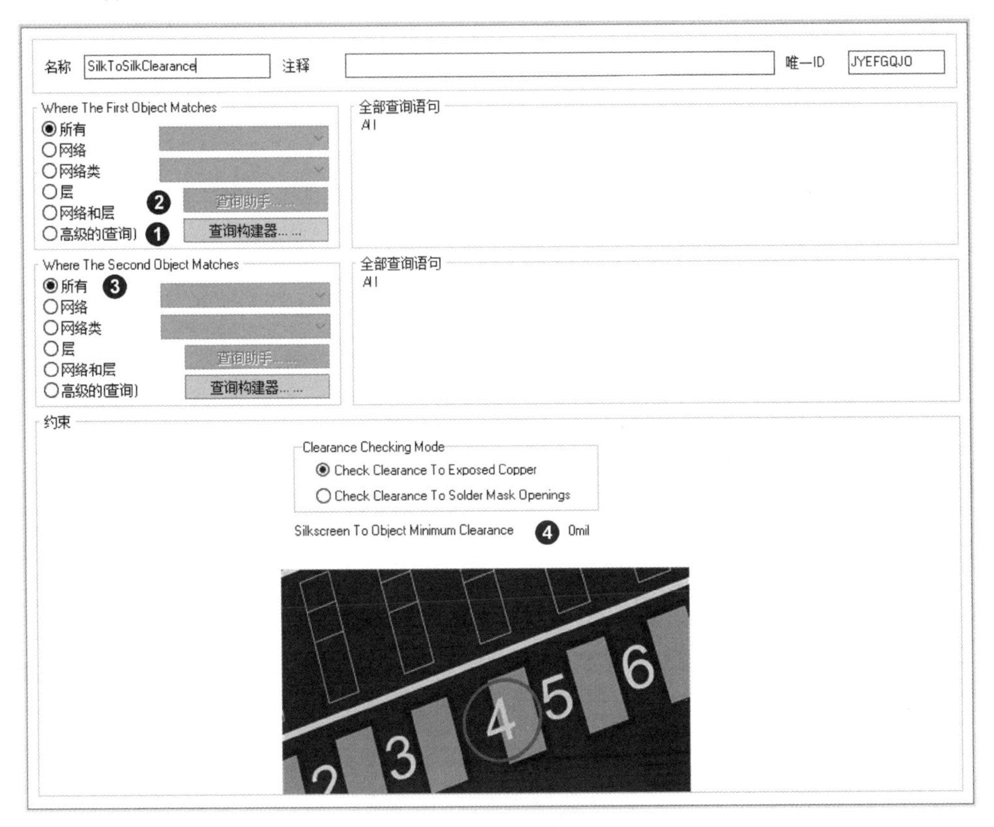

图 34　丝印层与阻焊层间距设定规则

- 在 Where The First Object Matches 区域里保持预设的 IsPad。若不是 IsPad，选择查询构建器选项（❶），再单击 查询助手 按钮（❷），然后在随即出现的对话框里的 Query 区域里输入 **IsPad**，再单击 OK 按钮返回前一个对话框。
- 在 Where The Second Object Matches 区域里选择所有选项（❸）。
- 在 Silkscreen To Object Minimum Clearance 字段（❹）里输入 **0.01mm**。

完成上述设定后，单击 确定 按钮关闭对话框即可。

3-4-6　PCB 布线

本电路采用双面板布线，而要注意的是题目规定过孔（Via）用量不可超过 3 个，所以不能随意使用过孔，按下列准则与方法操作，即可快速有效地完成整块电路板的布线。

1. 若要进行交互式布线，可单击按钮，或按 P 、 T 键，进入**交互式布线状态**，光标变为十字线（动作光标）。若要结束布线，可按鼠标右键或 Esc 键。
2. 此处可在顶层（Top Layer）或底层（Bottom Layer）布线，尽量固定每个层的布线方向，例如顶层水平布线（红色走线），底层垂直布线（蓝色走线）；相反亦可。
3. 切换布线层的方法，除了可按编辑区下方的层标签外，也可按 * 键。不管在哪个层，按 * 键就会切换到布线层。若原先在顶层，按 * 键就会切换到底层；若原先在底层，按 * 键就会切换到顶层。若是在布线过程中，除会切换层外，还会自动产生一个过孔。
4. 按功能区域布线，例如**电源电路**、**微处理器电路**、**外围电路**等，对**距离近的**、**简单的部分先布线**。本题目里有两个表面贴装（Surface Mounted Devices，SMD）元件（U1、S1），如图 35 所示，只能在顶层布线，且必须先布线。

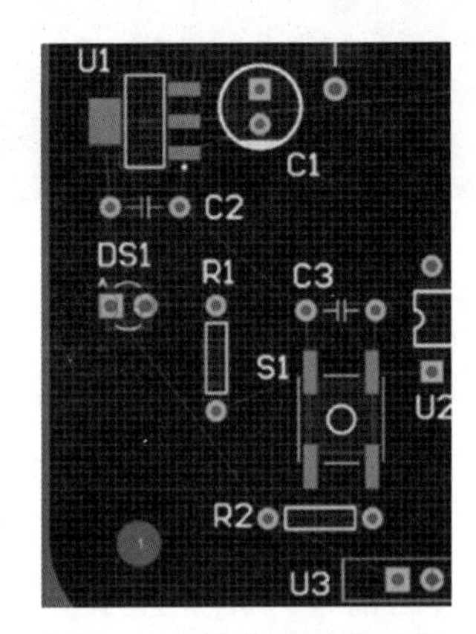

图 35 少数表面贴装元件

SMD布线

在此将采用顶层布线方式，所以先确定工作层为顶层。由于设计规则的关系，一般信号布线默认为 0.254mm 线宽、电源线为 0.762mm，自动设定线宽，不必再考虑线宽问题。按 P 、 T 键，即可进入**交互式布线状态**，指向起点焊盘单击鼠标左键，到目的焊盘再单击鼠标左键、右键各一下，即可完成该直线，并可进行其他布线，如图 36 所示，简单、快速地完成此部分布线。

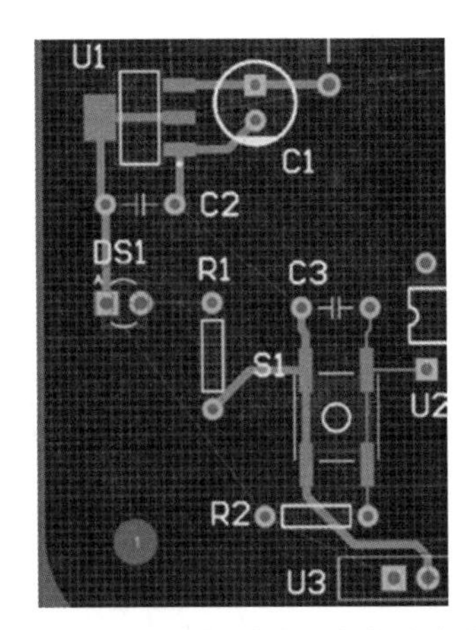

图 36　完成表面贴装元件部分布线

其他布线

本题目的布线很简单，没有特别复杂的部分，只要依据“**一层垂直布线、相邻一层水平布线**”的原则，即可轻松完成布线。在此将以顶层走垂直线为主、底层走水平线为主，所以先确定工作层为顶层。线宽问题按照设计规则处理。如图 37 所示，简单、快速地完成此部分布线。

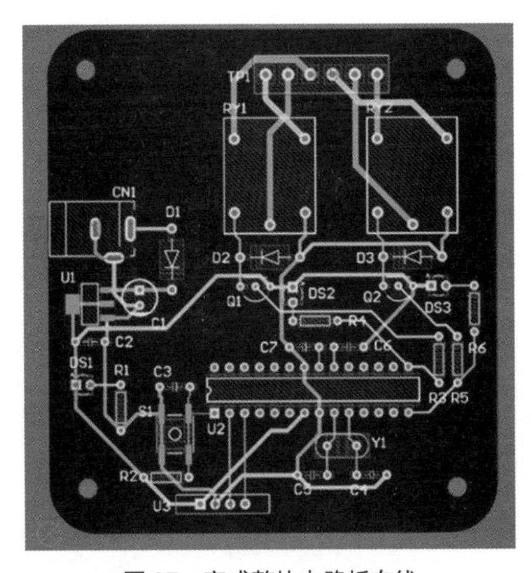

图 37　完成整块电路板布线

3-4-7 放置指定数据

题目要求在电路板上方放置钻孔表与三项数据（表 4），操作如下。

考生资料

考生数据包括**考生姓名**、**准考证号**两项，没有位置规定，但一定要在 Top Overlay 层（黄色）。因此，先切换到 Top Overlay 层，再按下列步骤操作。

1. 单击 A 按钮进入**放置字符串状态**，光标上已有一个浮动的字符串，按 Tab 键打开其属性对话框。
2. 在文字字段里输入姓名，例如**王小明**，层字段保持为 **Top Overlay**。
3. 选取 True Type 选项，在字体名字段指定为**微软正黑体**，或其他中文字型。
4. 将 Height 字段设定为 **5mm**，再单击 确定 按钮关闭对话框，光标上将出现浮动的“王小明”，移至合适位置（不要覆盖到焊盘或其他 Top Overlay 对象），单击鼠标左键，即可固定于该处。
5. 光标上仍有一个浮动的“王小明”，按 Tab 键打开其属性对话框。输入准考证号，则在文字字段里输入准考证号，例如 **x12345678**。
6. 选取比划选项，在字体名字段指定为 **Default**。
7. 将 Height 字段设定为 **1.5mm**，将宽度字段设定为 **0.2mm**。再单击 确定 按钮关闭对话框，光标上将出现浮动的“x12345678”，移至合适位置（不要覆盖到焊盘或其他 Top Overlay 对象），单击鼠标左键，即可固定于该处。
8. 同样地，分别在 TP1 单排插针上方（1A、1C、1B、2A、2C、2B）与 U3 蓝牙模块上方（VCC、GND、TX、RX）放置说明文字。最后，单击鼠标右键结束**放置字符串状态**，如图 38 所示。

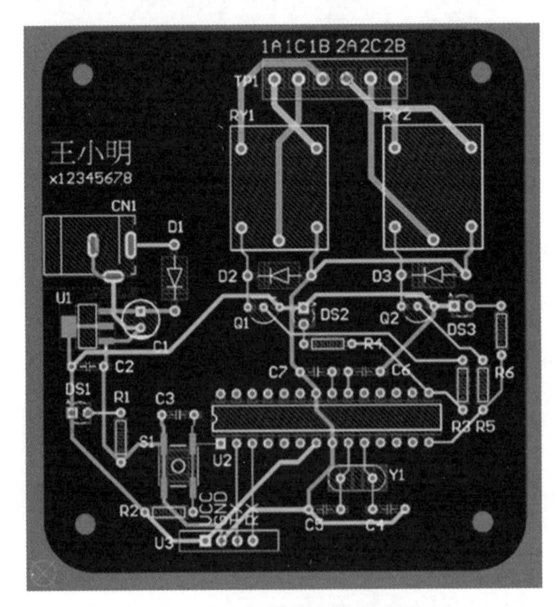

图 38 放置考生数据与相关数据

层名称

题目要求将层名称放在 Mechanical 1 层，而打印层名称必须以**.Printout Name**特殊字符串方式，才能在不同的层上显示该层的名称。因此，先切换到 Mechanical 1 层（桃红色），再按下列步骤操作。

1. 单击 A 按钮进入**放置字符串状态**，光标上已有一个浮动的字符串，按 Tab 键打开其属性对话框。
2. 在文字字段里输入**.Printout Name**，层字段保持为 **Mechanical 1**。
3. 选取比划选项，在字体名字段保持为 **Default**。
4. 将 Height 字段设定为 **3mm**，将宽度字段设定为 **0.2mm**。再单击 确定 按钮关闭对话框，光标上将出现浮动的“.Printout Name”，移至电路板左上方，单击鼠标左键，即可固定于该处。
5. 最后，单击鼠标右键结束**放置字符串状态**，如图 39 所示。

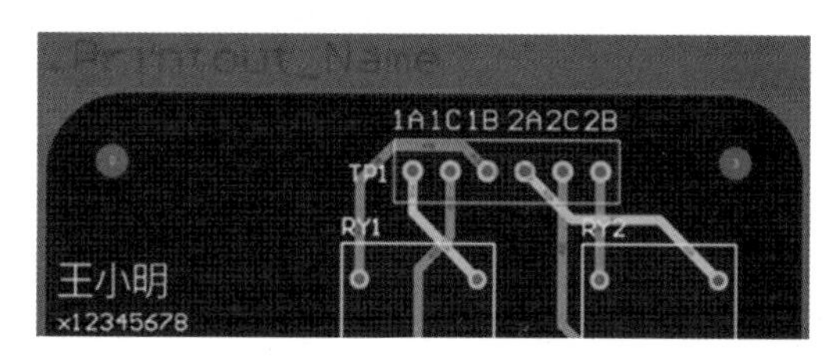

图 39　放置层名称

钻孔表

题目要求将钻孔表（Drill Table）放在打印层名称“.Printout_Name”之上，在 Altium Designer 里可使用专用命令来放置钻孔表。执行放置/钻孔表命令，光标上将出现红色的钻孔表，随光标而动。移至电路板上方的“打印层名称”的上方，再单击鼠标左键即可，其结果如图 40 所示。

Symbol	Hit Count	Finished Hole Size	Plated	Hole Type	Physical Length	Rout Path Length
[illegible]	1	0.800mm (31.50mil)	PTH	Slot	2.800mm (110.24mil)	2.000mm (78.74mil)
[illegible]	1	0.900mm (35.43mil)	PTH	Slot	2.500mm (98.43mil)	1.600mm (62.99mil)
[illegible]	1	0.900mm (35.43mil)	PTH	Slot	3.300mm (129.92mil)	2.400mm (94.49mil)
[illegible]	4	1.000mm (39.37mil)	PTH	Round		
[illegible]	4	3.300mm (129.92mil)	PTH	Round		
[illegible]	6	0.700mm (27.56mil)	PTH	Round		
[illegible]	6	1.200mm (47.24mil)	PTH	Round		
[illegible]	10	1.100mm (43.31mil)	PTH	Round		
[illegible]	12	0.991mm (39.00mil)	PTH	Round		
[illegible]	28	0.800mm (31.50mil)	PTH	Round		
[illegible]	28	0.900mm (35.43mil)	PTH	Round		
	101 Total					

图 40　放置钻孔表

3-4-8 设计规则检查

若要执行设计规则检查，则执行工具/设计规则检查命令，然后在随即出现的对话框里，保持预设选取所有检查项目，再单击左下方的 执行设计规则检查 (R)... 按钮，即可进行设计规则检查，并将检查结果列在 Messages 面板及 Design Rule Verification Report 标签页里。若没有问题，Messages 面板里是空的；若有问题，可依照 Messages 面板里列出的项目，到原理图编辑区或电路板编辑区检查与修改。

3-5 设计输出

在 3-4 节里已完成所有设计工作，在此将依据题目的要求，产生所需要的输出文件，包括元件表（Bill of Materials, BOM）、Gerber 文件与钻孔文件（NC Drill）。而在此所产生的设计输出都放在项目文件夹里的 Project Outputs for RemoteControl 文件夹。

3-5-1 输出材料清单

当我们要输出材料清单时，依题目要求，先切换到原理图编辑区，再执行报告/Bill of Materials 命令，在随即出现的对话框里，按下述操作。

1. 以拖曳域名的方式，按题目要求将材料清单的字段由左至右顺序排列为 Designator、Comment、Description、LibRef、Footprint、Quantity。
2. 确定输出格式为 Excel 格式，预设本身就是 Excel 格式，并选择添加到工程选项，让产生的材料清单添加到工程。
3. 单击模板字段右边的 ... 按钮，并在随即出现的对话框里，加载题目指定的 **BOM.xlsx** 模板文件。
4. 单击 输出 (E)... 按钮，在随即出现的存档对话框里，指定文件名为 **MyPCB**，再单击 保存(S) 按钮，即可输出材料清单。最后，单击 取消 (C) 按钮关闭**元件库对话框**。

3-5-2 输出 Gerber 文件

若要产生 Gerber 文件，则切回电路板编辑环境，再执行文件/辅助制造输出/Gerber Files 命令，在随即出现的对话框里，添加“属性”→“层”属性页，如图 41 所示。

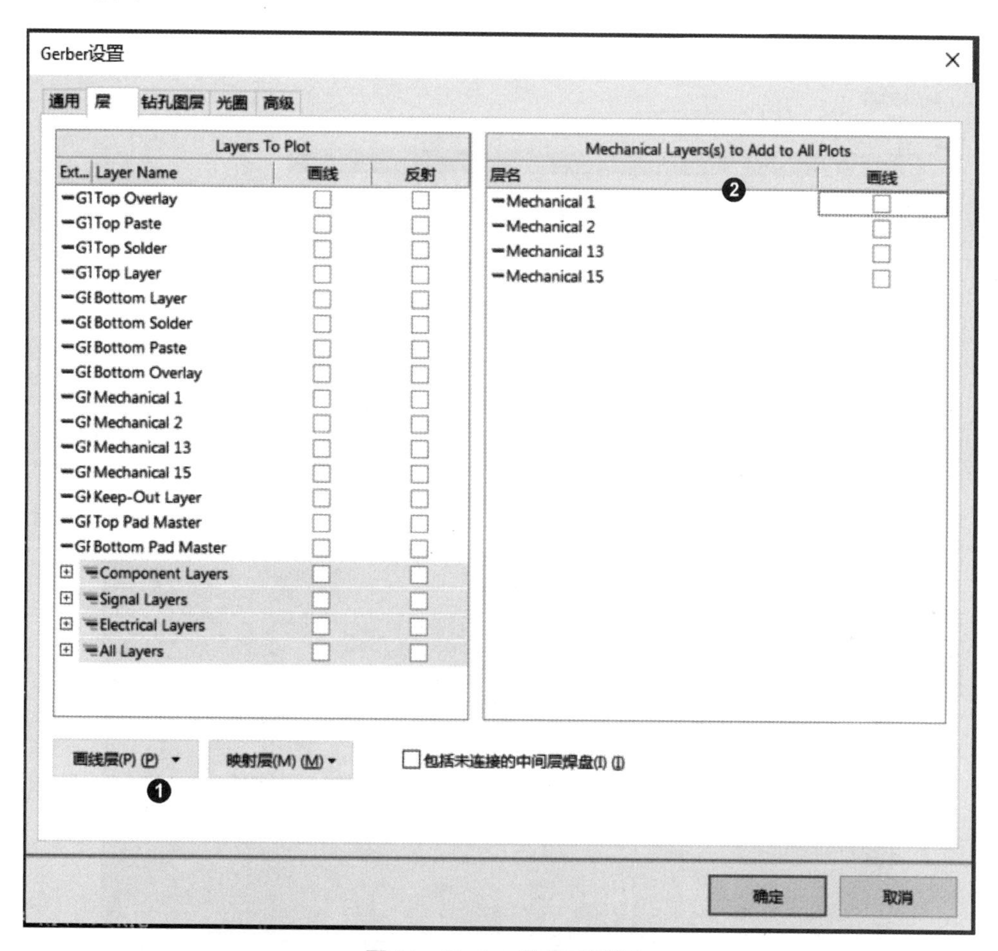

图 41　Gerber 设定对话框

单击左下方的 画线层 (P) 按钮（❶），出现下拉菜单，再选择使用选项，让程序自动选择输出层；再选择 Mechanical 1 右边的选项（❷）。然后，单击上方的钻孔图层标签，切换到钻孔图层页，如图 42 所示。

分别选择钻孔绘制图区域(❶)与钻孔栅格图区域(❷)里的 Plot all used drill pairs 选项，最后单击 确定 按钮，即可产生 Gerber 文件，并打开 CAMTastic1.CAM 文件，如图 43 所示。题目要求将它存为 Gerber.CAM，则按 Ctrl + S 键，并在随即出现的对话框里，指定存为 Gerber.CAM 即可。

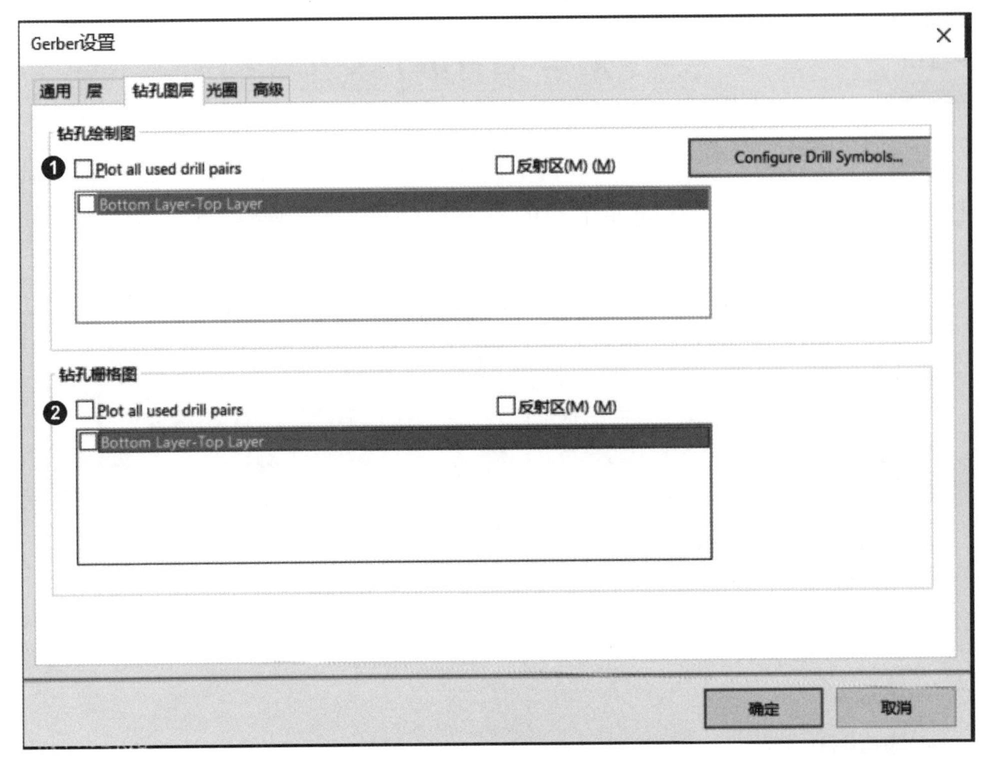

图 42 钻孔图层页

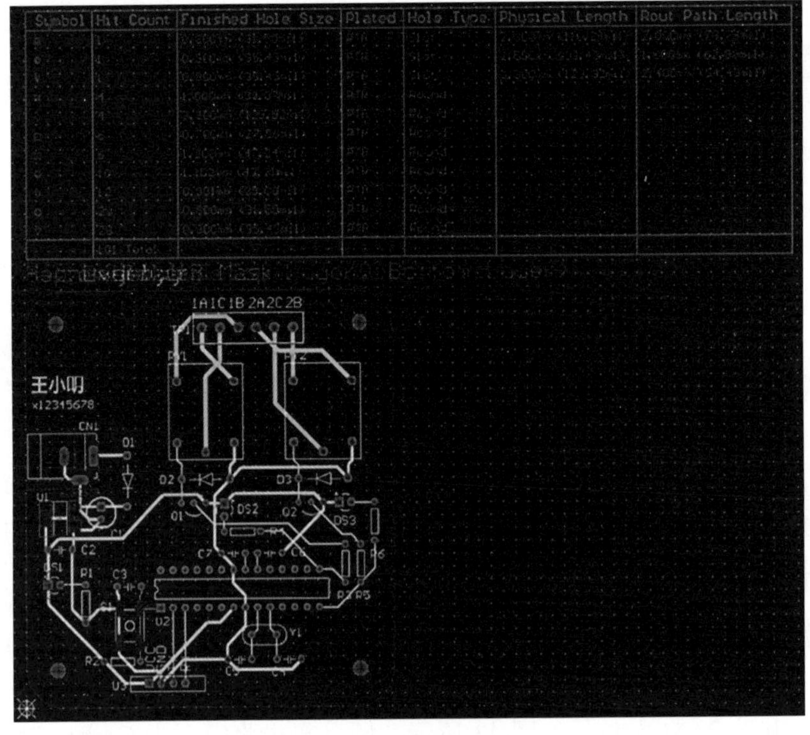

图 43 Gerber.CAM

3-5-3 输出钻孔文件

当我们要产生钻孔文件时，先切换到 PCB 编辑区，再执行文件/辅助制造输出/NC Drill Files 命令，然后在随即出现的对话框里，单击 确定 按钮。屏幕再次出现一个对话框，再次单击 确定 按钮；屏幕再次出现一个对话框，再单击 确定 按钮，即可产生钻孔文件与 CAMTastic2.CAM 文件，并打开 CAMTastic2.CAM 文件，如图 44 所示。题目要求将它存为 NC.CAM，则按 Ctrl + S 键，并在随即出现的对话框里，指定存为 NC.CAM 即可。

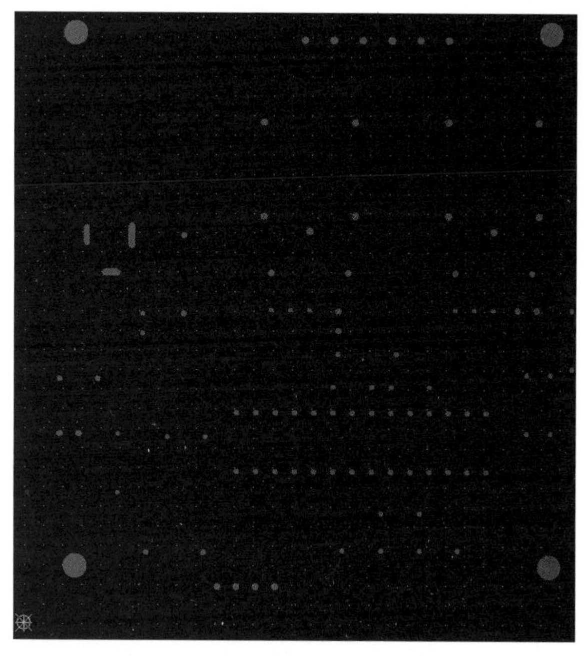

图 44　NC.CAM

3-6 训练建议

Altium 应用电子设计认证的绘图操作考试时间为 **90 分钟**，其中可分为元件库编辑（3-2 节）、原理图设计（3-3 节）、电路板设计（3-4 节）与设计输出（3-5 节）等四部分，考试时，按顺序依次进行。

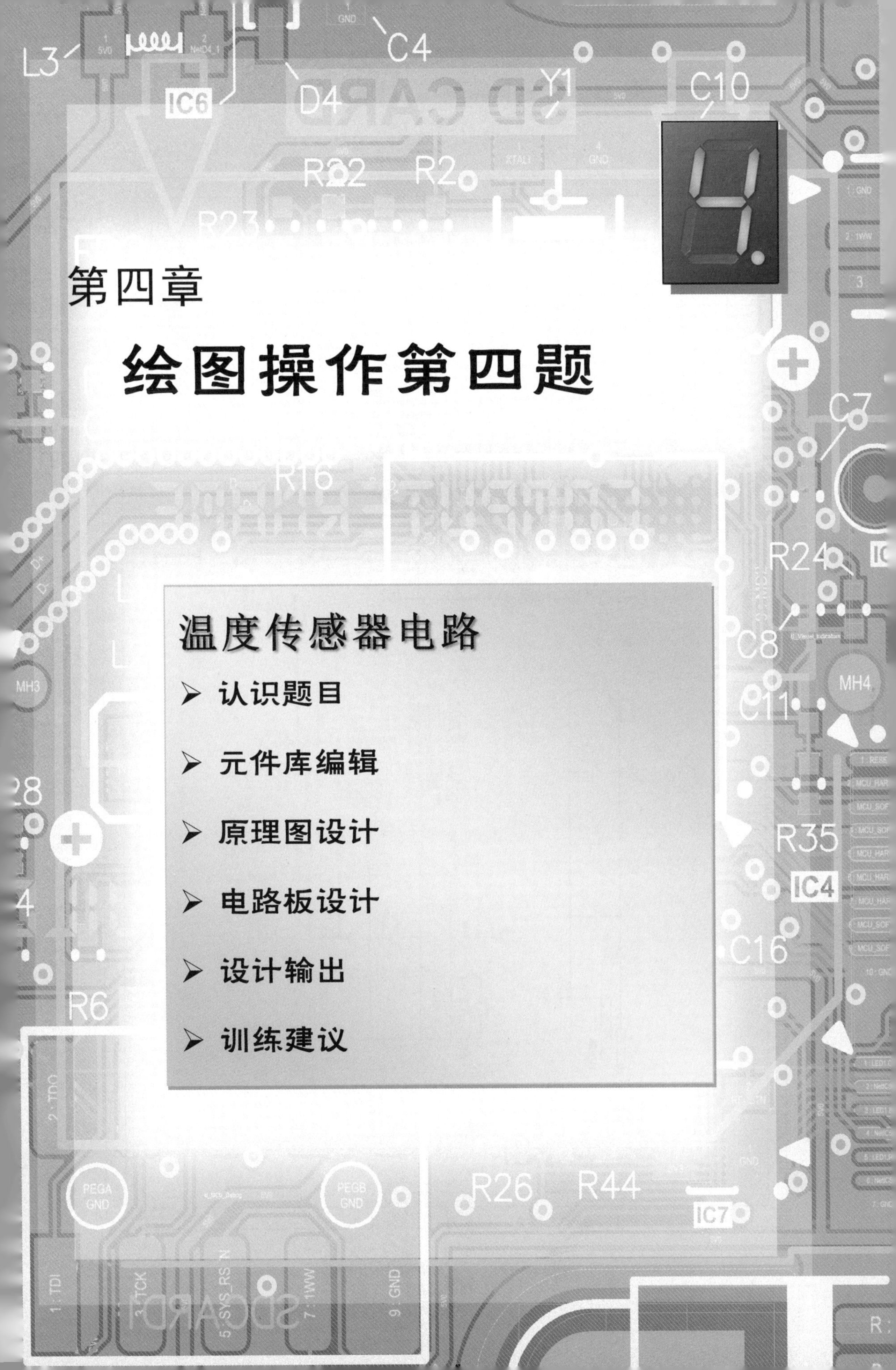

第四章

绘图操作第四题

温度传感器电路

- 认识题目
- 元件库编辑
- 原理图设计
- 电路板设计
- 设计输出
- 训练建议

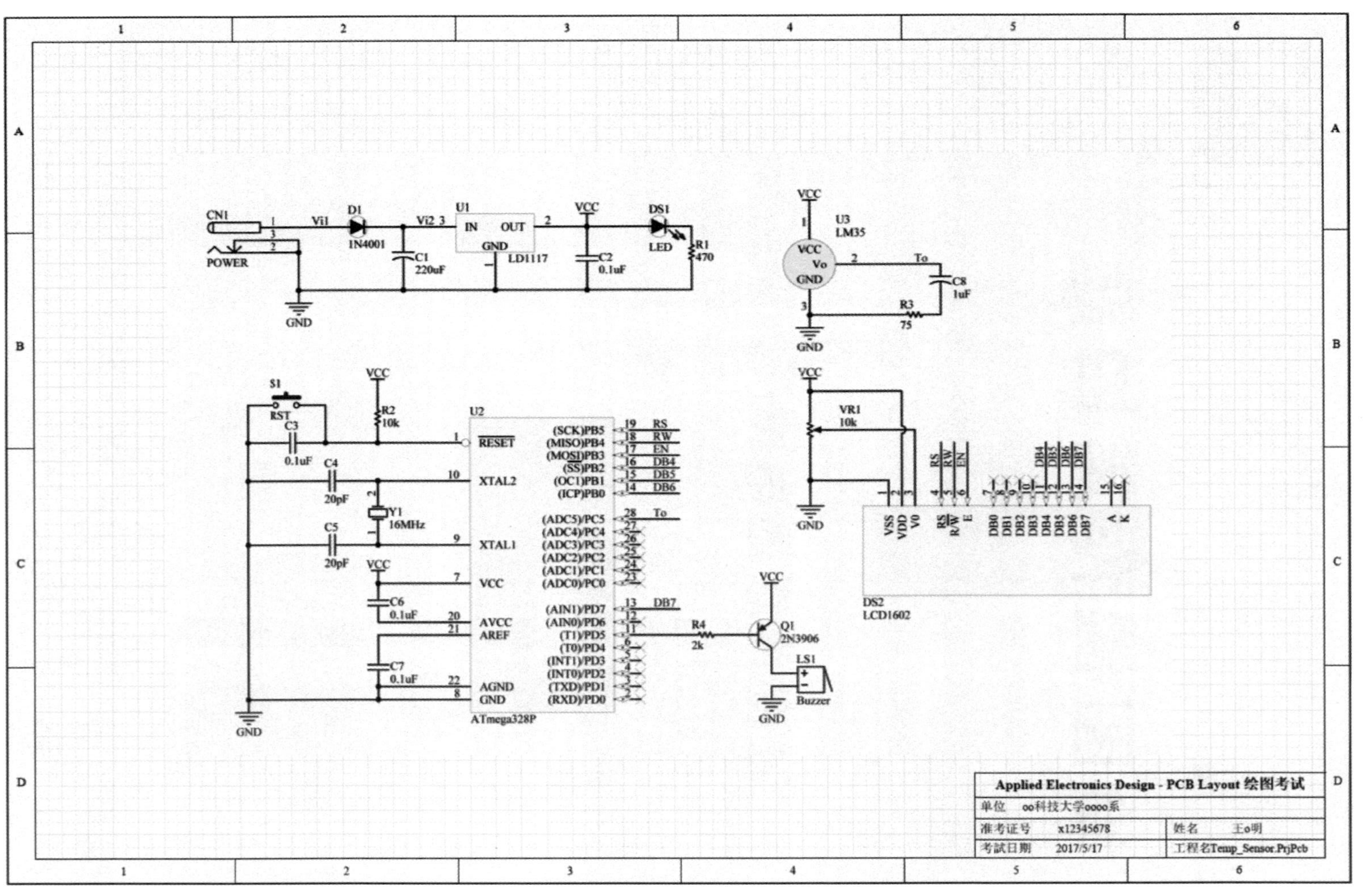
CN1
POWER
D1
1N4001
Vi1
Vi2
C1
220uF
U1
IN
OUT
GND
LD1117
C2
0.1uF
VCC
DS1
LED
R1
470
U3
LM35
Vo
R3
75
C8
1uF
To
VR1
10k
DS2
LCD1602
VSS
VDD
V0
RS
R/W
E
DB0
DB1
DB2
DB3
DB4
DB5
DB6
DB7
A
K
Q1
2N3906
LS1
Buzzer
R4
2k
U2
ATmega328P
RESET
XTAL2
XTAL1
AVCC
AREF
AGND
(SCK)PB5
(MISO)PB4
(MOSI)PB3
(SS)PB2
(OC1)PB1
(ICP)PB0
(ADC5)PC5
(ADC4)PC4
(ADC3)PC3
(ADC2)PC2
(ADC1)PC1
(ADC0)PC0
(AIN1)PD7
(AIN0)PD6
(T1)PD5
(T0)PD4
(INT1)PD3
(INT0)PD2
(TXD)PD1
(RXD)PD0
S1
RST
R2
10k
C3
0.1uF
C4
20pF
C5
20pF
Y1
16MHz
C6
0.1uF
C7
0.1uF
Applied Electronics Design - PCB Layout 绘图考试
单位 oo科技大学oooo系
准考证号 x12345678
姓名 王o明
考试日期 2017/5/17
工程名Temp_Sensor.PrjPcb

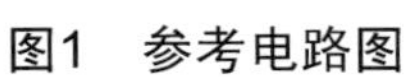
图1 参考电路图

4-1 认识题目

试题名称：Temp_Sensor（温度传感器电路）

本试题目的是验证考生具有基本元件库编辑、项目管理、原理图设计与电路板设计能力，并能输出辅助制造的相关文件。

计算机环境需求

1. 操作系统：Windows 7（或后续版本）。
2. 使用版本：Altium Designer 16。
3. 语言设定：简体中文。

供考生使用的文件

1. **AED_PCB2.PcbLib**：元件封装库文件。
2. **AED_PCB2.SchLib**：元件符号库文件。
3. **BOM.xlsx**：BOM 材料清单文件。
4. **LD1117-33.PDF**：LD1117-33 数据手册。
5. **Temp_Sensor.DXF**：电路板板框文件。
6. **SCH_template.SchDot**：原理图模板文件。
7. **绘图操作考题 Temp_Sensor.PDF**：本考题的文件，含附录一（原理图）。

注意事项

☺ 提供的文件统一保存在 **Temp_Sensor** 文件夹中，若有缺少文件，须于开始考试20 分钟内提出，并补发。超过 20 分钟后提出补发，将扣 5 分。

☺ 考生所完成的文件，请存放于此文件夹，并将文件夹压缩为以准考证号为文件名的压缩文件。若没有产生此压缩文件，将不予评分（0 分）。

考试内容

本认证分为四个部分，分别是元件库编辑、原理图设计、电路板设计与设计输出，各部分的设计方法与顺序，全由考生自行决定。以下是各部分的参考设计流程概要与要求。

元件库编辑

1. 元件库建立流程

1.1 新建元件库项目文件，并将题目提供的元件符号库文件与元件封装库

文件，加载到此项目，并保存。

1.2 打开元件封装库文件，并新建一个封装。

1.2.1 定义此封装的属性与元件名称。

1.2.2 放置封装焊盘，并参考原点，绘制外形图案。

1.2.3 保存文件。

1.3 打开元件符号库文件，并新建一个元件符号。

1.3.1 放置元件引脚，并绘制外形图案。

1.3.2 加载封装。

1.3.3 保存文件。

1.3.4 生成元件集成库。

2. 元件库创建的各项要求

2.1 新建元件库项目（文件名为 AED_PCB2.LibPkg），并将题目所给出的 AED_PCB2.SchLib、AED_PCB2.PcbLib 加载到此元件库项目。

2.2 按 LD1117-33 数据手册里的规格（尺寸），在 AED_PCB2.PcbLib 新增一个封装，并命名为 SOT-223_LD1117-33。可利用 IPC 封装向导建构此封装，再将其中的 4 号焊盘改为 2 号，如图 2 所示。

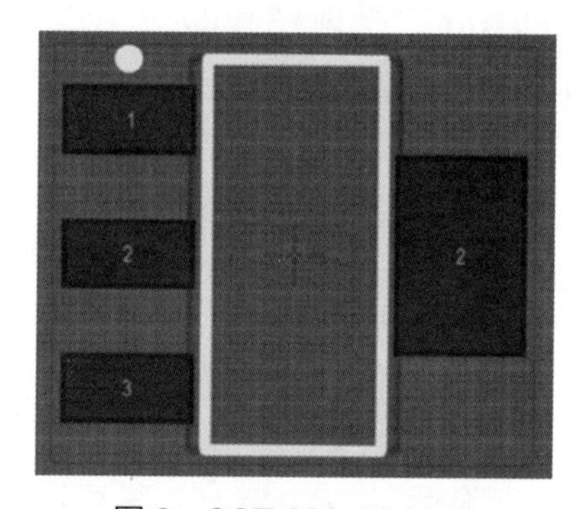

图 2 SOT-223_LD1117

2.3 在 AED_PCB2.SchLib 文件中新建 LD1117-3.3 元件，其元件引脚属性如表 1 所示。

表 1 LD1117-3.3 之元件引脚属性表

引脚编号	引脚名称	引脚长度	引脚名称之间距	引脚名称之方向
1	GND	20	1	90 Degrees
2	OUT	20	x	x
3	IN	20	x	x

2.4 LD1117-3.3 元件图参考范例，如图 3 所示。

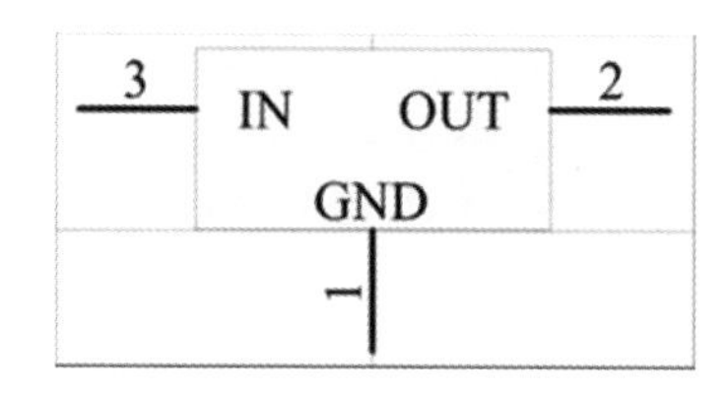

图 3　LD1117-3.3 元件图（Symbol）

2.5 LD1117-3.3 加载封装 SOT-223_LD1117-33，并重新命名 LD1117-5、LD1117A-3.3 及 LD1117A-5 等元件名称。

2.6 建立元件集成库文件（AED_PCB2.IntLib）。

原理图设计

1. 原理图绘制流程

   1.1 新建 PCB 工程文件和原理图文件并保存。

   1.2 套用原理图模板文件。

   1.3 放置元件。

   1.4 连接线路。

   1.5 放置网络标号、电源符号、接地符号及 NoERC 符号。

   1.6 原理图编译检查。

   1.7 保存原理图。

2. 原理图绘制-绘图操作各项目要求

   使用所提供的元件属性表（请参照表 2）以及原理图（附录一）完成原理图绘制，此线路需符合附录一的原理图（包含模板、元件、线路连接、网络标号、电源/接地、NoERC 符号等）。而 ERC 检查需无任何错误项目，如线路连接有误、对象属性定义有误、对象少放/浮接、模板套用有误等，都会扣分。

   2.1 新建 PCB 工程（文件名 RemoteControl.PrjPcb）及原理图文件（文件名 Main.SchDoc）。

   2.2 套用原理图模板文件（SCH_template.SchDot），并需依规定填入参数值内容，如“王○明”。

Applied Electronics Design - PCB Layout绘图考试			
单位	○○科技大学○○○○系		
准考证号	xxxxxxxx123	姓名	王○明
考试日期	YYYY/MM/DD	工程名称	Temp_Sensor.PrjPcb

2.3 元件属性表如表 2 所示。

表 2 元件属性表

元件标号 Designator	元件值 Comment	放置元件名称 Design Item ID	元件封装 Footprint	元件库 Library Name
C1	220uF	Cap2	CAP-260-1	AED_PCB2.IntLib
C2, C3, C6, C7	0.1uF	Cap	C200 - 1	AED_PCB2.IntLib
C4, C5	20pF	Cap	C200 - 1	AED_PCB2.IntLib
C8	1uF	Cap2	CAP-260-1	AED_PCB2.IntLib
CN1	POWER	PWR2.5	KLD-0202	AED_PCB2.IntLib
D1	1N4001	1N4001	D400	AED_PCB2.IntLib
DS1	LED	LED	LED-3mm_G	AED_PCB2.IntLib
DS2	LCD1602	LCD1602	LCD1602	AED_PCB2.IntLib
LS1	Buzzer	Buzzer	BZ12*6.5	AED_PCB2.IntLib
Q1	2N3906	2N3906	TO-92-AP	AED_PCB2.IntLib
R1	470	Res	AXIAL-0.3	AED_PCB2.IntLib
R2	10K	Res	AXIAL-0.3	AED_PCB2.IntLib
R3	75	Res	AXIAL-0.3	AED_PCB2.IntLib
R4	2K	Res	AXIAL-0.3	AED_PCB2.IntLib
S1	RST	SW-PB	TACK6-Panasonic	AED_PCB2.IntLib
U1	LD1117	LD1117-3.3	SOT-223_LD1117-33	AED_PCB2.IntLib
U2	ATmega328P	ATmega328P	DIP-28	AED_PCB2.IntLib
U3	LM35	LM35	TO-92-AP-LM35	AED_PCB2.IntLib
VR1	10K	VR_1	VR4	AED_PCB2.IntLib
Y1	16MHz	XTAL	XTAL4-8	AED_PCB2.IntLib

电路板设计

1. 电路板设计流程

1.1 添加 PCB 文件到工程。

1.2 导入 PCB 板框文件。

1.3 定义板型，并设置相对原点。

1.4 设定网络分类。

1.5 设定设计规则。

1.6 更新原理图数据到 PCB。

1.7 元件布局。

1.8 PCB 布线。

1.9 放置字符串与指定数据。

1.10 设计规则检查。

1.11 保存 PCB 文件。

2. 电路板设计-实际操作各项目要求

2.1 新建 PCB 文件，文件名为 MyPCB.PcbDoc，使用单位为 mm。

2.2 导入 PCB 板框文件（RemoteControl.DXF）。

2.3 定义板型，并在板子左下角处设置相对原点，并以直径 3.3mm 的焊盘（焊盘编号为 0），作为装配孔，放置在板框中的四个圆圈里。

2.4 设定 Power 分类，其中包括 GND、VCC、Vi1 与 Vi2 网络。

2.5 设计规则如表 3 所示，其他设计规则按默认值（不得更改）。

表 3 设计规则表

规则类别	规则名称	范围	设定值（mm）	优先等级
Electrical	Clearance	All - All	0.406mm	1
Electrical	ShortCircuit	All - All	Not Allowed	1
Routing	Width	Power 分类	0.635mm	2
Routing	Width	All - All	（最小）0.254mm –（推荐）0.305mm –（最大）0.381mm	3
Manufacturing	SilkToSilkClearance	All - All	0.01mm	1
Manufacturing	SilkToSolderMaskClearance	IsPad - All	0.01mm	1
Manufacturing	HoleSize	All	最大 3.3mm、最小 0.025mm	1

2.6 更新原理图数据到 PCB：将绘制完成的原理图数据更新到 PCB 中，其中项目都要准确无误。

2.7 元件布局

2.7.1 在 PCB 中进行元件布局，元件需放置在板框内，且仅限放置于 Top Layer 层。

2.7.2 依板框文件放置在规定的位置，放置电源接头（CN1）、LED（DS1）、LCD1602（LCD）及蜂鸣器（BZ）。

2.7.3 元件放置角度仅限于 0 度/360 度、90 度、180 度与 270 度。

2.8 PCB 布线

2.8.1 布线不得超出板框。

2.8.2 可在 Top Layer 与 Bottom Layer 布线。

2.8.3 不得构成线路回路（loop）。

2.8.4 不得有 90 度或小于 90 度锐角布线。

2.8.5 过孔（Via）用量不得超过 3 个。

2.8.6 布线不可从封装焊盘间穿过。

2.9 放置钻孔符号表与字符串（输出层名称/考生数据）

2.9.1 放置 Drill Table，将 Drill Table 放至字符串.Printout_Name 上方。

2.9.2 在 Top Overlay 层上放置考生数据，不可重叠。

2.9.3 输出层名称与考生数据的属性，如表 4 所示。

表 4 输出层名称与考生数据属性

字符串	位置	线宽	高度	文字	层	字体	字体名
输出层名称	板框上方	0.2mm	3mm	.Printout_Name	Mechanical 1	比划	Default
考生资料	板框内空白处	x	5mm	考生姓名	Top Overlay	True Type	Default
考生资料	板框内空白处	0.2mm	1.5mm	准考证号	Top Overlay	比划	Default

2.10 设计规则检查

2.10.1 设计规则检查报告（Report Options）选项全部勾选。

2.10.2 检查基本六项规则（Rule To Check），勾选 Clearance、ShortCircuit、UnRoutedNet、Width、Silk To Silk Clearance、NetAntennae 实时及批次等选项。

2.10.3 执行设计规则检查，而在 DRC 报表页中，不可出现警告或违规项目，否则按规定扣分。

设计输出

1. 输出文件项目如下

1.1 BOM 表（Bill of Materials）。

1.2 Gerber 文件。

1.3 钻孔文件（NC Drill files）。

2. 输出文件-实际操作各项目要求

2.1 BOM 表（Bill of Materials）

2.1.1 BOM 表文件格式需为 Microsoft Excel Worksheet 文件，并加载到 PCB 工程。

2.1.2 输出字段顺序请依规定由左至右排列为：Designator、Comment、Description、LibRef、Footprint、Quantity。

2.1.3 需依规定套用所提供的 BOM.xlsx 模板文件。

2.1.4 需在原理图编辑环境下生成 BOM 表。

2.2 Gerber 文件

2.2.1 Gerber 文件要求：需有*.GTO、*.GTS、*.GTL、*.GBL、*.GBS、*.GM1、*.GM2 层，并附加机构层 1 到各 Gerber 文件中，各 Gerber 文件需包含在考生文件夹中。

2.2.2 钻孔图要求：需有*.GD1（孔径图）、*.GG1（孔位图），并使用字符符号输出，各文件需包含在考生文件夹中。

2.2.3 输出后的*.Cam 文件需将其名称存为 Gerber.Cam，并加载到 PCB 工程。

2.3 钻孔文件（NC Drill files）

2.3.1 钻孔文件要求：需有圆孔*.RoundHoles.TXT 与槽孔*.SlotHoles.TXT，各文件需包含在考生文件夹中。

2.3.2 输出单位、格式、补零形态等需与 Gerber Files 设定一致。

2.3.3 输出后的*.Cam 文件需将其名称保存为 NC.Cam，并加载到 PCB 工程。

4-2 元件库编辑

题目已提供一个元件符号库文件（AED_PCB2.SchLib）与一个元件封装库文件（AED_PCB2.PcbLib）。在此将依次进行下列四项工作。

1. **项目管理**：新建元件库项目（AED_PCB2.LibPkg），并将 AED_PCB2.SchLib 与 AED_PCB2.PcbLib 添加到此工程。
2. 元件符号模型编辑：在 AED_PCB2.SchLib 文件里，新增/编辑一个稳压 IC（LD1117-3.3）元件（Symbol）。
3. 元件封装编辑：在 AED_PCB2.PcbLib 文件新增/编辑 SOT-223_LD1117-33 封装（Footprint）。
4. 产生元件集成库（AED_PCB2.IntLib）。

4-2-1 元件库项目管理

元件库项目管理的步骤如下。

Step 1 **复制元件库文件**：在硬盘里新建一个 **AED24** 文件夹，其中“24”为考场座位号。然后将题目所附的 AED_PCB2.SchLib、AED_PCB2.PcbLib、SCH_template.SchDot、RemoteControl.DXF 与 BOM.xlsx 文件复制到此文件夹。

Step 2 **新建元件库项目**：打开 Altium Designer，然后在窗口里执行文件/新建/项目/元件集成库项目命令，则在左边 Projects 面板里，将出现 Integrated_Library1.LibPkg 项目。

Step 3 **保存项目**：指向 Projects 面板里的 Integrated_Library1.LibPkg 项目，单击鼠标右键，在下拉菜单中选择另存项目选项。在随即出现的存档对话框里，指定保存到刚才新建的 **AED24** 文件夹，文件名为 **AED_PCB2.LibPkg**。而原来的“Integrated_Library1.LibPkg”将变为“AED_PCB2.LibPkg”。

Step 4 **连接既有文件**：指向 Projects 面板里的 AED_PCB2.LibPkg 项目，单击鼠标右键，在下拉菜单中选择添加现有文件到项目中选项，在随即出现的对话框里，指定添加 AED_PCB2.SchLib 文件，则此文件将出现在 AED_PCB2.LibPkg 项目下，成为项目中的一部分。同样地，再把 AED_PCB2.PcbLib 文件也加入此项目。

Step 5 **存档**：指向 Projects 面板里的 AED_PCB2.LibPkg 项目，单击鼠标右键，在下拉菜单中选择保存项目选项，即可存盘，而元件库的项目管理也告一个段落。

4-2-2 元件符号模型编辑

元件符号模型编辑步骤包括**新增元件**、**元件默认属性编辑**、**元件引脚编辑**、**元件外形编辑**与**链接元件模块**等，继续 4-2-1 节进行如下操作。

新增元件：

1. 指向 Projects 面板里的 AED_PCB2.LibPkg 下的 **AED_PCB2.SchLib** 项目，双击鼠标左键，打开该文件，并进入元件符号模型编辑环境。
2. 单击 Projects 面板下方的 SCH Library 标签，切换到 SCH Library 面板。
3. 执行工具/新增元件命令，在随即出现的对话框里，输入新增元件的名称（即 **LD1117-3.3**），再单击 确定 按钮关闭对话框，则 SCH Library 面板上方区域里出现此元件，同时，程序也准备好空白编辑区。
4. 指向 SCH Library 面板里的 **LD1117-3.3** 项，双击鼠标左键，打开此元件的默认属性对话框，如图 4 所示。
5. 在 Designator 字段里（❶）输入 **U?**，在 Comment 字段里（❷）输入 **LD1117-3.3**。

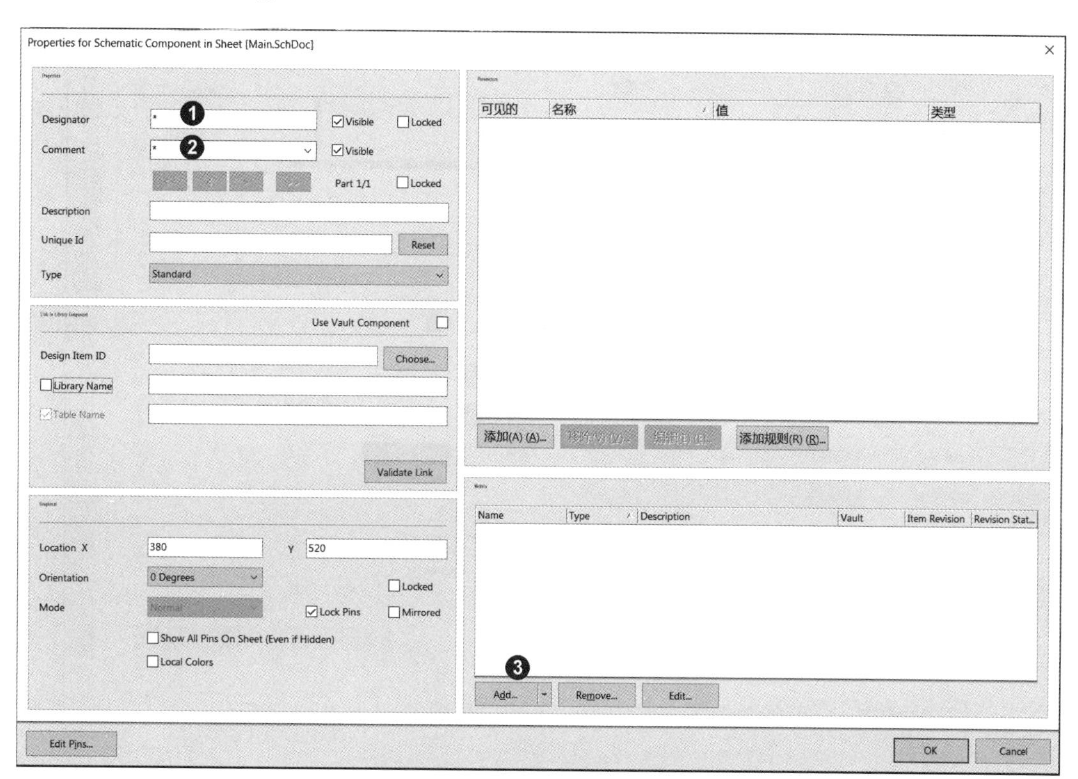

图 4 元件默认属性对话框

6. 单击 Add... 按钮右侧的倒三角形（❸），在下拉菜单中选择 Footprint 项，打开**封装模型对话框**；在名称字段里输入

SOT-223_LD1117-33 后，单击 确定 按钮返回前一个对话框（图 4）。最后，单击 OK 按钮关闭对话框即可。

元件引脚编辑：本元件有三个引脚，其主要属性如表 1 所示，这三个引脚的电气类型都是电源引脚（可设定为 Power 或 Passive）。若要放置引脚，可按 P 键两下，则光标上将黏着一个浮动的引脚，随光标而动。此时，可应用下列功能键。

- （空格键）：引脚逆时针旋转 90 度。
- X：引脚左右翻转。
- Y：引脚上下翻转。
- Tab：打开引脚属性对话框。

此时，先定义引脚属性，按 Tab 键打开**引脚属性对话框**，如图 5 所示。

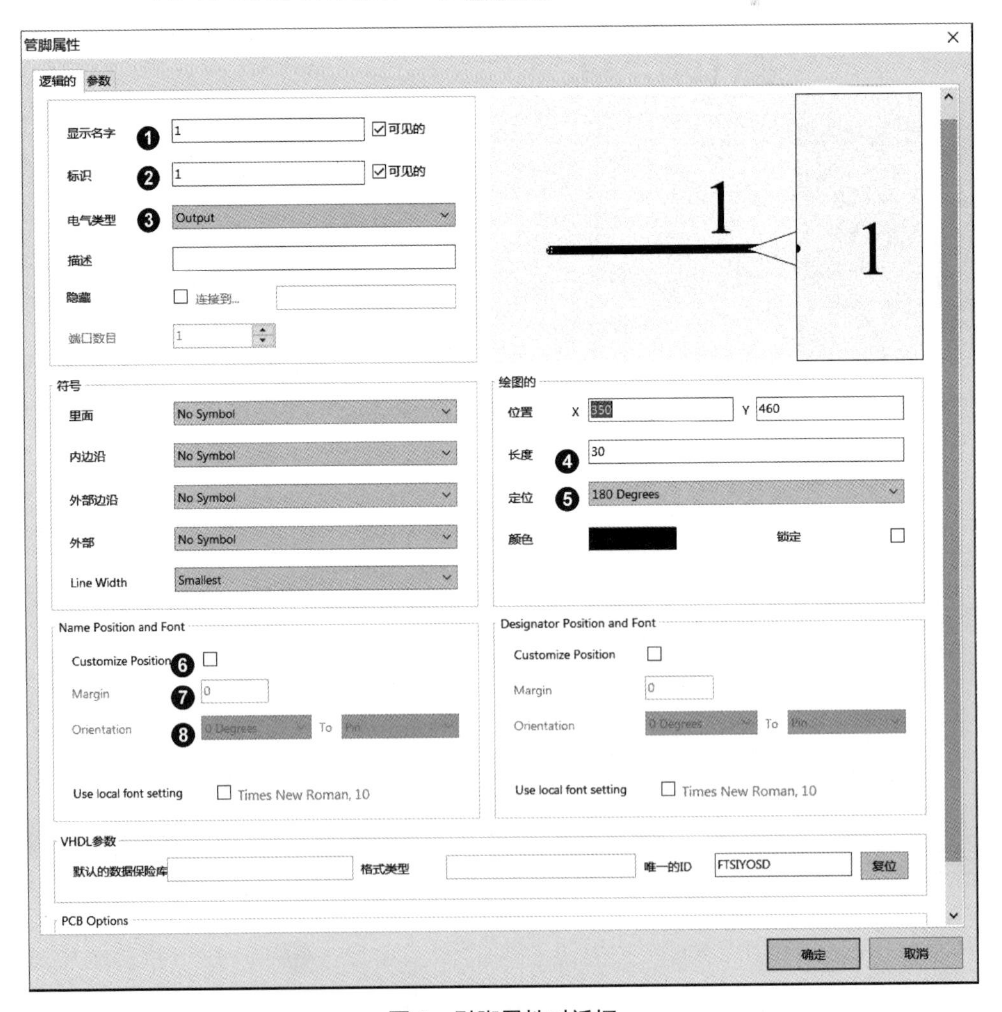

图 5 引脚属性对话框

三个引脚的属性设定分别如表 5 所示。

表 5　引脚属性

属　性	第一脚	第二脚	第三脚
❶显示名字	GND	OUT	IN
❷标识	1	2	3
❸电气类型	Passive	Passive	Passive
❹长度	20	20	20
❺定位	270 Degrees	0 Degrees	180 Degrees
❻Customize Position	选取	不选取	不选取
❼Margin	1	不设定	不设定
❽Orientation	90 Degrees	不设定	不设定

按照表 5 的属性，分别放置三个引脚，其结果如图 6 所示。

图 6　放置三个引脚

元件外形编辑：按 P 、 R 键进入**放置矩形状态**，光标上出现一个浮动的矩形，再指向第二脚（右端点）的上方，单击鼠标左键，移至第三脚（左端点）的下方，再单击鼠标左键、右键各一次，即可完成一个矩形并退出**放置矩形状态**，如图 7 左图所示。

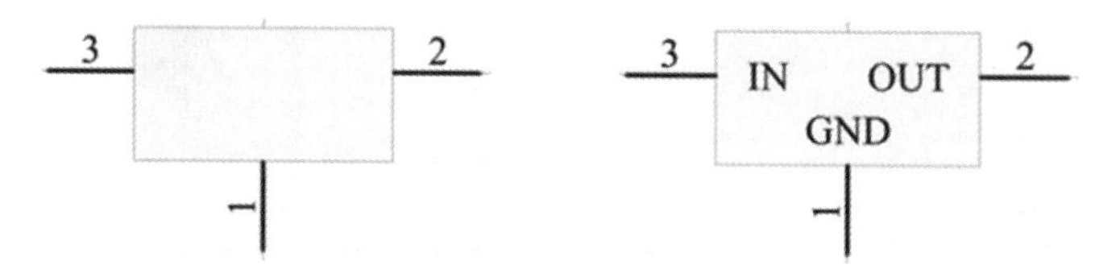

图 7　放置矩形

若矩形盖住引脚名称，执行编辑/移动/下推一层命令，然后指向矩形，单击鼠标左键，即可将矩形放到引脚名称之下。最后，单击鼠标右键结束**移动状态**，其结果如图 7 右图所示。

建立元件别名：可使用元件别名来放置同一个元件，若要建立元件别名，则在 SCH Library 面板的别名区域下方，单击 新增 按钮，

然后在随即出现的对话框里，输入新增的***元件别名***，再单击 确定 按钮关闭对话框，则别名区域将出现该别名。题目要求建立 LD1117-5、LD1117A-3.3、LD1117A-5 等元件别名。

存档：按 Ctrl + S 键保存即可。

4-2-3 元件封装编辑

在此将应用 IPC 封装向导自动产生封装，整个步骤简化为**产生封装与焊盘编辑**，操作如下。

应用 IPC 封装向导：

1. 指向 Projects 面板里 AED_PCB2.LibPkg 下的 **AED_PCB2.PCBLib** 项目，双击鼠标左键，打开该文件，并进入元件封装编辑环境。
2. 单击 Projects 面板下方的 PCB Library 标签，切换到 PCB Library 面板。
3. 执行工具/IPC 封装向导命令，在随即出现的 IPC 封装向导里，单击 下一步(N) > 按钮切换到下一个界面，如图 8 所示。

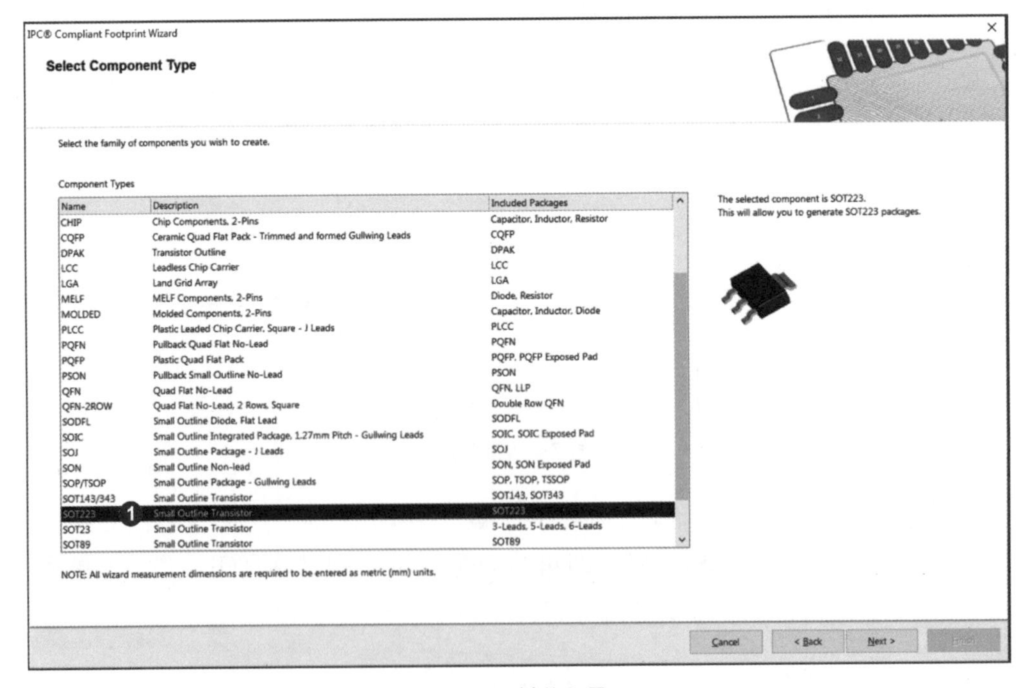

图 8 IPC 封装向导-2

4. 选择 SOT223 项（❶），再单击 下一步(N) > 按钮切到下一个画面，如图 9 所示。

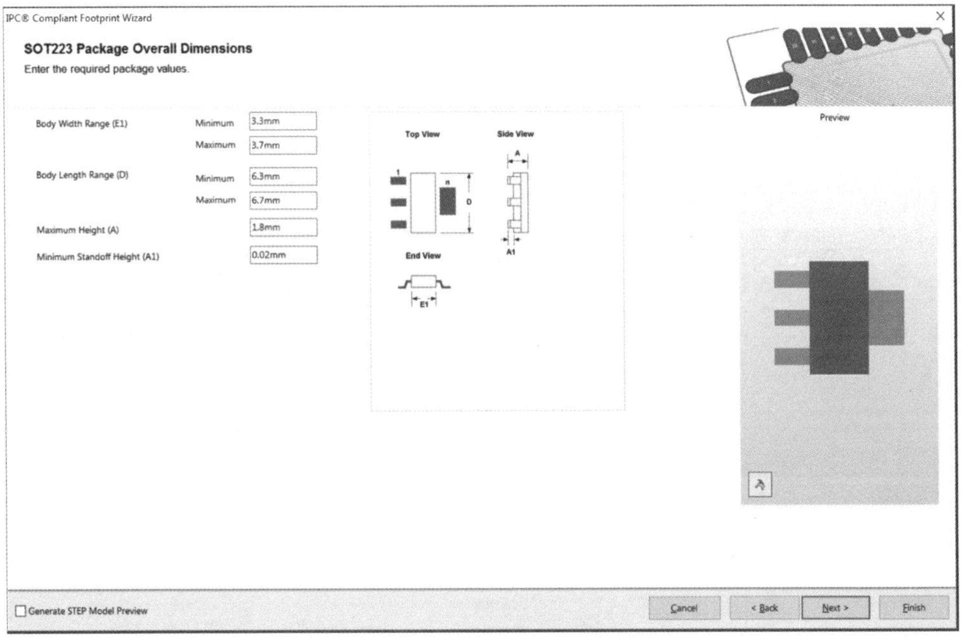

图 9　IPC 封装向导-3

5. 保持预设状态，直接单击 完成(F) 按钮即可产生标准的 SOT223 封装，如图 10 所示。而在 PCB Library 面板里，新增一个 **SOT230P700X180-4N** 封装。

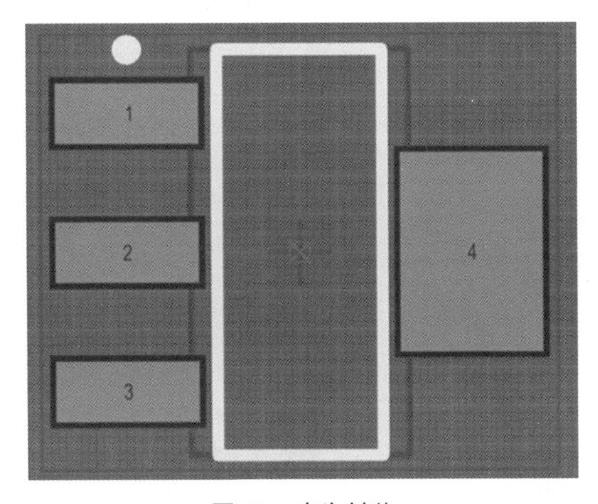

图 10　产生封装

6. 指向 PCB Library 面板里的 **SOT230P700X180-4N** 项，双击鼠标左键，然后在随即出现的对话框里，将名称字段里的元件名称修改为**SOT-223_LD1117-33**，再单击 确定 按钮关闭对话框即可。

Step 2 **修改焊盘标识：**题目要求将 4 号焊盘改为 2 号，所以指向 4 号焊盘，双击鼠标左键，打开其属性对话框（图 11），再将其标识字段（❶）内的值改为 2，再单击 确定 按钮关闭对话框即可。

Step 3 **存档：**最后，按 Ctrl + S 键保存即可。

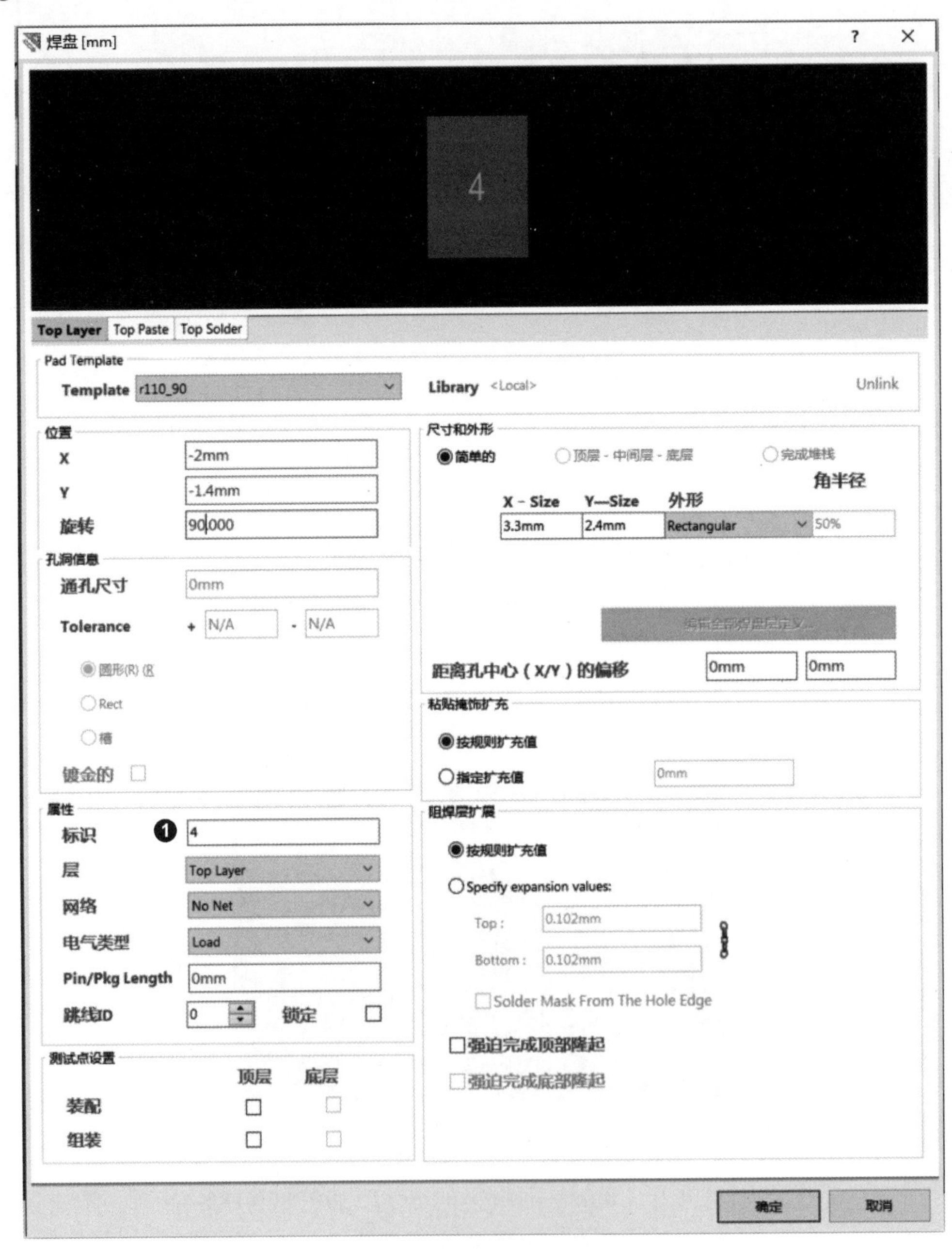

图 11　焊盘属性对话框

4-2-4 产生元件集成库

完成元件符号模型编辑与元件封装编辑，切换回 Projects 面板，再指向面板里的 AED_PCB2.LibPkg 项目，单击鼠标右键，出现下拉菜单，再选择 Compile Integrated Library AED_PCB2.LibPkg 选项，即可进行编译，并产生 **AED_PCB2.IntLib** 元件集成库。

4-3 原理图设计

当产生 **AED_PCB2.IntLib** 元件集成库后，将自动加载到系统中；紧接着进行的原理图设计，将可直接使用其中元件。在此将从**项目管理**开始，然后进行**原理图编辑**。

4-3-1 项目管理

在此将新建一个电路板设计项目，并载入原理图文件与 PCB 文件，操作如下。

新建电路板项目： 继续 4-2 节的操作，在 Altium Designer 窗口里执行文件/新建/项目/电路板项目命令，则在左边 Projects 面板里，将出现 PCB_Project1.PrjPCB 项目。

新建原理图文件： 执行文件/新建/原理图文件命令，则 Projects 面板里，PCB_Project1.PrjPCB 项目下将新建一个 Sheet1.SchDoc 项目，同时打开一个空白的原理图编辑区（白底）。

新建 PCB 文件： 执行文件/新建/PCB 文件命令，则 Projects 面板里，PCB_Project1.PrjPCB 项目下将新建一个 PCB1.PcbDoc 项目，同时打开一个空白的电路板编辑区（黑底）。

保存项目与文件： 指向 Projects 面板里的 PCB_Project1.PrjPCB 项目，单击鼠标右键，出现下拉菜单，再选择另存项目选项。随即出现 **PCB** 的存盘对话框，指定保存到刚才的 **AED24** 文件夹，文件名为 **My_PCB.PcbDoc**（扩展名可不必指定）。

单击 保存(S) 按钮存盘后，随即出现原理图的存盘对话框，同样保存在刚才的 **AED24** 文件夹里，文件名为 **Main.SchDoc**（扩展名可不必指定）。

单击 保存(S) 按钮保存后，随即出现项目的保存对话框，同样是保存在刚才的 **AED24** 文件夹里，文件名为 **Temp_Sensor.PrjPcb**（扩展名可不必指定）。再次单击 保存(S) 按钮存盘，完成项目的创建。

4-3-2 原理图编辑

在原理图的编辑方面，包括**套用题目指定的模板**、**输入基本数据**、**取用元件**、**连接线路**等操作，说明如下。

套用模板：继续 4-3-1 节的操作，切换到原理图编辑区（白底），执行设计/项目模板/Choose a File...命令，然后在随即出现的对话框里，指定题目所附的 **SCH_template.SchDot** 模板文件，再单击 Open 按钮关闭对话框。然后在随即出现的对话框里，选择当前工程的所有原理图文档选项与替代全部匹配参数选项，再单击 确定 按钮关闭对话框，即可进行模板的套用，并出现**确认对话框**。此时，只要单击 OK 按钮关闭该对话框，即可完成套用，而编辑区右下方也会出现新标题栏。

输入基本数据：在此必须填入题目要求的基本数据，执行设计/图纸设定命令，在随即出现的对话框里，切换到参数页。表 6 为字段说明，其中数值字段数据内容应以考生数据为准。

表 6 字段数据

参 数 名 称	数 值	反应到标题栏字段
CompanyName	○○科技大学○○系	单位
AdmissionTicket	x12345678	准考证号
DrawnBy	王小明	姓名
Date	2016/01/23	考试日期

按表 6 输入到其中的数值字段，再单击 确定 按钮即可反映到图纸上，如图 12 所示。

Applied Electronics Design - PCB Layout绘图考试			
单位　〇〇科技大学〇〇系			
准考证号	x12345678	姓名	王小明
考试日期	2016/01/23	工程名	Temp_Sensor.PrjPcb

图 12　完成基本数据的输入

设计分析：在设计原理图之前，首先分析所要绘制的原理图组成，以实际操作第四题为例（图 1），按功能可分为三部分，分别是**电源电路**（❶）、**微处理器电路**（❷）与**外围电路**（❸），如图 13 所示。各元件数据如表 7 所示。绘制原理图与设计 PCB 时，最好是按每个部分来进行，同一部分的电路都在一起，不容易缺漏，电路的结构也比较容易理解。

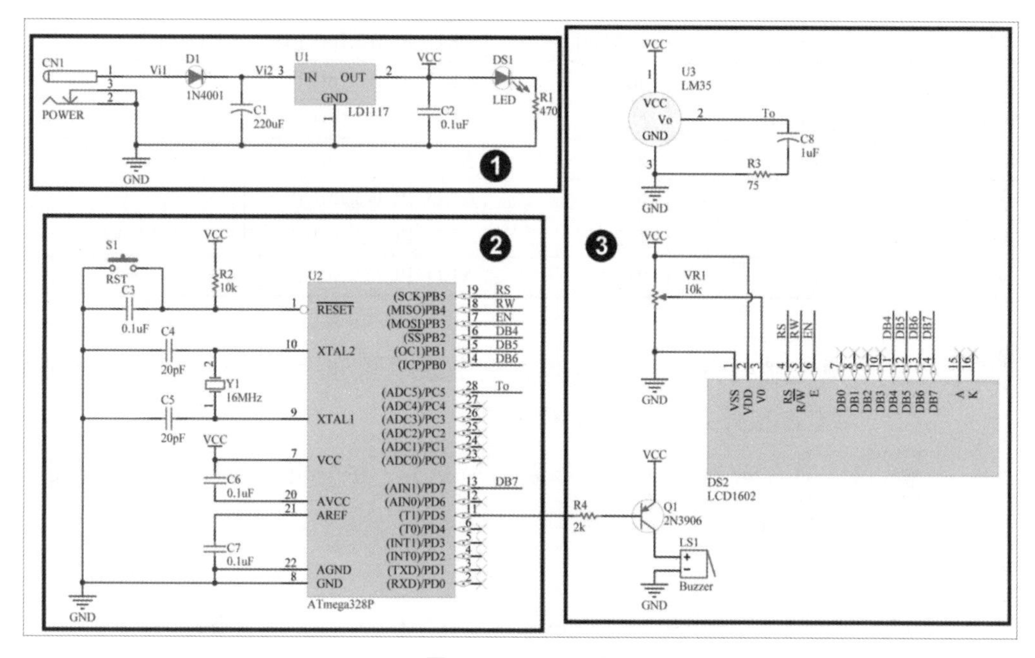

图 13　原理图分析

表 7　元件数据

电源电路				
放置元件名称	元件标号	元件值	元件库	封装
PWR2.5	CN1	POWER	AED_PCB2.IntLib	KLD-0202
Cap2	C1	220uF	AED_PCB2.IntLib	CAP-260-1
Cap	C2	0.1uF	AED_PCB2.IntLib	C200 - 1
1N4001	D1	1N4001	AED_PCB2.IntLib	D400
LED	DS1	LED	AED_PCB2.IntLib	LED-3mm_G
Res	R1	470	AED_PCB2.IntLib	AXIAL-0.3
LD1117-3.3	U1	LD1117	AED_PCB2.IntLib	SOT-223_LD1117-33

续表

微处理器电路				
放置元件名称	元件标号	元件值	元件库	封装
Cap	C3,C6,C7	0.1uF	AED_PCB2.IntLib	C200 - 1
Cap	C4,C5	20pF	AED_PCB2.IntLib	C200 - 1
Res	R2	10K	AED_PCB2.IntLib	AXIAL-0.3
SW-PB	S1	RST	AED_PCB2.IntLib	TACK6-Panasonic
Atmega328P	U2	Atmega328P	AED_PCB2.IntLib	DIP-28
XTAL	Y1	16MHz	AED_PCB2.IntLib	XTAL4-8
外围电路				
放置元件名称	元件标号	元件值	元件库	封装
Cap2	C8	1uF	AED_PCB2.IntLib	CAP-260-1
LCD1602	DS2	LCD1602	AED_PCB2.IntLib	LCD1602
Buzzer	LS1	Buzzer	AED_PCB2.IntLib	BZ12*6.5
2N3906	Q1	2N3906	AED_PCB2.IntLib	TO-92-AP
Res	R3	75	AED_PCB2.IntLib	Relay-1C-1
Res	R4	2K	AED_PCB2.IntLib	AXIAL-0.3
LM35	U3	LM35	AED_PCB2.IntLib	TO-92-AP-LM35
VR_1	VR1	10K	AED_PCB2.IntLib	VR4

电源电路编辑： 在图 13 里将整个原理图分为三部分，第一部分（❶）为电源电路，其编辑步骤如下。

1. 首先放置其元件（如表 7 所示），并编辑其元件属性，如图 14 所示。

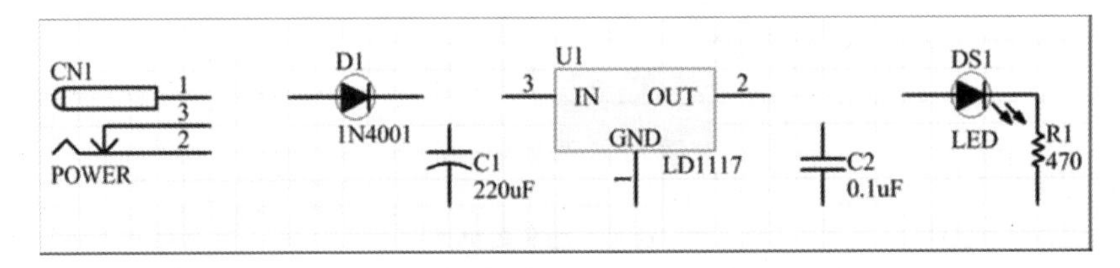

图 14 放置元件

2. 连接线路，如图 15 所示。

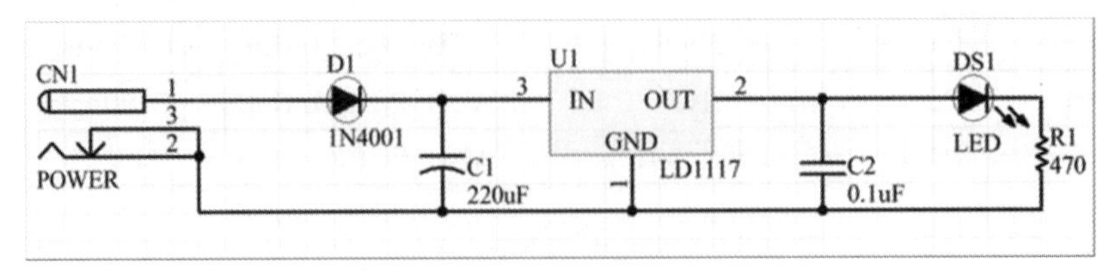

图 15 连接线路

3．放置电源与接地符号，如图 16 所示。

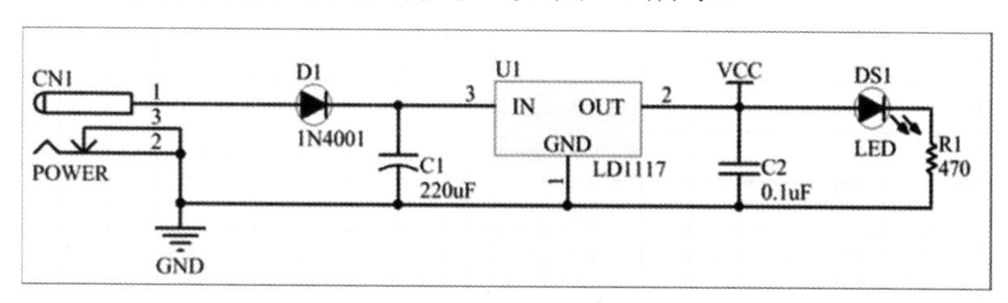

图 16　放置电源与接地符号

4．放置网络标号，如图 17 所示，而电源电路也告一段落。

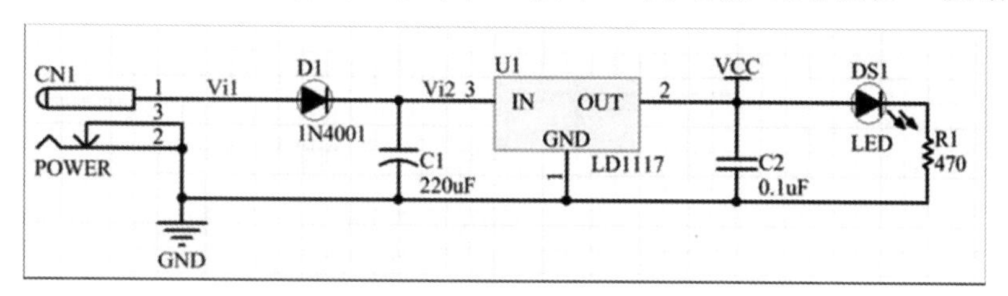

图 17　放置网络标号

绘制微处理器电路：按图 18 绘制微处理器电路，其步骤依次如下。

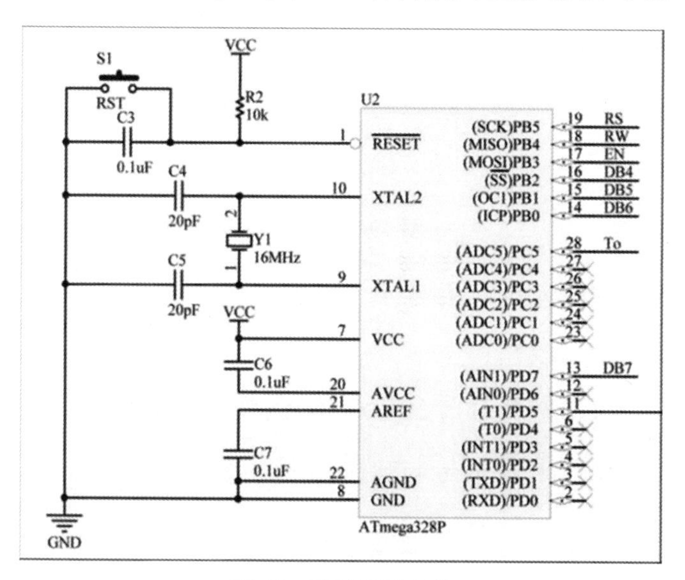

图 18　微处理器电路

1．放置元件（并定义其元件标号）。

2．连接线路。

3．放置网络标号（RS、RW、EN、DB4~DB7、To）。

4．放置电源符号与接地符号。

5．放置不连接符号。

绘制外围电路：按图 19 绘制外围电路，其步骤依次如下。

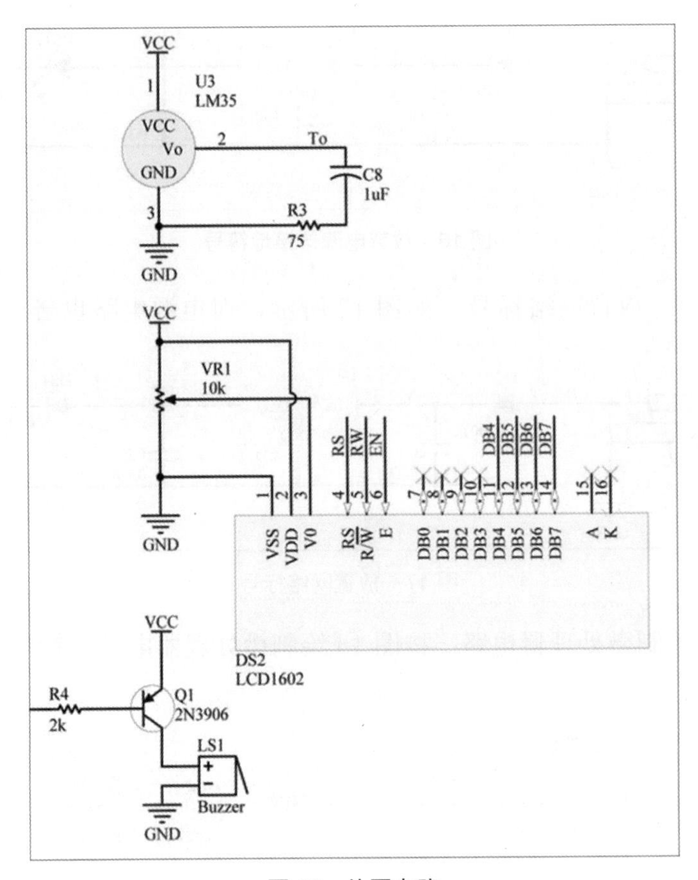

图 19　外围电路

1. 放置元件（并定义其元件标号）。
2. 连接线路。
3. 放置网络标号（RS、RW、EN、DB4~DB7、To）。
4. 放置电源符号与接地符号。

电路检查：完成电路绘制后，还要检查一下，有无违反电气规则。指向 Projects 面板里的 Main.SchDoc 项，单击鼠标右键，出现下拉菜单，再选择 Compile Document Main.SchDoc 项即可进行检查。然后，单击编辑区下方的 System 按钮，在下拉菜单中再选择 Messages 选项，即可打开如图 20 所示的 Messages 面板，其中显示 Compile successful, no errors found（❶），表示没有错误。

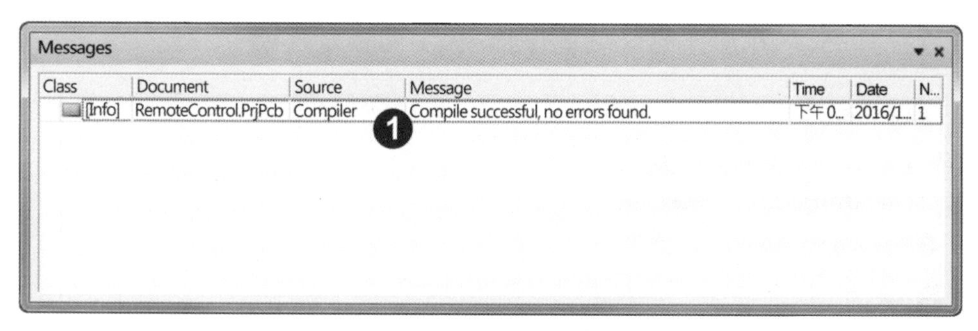

图 20　Messages 面板

Step 8　**存档**：完成电路绘制后，按 Ctrl + S 键保存。

4-4 电路板设计

PCB 设计是应用电子设计认证的重点部分！完成原理图设计后，接下来是电路板设计，其中包括**板子形状**、**加载原理图数据**、**元件布局**、**制定设计规则**、**PCB 布线**与**放置指定数据**等。

4-4-1 板子形状

本题目要求使用指定的板子文件（RemoteControl.DXF），并定义板形，其步骤如下。

准备工作：首先切换到 PCB 编辑区（黑底），左下方所显示的坐标，若不是采用公制单位（mm），则按 Q 键切换为公制单位。

载入板子文件：执行文件/导入命令，在随即出现的对话框里，指定 **Temp_Sensor.DXF**，并单击 Open 按钮，屏幕出现如图 21 所示的对话框。设定如下。

1. 在块区域里保持选择作为元素导入选项（❶）。
2. 在绘制空间区域里保持选择模型选项（❷）。
3. 在默认线宽字段里输入 0.2mm（❸）。
4. 在单位区域里选择 mm 选项（❹）。

5. 在层匹配区域里保持图 21 的设定（❺）。

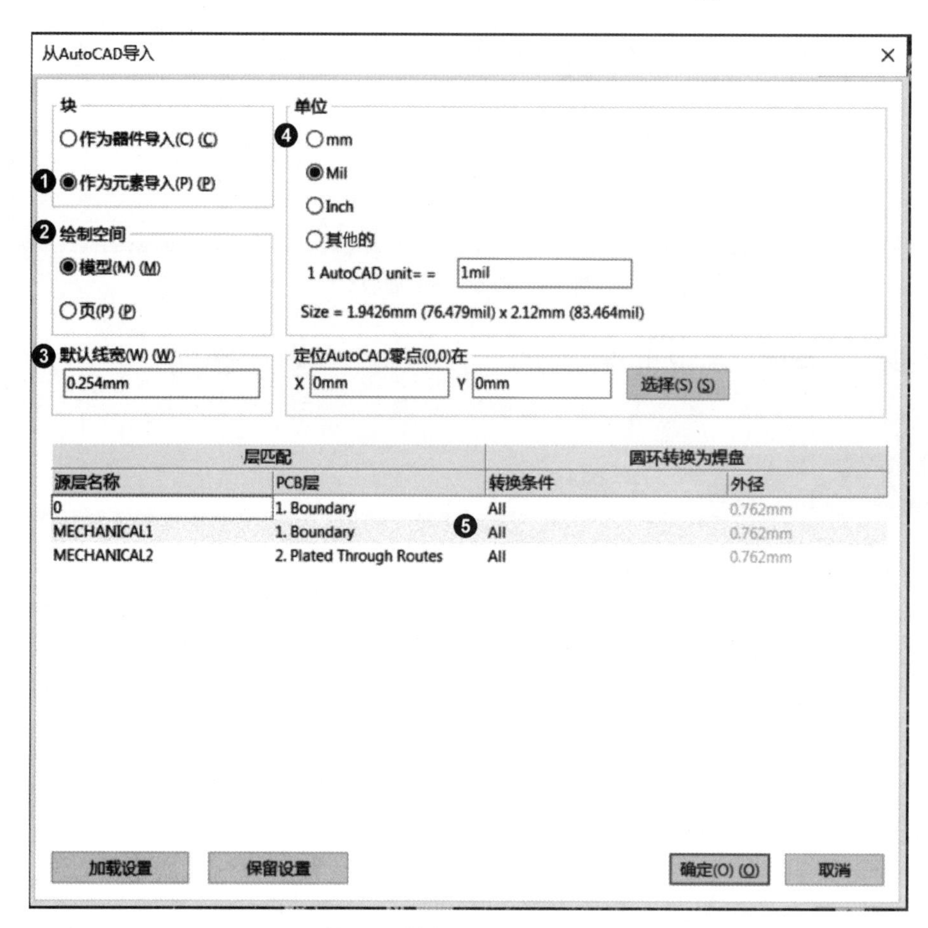

图 21 导入 AutoCAD 对话框

6. 单击 Open 按钮，即可顺利加载板框，如图 22 所示。

图 22 载入板框

选取板框：在编辑区下方的层标签里，单击 Mechanical 1 标签（桃红色），再按 Shift + S 键（单层显示）让编辑区只显示 Mechanical 1 层，然后拖曳选取刚才加载的整个板框，使之变成白色。

定义板形：执行设计/板子形状/根据选取对象定义板子命令，即可定义板形；按 Shift + S 键让编辑区恢复正常显示状态，如图 23 所示。

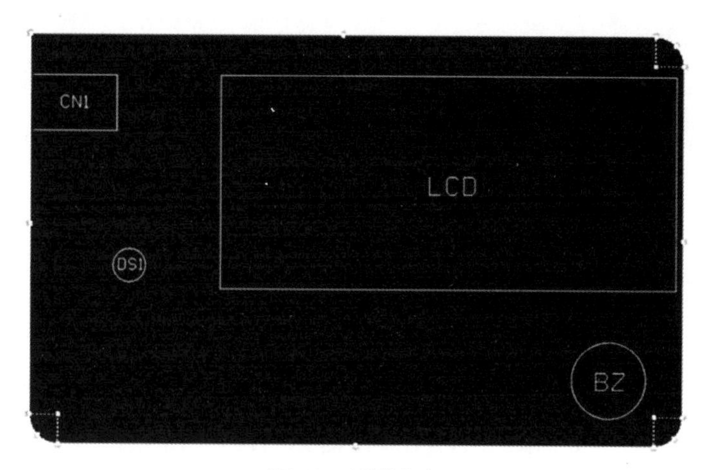

图 23　板形定义

设置相对原点：单击按钮，出现下拉菜单，再单击按钮，进入**放置相对原点状态**，再指向新板框的左下角，单击鼠标左键即可于该处放置一个相对原点。

4-4-2 加载原理图数据

若要加载原理图数据，则执行设计/Import Change From Temp_Sensor. PrjPcb 命令，屏幕上出现工程变更设计（ECO）对话框。首先单击 生效更改 按钮更改，而更改的结果都将记录在检测字段里，若可顺利更改则出现绿色的勾，否则出现红色的叉。通常我们只要看新增元件项目是否全部成功就可以了，若有新增元件项目不成功（红色的叉），代表无法加载该元件，则后面的新增网络等，都会有不成功项目。这种情况，需要单击 关闭 按钮关闭对话框，先返回原理图编辑区，确认无法新增的元件，所挂的封装（Footprint）是否正确、是否存在？若不存在，则重新指定其他存在的封装。

在认证的题目里，除考生自行设计的元件外，每个元件都有封装，更改数据时，一般不会出现错误。单击 执行更改 按钮即可执行更改动作，而更改动作也会记录在完成字段里。最后，单击 关闭 按钮关闭对话框，所加载的原理图数据（包含元件与网络），将出现在编辑区右边的**元件放置区域**里，如图 24 所示。

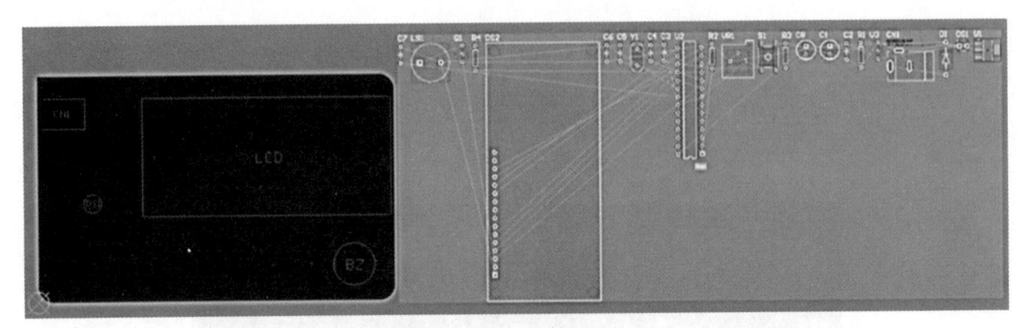

图 24　加载原理图数据

4-4-3　元件布局

在元件布局方面，可遵守下列原则进行。

1. 根据题目要求，先将 CN1（连接器）、DS1（LED）、LCD（DS2）与 BZ（LS1）放置到指定的框内。
2. 依据原理图里元件的相对位置，就近放置，且尽可能让预拉线直一点、少一点交叉。

由于**元件放置区**域距离板框太远，元件布局效率较低，可先指向**元件放置区域**的空白处（没有元件的位置），按住鼠标左键不放，即可选中整个**元件放置区域**，然后将它移至板框上方。最后，再单击**元件放置区**，按 Delete 键将它删除。

按 G 键拉出菜单，选择 0.025mm 选项，将格点间距设为最小，以方便元件排列。基本的元件放置方式为拖曳方式移动元件，且在拖曳过程中，可按 键逆时针旋转元件，元件布局的顺序如下。

1. 先将题目要求的元件放置到指定位置。
2. 放置主要的元件，即 U2（Atmega328P）、U1（LD1117）、DS2，其中 U2 须在 DS2 下面、U1 可在 DS2 左边，U1 须离 CN1 近一点。
3. 按照原理图，将 U2 微处理器电路的相关元件移到 U2 周围，U1 电源电路的相关元件移到 U1 周围，而蜂鸣器（LS1）与其驱动晶体管（Q1）应近一点。

除了题目要求的四个元件外，只要元件不要在板框外即可。完成元件布局之后，元件标号的位置、方向，也要适度调整，让方向一致，且不要重叠或碰到其他对象（扣分）。一般地，元件标号的位置、方向并不计分，只是美观问题。完成元件布局，如图 25 所示。

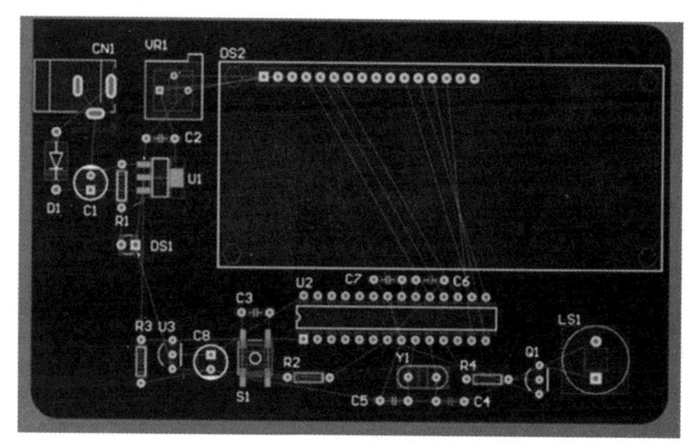

图 25　完成元件布局（含元件标号调整）

4-4-4　建立网络分类

题目要求建立 **Power** 网络分类，其中 **Power** 网络分类包括 GND、Vi1、Vi2 与 VCC 网络。首先执行设计/分类命令，屏幕出现如图 26 所示的对话框(分类管理器)。

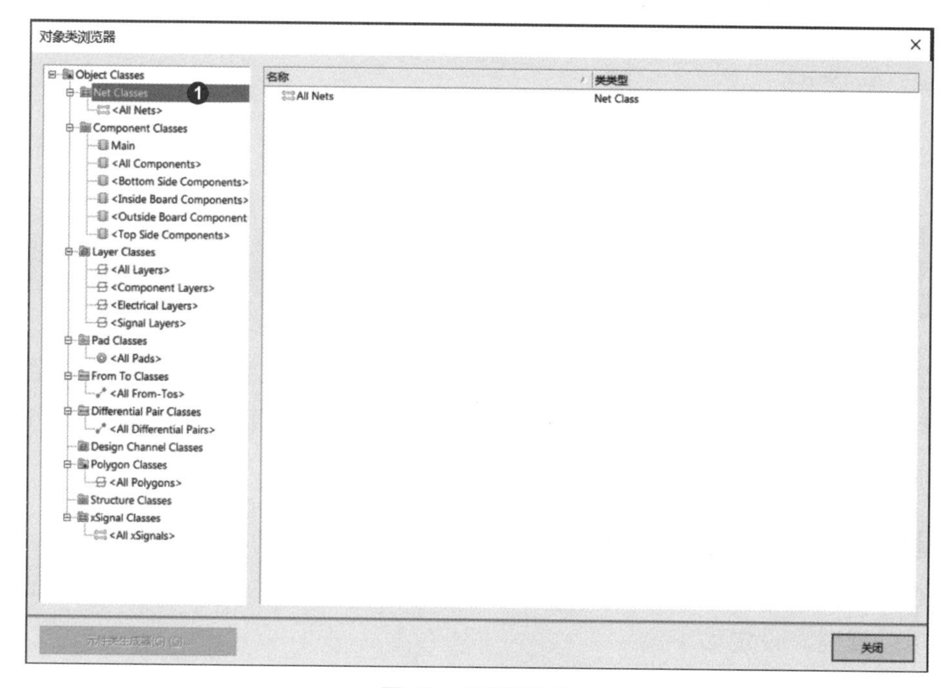

图 26　分类管理器

指向左上方的 Net Classes 项（❶），单击鼠标右键出现下拉菜单，再选择新增分类项目，即可在 Net Classes 项目下面建立 New Class 项目。再指向这个新增项目单击鼠标左键选取，再次单击鼠标左键，即可编辑此分类的名称，将它改为 **Power**。指向这个项目，双击鼠标左键，则对话框左侧变为图 27 所示状态。

在左边的非成员区域里，选择 GND 项（❶），再单击 > 按钮（❷），即可将 GND 移到右边的成员区域，成为此网络分类的成员；以此类推，分别将 GND、Vi1、Vi2 与 VCC 移到成员区域。最后，单击 关闭 按钮关闭对话框即可。

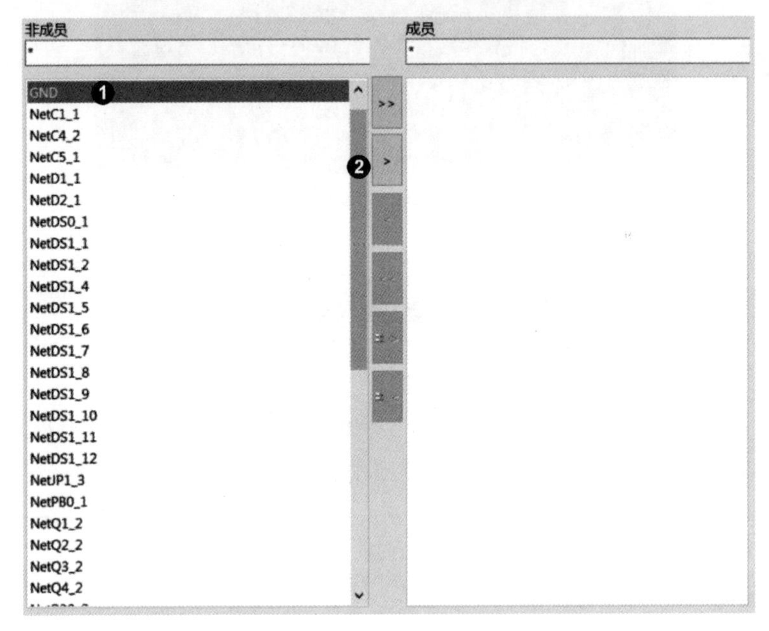

图 27　新建网络分类

4-4-5　制定设计规则

在此要将题目所指定的线宽等（如表 3 所示），制定为设计规则。制定设计规则时，执行设计/设计规则命令，然后在随即打开的 PCB 规则及约束编辑器对话框制定设计规则，如下所示。

题目要求的 Electrical 相关设计规则

题目要求安全间距不得小于 0.406mm，且不允许短路，这两项属于 Electrical 项目规则，设定如下。

1. 指向 Electrical 项目下方的 Clearance/Clearance 选项，双击鼠标左键，右

边出现安全间距的设定区域，在最小间距字段里输入 0.406mm 即可。

2. 题目规定不可短路，而 Altium Designer 默认的设计规则本身不允许短路（Short Circuit - Not Allowed），所以不必再设定。

题目要求的 Routing 相关设计规则

题目要求 **Power** 分类网络采用 0.762mm 线宽走线，而其他走线的最细线宽为 0.254mm、最宽线宽为 0.381mm、优选线宽为 0.305mm，这两项属于 Routing 项目下的 Width 项，设定如下。

1. 指向 Routing 项目左边的加号，单击鼠标左键，展开其下项目；再指向 Width 项，单击鼠标右键，出现下拉菜单，选择新增规则项，即可新增 Width_1。指向这个项目，双击鼠标左键，右边出现其线宽的设定区域，然后按下述规则编辑。
   - 在名称字段里，将名称改为 **Power**。
   - 选择网络类选项，在其右上字段里选择 Power 选项。
   - 在 Min Width 字段里输入 **0.762mm**，在 Preferred Width 字段里输入 **0.762mm**，在 Max Width 字段里输入 **0.762mm** 即可。
2. 指向 Routing 项目下面原本的 Width 项目，单击鼠标左键，右边出现其设定区域。然后在 Min Width 字段里输入 **0.254mm**，在 Preferred Width 字段里输入 **0.305mm**，在 Max Width 字段里输入 **0.381mm** 即可。

题目要求的 Manufacturing 相关设计规则

在制造方面，题目有三点要求，第一是钻孔的孔径必须在 0.025mm 与 3.3mm 之间，第二是丝印层的间距不得小于 0.01mm，第三是丝印层与阻焊层的间距不得小于 0.01mm。这三项都属于 Manufacturing 项，设定如下。

1. 指向 Manufacturing 项目左边的加号，单击鼠标左键，展开其下项目；再指向 Hole Size/HoleSize 项，单击鼠标左键，右边出现其设定区域，操作如下。
   - 选择所有选项。
   - 在最小的字段里输入 **0.025mm**，然后在最大的字段里输入 **3.3mm**。
2. 指向 Manufacturing 项目下的 Silk To Silk Clearance 项，单击鼠标左键，右边出现其设定区域，操作如下。
   - 在上方两个区域里都选择所有选项。
   - 在丝印层文字和其他丝印层对象间距字段里输入 **0.01mm**。

3. 指向 Manufacturing 项目下的 Silk To Solder Mask Clearance/ SilkToSolderMask Clearance 项，单击鼠标左键，右边出现其设定区域，操作如下。
   - 在 Where The First Object Matchs 区域里保持预设的 IsPad。若不是 IsPad，选择查询构建器选项，再单击 查询助手 按钮，在随即出现的对话框里的 Query 区域里输入 **IsPad**，再单击 OK 按钮返回前一个对话框。
   - 在 Where The Second Object Matchs 区域里选择所有选项。
   - 在 Silkscreen to Object Minimum Clearance 字段里输入 **0.01mm**。

完成上述设定后，单击 确定 按钮关闭对话框即可。

4-4-6 PCB 布线

本电路采用双面板布线，而要注意的是题目规定过孔（Via）用量不可超过 3 个，所以不能随意使用过孔，按下列准则与方法操作，即可快速有效地完成 PCB 整板的布线。

1. 若要进行交互式布线，可单击按钮或按 P 、 T 键，进入**交互式布线状态**，光标变为十字线（动作光标）。若要结束布线，可单击鼠标右键或 Esc 键。
2. 此处可在顶层（Top Layer）或底层（Bottom Layer）布线，尽量固定每个层的走线方向，例如顶层水平走线（红色走线），底层垂直走线（蓝色走线）；相反亦可。
3. 切换布线层的方法，除了可按编辑区下方的层标签外，也可按 * 键。不管在哪个层，按 * 键就会切换到布线层。若原先在顶层，按 * 键就会切换到底层；若原先在底层，按 * 键就会切换到顶层。若是在布线过程中，除会切换层外，还会自动产生一个过孔。
4. 按功能区域布线，例如**电源电路**、**微处理器电路**、**外围电路**等，对**距离近的**、**简单的部分先布线**。本题目里有两个表面贴装（Surface Mounted Devices, SMD）元件（U1、S1），如图 28 所示，只能在顶层走线，且必须先布线。

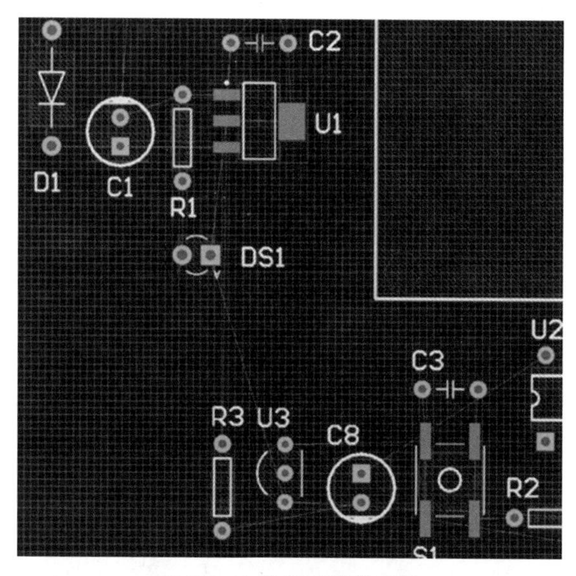

图 28　少数表面贴装元件

SMD布线

在此将采用顶层布线方式，所以先确定工作层为顶层。由于设计规则的关系，一般信号布线默认为 0.254mm 线宽、电源线为 0.762mm，自动设定线宽，不必再考虑线宽问题。按 P 、 T 键，即可进入**交互式布线状态**，指向起点焊盘单击鼠标左键，到目的焊盘再单击鼠标左键、右键各一下，即可完成该直线，并可进行其他布线，如图 29 所示，简单、快速地完成此部分布线。

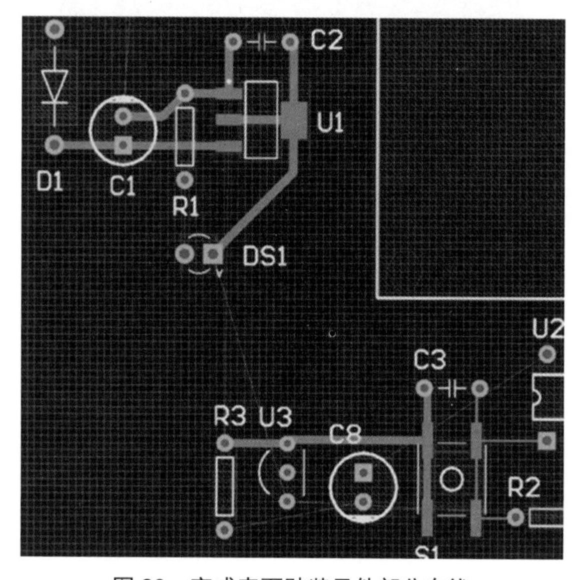

图 29　完成表面贴装元件部分布线

技巧性布线

如图 30 所示，LCD（DS2）连接到 U2 的 7 条线，右边三条连接线看似交叉，但详细观察就可发现只有一条（最右边）造成交叉，而只要这一条线由 U2 下方切入，就不会交叉。在此将采用顶层走垂直线为主的方式，且线宽采用设计规则所规定的宽度，其结果如图 31 所示。

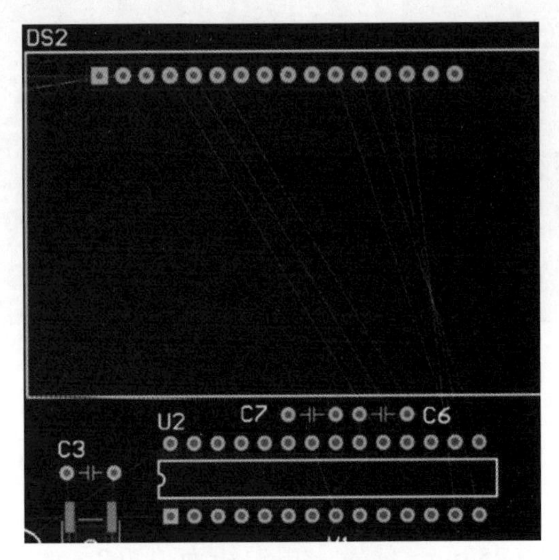

图 30　技巧性布线

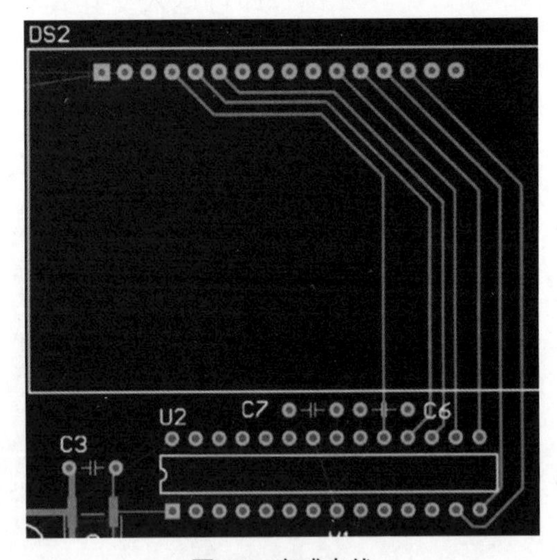

图 31　完成布线

其他布线

完成上面的布线后，只剩一些简单的布线，只要依据“**一层垂直布线、相邻另一层水平布线**”的原则，即可轻松完成布线。同样是采用顶层垂直线为主、底层水平线为主的方式布线，布线结果如图 32 所示。

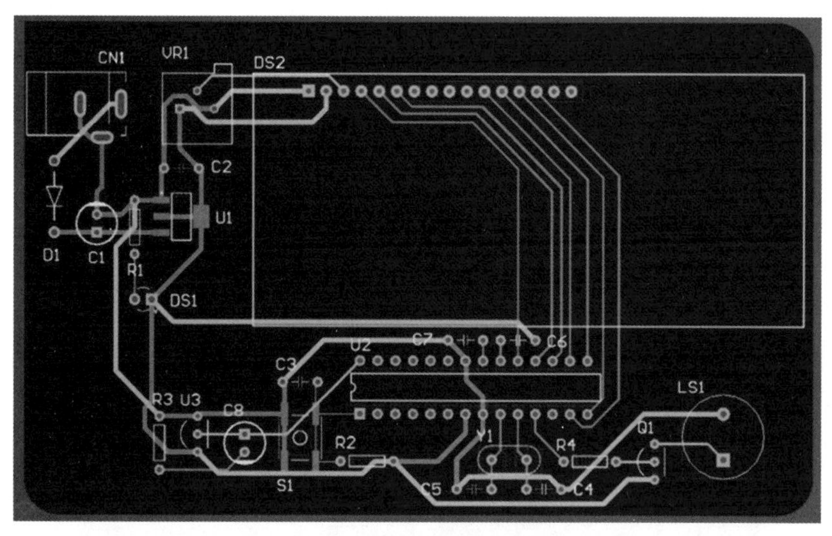

图 32　完成整块 PCB 布线

4-4-7　放置指定数据

题目要求在 PCB 板框上方放置钻孔表与三项数据（表 4），操作如下。

考生资料

考生数据包括**考生姓名**、**准考证号**两项，没有位置规定，但一定要在 Top Overlay 层（黄色）。因此，先切换到 Top Overlay 层，再按下列步骤操作。

1. 单击 A 按钮进入**放置字符串状态**，光标上已有一个浮动的字符串，按 Tab 键打开其属性对话框。
2. 在文字字段里输入姓名，例如**王小明**，层字段保持为 **Top Overlay**。
3. 选取 True Type 选项，在字体名字段指定为**微软正黑体**，或其他中文字型。
4. 将 Height 字段设定为 **5mm**，再单击 确定 按钮关闭对话框，光标上将出现浮动的“王小明”，移至合适位置（不要覆盖到焊盘或其他 Top Overlay 对象），单击鼠标左键，即可固定于该处。
5. 光标上仍有一个浮动的“王小明”，按 Tab 键打开其属性对话框。输入准考证号，则在文字字段里输入准考证号，例如 **x12345678**。
6. 选取比划选项，在字体名字段指定为 **Default**。
7. 将 Height 字段设定为 **1.5mm**，将宽度字段设定为 **0.2mm**。再单击 确定 按钮关闭对话框，光标上将出现浮动的“x12345678”，移至合适位置（不要覆盖到焊盘或其他 Top Overlay 对象），单击，即可固定于该处，如图 33 所示。

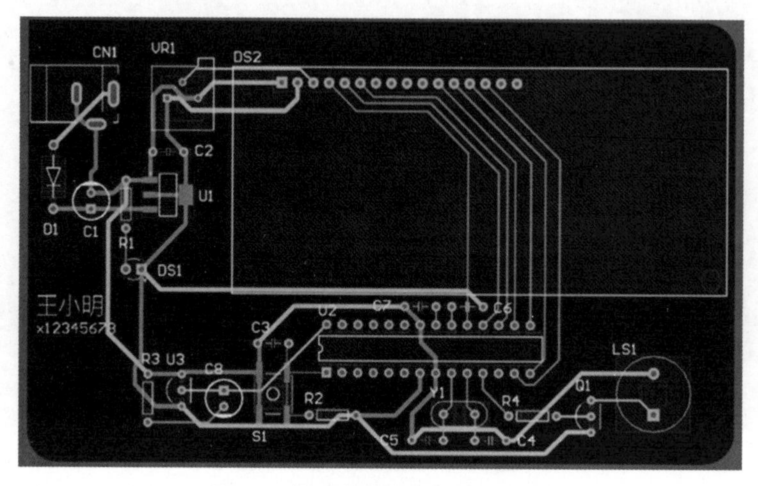

图 33 放置考生数据与相关数据

层名称

题目要求将层名称放在 Mechanical 1 层，而打印层名称必须以**.Printout Name** 特殊字符串方式，才能在不同的层上显示该层的名称。因此，先切换到 Mechanical 1 层（桃红色），再按下列步骤操作。

1. 单击 A 按钮进入**放置字符串状态**，光标上已有一个浮动的字符串，按 Tab 键打开其属性对话框。
2. 在文字字段里输入**.Printout Name**，层字段保持为 **Mechanical 1**。
3. 选取比划选项，在字体名字段保持为 **Default**。
4. 将 Height 字段设定为 **3mm**，将宽度字段设定为 **0.2mm**。再单击 确定 按钮关闭对话框，光标上将出现浮动的“.Printout Name”，移至电路板左上方，单击鼠标左键，即可固定于该处。
5. 最后，右击结束**放置字符串状态**，如图 34 所示。

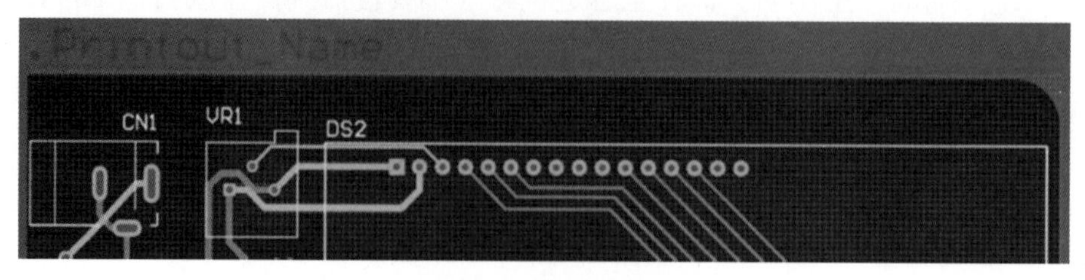

图 34 放置层名称

钻孔表

题目要求将钻孔表（Drill Table）放在打印层名称“.Printout_Name”之上，在 Altium Designer 里可使用专用命令来放置钻孔表。执行放置/钻孔表命令，光标上将出现红色的钻孔表，随光标而动。移至电路板上方的“打印层名称”的上方，单击即可，其结果如图 35 所示。

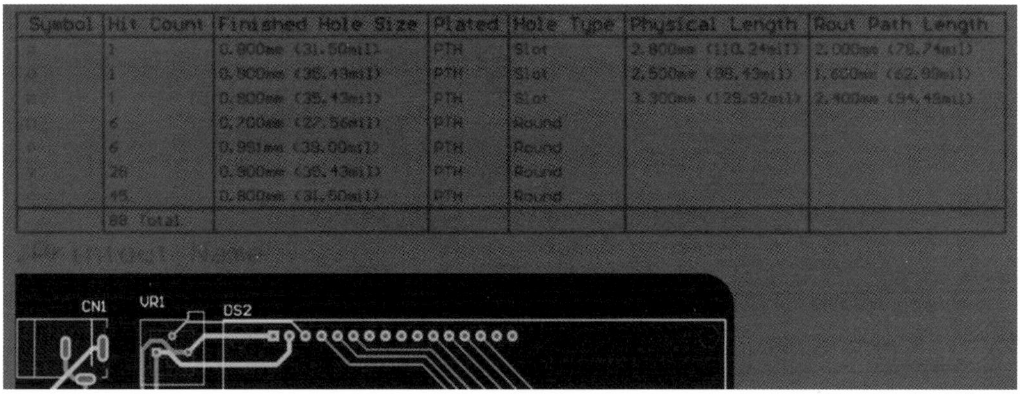

Symbol	Hit Count	Finished Hole Size	Plated	Hole Type	Physical Length	Rout Path Length
	1	0.800mm (31.50mil)	PTH	Slot	2.800mm (110.24mil)	2.000mm (78.74mil)
	1	0.900mm (35.43mil)	PTH	Slot	2.500mm (98.43mil)	1.600mm (62.99mil)
	1	0.900mm (35.43mil)	PTH	Slot	3.300mm (129.92mil)	2.400mm (94.49mil)
	6	0.700mm (27.56mil)	PTH	Round		
	6	0.991mm (39.00mil)	PTH	Round		
	28	0.900mm (35.43mil)	PTH	Round		
	45	0.800mm (31.50mil)	PTH	Round		
	88 Total					

图 35　放置钻孔表

4-4-8　设计规则检查

若要执行设计规则检查，则执行工具/设计规则检查命令，然后在随即出现的对话框里，保持预设选取所有检查项目，再单击左下方的 执行设计规则检查 (R)... 按钮，即可进行设计规则检查，并将检查结果列在 Messages 面板及 Design Rule Verification Report 标签页里。若没有问题，Messages 面板里是空的；若有问题，可依照 Messages 面板里列出的项目，到原理图编辑区或电路板编辑区检查与修改。

4-5　设计输出

在 4-4 节里已完成所有设计工作，在此将依据题目的要求，产生所需要的输出文件，包括元件表（Bill of Materials，BOM）、Gerber 文件与钻孔文件（NC Drill）。而在此所产生的设计输出都放在项目文件夹里的 Project Outputs for Temp_Sensor 文件夹。

4-5-1 输出材料清单

当我们要输出材料清单时，依题目要求，先切换到原理图编辑区，再执行报告/Bill of Materials 命令，在随即出现的对话框里，按下述步骤操作。

1. 以拖曳域名的方式，按题目要求将材料清单的字段由左至右顺序排列为 Designator、Comment、Description、LibRef、Footprint、Quantity。
2. 确定输出格式为 Excel 格式，预设本身就是 Excel 格式，并选择添加到工程选项，让产生的材料清单添加到工程。
3. 单击模板字段右边的 ... 按钮，并在随即出现的对话框里，加载题目指定的 **BOM.xlsx** 模板文件。
4. 单击 输出(E)... 按钮，在随即出现的存档对话框里，指定文件名为 **MyPCB**，再单击 保存(S) 按钮，即可输出材料清单。最后，单击 取消(C) 按钮关闭**元件库对话框**。

4-5-2 输出 Gerber 文件

若要产生 Gerber 文件，则切回电路板编辑环境，再执行文件/辅助制造输出/Gerber Files 命令，在随即出现的对话框里，进行下述操作。

1. 切换到层页。单击左下方的 画线层(P)... ▾ 按钮，出现下拉菜单，再选择使用选项，让程序自动选择输出层。
2. 在右边区域里，选择 Mechanical 1 右边的选项。
3. 单击上方的钻孔图标签，切换到钻孔图层页。分别选择钻孔绘制图区域与钻孔栅格图区域里的 Plot all used drill pairs 选项，最后单击 确定 按钮，即可产生 Gerber 文件，并打开 CAMTastic1.CAM 文件，如图 36 所示。
4. 题目要求将它存为 Gerber.CAM，可按 Ctrl + S 键，并在随即出现的对话框里，指定存为 Gerber.CAM。

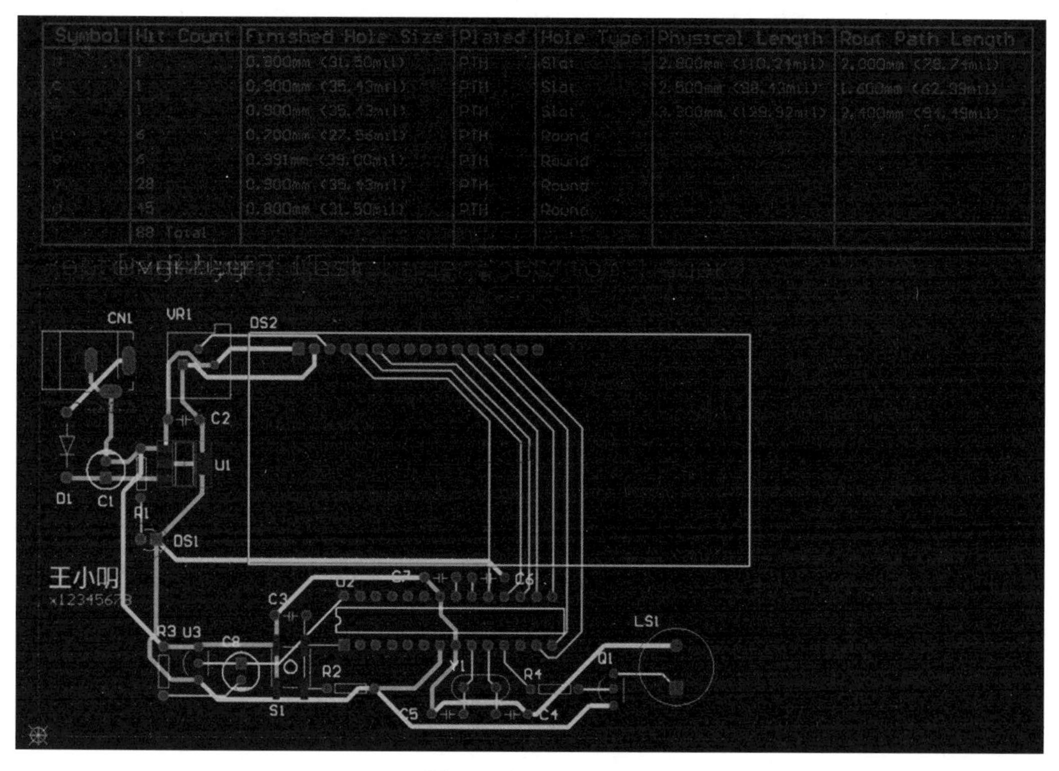

图 36　Gerber.CAM

4-5-3　输出钻孔文件

当我们要产生钻孔文件时，则进行下列操作。

1. 先切换到 PCB 编辑区，再执行文件/辅助制造输出/NC Drill Files 命令，然后在随即出现的对话框里，单击 确定 按钮。
2. 屏幕再次出现一个对话框，再次单击 确定 按钮；屏幕再次出现一个对话框，再次单击 确定 按钮，即可产生钻孔文件与 CAMTastic2.CAM 文件，并打开 CAMTastic2.CAM 文件，如图 37 所示。
3. 题目要求将它存为 NC.CAM，可按 Ctrl + S 键，并在随即出现的对话框里，指定存为 NC.CAM。

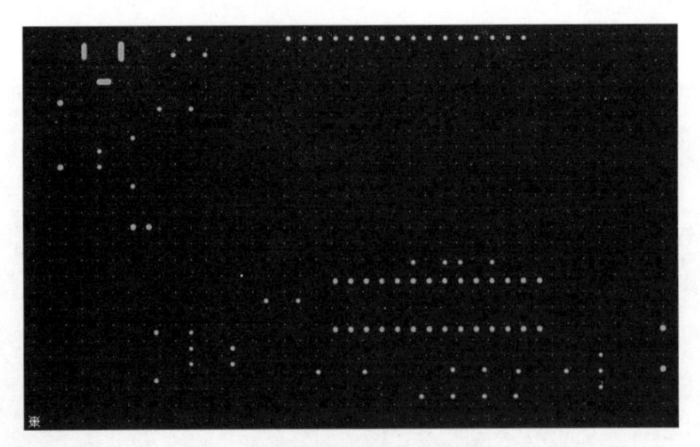

图 37 NC.CAM

4-6 训练建议

Altium 应用电子设计认证的绘图操作考试时间为 **90 分钟**，其中可分为元件库编辑（4-2 节）、原理图设计（4-3 节）、电路板设计（4-4 节）与设计输出（4-5 节）等四部分，考试时，按顺序依次进行。

第五章

绘图操作第五题

电子琴电路

- 认识题目
- 元件库编辑
- 原理图设计
- 电路板设计
- 设计输出
- 训练建议

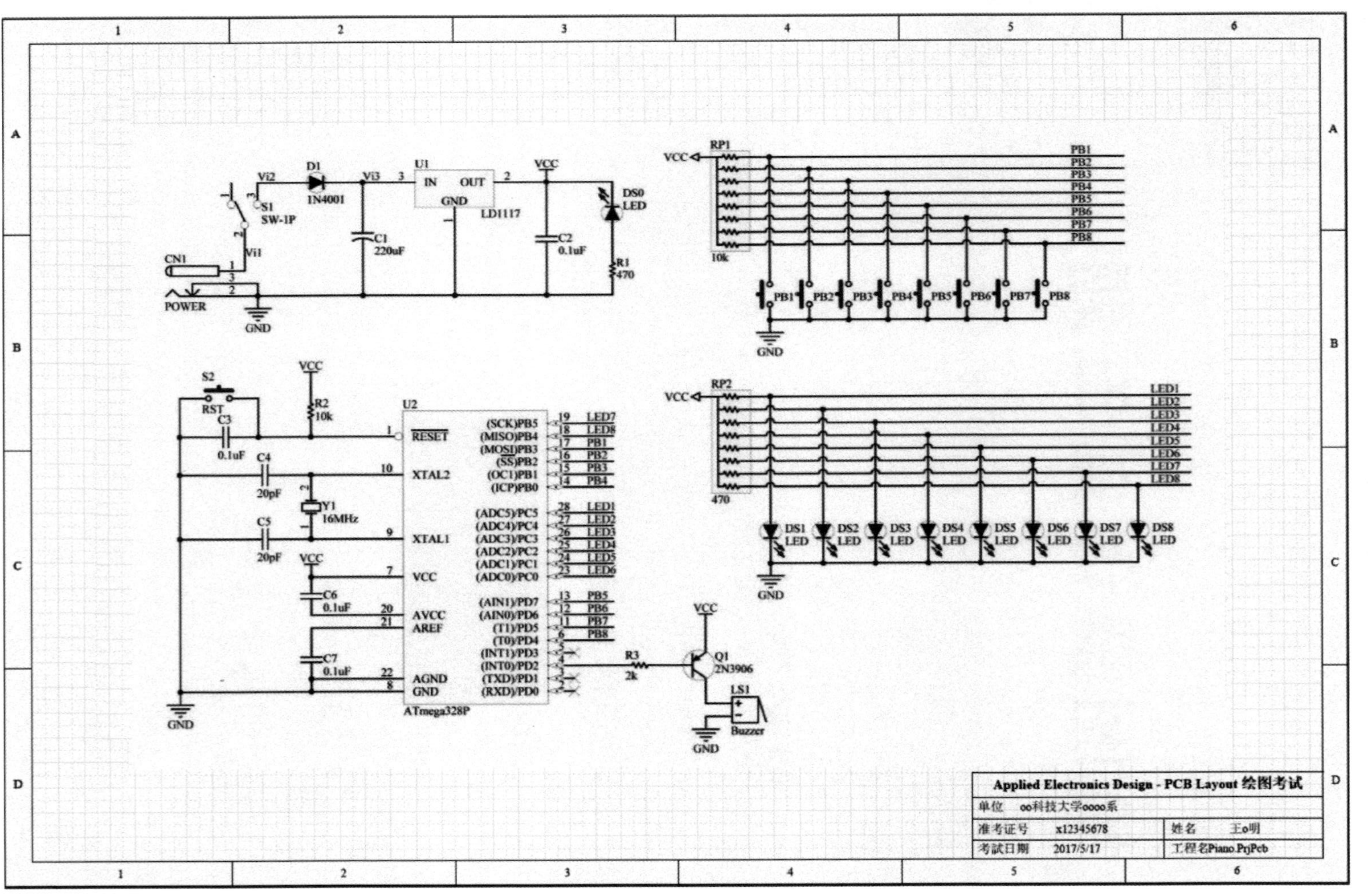
CN1
POWER
S1
SW-1P
Vi1
Vi2
D1
1N4001
Vi3
C1
220uF
U1
IN
OUT
GND
LD1117
VCC
C2
0.1uF
DS0
LED
R1
470
GND
RP1
10k
PB1
PB2
PB3
PB4
PB5
PB6
PB7
PB8
RP2
470
LED1
LED2
LED3
LED4
LED5
LED6
LED7
LED8
DS1
DS2
DS3
DS4
DS5
DS6
DS7
DS8
S2
RST
C3
0.1uF
R2
10k
U2
RESET
XTAL2
XTAL1
AVCC
AREF
AGND
(SCK)PB5
(MISO)PB4
(MOSI)PB3
(SS)PB2
(OC1)PB1
(ICP)PB0
(ADC5)PC5
(ADC4)PC4
(ADC3)PC3
(ADC2)PC2
(ADC1)PC1
(ADC0)PC0
(AIN1)PD7
(AIN0)PD6
(T1)PD5
(T0)PD4
(INT1)PD3
(INT0)PD2
(TXD)PD1
(RXD)PD0
ATmega328P
C4
20pF
Y1
16MHz
C5
20pF
C6
0.1uF
C7
0.1uF
R3
2k
Q1
2N3906
LS1
Buzzer
Applied Electronics Design - PCB Layout 绘图考试
单位 oo科技大学oooo系
准考证号 x12345678
姓名 王o明
考试日期 2017/5/17
工程名Piano.PrjPcb
图1 参考电路图

5-1 认识题目

试题名称：Piano（电子琴电路）

本试题目的是验证考生具有基本元件库编辑、项目管理、原理图设计与电路板设计能力，并能输出辅助制造的相关文件。

计算机环境需求

1. 操作系统：Windows 7（或后续版本）。
2. 使用版本：Altium Designer 16。
3. 语言设定：简体中文。

供考生使用的文件

1. **AED_PCB3.PcbLib**：元件封装库文件。
2. **AED_PCB3.SchLib**：元件符号库文件。
3. **BOM.xlsx**：BOM 材料清单文件。
4. **LD1117-33.PDF**：LD1117-33 数据手册。
5. **Piano.DXF**：电路板板框文件。
6. **SCH_template.SchDot**：原理图模板文件。
7. **绘图操作考题 Piano.PDF**：本考题的文件，含附录一（原理图）。

注意事项

☺ 提供的文件统一保存在 **Piano** 文件夹中，若有缺少文件，须于开始考试 20 分钟内提出，并补发。超过 20 分钟后提出补发，将扣 5 分。

☺ 考生所完成的文件，请存放于此文件夹，并将文件夹压缩为以准考证号为文件名的压缩文件。若没有产生此压缩文件，将不予评分（0 分）。

考试内容

本认证分为四个部分，分别是元件库编辑、原理图设计、电路板设计与设计输出，各部分的设计方法与顺序，全由考生自行决定。以下是各部分的参考设计流程概要与要求。

元件库编辑

1. 元件库建立流程

   1.1 新建元件库项目文件，并将题目提供的元件符号库文件与元件封装库

文件，加载到此项目，并保存。

1.2 打开元件封装库文件，并新建一个封装。

1.2.1 定义此封装的属性与元件名称。

1.2.2 放置封装焊盘，并参考原点，绘制外形图案。

1.2.3 保存文件。

1.3 打开元件符号库文件，并新建一个元件符号。

1.3.1 放置元件引脚，并绘制外形图案。

1.3.2 加载封装。

1.3.3 保存文件。

1.3.4 生成元件集成库。

2. 元件库创建的各项要求

2.1 新建元件库项目（文件名为 AED_PCB3.LibPkg），并将题目所给出的 AED_PCB3.SchLib、AED_PCB3.PcbLib 加载到此元件库项目。

2.2 按 LD1117-33 数据手册里的规格（尺寸），在 AED_PCB3.PcbLib 新建一个封装，并命名为 SOT-223_LD1117-33。可利用 IPC 封装向导建构此封装，再将其中的 4 号焊盘改为 2 号，如图 2 所示。

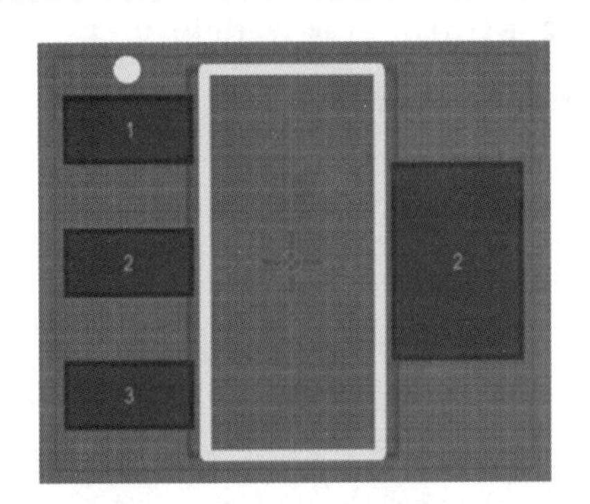

图 2 SOT-223_LD1117

2.3 在 AED_PCB3.SchLib 文件中新建 LD1117-3.3 元件，其元件引脚属性如表 1 所示。

表 1 LD1117-3.3 元件引脚属性表

引脚编号	引脚名称	引脚长度	引脚名称间距	引脚名称方向
1	GND	20	1	90 Degrees
2	OUT	20	x	x
3	IN	20	x	x

2.4 LD1117-3.3 元件图参考范例，如图 3 所示。

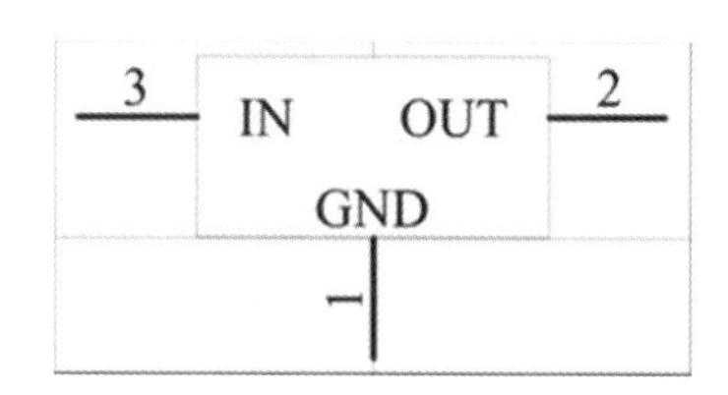

图 3　LD1117-3.3 元件图（Symbol）

2.5 LD1117-3.3 加载封装 SOT-223_LD1117-33，并建构 LD1117-5、LD1117A-3.3 及 LD1117A-5 等元件别名。

2.6 建立元件集成库文件（AED_PCB3.IntLib）。

原理图设计

1. 原理图绘制流程

   1.1 新建 PCB 工程文件和原理图文件并保存。

   1.2 套用原理图模板文件。

   1.3 放置元件。

   1.4 连接线路。

   1.5 放置网络标号、电源符号、接地符号及 NoERC 符号。

   1.6 原理图编译检查。

   1.7 保存原理图。

2. 原理图绘制-绘图操作各项目要求

   使用所提供的元件属性表（请参照表 2）以及原理图（附录一）完成原理图绘制，此线路需符合附录一的原理图（包含模板、元件、线路连接、网络标号、电源/接地、NoERC 符号等）。而 ERC 检查需无任何错误项目，如线路连接有误、对象属性定义有误、对象少放/浮接、模板套用有误等，都会扣分。

   2.1 新建 PCB 工程（文件名 Piano.PrjPcb）及原理图文件（文件名 Main.SchDoc）。

   2.2 套用原理图模板文件（SCH_template.SchDot），并需依规定填入参数值内容，如“王○明”。

Applied Electronics Design - PCB Layout绘图考试			
单位	○○科技大学○○○○系		
准考证号	xxxxxxxx123	姓名	王○明
考试日期	YYYY/MM/DD	工程名称	Piano.PrjPcb

2.3 元件属性表如表 2 所示。

表 2 元件属性表

元件标号 Designator	元件值 Comment	放置元件名称 Design Item ID	封装 Footprint	元件库 Library Name
C1	220uF	Cap2	SolidTantalum_A	AED_PCB3.IntLib
C2, C3, C6, C7	0.1uF	Cap	C0805	AED_PCB3.IntLib
C4, C5	20pF	Cap	C0805	AED_PCB3.IntLib
CN1	POWER	PWR2.5	KLD-0202	AED_PCB3.IntLib
D1	1N4001	1N4001	DO-214AC	AED_PCB3.IntLib
DS0, DS1, DS2, DS3, DS4, DS5, DS6, DS7, DS8	LED	LED	0805_LED	AED_PCB3.IntLib
LS1	Buzzer	Buzzer	BZ12*6.5	AED_PCB3.IntLib
PB1, PB2, PB3, PB4, PB5, PB6, PB7, PB8		SW-PB	TACT6 - Panasonic	AED_PCB3.IntLib
Q1	2N3906r	2N3906	SOT23A	AED_PCB3.IntLib
R1	470	Res	2012[0805]	AED_PCB3.IntLib
R2	10K	Res	2012[0805]	AED_PCB3.IntLib
R3	2K	Res	2012[0805]	AED_PCB3.IntLib
RP1	10K	8R9P_1	SIP9-8R9P	AED_PCB3.IntLib
RP2	470	8R9P_1	SIP9-8R9P	AED_PCB3.IntLib
S1	SW-1P	LS-101	SW-1P	AED_PCB3.IntLib
S2	RST	SW-PB	TACT6 - Panasonic	AED_PCB3.IntLib
U1	LD1117	LD1117-33	SOT-223_LD1117	AED_PCB3.IntLib
U2	Atmega328P	Atmega328P	DIP-28	AED_PCB3.IntLib
Y1	16MHz	XTAL	49US_SMD	AED_PCB3.IntLib

电路板设计

1. 电路板设计流程

1.1 添加 PCB 文件到工程。

1.2 导入 PCB 板框文件。

1.3 定义板型，并设置相对原点。

1.4 设定网络分类。

1.5 设定设计规则。

1.6 更新原理图数据到 PCB。

1.7 元件布局。

1.8 PCB 布线。

1.9 放置字符串与指定数据。

1.10 设计规则检查。

1.11 保存 PCB 文件。

2. 电路板设计-实际操作各项目要求

2.1 新建 PCB 文件，文件名为 MyPCB.PcbDoc，使用单位为 mm。

2.2 导入 PCB 板框文件（Piano.DXF）。

2.3 定义板型，并在板子左下角处设置相对原点，并以直径 3.3mm 的焊盘（焊盘编号为 0）作为装配孔，放置在板框中的四个圆圈里。

2.4 设定 Power 分类，其中包括 GND、VCC、Vi1、Vi2 与 Vi3 网络。

2.5 设计规则如表 3 所示，其他设计规则按默认值（不得更改）。

表 3 设计规则表

规则类别	规则名称	范围	设定值（mm）	优先等级
Electrical	Clearance	All - All	0.254mm	1
Electrical	ShortCircuit	All - All	Not Allowed	1
Routing	Width	Power 分类	0.635mm	2
Routing	Width	All - All	（最小）0.254mm –（推荐）0.305mm –（最大）0.305mm	3
Manufacturing	SilkToSilkClearance	All - All	0.01mm	1
Manufacturing	SilkToSolderMaskClearance	IsPad - All	0.01mm	1
Manufacturing	MinimumSolderMaskSliver	All - All	0.01mm	1
Manufacturing	HoleSize	All	最大 3.3mm、最小 0.025mm	1

2.6 更新原理图数据到 PCB：将绘制完成的原理图数据更新到 PCB 中，其中项目都要准确无误。

2.7 元件布局

2.7.1 在 PCB 中进行元件布局，元件需放置在板框内，且仅限放置于 Top Layer 层。

2.7.2 依板框文件放置在规定的位置，放置电源接头（CN1）、LED（DS0~DS8）、摇头开关（S1）及按钮开关（PB1~PB8）。

2.7.3 元件放置角度仅限于 0 度/360 度、90 度、180 度与 270 度。

2.8 PCB 布线

2.8.1 布线不得超出板框。

2.8.2 可在 Top Layer 与 Bottom Layer 布线。

2.8.3 不得构成线路回路（loop）。

2.8.4 不得有 90 度或小于 90 度锐角布线。

2.8.5 过孔（Via）用量不得超过 10 个。

2.8.6 布线不可从封装焊盘间穿过。

2.9 放置钻孔符号表与字符串（输出板层名称/考生数据）：

2.9.1 放置 Drill Table，将 Drill Table 放至字符串.Printout_Name 上方。

2.9.2 在 Top Overlay 层上放置考生数据，不可重叠。

2.9.3 输出层名称与考生数据的属性，如表 4 所示。

表 4 输出层名称与考生数据属性

字符串	位置	线宽	高度	文字	层	字体	字体名
输出层名称	板框上方	0.2mm	3mm	.Printout_Name	Mechanical 1	比划	Default
考生资料	板框内空白处	x	5mm	考生姓名	Top Overlay	True Type	Default
考生资料	板框内空白处	0.2mm	1.5mm	准考证号	Top Overlay	比划	Default

2.10 设计规则检查

2.10.1 设计规则检查报告（Report Options）选项全部勾选。

2.10.2 检查基本六项规则（Rule To Check），勾选 Clearance、ShortCircuit、UnRoutedNet、Width、SilkToSilkClearance、NetAntennae 实时及批次等选项。

2.10.3 执行设计规则检查，而在 DRC 报表页中，不可出现警告或违规项目，否则按规定扣分。

设计输出

1. 输出文件项目如下。

1.1 BOM 表（Bill of Materials）。

1.2 Gerber 文件。

1.3 钻孔文件（NC Drill files）。

2. 输出文件-实际操作各项目要求

2.1 BOM 表（Bill of Materials）

2.1.1 BOM 表文件格式需为 Microsoft Excel Worksheet 文件，并

加载到 PCB 工程。

2.1.2 输出字段顺序请依规定由左至右排列为：Designator、Comment、Description、LibRef、Footprint、Quantity。

2.1.3 需依规定套用所提供的 BOM.xlsx 模板文件。

2.1.4 需在原理图编辑环境下生成 BOM 表。

2.2 Gerber 文件

2.2.1 Gerber 文件要求：需有*.GTO、*.GTS、*.GTL、*.GBL、*.GBS、*.GM1、*.GM2 层，并附加机构层 1 到各 Gerber 文件中，各 Gerber 文件需包含在考生文件夹中。

2.2.2 钻孔图要求：需有*.GD1（孔径图）、*.GG1（孔位图），并使用字符符号输出，各文件需包含在考生文件夹中。

2.2.3 输出后的*.Cam 文件需将其名称存为 Gerber.Cam，并加载到 PCB 工程。

2.3 钻孔文件（NC Drill files）

2.3.1 钻孔文件要求：需有圆孔*.RoundHoles.TXT 与槽孔*.SlotHoles.TXT，各文件需包含在考生文件夹中。

2.3.2 输出单位、格式、补零形态等需与 Gerber Files 设定一致。

2.3.3 输出后的*.Cam 文件需将其名称保存为 NC.Cam，并加载到 PCB 工程。

5-2 元件库编辑

题目已提供一个元件符号库文件（AED_PCB3.SchLib）与一个元件封装库文件（AED_PCB3.PcbLib）。在此将依次进行下列四项工作。

1. **项目管理**：新建元件库项目（AED_PCB3.LibPkg），并将 AED_PCB3 .SchLib 与 AED_PCB3.PcbLib 添加到此工程。
2. 元件符号模型编辑：在 AED_PCB3.SchLib 文件里，新增/编辑一个稳压 IC（LD1117-3.3）元件（Symbol）。
3. 元件封装编辑：在 AED_PCB3.PcbLib 文件新增/编辑 SOT-223_LD1117-33 封装（Footprint）。
4. 产生元件集成库（AED_PCB3.IntLib）。

5-2-1 元件库项目管理

元件库项目管理的步骤操作如下。

Step 1 **复制元件库文件**：在硬盘里新建一个 **AED*25*** 文件夹，其中“*25*”为考场座位号。然后将题目所附的 AED_PCB3.SchLib、AED_PCB3.PcbLib、SCH_template.SchDot、Piano.DXF 与 BOM.xlsx 文件复制到此文件夹。

Step 2 **新建元件库项目**：打开 Altium Designer，然后在窗口里执行文件/新建/项目/元件集成库项目命令，则在左边 Projects 面板里，将出现 Integrated_Library1.LibPkg 项目。

Step 3 **保存项目**：指向 Projects 面板里的 Integrated_Library1.LibPkg 项目，右击，在下拉菜单中选择另存项目选项。在随即出现的存档对话框里，指定保存到刚才新建的 **AED*25*** 文件夹，文件名为 **AED_PCB3.LibPkg**。而原来的“Integrated_Library1.LibPkg”将变为“AED_PCB3.LibPkg”。

Step 4 **连接既有文件**：指向 Projects 面板里的 AED_PCB3.LibPkg 项目，右击，在下拉菜单中选择添加现有文件到工程中选项，在随即出现的对话框里，指定添加 AED_PCB3.SchLib 文件，则此文件将出现在 AED_PCB3.LibPkg 项目下，成为项目中的一部分。同样地，再把 AED_PCB3.PcbLib 文件也加入此项目。

Step 5 **存档**：指向 Projects 面板里的 AED_PCB3.LibPkg 项目，右击，在下拉菜单中选择保存项目选项，即可存盘，而元件库的项目管理也告一个段落。

5-2-2 元件符号模型编辑

元件符号模型编辑步骤包括**新增元件**、**元件默认属性编辑**、**元件引脚编辑**、**元件外形编辑**与**链接元件模块**等，继续 5-2-1 节进行如下操作。

新增元件

1. 指向 Projects 面板里的 AED_PCB3.LibPkg 下的 **AED_PCB3.SchLib** 项目，双击，打开该文件，并进入元件符号模型编辑环境。
2. 单击 Projects 面板下方的 SCH Library 标签，切换到 SCH Library 面板。
3. 执行工具/新增元件命令，在随即出现的对话框里，输入新增元件的名称（即 **LD1117-3.3**），再单击 确定 按钮关闭对话框，则 SCH Library 面板上方区域里出现此元件，同时，程序也准备好空白编辑区。
4. 指向 SCH Library 面板里的 **LD1117-3.3** 项，双击鼠标左键，打开此元件的默认属性对话框。
5. 在 Designator 字段里输入 **U?**，在 Comment 字段里输入 **LD1117-3.3**。
6. 在右下方区域里，单击 Add... 按钮右侧的倒三角形，在下拉菜单中选择 Footprint 项，打开**封装模型对话框**；在名称字段里输入 **SOT-223_LD1117-33** 后，单击 确定 按钮返回前一个对话框。最后，单击 OK 按钮即可。

元件引脚编辑：本元件有三个引脚，其主要属性如表 1 所示，这三个引脚的电气类型都是电源引脚（可设定为 Power 或 Passive）。若要放置引脚，可按 P 键两下，则光标上将黏着一个浮动的引脚，随光标而动。此时，可应用下列功能键。

- （空格键）：引脚逆时针旋转 90 度。
- X：引脚左右翻转。
- Y：引脚上下翻转。
- Tab：打开引脚属性对话框。

此时，先定义引脚属性，按 Tab 键打开**引脚属性对话框**。三个引脚的属性设定分别如表 5 所示，编辑结果如图 4 所示。

表 5　引脚属性

属　性	第一脚	第二脚	第三脚
显示名字	GND	OUT	IN
标识	1	2	3
电气类型	Passive	Passive	Passive
长度	20	20	20
定位	270 Degrees	0 Degrees	180 Degrees
Customize Position	选取	不选取	不选取
Margin	1	不设定	不设定
Orientation	90 Degrees	不设定	不设定

图 4　完成三个引脚的编辑

元件外形编辑：按 P 、 R 键进入**放置矩形状态**，光标上出现一个浮动的矩形，再指向第二脚（右端点）的上方，单击鼠标左键，移至第三脚（左端点）的下方，再单击鼠标左键、右键各一次，即可完成一个矩形放置并退出**放置矩形状态**，如图 5 左图所示。

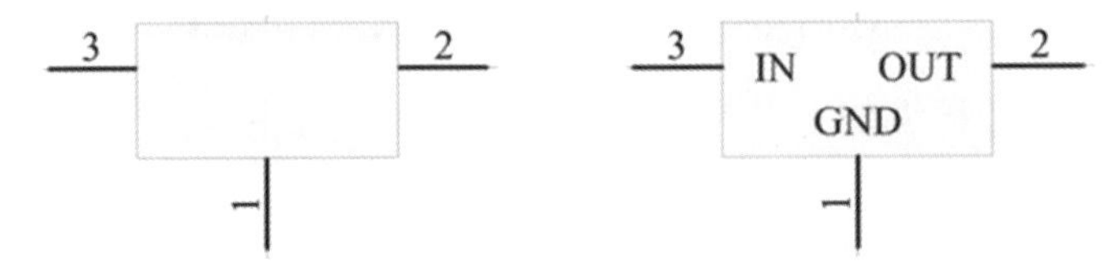

图 5　放置矩形

若矩形盖住引脚名称，执行编辑/移动/下推一层命令，然后指向矩形，单击鼠标左键，即可将矩形放到引脚名称之下。最后，单击鼠标右键结束**移动状态**，其结果如图 5 右图所示。

建立元件别名：可使用元件别名来放置同一个元件，若要建立元件别名，则在 SCH Library 面板的别名区域下方，单击 新增 按钮，然后在随即出现的对话框里，输入新增的***元件别名***，再单击 确定 按钮关闭对话框，则别名区域将出现该别名。题目要求建立 LD1117-5、LD1117A-3.3、LD1117A-5 等元件别名。

存档： 按 Ctrl + S 键保存即可。

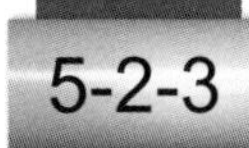

元件封装编辑

在此将应用 IPC 封装向导自动产生封装，整个步骤简化为**产生封装与焊盘编辑**，操作如下。

应用 IPC 封装向导

1. 指向 Projects 面板里 AED_PCB3.LibPkg 下的 **AED_PCB3.PCBLib** 项目，双击，打开该文件，并进入元件封装编辑环境。
2. 单击 Projects 面板下方的 PCB Library 标签，切换到 PCB Library 面板。
3. 执行工具/IPC 封装向导命令，在随即出现的 IPC 封装向导里，单击 下一步(N) > 按钮切换到下一个界面，如图 6 所示。

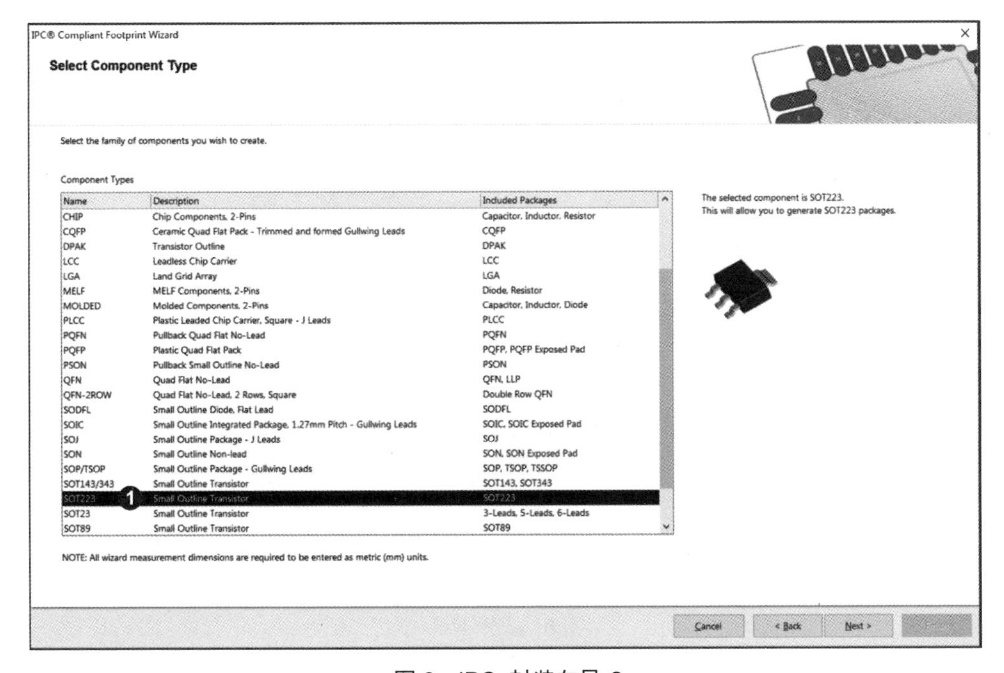

图 6　IPC 封装向导-2

4. 选择 SOT223 项（❶），再单击 下一步(N) > 按钮切到下一个界面，如图 7 所示。

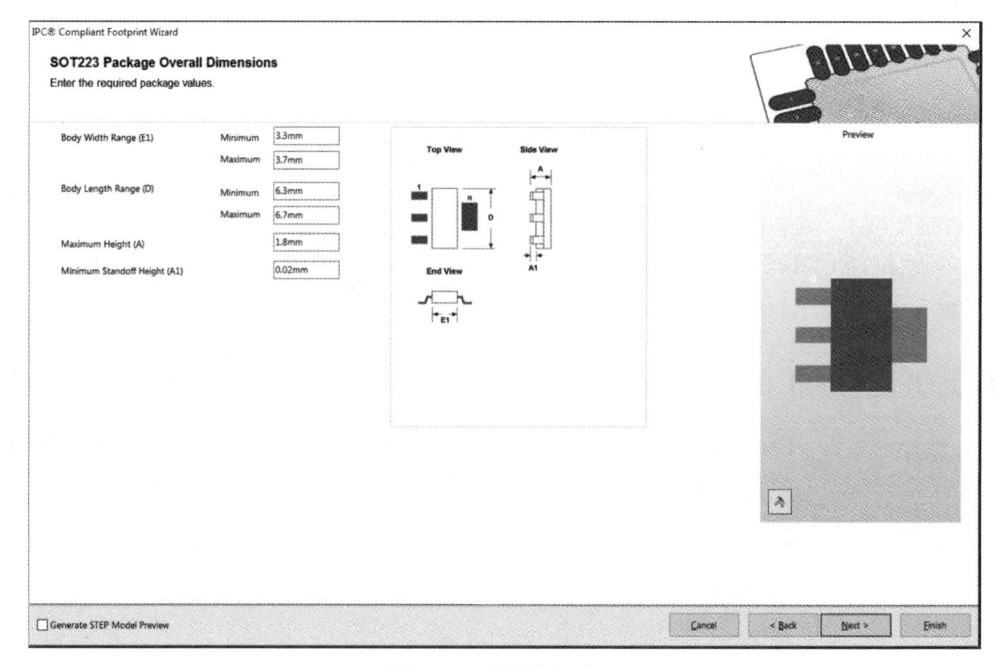

图 7　IPC 封装向导-3

5. 保持预设状态，直接单击 完成(F) 按钮即可产生标准的 SOT223 封装，如图 8 所示。而在 PCB Library 面板里，新增一个 **SOT230P700X180-4N** 封装。

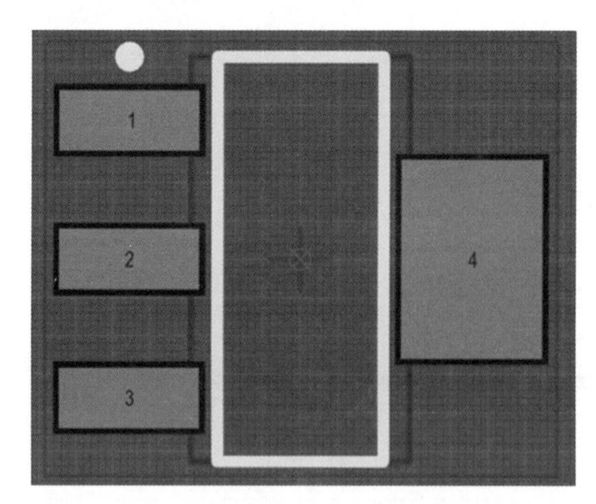

图 8　产生封装

6. 指向 PCB Library 面板里的 **SOT230P700X180-4N** 项，双击鼠标左键，然后在随即出现的对话框里，将名称字段里的元件名称修改为 **SOT-223_LD1117-33**，再单击 确定 按钮关闭对话框即可。

修改焊盘标识：题目要求将 4 号焊盘改为 2 号，所以指向 4 号焊

盘，双击，打开其属性对话框，再将其标识字段内的值改为 2，再单击 确定 按钮关闭对话框即可。

Step 3　**存档**：最后，按 Ctrl + S 键保存即可。

5-2-4 产生元件集成库

完成元件符号模型编辑与元件封装编辑，切换回 Projects 面板，再指向面板里的 AED_PCB3.LibPkg 项目，右击，出现下拉菜单，再选择 Compile Integrated Library AED_PCB3.LibPkg 选项，即可进行编译，并产生 **AED_PCB3.IntLib** 元件集成库。

5-3 原理图设计

当产生 **AED_PCB3.IntLib** 元件集成库后，将自动加载到系统中；紧接着进行的原理图设计，将可直接使用其中元件。在此将从**项目管理**开始，然后进行**原理图编辑**。

5-3-1 项目管理

在此将新建一个电路板设计项目，并载入原理图文件与 PCB 文件，操作如下。

Step 1　**新建电路板项目**：继续 5-2 节的操作，在 Altium Designer 窗口里执行文件/新建/项目/电路板项目命令，则在左边 Projects 面板里，将出现 PCB_Project1.PrjPCB 项目。

Step 2　**新建原理图文件**：执行文件/新建/原理图文件命令，则 Projects 面板里，PCB_Project1.PrjPCB 项目下将新建一个 Sheet1.SchDoc 项目，同时打开一个空白的原理图编辑区（白底）。

Step 3　**新建 PCB 文件**：执行文件/新建/电路板文件命令，则 Projects 面板里，PCB_Project1.PrjPCB 项目下将新增一个 PCB1.PcbDoc 项目，同时打开一个空白的电路板编辑区（黑底）。

保存项目与文件：指向 Projects 面板里的 PCB_Project1.PrjPCB 项目，右击，出现下拉菜单，再选择另存项目选项。随即出现 **PCB** 的存盘对话框，指定保存到刚才的 **AED*25*** 文件夹，文件名为 **My_PCB.PcbDoc**（扩展名可不必指定）。

单击 保存(S) 按钮存盘后，随即出现**原理图**的存盘对话框，同样保存在刚才的 **AED*25*** 文件夹里，文件名为 **Main.SchDoc**（扩展名可不必指定）。

单击 保存(S) 按钮保存后，随即出现**项目**的保存对话框，同样保存在刚才的 **AED*25*** 文件夹里，文件名为 **Piano.PrjPcb** （扩展名可不必指定）。再次单击 保存(S) 按钮存盘，完成项目的创建。

5-3-2 原理图编辑

在原理图的编辑方面，包括**套用题目指定的模板**、**输入基本数据**、**取用元件**、**连接线路**等操作，说明如下。

套用模板：继续 5-3-1 节的操作，切换到原理图编辑区（白底），执行设计/项目模板/Choose a File...命令，然后在随即出现的对话框里，指定题目所附的 **SCH_template.SchDot** 模板文件，再单击 Open 按钮关闭对话框。然后在随即出现的对话框里，选择当前工程的所有原理图文档选项与替代全部匹配参数选项，再单击 确定 按钮关闭对话框，即可进行模板的套用，并出现**确认对话框**。此时，只要单击 OK 按钮，即可完成套用，而编辑区右下方也会出现新标题栏。

输入基本数据：在此必须填入题目要求的基本数据，执行设计/图纸设定命令，在随即出现的对话框里，切换到参数页。表 6 为字段说明，其中数值字段数据内容应以考生数据为准。

表 6　字段数据

参数名称	数　值	反应到标题栏字段
CompanyName	○○科技大学○○系	单位
AdmissionTicket	x12345678	准考证号
DrawnBy	王小明	姓名
Date	2016/01/23	考试日期

按表 6 输入到其中的数值字段，再单击 确定 按钮即可反映到图纸上，如图 9 所示。

Applied Electronics Design - PCB Layout绘图考试			
单位	○○科技大学○○系		
准考证号	x12345678	姓名	王小明
考试日期	2016/01/23	工程名	Piano.PrjPcb

图 9　完成基本数据的输入

设计分析：在设计原理图之前，首先分析所要绘制的原理图组成，以实际操作第五题为例（图 1），按功能可区分为三部分，分别是**电源电路**（❶）、**微处理器电路**（❷）与**外围电路**（❸），如图 10 所示。各元件数据如表 7 所示。与前四题最大的不同是本题以采用表面贴装元件为主，虽然在绘制电路时，差异性不大，但设计 PCB 时，将以顶层为主，且须使用过孔，才能切换到底层走线。绘制原理图与设计电路板时，还是按每个部分来进行，同一部分的电路都在一起，不容易缺漏，电路的结构也比较容易理解。

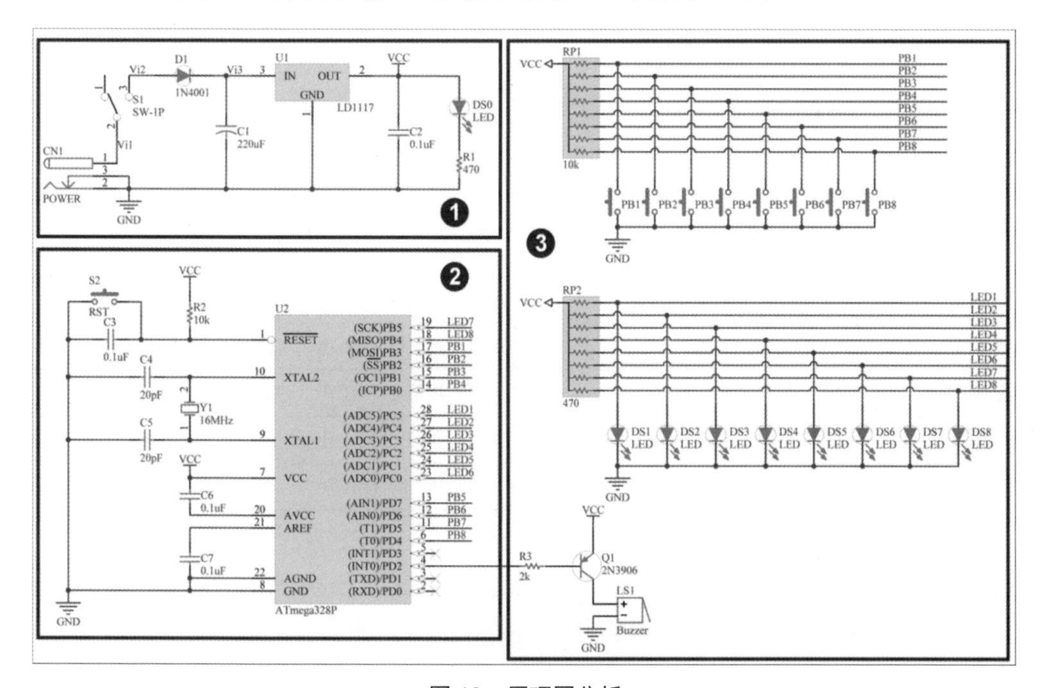

图 10　原理图分析

表 7 元件数据

电源电路				
放置元件名称	元件标号	元件值	元件库	封装
PWR2.5	CN1	POWER	AED_PCB3.IntLib	KLD-0202
Cap2	C1	220uF	AED_PCB3.IntLib	SolidTantalumA
Cap	C2	0.1uF	AED_PCB3.IntLib	C0805
1N4001	D1	1N4001	AED_PCB3.IntLib	DO-214AC
LED	DS0	LED	AED_PCB3.IntLib	0805_LED
Res	R1	470	AED_PCB3.IntLib	2012[0805]
LD1117-3.3	U1	LD1117	AED_PCB3.IntLib	SOT-223_LD1117-33
LS-101	S1	SW-1P	AED_PCB3. IntLib	SW-1P
微处理器电路				
放置元件名称	元件标号	元件值	元件库	封装
Cap	C3,C6,C7	0.1uF	AED_PCB3.IntLib	C0805
Cap	C4,C5	20pF	AED_PCB3.IntLib	C0805
Res	R2	10K	AED_PCB3.IntLib	2012[0805]
SW-PB	S2	RST	AED_PCB3.IntLib	TACT6-Panasonic
Atmega328P	U2	Atmega328P	AED_PCB3.IntLib	DIP-28
XTAL	Y1	16MHz	AED_PCB3.IntLib	49US_SMD
外围电路				
放置元件名称	元件标号	元件值	元件库	封装
LED	DS1~DS8	LED	AED_PCB3.IntLib	0805_LED
Buzzer	LS1	Buzzer	AED_PCB3.IntLib	BZ12*6.5
2N3906	Q1	2N3906	AED_PCB3.IntLib	SOT23
SW-PB	PB1~PB8		AED_PCB3.IntLib	TACT 6-Panasonic
Res	R3	2K	AED_PCB3.IntLib	2012[0805]
8R9P_1	RP1	10K	AED_PCB3.IntLib	SIP9-8R9P
8R9P_1	RP2	470	AED_PCB3.IntLib	SIP9-8R9P

电源电路编辑：在图 10 里将整个原理图分为三部分，第一部分（❶）为电源电路，其编辑步骤如下。

1. 首先放置其元件（整理如表 7 所示），并编辑其元件属性。
2. 连接线路。
3. 放置电源与接地符号。

4. 放置网络标号，电源电路设计完成如图 11 所示。

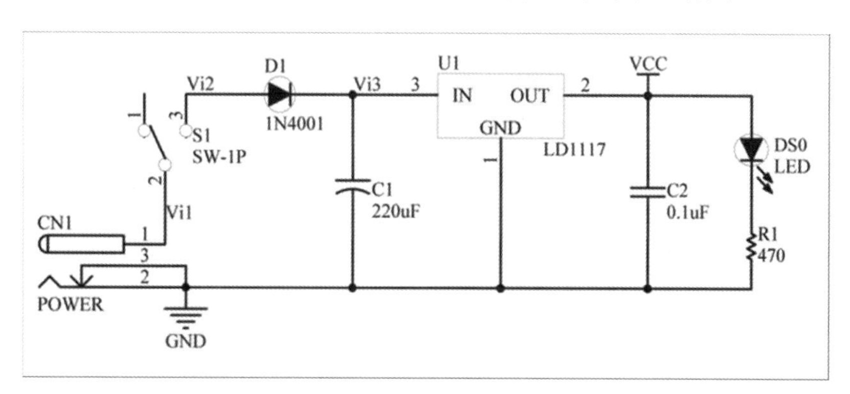

图 11 放置网络标号

绘制微处理器电路：按图 12 绘制微处理器电路，其步骤如下。

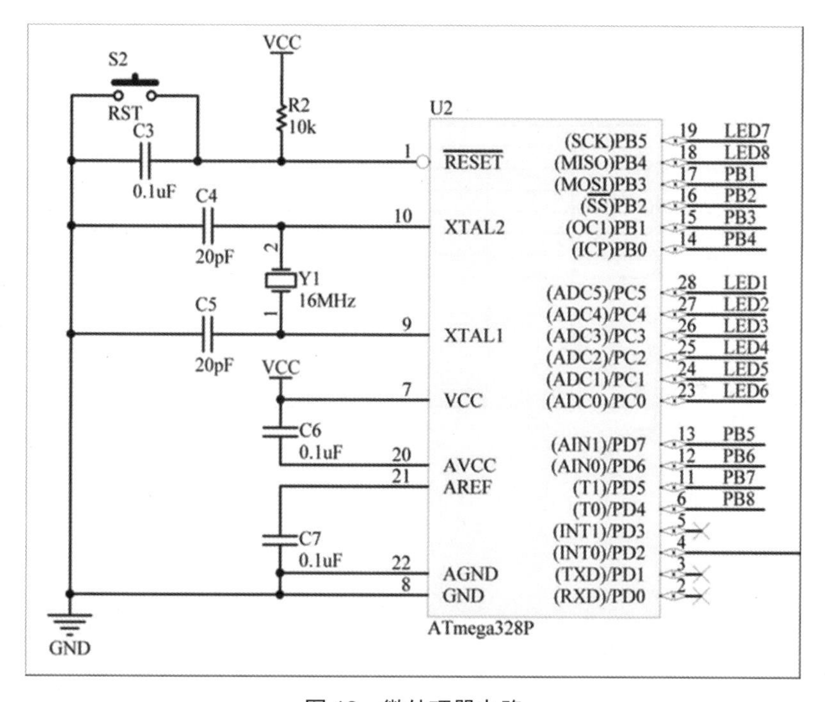

图 12 微处理器电路

1. 放置元件（并定义其元件标号）。
2. 连接线路。
3. 放置网络标号（RS、RW、EN、DB4~DB7、To）。
4. 放置电源符号与接地符号。
5. 放置不连接符号，即完成微处理器电路设计。

绘制外围电路：按图 13 绘制外围电路，在这个电路中，除了左下方的蜂鸣器驱动电路外，上方的按钮开关电路与中间的 LED 电路有些类似，整个电路可按前述方式绘制，也可以技巧性地绘制。

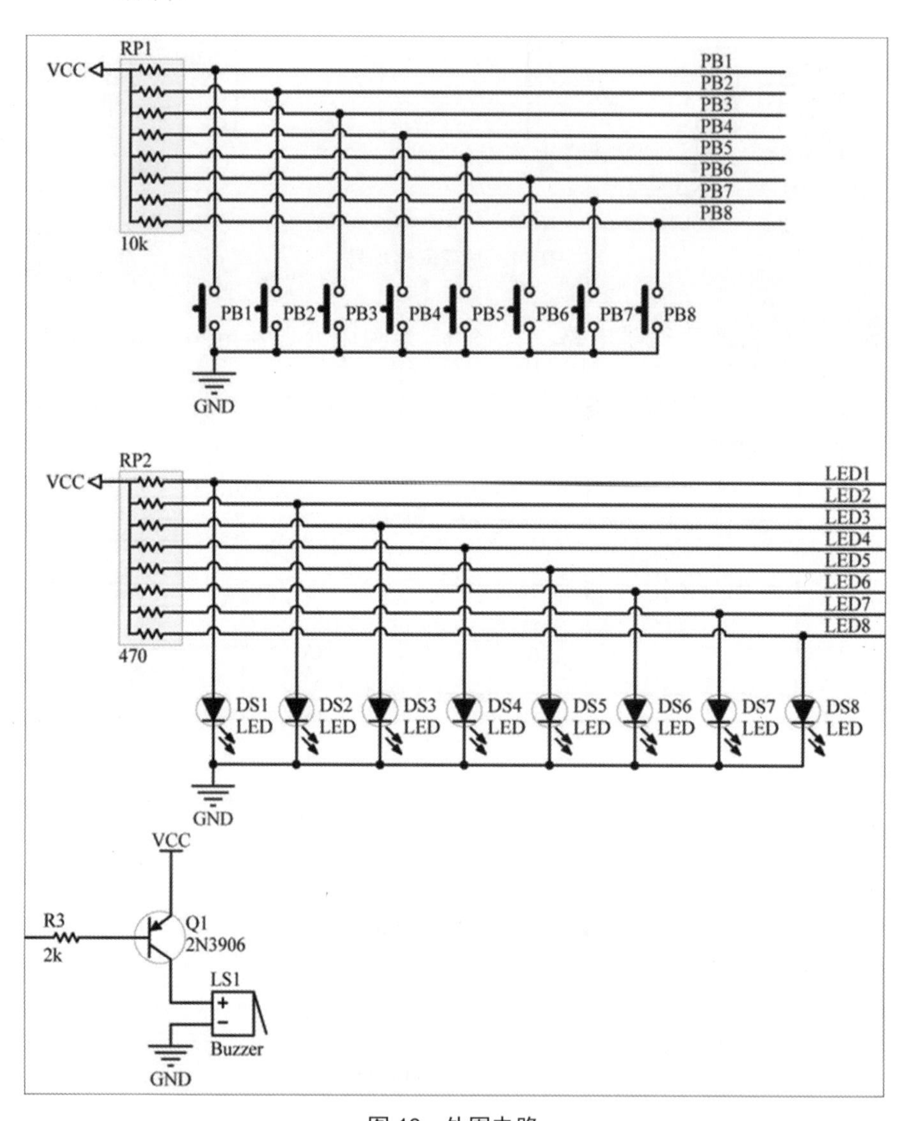

图 13 外围电路

1. 运用智能粘贴命令功能

   a. 取用 RP1 排阻，并放置电源符号。

   b. 绘制一条导线，并在其上方放置一个 PB1 网络标号。

   c. 选取并剪切所绘制的导线和网络标号。

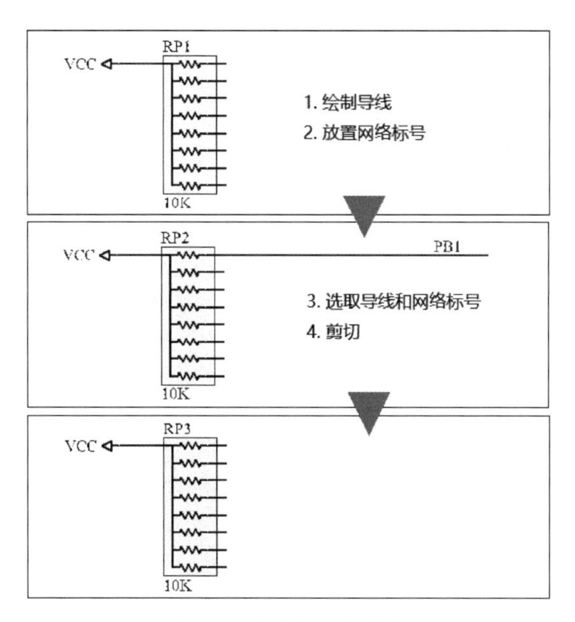

图 14　准备第一组模板

d. 执行编辑/智能粘贴命令，打开智能粘贴对话框，如图 15 所示。

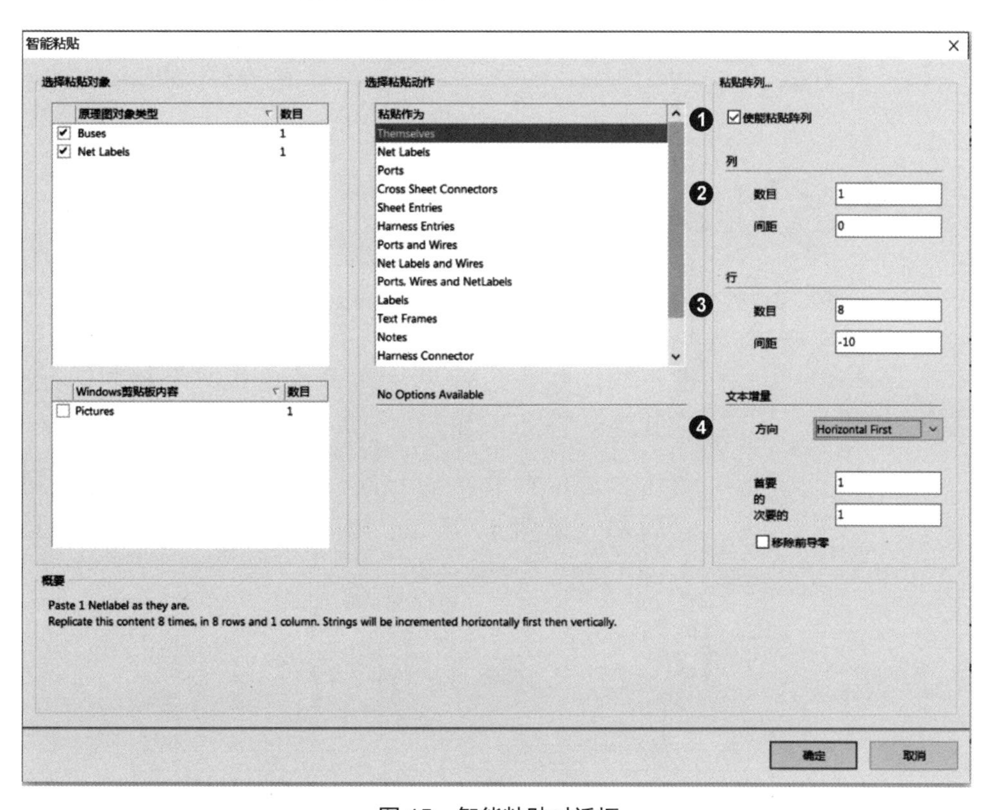

图 15　智能粘贴对话框

e. 选择使能粘贴阵列选项（❶）。

f. 在行区域里（❸）的数目字段输入 **8**、间距字段输入 **-10**。

g. 在列区域里（❷）的数目字段输入 **1**、间距字段输入 **0**。

h. 在文本增量区域里（❹）的方向字段选取 Horizontal First 选项（Vertical First 选项亦可）、主要的字段与次要的字段保持为 **1**。

i. 单击 确定 按钮关闭对话框，则光标上出现 8 组导线与网络标号，移至与 RP1 相连接位置，单击鼠标左键，即可粘贴，如图 16 所示。

图 16 粘贴 8 组对象

2. 应用原型复制

a. 先放置第一个元件，并定义好属性（PB1）。

b. 按住 Shift 键不放，指向这个元件内部，按住鼠标左键不放，往旁边拖曳，即可拉出第二个相同的元件，且其序号自动增加。

c. 到达合适位置后，放开鼠标左键与 Shift 键，即可将它固定，如图 17 所示。

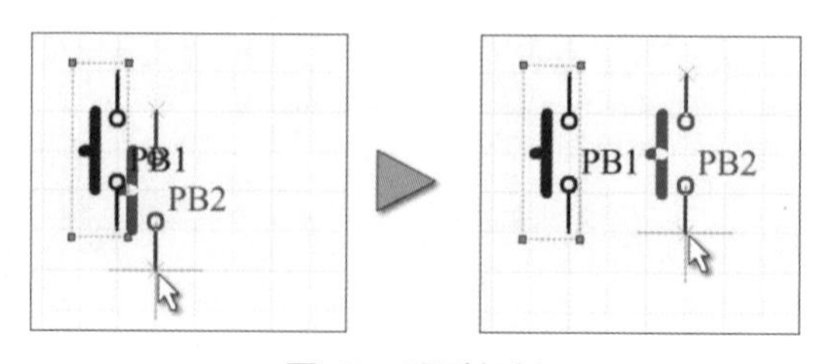

图 17 原型复制

3. 放置 8 个按钮开关后（元件序号自动增号），即可进一步连接线路。而其下方的 LED，也可以相同的方法绘制。

Step 7 **电路检查**：完成电路绘制后，还要检查一下，有无违反电气规则。指向 Projects 面板里的 Main.SchDoc 项，单击鼠标右键，出现下拉菜单，再选择 Compile Document Main.SchDoc 项即可进行检查。然后，单击编辑区下方的 System 按钮，在下拉菜单中再选择 Messages 选项，即可打开如图 18 所示的 Messages 面板，其中显示 Compile successful，no errors found（❶），表示没有错误。

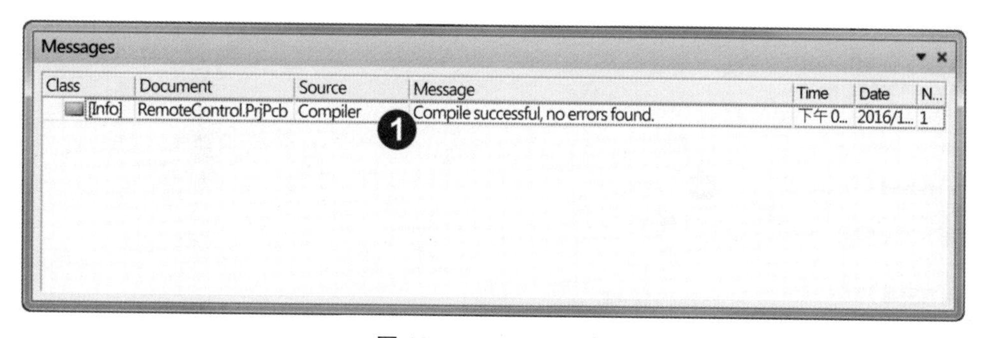

图 18　Messages 面板

存档：完成电路绘制后，按 Ctrl + S 键保存。

5-4 电路板设计

PCB 设计是应用电子设计认证的重点部分！完成原理图设计后，接下来是电路板设计，其中包括**板子形状**、**加载原理图数据**、**元件布局**、**制定设计规则**、**PCB 布线与放置指定数据**等。

5-4-1 板子形状

本题目要求使用指定的板子文件（Piano.DXF），并定义板形，其步骤如下。

准备工作：首先切换到 PCB 编辑区（黑底），左下方所显示的坐标，若不是采用公制单位（mm），则按 Q 键退出公制单位。

载入板子文件：执行文件/导入命令，在随即出现的对话框里，指定 **Piano.DXF**，并单击 Open 按钮，屏幕出现如图 19 所示的对话框。设定如下。

1. 在块区域里保持选择作为元素导入选项（❶）。
2. 在绘制空间区域里保持选择模型选项（❷）。
3. 在默认线宽字段里输入 0.2mm（❸）。
4. 在单位区域里选择 mm 选项（❹）。
5. 在层匹配区域里保持图 19 的设定（❺）。
6. 单击 Open 按钮，即可顺利加载板框，如图 20 所示。

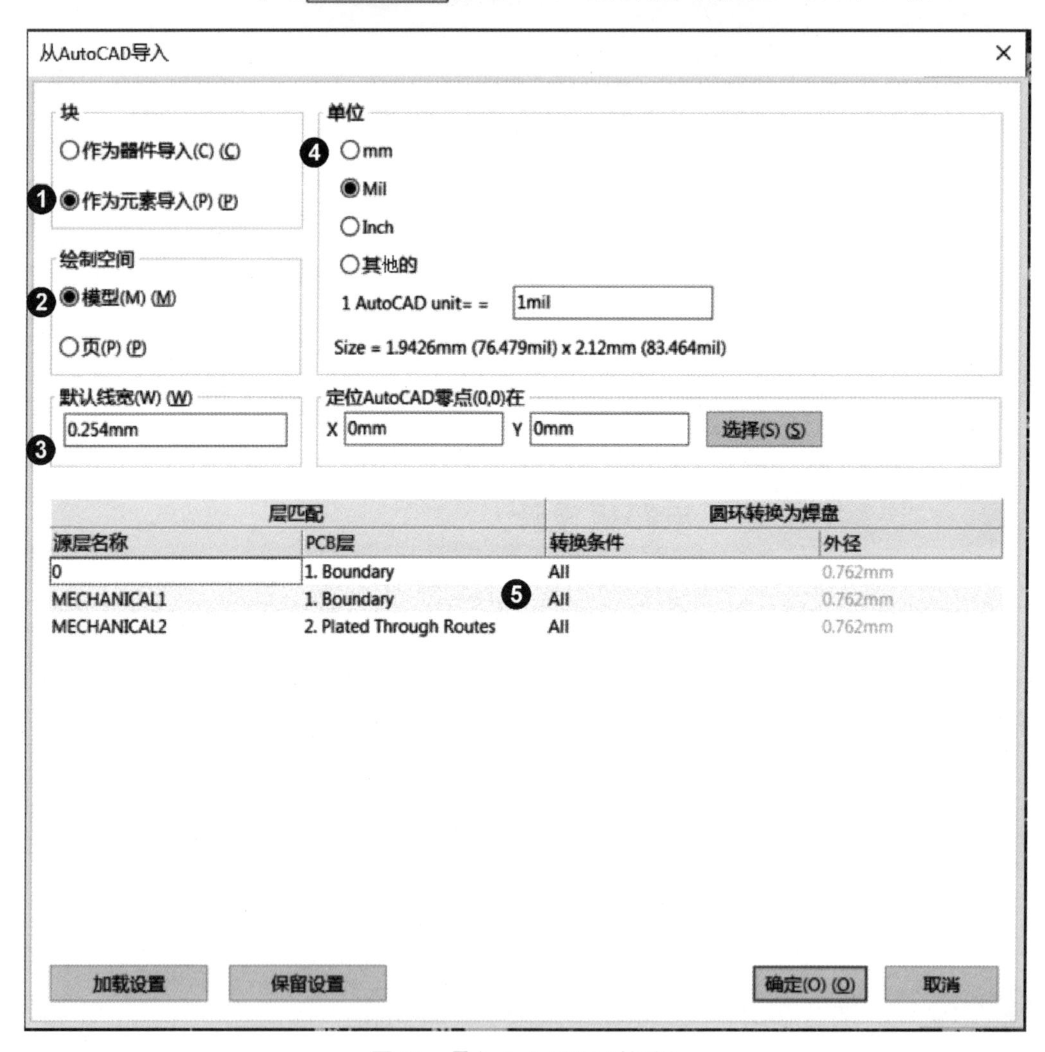

图 19 导入 AutoCAD 对话框

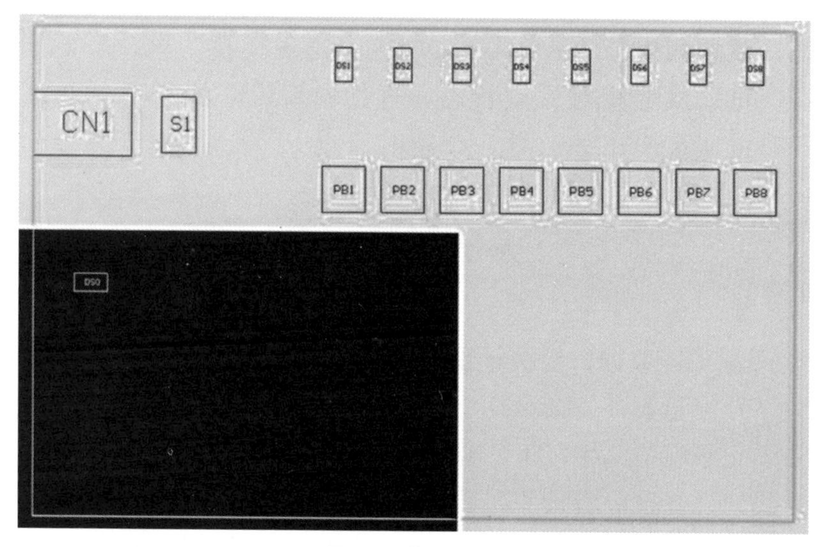

图 20　载入板框

选取板框：在编辑区下方的层标签里，单击 Mechanical 1 标签（桃红色），再按 Shift + S 键（单层显示）让编辑区只显示 Mechanical 1 层，然后拖曳选取刚才加载的整个板框，使之变成白色。

定义板形：执行设计/板子形状/根据选取对象定义板子命令，即可定义板形；按 Shift + S 键让编辑区恢复正常显示状态，如图 21 所示。

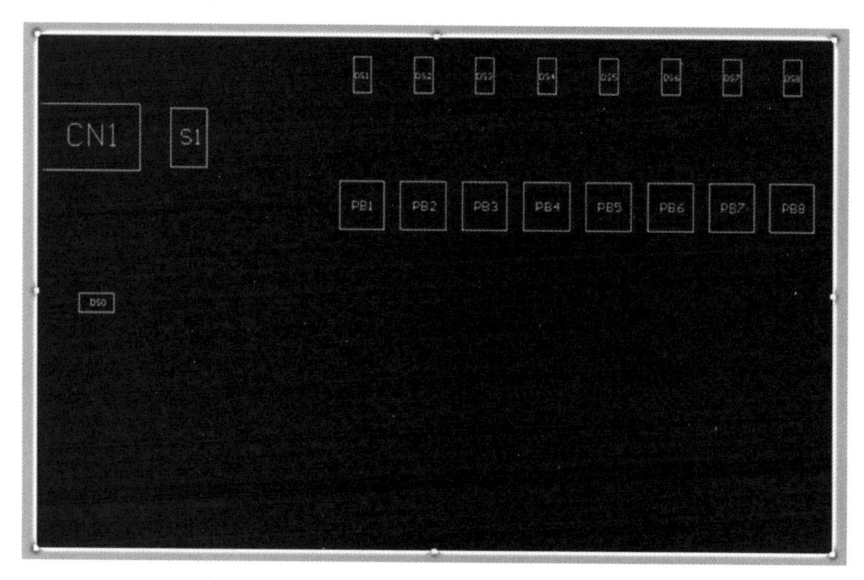

图 21　板形定义

设置相对原点：单击按钮，出现下拉菜单，再单击按钮，进入**放置相对原点状态**，再指向新板框的左下角，单击鼠标左键即可于该处放置一个相对原点。

5-4-2 加载原理图数据

若要加载原理图数据，则执行设计/Import Change From Piano. PrjPcb 命令，屏幕上出现工程变更设计（ECO）对话框。首先单击 生效更改 按钮更改，而更改的结果都将记录在检测字段里，若可顺利更改则出现绿色的勾，否则出现红色的叉。通常我们只要看新增元件项目是否全部成功就可以了，若有新增元件项目不成功（红色的叉），代表无法加载该元件，则后面的新增网络等，都会有不成功项目。这种情况，需要单击 关闭 按钮关闭对话框，先返回原理图编辑区，确认无法新增的元件，所挂的封装（Footprint）是否正确、是否存在？若不存在，则重新指定其他存在的封装。

在认证的题目里，除考生自行设计的元件外，每个元件都有封装，更改数据时，一般不会出现错误。单击 执行更改 按钮即可执行更改动作，而更改动作也会记录在完成字段里。最后，单击 关闭 按钮关闭对话框，所加载的原理图数据（包含元件与网络），将出现在编辑区右边的**元件放置区域**里，如图 22 所示。

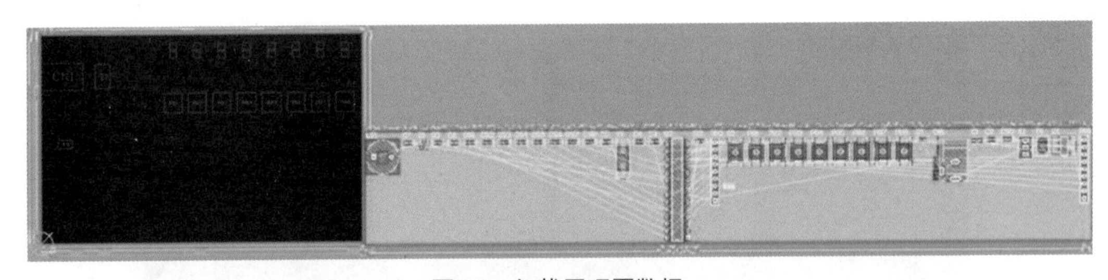

图 22 加载原理图数据

5-4-3 元件布局

在元件布局方面，可遵守下列原则进行。

1. 根据题目要求，先将 CN1（连接器）、S1（摇头开关）、DS0（LED）、DS1~DS8（LED）与 PB1~PB8（按钮开关）放置到指定的框内。
2. 依据原理图里元件的相对位置，就近放置，且尽可能让预拉线直一点、少一点交叉。

由于**元件放置区域**距离板框太远，元件布局效率较低，可先指向**元件放置区域**的空白处（没有元件的位置），按住鼠标左键不放，即可选中整个**元件放置区域**，然后将它移至板框上方。最后，再单击**元件放置区**，按 Delete 键将它删除。

按 G 键拉出菜单，选择 0.025mm 选项，将格点间距设为最小，以方便元件排列。基本的元件放置方式为以拖曳方式移动元件，且在拖曳过程中，可按　键逆时针旋转元件，而元件布局的顺序如下。

1. 先将题目要求的元件放置到指定位置。
2. 放置主要的元件，即 U2（Atmega328P）、U1（LD1117），其中 U2 须在 U1 下面，U1 须离 CN1 近一点。
3. 按照原理图，将 U2 微处理电路的相关元件移到 U2 周围，U1 电源电路的相关元件移到 U1 周围，而蜂鸣器（LS1）与其驱动晶体管（Q1）应近一点。

除了题目要求的元件外，只要元件不要在板框外即可。完成元件布局之后，元件标号的位置、方向，也要适度调整，让方向一致，且不要重叠或碰到其他对象（扣分）。一般地，元件标号的位置、方向并不计分，只是美观问题。完成元件布局，如图 23 所示。

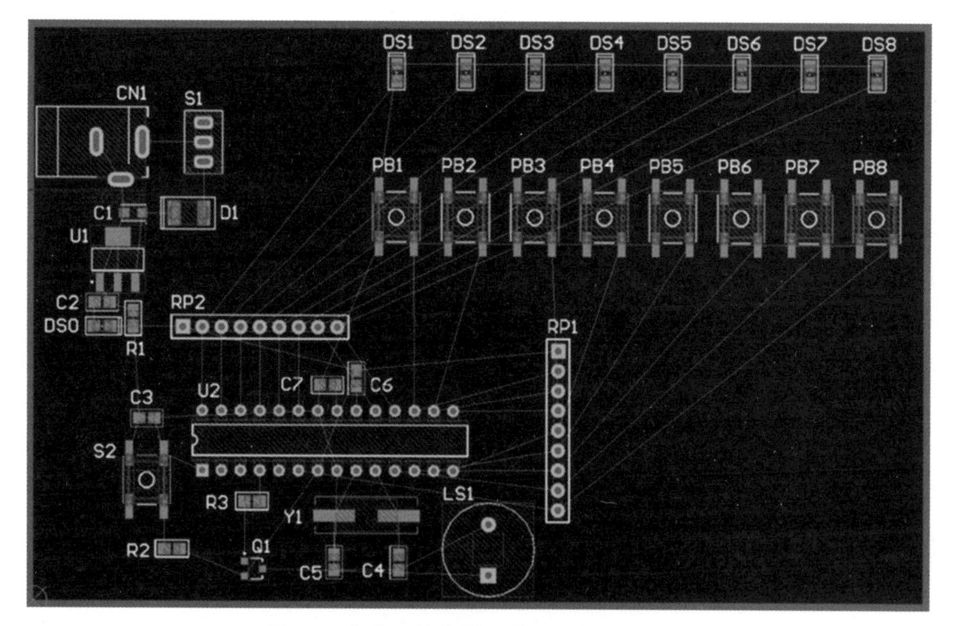

图 23　完成元件布局（含元件标号调整）

5-4-4 建立网络分类

题目要求建立 **Power** 网络分类，**Power** 网络分类包括 GND、Vi1、Vi2、Vi3 与 VCC 网络。首先执行设计/分类命令，打开分类管理器对话框。指向左上方的 Net Classes 项，单击鼠标右键出现下拉菜单，再选择新增分类项目，即可在 Net Classes 项目下面建立 New Class 项目。再指向这个新增项目单击鼠标左键选取，再单击鼠标左键，即可编辑此分类的名称，将它改为 **Power**。

指向这个项目，双击鼠标左键，然后在左边的非成员区域里，选择 GND 项，再单击 › 按钮，即可将 GND 移到右边的成员区域，成为此网络分类的成员；以此类推，分别将 GND、Vi1、Vi2、Vi3 与 VCC 移到成员区域。最后，单击 关闭 按钮关闭对话框即可。

5-4-5 制定设计规则

在此要将题目所指定的线宽等（如表 3 所示），制定为设计规则。制定设计规则时，执行设计/设计规则命令，然后在随即打开的 PCB 规则及约束编辑器对话框，制定设计规则。

题目要求的 Electrical 相关设计规则

题目要求安全间距不得小于 0.254mm，且不允许短路，这两项属于 Electrical 项目规则，设定如下。

1. 指向 Electrical 项目下方的 Clearance 选项，双击鼠标左键，右边出现安全间距的设定区域，在最小间距字段里输入 0.254mm 即可。
2. 题目规定不可短路，而 Altium Designer 默认的设计规则本身不允许短路（Short Circuit - Not Allowed），所以不必再设定。

题目要求的 Routing 相关设计规则

题目要求 **Power** 分类网络采用 0.635mm 线宽走线，而其他走线的最细线宽为 0.254mm、最宽线宽为 0.305mm、优选线宽为 0.305mm，这两项属于 Routing 项目下的 Width 项，设定如下。

1. 指向 Routing 项目左边的加号，单击，展开其下项目；再指向 Width 项，右击，出现下拉菜单，选择新增规则项，即可新增 Width_1。指向这个项目，双击鼠标左键，右边出现其线宽的设定区域，然后按下述规则编辑。
   - 在名称字段里，将名称改为 **Power**。
   - 选择网络类选项，在其右上字段里选择 Power 选项。
   - 在 Min Width 字段里输入 **0.635mm**，在 Preferred Width 字段里输入 **0.635mm**，在 Max Width 字段里输入 **0.635mm** 即可。
2. 指向 Routing 项目下面原本的 Width 项目，单击鼠标左键，右边出现其设定区域。然后在 Min Width 字段里输入 **0.254mm**，在 Preferred Width 字段里输入 **0.305mm**，在 Max Width 字段里输入 **0.305mm** 即可。

题目要求的 Manufacturing 相关设计规则

在制造方面，题目有四点要求，第一是钻孔的孔径必须在 0.025mm 与 3.3mm 之间，第二是丝印层的间距不得小于 0.01mm，第三是丝印层与阻焊层的间距不得小于 0.01mm，第四是阻焊层碎片不得小于 0.01mm。这四项都属于 Manufacturing 项，设定如下。

1. 指向 Manufacturing 项目左边的加号，单击展开其下项目；再指向 Hole Size 项，单击，右边出现其设定区域，操作如下。
   - 选择所有选项。
   - 在最小的字段里输入 **0.025mm**，然后在最大的字段里输入 **3.3mm**。
2. 指向 Manufacturing 项目下的 Silk To Silk Clearance 项，单击，右边出现其设定区域，操作如下。
   - 在上方两个区域里都选择所有选项。
   - 在丝印层文字和其他丝印层对象间距字段里输入 **0.01mm**。
3. 指向 Manufacturing 项目下 Silk To Solder Mask Clearance 项，单击，右边出现其设定区域，操作如下。
   - 在 Where The First Object Matches 区域里保持预设的 IsPad。若不是 IsPad，则选择查询构建器选项，再单击 查询助手 按钮，然后在随即出现的对话框里的 Query 区域里输入 **IsPad**，再单击 OK 按钮返回前一个对话框。

- 在 Where The Second Object Matches 区域里选择所有选项。
- 在 Silkscreen to Object Minimum Clearance 字段里输入 **0.01mm**。

4. 指向 Manufacturing 项目下的 Minimum Solder Mask Sliver 项，单击，右边出现其设定区域，操作如下。
   - 两个区域里都保持选取全部选项。
   - 在最小阻焊层碎片字段里输入 **0.01mm**。

完成上述设定后，单击 确定 按钮关闭对话框即可。

5-4-6 PCB 布线

本电路采用双面板布线，在整个设计中，以表面贴装式元件为主，表面贴装式元件的布线方式，与插针式元件的布线方式有部分差异。需要借助过孔（Via），才能再利用底层作为布线空间。题目规定过孔（Via）用量不可超过 10 个，因此不能随意使用过孔。按下列准则与方法操作，即可快速有效地完成 PCB 整板的布线。

1. 若要进行交互式布线，可单击按钮或按 P 、 T 键进入**交互式布线状态**，光标变为动作光标。若要结束布线，可单击鼠标右键或 Esc 键。
2. 切换布线层的方法，除了可按编辑区下方的层标签外，也可按 * 键。不管在哪个层，按 * 键就会切换到布线层。若原先在顶层，按 * 键就会切换到底层；若原先在底层，按 * 键就会切换到顶层。若是在布线过程中，除会切换层外，还会自动产生一个过孔。
3. 按功能区域布线，例如**电源电路**、**微处理器电路**、**外围电路**等，**①距离近的、简单的部分优先布线，②SMD 焊盘优先布线，③有规律的部分优先布线**。

距离近的、简单的优先

如图 24 左图所示，RP2 的 2~7 焊盘与 U2 的 28~23 焊盘之间的连接，很简单，且没有障碍物，随时都可以进行布线。在以表面贴装式元件为主的电路板里，尽量把顶层空间留给 SMD 焊盘布线，而插针式焊盘可采用顶层或底层布线，在此采用底层布线方式，而线宽采用自动设定（设计规则驱动）。如图 24 右图所示，简单、快速地完成此部分布线。

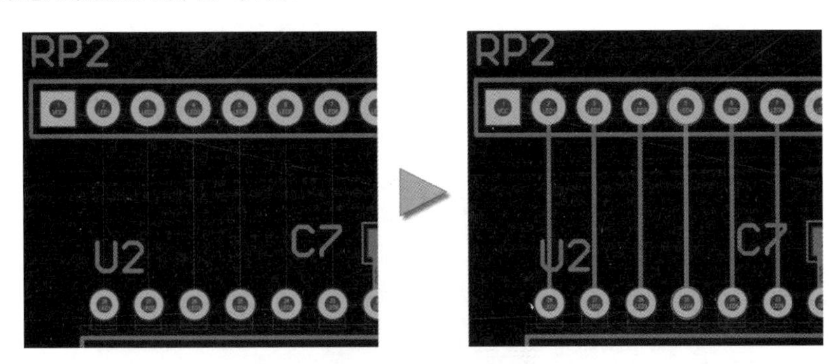

图 24　距离近的、简单的优先布线

SMD焊盘优先

如图 25 左图所示，RP2 的 8、9 焊盘连接到 U2 的 19、18 焊盘，属于插针式焊盘对插针式焊盘的布线。同时，C7 的 1、2 焊盘与 U2 的 22、21 焊盘，还有 C6 的 1 号焊盘与 U2 的 20 号焊盘等，都属于 SMD 焊盘对插针式焊盘的布线，采用适用于 SMD 焊盘的顶层布线，且优先布线。然后再进行 RP2 的 8、9 焊盘连接到 U2 的 19、18 焊盘的布线，而 RP2 的 8、9 焊盘连接到 U2 的 19、18 焊盘可采用顶层布线或底层布线，为避免交叉，采用底层布线，如图 25 右图所示。

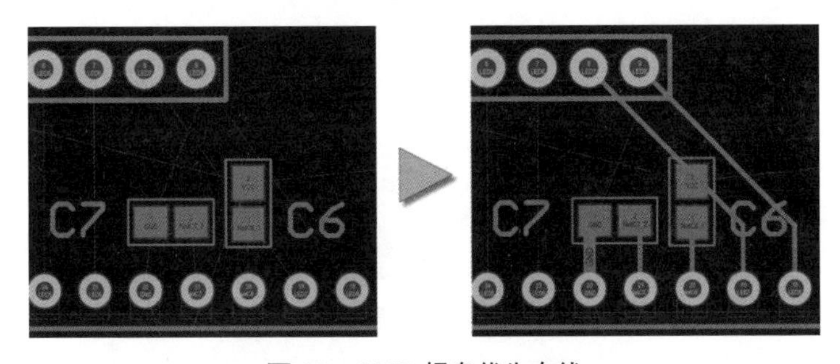

图 25　SMD 焊盘优先布线

规律的优先

如图 26 上图所示，容易看出 RP2 与 DS1~DS8 的连接规律，且无障碍，只需采用顶层布线，即可简单、快速地完成此部分布线，布线结果如图 26 下图所示。

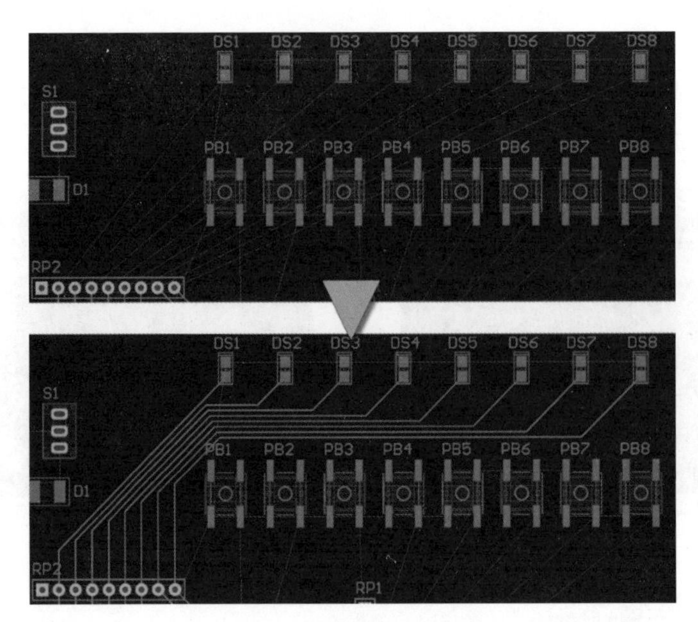

图 26　简单且规律的布线

同样是规律的布线，但 U2、RP1 与 PB1~PB8 的连接就稍微复杂，如图 27 上图所示。其中 U2 与 RP1 为插针式焊盘，可采用顶层或底层布线，在此采用底层布线；RP1 与 PB1~PB8 的连接为插针式焊盘对 SMD 焊盘，在此采用顶层布线，布线结果如图 27 下图所示。

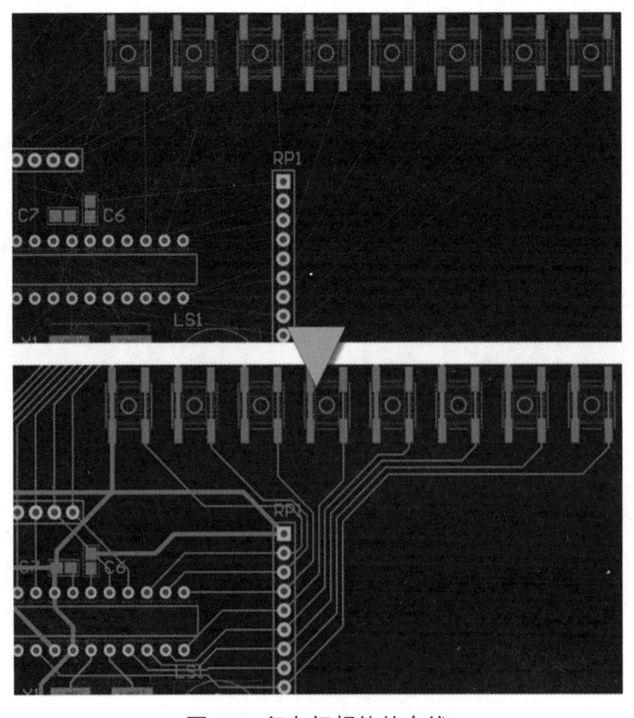

图 27　复杂但规律的布线

其他布线

完成上面的布线后，只剩一些简单的布线，只要依据“**SMD 优先布线**”的原则，即可轻松完成布线，布线结果如图 28 所示。

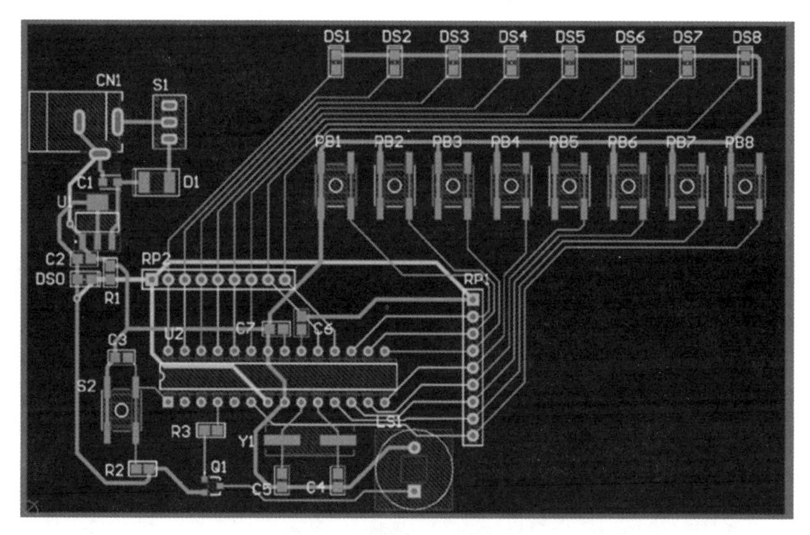

图 28　完成整块 PCB 布线

5-4-7　放置指定数据

题目要求在 PCB 板框上方放置钻孔表与三项数据（表 4），操作如下。

考生资料

考生数据包括**考生姓名**、**准考证号**两项，没有位置规定，但一定要在 Top Overlay 层（黄色）。因此，先切换到 Top Overlay 层，再按下列步骤操作。

1. 单击 A 按钮进入**放置字符串状态**，光标上已有一个浮动的字符串，按 Tab 键打开其属性对话框。
2. 在文字字段里输入姓名，例如**王小明**，层字段保持为 **Top Overlay**。
3. 选取 True Type 选项，在字体名字段指定为**微软正黑体**，或其他中文字型。
4. 将 Height 字段设定为 **5mm**，再单击 确定 按钮关闭对话框，光标上将出现浮动的“王小明”，移至合适位置（不要覆盖到焊盘或其他 Top Overlay 对象），单击鼠标左键，即可固定于该处。
5. 光标上仍有一个浮动的“王小明”，按 Tab 键打开其属性对话框。输入准考证号，则在文字字段里输入准考证号，例如 **x12345678**。

6. 选取比划选项，在字体名字段指定为 **Default**。
7. 将 Height 字段设定为 **1.5mm**，将宽度字段设定为 **0.2mm**。再单击确定按钮关闭对话框，光标上将出现浮动的“x12345678”，移至合适位置（不要覆盖到焊盘或其他 Top Overlay 对象），单击，即可固定于该处，如图 29 所示。

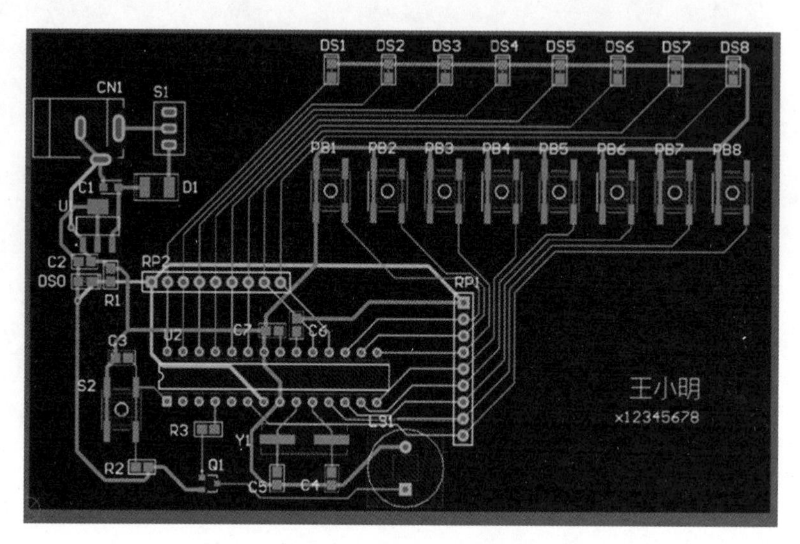

图 29 放置考生数据与相关数据

层名称

题目要求将层名称放在 Mechanical 1 层，而“打印层名称”必须以**.Printout Name** 特殊字符串方式，才能在不同的层上，显示该层的名称。因此，先切换到 Mechanical 1 层（桃红色），再按下列步骤操作。

1. 单击 A 按钮进入**放置字符串状态**，光标上已有一个浮动的字符串，按 Tab 键打开其属性对话框。
2. 在文字字段里输入**.Printout Name**，层字段保持为 **Mechanical 1**。
3. 选取比划选项，在字体名字段保持为 **Default**。
4. 将 Height 字段设定为 **3mm**，将宽度字段设定为 **0.2mm**。再单击确定按钮关闭对话框，光标上将出现浮动的“.Printout Name”，移至电路板左上方，单击，即可固定于该处。
5. 最后，右击结束**放置字符串状态**，如图 30 所示。

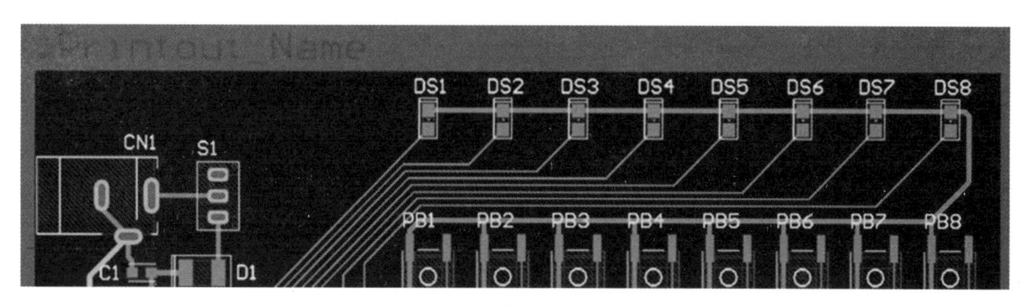

图 30　放置层名称

钻孔表

题目要求将钻孔表（Drill Table）放在打印层名称“.Printout_Name”之上，在 Altium Designer 里可使用专用命令来放置钻孔表。执行放置/钻孔表命令，光标上将出现红色的钻孔表，随光标而动。移至电路板上方的“打印层名称”的上方，单击即可，其结果如图 31 所示。

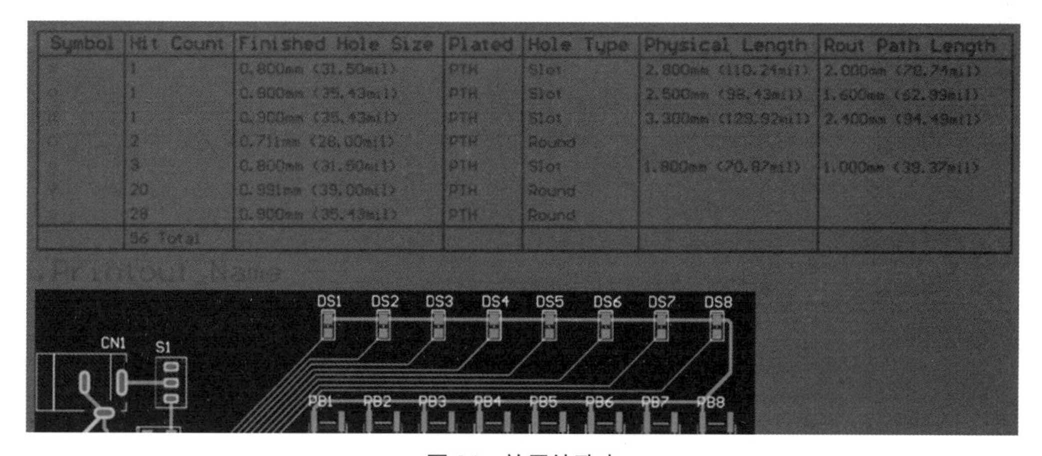

图 31　放置钻孔表

5-4-8　设计规则检查

若要执行设计规则检查，则执行工具/设计规则检查命令，然后在随即出现的对话框里，保持预设选取所有检查项目，再单击左下方的 执行设计规则检查 (R)... 按钮，即可进行设计规则检查，并将检查结果列在 Messages 面板及 Design Rule Verification Report 标签页里。若没有问题，Messages 面板里是空的；若有问题，可依照 Messages 面板里列出的项目，到原理图编辑区或电路板编辑区检查与修改。

5-5 设计输出

在5-4节里已完成所有设计工作，在此将依据题目的要求，产生所需要的输出文件，包括元件表（Bill of Materials, BOM）、Gerber文件与钻孔文件（NC Drill）。而在此所产生的设计输出都放在项目文件夹里的 Project Outputs for Piano文件夹。

5-5-1 输出材料清单

当我们要输出材料清单时，依题目要求，先切换到原理图编辑区，再执行报告/Bill of Materials命令，在随即出现的对话框里，按下述步骤操作。

1. 以拖曳域名的方式，按题目要求将材料清单的字段由左至右顺序排列为Designator、Comment、Description、LibRef、Footprint、Quantity。
2. 确定输出格式为Excel格式，预设本身就是Excel格式，并选择添加到工程选项，让产生的材料清单添加到工程。
3. 单击模板字段右边的 ... 按钮，并在随即出现的对话框里，加载题目指定的**BOM.xlsx**模板文件。
4. 单击 输出(E)... 按钮，在随即出现的存档对话框里，指定文件名为**MyPCB**，再单击 保存(S) 按钮，即可输出材料清单。最后，单击 取消(C) 按钮关闭**元件库对话框**。

5-5-2 输出Gerber文件

若要产生Gerber文件，则切回电路板编辑环境，再执行文件/辅助制造输出/Gerber Files命令，在随即出现的对话框里，进行下述操作。

1. 切换到层页。单击左下方的 画线层(P)... ▾ 按钮，出现下拉菜单，再选择使用选项，让程序自动选择输出层。
2. 在右边区域里，选择Mechanical 1右边的选项。
3. 单击上方的钻孔图标签，切换到钻孔图层页。分别选择钻孔绘制图区域与钻孔栅格图区域里的 Plot all used drill pairs 选项，最后单击 确定 按钮，即可产生 Gerber 文件，并打开 CAMTastic1.CAM 文件，如图 32 所示。

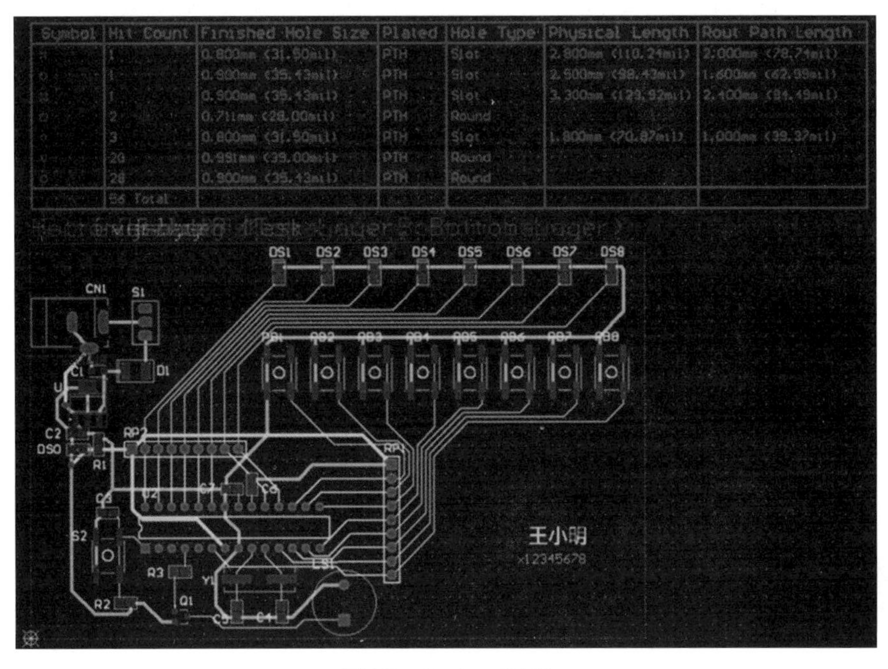

图 32　Gerber.CAM

4. 题目要求将它存为 Gerber.CAM，可按 Ctrl + S 键，并在随即出现的对话框里，指定存为 Gerber.CAM。

5-5-3　输出钻孔文件

当我们要产生钻孔文件时，则进行下列操作。

1. 先切换到 PCB 编辑区，再执行文件/辅助制造输出/NC Drill Files 命令，然后在随即出现的对话框里，单击 确定 按钮。
2. 屏幕再次出现一个对话框，再单击 确定 按钮；屏幕再次出现一个对话框，再单击 确定 按钮，即可产生钻孔文件与 CAMTastic2.CAM 文件，并打开 CAMTastic2.CAM 文件，如图 33 所示。
3. 题目要求将它存为 NC.CAM，可按 Ctrl + S 键，并在随即出现的对话框里，指定存为 NC.CAM。

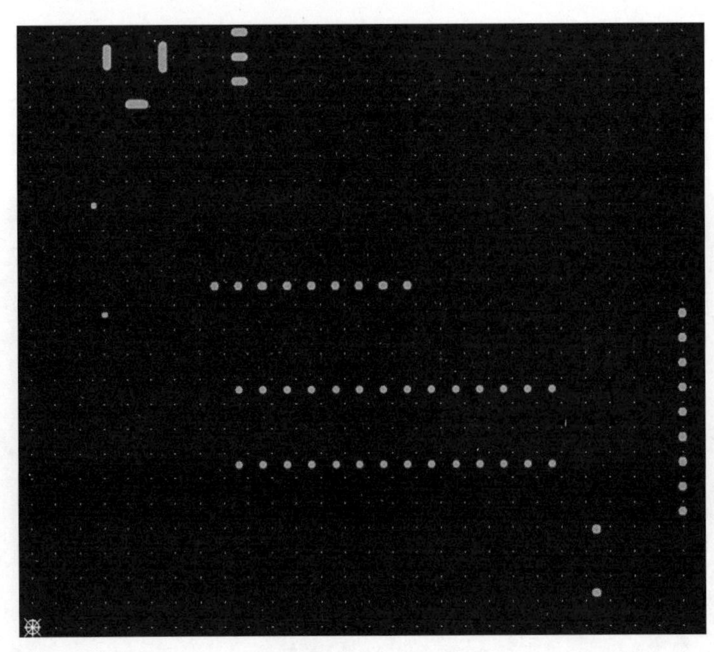

图 33 NC.CAM

5-6 训练建议

Altium 应用电子设计认证的绘图操作考试时间为 **90 分钟**，其中可分为元件库编辑（5-2 节）、原理图设计（5-3 节）、电路板设计（5-4 节）与设计输出（5-5 节）等四部分，考试时，按顺序依次进行。

第六章

客观题解析

6-1 客观题库一

在客观题库一里，主要是针对原理图设计方面的试题。

(B) 1. 在 Altium Designer 原理图编辑环境里连接线路时，如何快速切换布线模式？

A. 按 Ctrl + S 键。
B. 按 Shift + 空格 键。
C. 按 Alt + 空格 键。
D. 按 Ctrl + 空格 键。

(A) 2. 元器件符号库中编辑引脚，如何才能显示低态使能的引脚名称（例如：$\overline{\text{IOW}}$ ）？

A. 在每个字母后加上反斜杠（\）。
B. 在每个字母后加上斜线（/）。
C. 在每个字母后加上底线（_）。
D. 在每个字母后加上负号（-）。

(D) 3. 若在 **Projects** 面板中，文件名右边出现“ ”红色图标，有何意义？

A. 文档被打开。
B. 文档被隐藏。
C. 文档未打开。
D. 文档被打开且修改尚未保存。

(A) 4. 若在 **Projects** 面板中，文件名后方出现“ ”白色图标，有何意义？

A. 文档被打开。
B. 文档被隐藏。
C. 文档未打开。
D. 文档被打开且修改尚未保存。

(D) 5. 原理图设计中执行 MARK 标记时，如何切换其颜色？

A. 按 Enter 键。
B. 按 Shift 键。
C. 按 Backspace 键。
D. 按 空格 键。

(C) 6. 原理图设计中，以 C1 为例，剪切后执行时智能粘贴（Smart Paste），列（Columns）设定值为 2、间距 40，行（Rows）设定值为 2、间距-40，文字增量以水平（Horizontal）优先，则其结果为何？

A. 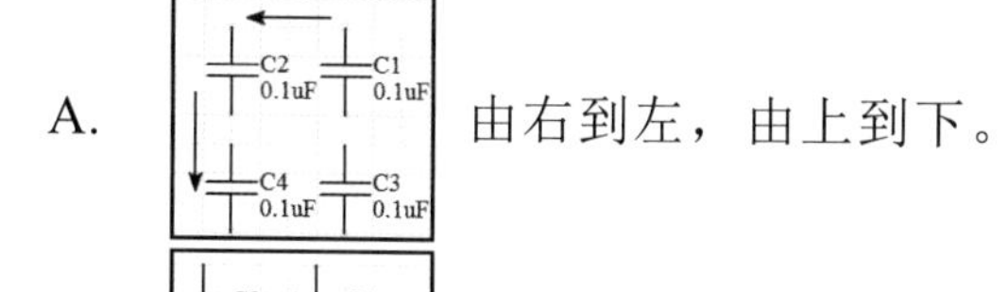

由右到左，由上到下。

B. 由左到右，由下到上。

C. 由左到右，由上到下。

D. 由右到左，由下到上。

(A) 7.　原理图设计中，以 C1 为例，剪切后执行时智能粘贴（Smart Paste），列（Columns）设定值为 2、间距-40，行（Rows）设定值为 2、间距 40，文字增量以垂直（Vertical）优先，则其结果为何？

A. 由上到下，由左到右。

B. 由上到下，由右到左。

C. 由下到上，由左到右。

D. 由下到上，由右到左。

(C) 8.　在建立元器件符号库时，其文件的扩展名是什么？

A. *.PrjPCB。
B. *.SchDoc。
C. *.SchLib。
D. *.PcbLib。

(A) 9.　关于加载元件库文件的描述，在工程面板(Project)或安装面板(Install)中，加载元件库文件有何用意？

A. 在工程面板加载的元件库只有该工程能够使用；在安装面板加载的元件库，任何工程皆可使用。

B. 在工程面板加载的元件库，任何工程皆可使用；在安装面板加载的元件库则只有目前工程中能够使用。
C. 不论是在工程面板加载的元件库还是在安装面板加载的元件库，任何工程皆可使用。
D. 以上都不是。

(D) 10. 开始进行任何设计文件时，建议文件不要在 Free Document 文件夹下，下列哪项叙述是正确的？
A. 文件间彼此会没有关联关系。
B. 会有部分功能无法正常执行。
C. 不属于 Altium Designer 的文件管理结构。
D. 以上都是。

(A) 11. 在 **Projects** 面板中，文件名后方出现“*”图标代表什么意思？
A. 文件修改尚未保存。
B. 文件修改已经保存。
C. 已执行 ECO 检查。
D. 没有任何意义。

(B) 12. 元器件符号模型的引脚名称和引脚编号到元件边界的距离，可以在哪里进行修改？
A. 元件属性（Component Properties）。
B. 原理图参数设置（Schematic Preferences）。
C. 引脚交换设置（Configure Pin Swapper）。
D. 参数管理器（Parameter Management）。

(C) 13. 下列针对原理图排列工具的图标，哪一项的功能叙述有误？
A. 按钮的功能是将选取对象全部靠左对齐。
B. 按钮的功能是将选取对象全部靠右对齐。
C. 按钮的功能是将选取对象全部垂直居中对齐。
D. 按钮的功能是将选取对象全部水平等间距对齐。

(D) 14. 下列针对原理图排列工具的图标，哪一项的功能叙述有误？
A. 按钮的功能是将选取对象全部靠上对齐。
B. 按钮的功能是将选取对象全部靠下对齐。
C. 按钮的功能是将选取对象全部垂直居中对齐。
D. 按钮的功能是将选取对象全部水平等间距对齐。

(B) 15. 原理图绘制时所使用到的 Line 线与 Wire 线有何区别？
A. Line 线具有电气特性，Wire 线不具有电气特性。
B. Line 线不具有电气特性，Wire 线具有电气特性。
C. Line 线与 Wire 线皆具有电气特性。
D. 以上都不是。

(A) 16. 原理图绘制时，如何快速切换工作栅格大小？

A. 按 G 键。
B. 按 R 键。
C. 按 W 键。
D. 按 O 键。

(D) 17. 在进行 90/45 度角布线时，如何快速切换布线转折的方向？

A. 按 Alt 键。
B. 按 Ctrl 键。
C. 按 Shift 键。
D. 按 　　 键。

(B) 18. 原理图绘制时，如何以掌滑式（光标出现小手掌）移动图纸的视图部位？

A. 按住鼠标左键并进行拖曳。
B. 按住鼠标右键并进行拖曳。
C. 按住鼠标滚轮并进行拖曳。
D. 以上都可以。

(C) 19. 执行对象全局编辑时，如何快速地打开 Inspecter 面板来进行数据的整体编辑？

A. 按 F9 键。
B. 按 F10 键。
C. 按 F11 键。
D. 按 F12 键。

(A) 20. 如何切换为全屏幕显示模式？

A. 按 Alt + F5 键。
B. 按 Ctrl + F5 键。
C. 按 Shift + F5 键。
D. 按 　　 + F5 键。

(D) 21. 如何快速执行在线辅助说明查询？

A. 按 F4 键。
B. 按 F3 键。
C. 按 F2 键。
D. 按 F1 键。

(C) 22. 如何快速打开原理图图纸设定功能？

A. 按 F 、 O 键。
B. 按 P 、 O 键。
C. 按 D 、 O 键。
D. 按 T 、 O 键。

(D) 23. 原理图图纸设定中，变更系统字体命令可以改变的对象参数，不包含下列哪种？

A. 引脚号码/引脚名称。
B. 电源符号名称。
C. 默认标题栏中的字符串/参考图边文字。
D. 默认标题栏中的字符串。

(A) 24. 在文件标签列中，单击鼠标右键设定窗口为水平并排的显示方式，那么文件最后会如何排列？（假设文件数为两个）

A. 上下显示。
B. 左右显示。
C. 任意显示。
D. 以上都不是。

(B) 25. 在文件标签列中，单击鼠标右键设定窗口为垂直并排的显示方式，那么文件最后会如何排列？（假设文件数为两个）

A. 上下显示。
B. 左右显示。
C. 任意显示。
D. 以上都不是。

(B) 26. 如何将已经设定为水平/垂直并排显示方式的窗口，合并回单一文件的显示方式？

A. 全部平铺。
B. 全部合并。
C. 关闭全部文件。
D. 以上都不是。

(B) 27. 原理图设计模板时，其文件要保存为下列哪一种文件类型？

A. *. SchDoc。
B. *.SchDot。
C. *.Template。
D. 以上都不是。

(A) 28. 元器件符号生成向导功能，能够与下列哪一种格式文档来搭配使用？

A. Excel。
B. PowerPoint。
C. Access。
D. 以上都可以。

(C) 29. 下列哪一项不是元器件符号生成向导功能中所包含的参数种类？

A. 元件。
B. 图表符。

C.　总线。
D.　引脚。

(D) 30.　下列哪项是原理图编辑器中调用封装管理器（Footprint Management）的优点？
A.　能够集体新增/修改/删除加载封装模型。
B.　节省封装加载的时间。
C.　快速预览封装的外形并检查是否正确。
D.　以上都是。

(D) 31.　下列哪项是原理图编辑器中调用封装管理器（Footprint Management）的优点？
A.　减少人工建立数据的错误。
B.　能够集体新增/修改/删除多种对象的参数数据。
C.　可搭配 Excel 工作表的数据。
D.　以上都是。

(A) 32.　下列关于原理图元件标号自动排序（Annotate）功能的优先权的叙述，哪项正确？
A.　数字设定越小优先权越高。
B.　数字设定越小优先权越低。
C.　数字设定越大优先权越高。
D.　以上都不是。

(A) 33.　执行原理图元件标号自动排序功能时，最后得完成下列哪一项才是真正把变更值套用至图纸中？
A.　接受变更（建立 ECO）。
B.　反排序（Back Annotate）。
C.　更新标号。
D.　以上都不是。

(A) 34.　在 Altium Designer 里设计新建电路的第一步是什么？
A.　建立工程。
B.　放置元件。
C.　连接线路。
D.　放置电源符号。

(C) 35.　在原理图编辑区里，若要放大显示比例，应如何操作？
A.　按 Page Down 键。
B.　按住 Ctrl 键后，再将鼠标往后移动。
C.　按住鼠标中间滚轮后，再将鼠标往前移动。
D.　执行“检视”➔“放大显示比例”命令。

(C) 36. 在编辑原理图时，若快捷键失效，其他功能正常，可能是什么因素？

A. 计算机死机。

B. Altium Designer 死机。

C. 在中文输入模式。

D. 键盘死锁。

(A) 37. 若在 **Projects** 面板里，工程名右方出现“*”，代表什么意思？

A. 该工程已变动但未存盘。

B. 该工程有错误。

C. 该工程已被删除。

D. 找不到此工程。

(B) 38. 在完成元件编辑后，若要产生元件集成库，应如何操作？

A. 存档。

B. 编译。

C. 重新打开程序。

D. 加载此元件库。

(D) 39. 若要放置电源符号，应如何操作？

A. 按 钮。

B. 按 钮。

C. 按 钮。

D. 按 VCC 钮。

(D) 40. 从元件库面板中取出元件后，在放置前若要编辑其元件标号，应如何操作？

A. 按 X 键。

B. 按 Alt 键。

C. 按 键。

D. 按 Tab 键。

(B) 41. 取出元件后，若要把浮动的元件固定在光标所在的位置，应如何操作？

A. 按鼠标右键。

B. 按鼠标左键。

C. 按鼠标滚轮。

D. 按 Esc 键。

(A) 42. 若要连接线路，首先应如何操作？

A. 按 钮。

B. 按 钮。

C. 按 钮。

D. 按 钮。

(A) 43.　若要快速保存编辑中的原理图，应如何操作？

A.　按 Ctrl + S 键。

B.　按 Ctrl + F4 键。

C.　按 Alt + F4 键。

D.　按 Alt + S 键。

(C) 44.　若要将选中的对象旋转，可按哪个按键？

A.　R。

B.　Tab。

C.　（空格键）。

D.　F1。

(B) 45.　下列哪项功能是 DXP 菜单所提供的？

A.　放置元件。

B.　本机账户信息。

C.　创建工程。

D.　保存文件。

(A) 46.　在菜单命令的右边若出现“▶”，代表什么意思？

A.　可拉出子菜单。

B.　该项目已被打开。

C.　目前无法使用该命令。

D.　该命令可在工具栏里找到相同功能的按钮。

(D) 47.　在原理图绘图工具栏里，☒ 按钮提供什么功能？

A.　错误提示。

B.　放置接点。

C.　放置页末连接器。

D.　不要 ERC 检查。

(C) 48.　下列哪项不是文本编辑器（Text Editor）所提供的功能？

A.　文字字体。

B.　文字大小。

C.　文字内容。

D.　文字颜色。

(A) 49.　在原理图编辑区里双击 P 键，会有什么结果？

A.　打开元件放置对话框。

B.　进入连接线路状态。

C.　进入电源符号放置对话框。

D.　打开元件库面板。

(B) 50.　在元件放置过程中，若要打开其属性对话框，应如何操作？

A. 按 Esc 键。
B. 按 Tab 键。
C. 单击鼠标右键。
D. 单击鼠标左键。

(B) 51. 若要选取全部对象，应如何操作？
A. 按 A 键。
B. 按 Ctrl + A 键。
C. 按 Shift + A 键。
D. 按 Ctrl + F 键。

(B) 52. 下列哪项不是 Altium Designer 的电气属性对象？
A. 网络标号。
B. 线条。
C. 元件。
D. 电源符号。

(C) 53. 在 Altium Designer 原理图编辑器中，不支持下列哪项布线模式？
A. 自动布线模式。
B. 任意角度布线模式。
C. 虚线布线模式。
D. 垂直布线模式。

(B) 54. 在编辑原理图时，若快速切换栅格格点，可以按哪个键？
A. D 键。
B. G 键。
C. Q 键。
D. K 键。

(C) 55. 下列哪项为正确的总线网络标号？
A. Data[0~7]。
B. 3com[3-1]。
C. _New[11..2]。
D. Address{0:15}。

(C) 56. 在 Altium Designer 里，下列哪种连接点（Junction）可以编辑其属性？
A. 自动连接点。
B. 快速连接点。
C. 手工连接点。
D. 虚拟连接点。

(D) 57. Altium Designer 里，提供几种电源符号？几种接地符号？
A. 各三种。

B. 各四种。
C. 三种电源符号、四种接地符号。
D. 三种接地符号、四种电源符号。

(D) 58. 下列哪种元件模型用于在原理图中设定 PCB 的接口？
A. 3D 模型。
B. 仿真模型。
C. 信号完整性模型。
D. 封装模型。

(A) 59. 在 T 型连接的导线上，为什么再绘制一条导线，使之成为十字连接时，而原本的连接点将消失？
A. 设置了交叉节点，转换模式。
B. 程序 bug 的关系。
C. 十字连接不需要连接点的关系。
D. 操作错误的关系。

(C) 60. 关于网络标号的叙述，下列哪项有误？
A. 可作为无实体布线的电气连接。
B. 若其尾端有数字，则具有自动增量功能。
C. 可连接到指定网站。
D. 可任意设定字体与颜色。

(A) 61. 下列哪项不是原理图中各原理图之间的网络接口对象？
A. 图表符（Sheet Symbol）。
B. 输出/入端口（IO Port）。
C. 离图连接（Off Sheet Connector）。
D. 网络标号（Net Label）。

(C) 62. 在原理图中，可用哪种对象连接两原理图之间的总线？
A. 离图连接（Off Sheet Connector）。
B. 图纸入口（Sheet Entry）。
C. 输出/入端口（IO Port）。
D. 端点连接器（Bus Entry）。

(B) 63. 在层次化原理图里，哪种对象可连接到内层原理图？
A. 图纸入口（Sheet Entry）。
B. 图表符（Sheet Symbol）。
C. 离图连接（Off Sheet Connector）。
D. 输出/入端口（IO Port）。

(B) 64. 在编辑层次化原理图时，若要让 **Projects** 面板里的文档列表，呈现层次化结构，应如何操作？

A. 保存所有文件。
B. 编译工程。
C. 重新打开工程。
D. 执行“工具”➔“显示层次化结构”命令。

(D) 65. 关于图纸入口（Sheet Entry）与输出/入端口（IO Port）的叙述，下列哪项正确？

A. 图纸入口的文字在图案里。
B. 图纸入口比输出/入端口大。
C. 输出/入端口有多种图案选择。
D. 输出/入端口的文字在图案里面。

(D) 66. 若要放置图纸入口（Bus Entry），应如何操作？

A. 按 P 、M 键。
B. 按 P 、E 键。
C. 按 P 、C 键。
D. 按 P 、A 键。

(D) 67. 若要放置图表符（Sheet Symbol），应如何操作？

A. 按 P 、I 键。
B. 按 P 、A 键。
C. 按 P 、B 键。
D. 按 P 、S 键。

(A) 68. 若要放置图表符（Sheet Symbol），应如何操作？

A. 按 钮。
B. 按 钮。
C. 按 钮。
D. 按 钮。

(D) 69. 若要连接信号线束（Signal Harness），首先应如何操作？

A. 按 钮。
B. 按 钮。
C. 按 钮。
D. 按 钮。

(D) 70. 下列哪项是信号线束（Signal Harness）所要连接对象？

A. 功能线束连接器。
B. 输出/入端口。
C. 图纸入口。
D. 以上都是。

(D) 71. 在 Altium Designer 的原理图里，指示性符号（Directives）有何用途？

A. 指示不进行 ERC 检查。
B. 定义设计规则。
C. 设置参数。
D. 以上都是。

(B) 72. 在原理图编辑区里，若要进行 ERC，应如何操作？
A. 执行“工具”➔“电气规则检查”命令。
B. 进行项目编译。
C. 按 E 、 R 、 C 键。
D. 执行“设计”➔“电气规则检查”命令。

(C) 73. 若在某差分信号对中，其中一条网络的网络标号为 PXT_N，则另一条网络标号是什么？
A. 不确定。
B. NXT_N。
C. PXT_P。
D. NXT_P。

(A) 74. 下列哪项不是 Altium Designer 提供的设计规则类型？
A. 3D View。
B. Manufacturing。
C. Plane。
D. Routing。

(B) 75. 在原理图里可定义哪类设计规则？
A. 元件大小。
B. 布线宽度。
C. 布线材料。
D. 元件数量。

(C) 76. 若要在原理图里进行网络分类，应如何操作？
A. 执行“工具”➔“网络分类”命令。
B. 按 P 、 C 键。
C. 执行“设计”➔“网络分类”命令。
D. 按 P 、 V 、 C 键。

(D) 77. 下列哪项不是指示符号（Directives）？
A. 激励信号符。
B. 差分信号对符号。
C. NoERC 符号。
D. 自动布线符号。

(A) 78. 下列哪项是 FPGA 设计专用的指示性符号（Directives）？

A. 虚拟仪器探测点（Instrument Probe）。
B. 激励信号符。
C. 不布线符号。
D. 等长线符号。

(C) 79. 操作框（Blanket）有什么作用？
A. 电路仿真与分析。
B. 电路板自动布线。
C. 指定区域内的集体操作。
D. 对话框的另一种称呼。

(B) 80. 文字框（Text Frame）与备注（Notes）有什么不同？
A. 文字框可收放而备注不可收放。
B. 文字框不可收放而备注可收放。
C. 文字框可放置整段文章而备注不可放置整段文章。
D. 文字框可标注作者而备注不可标注作者。

(B) 81. 若要在原理图里显示跨线，应从参数选项（Preferences）对话框的哪里着手？
A. 在 General 页里选取建立跨线符号选项。
B. 在 General 页里选取显示跨线选项。
C. 在 Graphical Editing 页里选取转换交叉连接点选项。
D. 在 Graphical Editing 页里选取转换跨线选项。

(B) 82. 在 T 型连接的连接点上，再连接一条导线后，原本的连接点消失，起因于哪项功能？
A. 自动转换连接点。
B. 优化导线及总线。
C. 转换跨线。
D. 自动隐藏连接点。

(A) 83. 如何更改接地符号的默认网络标号？
A. 可在参数选项（Preferences）对话框的 General 页里修改。
B. 可在参数选项（Preferences）对话框的 Graphical Editing 页里修改。
C. 可在参数选项（Preferences）对话框的图纸选项页里修改。
D. 无法更改。

(D) 84. 在连续误放置“P00”网络标号时，结果变成 P00、P1、P2……，是什么原因？
A. 程序错误。
B. 在参数选项（Preferences）对话框的图纸选项页里选中了消除多余的 0 选项。
C. 在参数选项（Preferences）对话框的 Graphical Editing 页里选取了移除

前缀为 0 选项。
D. 在参数选项（Preferences）对话框的 General 页里选取了删除前缀为 0 选项。

(A) 85. 若要显示特殊字符串的内容，应如何操作？
A. 在参数选项（Preferences）对话框的 Graphical Editing 页里选中特殊字符串转换选项。
B. 在参数选项（Preferences）对话框的 General 页里选中特殊字符串转换选项。
C. 在参数选项（Preferences）对话框的 General 页里选中显示特殊字符串选项。
D. 执行“检视”➔“特殊字符串”命令。

(A) 86. 若要取消原理图的标题栏，应如何操作？
A. 在参数选项（Preferences）对话框的图纸选项页里取消选取标题栏选项。
B. 在参数选项（Preferences）对话框的图纸选项页里选中不显示标题栏选项。
C. 按 Alt + X 键。
D. 无法取消标题栏。

(C) 87. 若要在导线连接到图表符（Sheet Symbol）时，自动产生图纸入口（Sheet Entry），应如何操作？
A. 在参数选项（Preferences）对话框的图纸选项页里选中自动产生图纸入口选项（Preferences）。
B. 在参数选项（Preferences）对话框的参数页里选中自动产生图纸入口选项。
C. 在参数选项（Preferences）对话框的 Graphical Editing 页里选中自动产生图纸入口选项。
D. 在参数选项（Preferences）对话框的 General 页里选中自动产生图纸入口选项。

(C) 88. 放置器件图表符（Device Sheet Symbol）时，若不想显示水印，应如何操作？
A. 在参数选项（Preferences）对话框的 Graphical Editing 页里选中不显示水印选项。
B. 在参数选项（Preferences）对话框的 Device Sheets 页里选中不显示水印选项。
C. 在参数选项（Preferences）对话框的 Device Sheets 页里取消选中显示器件图表符的水印选项。
D. 按 Alt + N 键。

(B) 89. 在原理图中编辑元器件标号时，其他对象都淡化了，是什么原因？
A. 在参数选项（Preferences）对话框的 Graphical Editing 页里选中淡化非编辑对象选项。

B. 在参数选项(Preferences)对话框的 AutoFocus 页里选中在图像编辑选项。
C. 在参数选项（Preferences）对话框的 AutoFocus 页里选中淡化非编辑对象选项。
D. 显示器有问题。

(C) 90. 在 Altium Designer 里，若没有进行复制或剪切的操作，而要快速粘贴某对象，则可选取该对象，再按哪个快捷键？
A. 按 Ctrl + R 键。
B. 按 Ctrl + P 键。
C. 按 Ctrl + D 键。
D. 按 Ctrl + V 键。

(A) 91. Altium Designer 所提供的连续粘贴功能，应如何操作？
A. 按 Ctrl + R 键。
B. 按 Ctrl + P 键。
C. 按 Ctrl + D 键。
D. 按 Ctrl + V 键。

(A) 92. 若要进行智能粘贴（Smart Paste），第一步操作是什么？
A. 复制或剪切所要操作的对象。
B. 打开智能粘贴对话框。
C. 设定智能粘贴选项。
D. 选中数组式粘贴选项。

(D) 93. 下列哪项不是智能粘贴（Smart Paste）的功能？
A. 数组式粘贴。
B. 复制网络标号，转换为输出/入端口。
C. 复制字符串，转换为网络标号。
D. 复制图片，转换为字符串。

(C) 94. 若要打开智能粘贴（Smart Paste），可按哪个快捷键？
A. 按 Ctrl + Shift + C 键。
B. 按 Ctrl + Alt + C 键。
C. 按 Ctrl + Shift + V 键。
D. 按 Ctrl + Alt + V 键。

(B) 95. 若要查找相似对象（Find Similar Objects），应如何操作？
A. 按 Ctrl + F 键。
B. 按 Shift + F 键。
C. 按 Alt + F 键。
D. 按 Ctrl + Shift + F 键。

(C) 96. 若要进入全屏幕显示模式，应如何操作？

A. 按 Ctrl + F4 键。
B. 按 Ctrl + Page Down 键。
C. 按 Alt + F5 键。
D. 按 Alt + Tab 键。

(B) 97. 若要显示全部对象，应如何操作？

A. 按 Ctrl + Page Up 键。
B. 按 Ctrl + Page Down 键。
C. 按 Alt + Page Down 键。
D. 按 Alt + Page Up 键。

(B) 98. 若要将所选中的多个对象，进行水平等间距排列，可单击哪个按钮？

A. 单击 按钮。
B. 单击 按钮。
C. 单击 按钮。
D. 单击 按钮。

(A) 99. 若要将工程中所使用的元器件符号，制作成专属元件库，可使用哪个命令？

A. “设计”➔“产生元件符号库”命令。
B. “工具”➔“产生元件符号库”命令。
C. “报告”➔“产生元件符号库”命令。
D. 指向工程单击鼠标右键，在下拉菜单中再选择产生元件符号库命令。

(B) 100. 在原理图编辑区里，若要快速将原理图中所有元器件标号，恢复为“?”，应如何操作？

A. 执行“设计”➔“重置原理图元件标号”（Reset Schematle Designators）命令。
B. 执行“工具”➔“重置原理图元件标号”（Reset Schematle Designators）命令。
C. 执行“设计”➔“取消原理图元件编序”（Back Annotate Schematle）命令。
D. 执行“工具”➔“取消原理图元件编序”（Back Annotate Schematle）命令。

(D) 101. 若要设定连接矩阵（Connection Matrix），可使用哪个命令？

A. 执行“设计”➔“设定连接数组”命令。
B. 执行“工具”➔“电气规则”命令。
C. 执行“项目”➔“设定连接矩阵”命令。
D. 执行“项目”➔“工程管理选项”命令。

(D) 102. 在编辑原理图时，若快速改变元件封装，可使用哪个工具？

A. 封装管理器（Footprint Management）。

B. 原理图检查工具（SCH Inspector）。
C. 原理图列表工具（SCH List）。
D. 以上都可以。

(C) 103. 若要查找相似对象（Find Similar Objects），应如何操作？
A. 按 Ctrl + F 键。
B. 按 Alt + F 键。
C. 按 Shift + F 键。
D. 按 Shift + S 键。

(A) 104. 下列哪种方法可直接打印原理图，而不用打开打印对话框？
A. 单击按钮。
B. 单击 Ctrl + P 键。
C. 执行“文件”→“打印”命令。
D. 以上都可以。

(B) 105. 若要打印预览，应如何操作？
A. 执行“视图”→“打印预览”命令。
B. 执行“文件”→“打印预览”命令。
C. 执行“工具”→“打印预览”命令。
D. 执行“报告”→“打印预览”命令。

(C) 106. 若要设定彩色打印模式，可在哪个对话框里设定？
A. 打印预览对话框。
B. 打印机设定对话框。
C. 页面设定对话框。
D. 高级打印设定对话框。

(B) 107. 若要打印项目中所有原理图，可在哪个对话框里设定？
A. 打印预览对话框。
B. 打印机设定对话框。
C. 页面设定对话框。
D. 高级打印设定对话框。

(A) 108. 若产生工程的网络表（Netlist），应如何操作？
A. 执行“设计”→“产生工程网表”命令。
B. 执行“工具”→“产生工程网表”命令。
C. 执行“文件”→“产生工程网表”命令。
D. 执行“报告”→“产生工程网表”命令。

(D) 109. 下列哪项不是 Altium Designer 的元件库文件扩展名？
A. *.IntLib。
B. *.SchLib。

C. *.LibPkg。
D. *.LibSrc。

(B) 110. 在元器件符号库编辑区里，原点（Origin）的位置在哪里？

A. 编辑区左下角。
B. 编辑区中央。
C. 编辑区右下角。
D. 编辑区左上角。

(A) 111. 在编辑元器件符号模型时，若要实现一种元件符号模型对应多个元件名称，可使用哪种方式？

A. 设置元件别名。
B. 使用替换图。
C. 设置单元元件。
D. 复制元件符号图。

(D) 112. 在编辑元件符号模型时，若要放置元件引脚，应如何操作？

A. 单击按钮。
B. 按 P 、 N 键。
C. 单击按钮。
D. 按两下 P 键。

(D) 113. 下列哪项不是 Altium Designer 所提供的引脚电气类型？

A. Input。
B. HiZ。
C. Passive。
D. Active。

(D) 114. 下列哪项不是电源符号？

A. Vcc。
B. +12。
C. 。
D. 。

(B) 115. 下列叙述，哪项有误？

A. Schematic 是属于 PCB Project 下的文件。
B. 建立原理图文件一定要先建立 PCB Project 才可编辑。
C. Schematic 在 Altium Designer 中的扩展名为 .SchDoc。
D. 原理图可以使用层次化的设计。

(A) 116. 下列哪项不属于原理图设计中的布线工具（Wiring Tools）？

A. Place Text String。
B. Place Wire。

C. Place Bus。
D. Place Net Label。

(C) 117. 下列哪项不属于原理图设计中的通用绘图工具（Drawing Tools）？
A. Line。
B. Text String。
C. Bus Entry。
D. Graphic Image。

(D) 118. 下列对 Altium Designer 软件的叙述，哪项有误？
A. Altium Designer 是 PCB 设计软件。
B. Altium Designer 可以实现电子电路的仿真功能。
C. Altium Designer 可以允许用户自行创建元件。
D. Altium Designer 不可以进行 FPGA 设计。

(A) 119. 下列哪种文件无法在 PCB Project 中使用？
A. VHDL Document。
B. Schematic。
C. PCB。
D. Schematic Library。

(B) 120. 下列哪种文件无法在 PCB Project 中使用？
A. PCB Library。
B. C Source Document。
C. CAM Document。
D. Output Job File。

(C) 121. 下列哪项对 Altium Designer 的描述是正确的？
A. Altium Designer 软件中的面板（Panel）都是固定不可移动的。
B. Altium Designer 无法加载 Protel 99SE DDB Files。
C. 板参数选项可以使用层次化设计或平行化设计。
D. Altium Designer 软件无法创建元件库文件。

(D) 122. Altium Designer所提供的元件模型中，哪项可使用在PCB Layout设计中？
A. VHDL。
B. Simulation。
C. PCB 3D。
D. Footprint。

(D) 123. 在 Altium Designer 无法建立哪种库类型？
A. Schematic Library。
B. PCB Library。
C. PCB3D Library。
D. Simulation Library。

(C) 124. 下列对于 Altium Designer 中放置工具（Place Tools）描述错误的是？

A. 按钮的功能是连接导线。
B. 按钮的功能是连接总线。
C. 按钮的功能是放置输入/出端口。
D. 按钮的功能是放置网络标号。

(D) 125. 下列对于 Altium Designer 中通用绘图工具（Drawing Tools）描述错误的是？

A. 按钮的功能是布线。
B. A按钮的功能是放置文字列。
C. 按钮的功能是放置图片。
D. 按钮的功能是放置标题栏。

(B) 126. 下列对于 Altium Designer 电源符号（Power Source）描述错误的是？

A. 的功能是放置机壳接地符号。
B. 的功能是放置电源接地符号。
C. 的功能是放置-5V 电源符号。
D. 的功能是放置箭头状电源符号。

(D) 127. 下列对于 Altium Designer 原理图工具描述错误的是？

A. 按钮的功能是放置网络标号。
B. 按钮的功能是放置电源接地符号。
C. 按钮的功能是取用元件。
D. 按钮的功能是放置图纸入口。

(C) 128. 下列对于 Altium Designer 图表符（Sheet Symbol）描述错误的是？

A. Sheet Symbol 是在多图纸层次化设计中显示子图纸所用。
B. Sheet Symbol 包含了 Sheet Entry。
C. Sheet Symbol 不须给予元件编号或元件名称。
D. Designer 软件有提供编辑 Sheet Symbol 的属性对话框。

(C) 129. 下列对于 Altium Designer 导线（Wire）布线模式描述错误的是？

A. 导线有四种布线模式。
B. Altium Designer 提供斜线布线模式，即 Any Angle。
C. Altium Designer 提供自动布线模式，即 Auto Route。
D. Altium Designer 提供直角布线模式，即 90 Degree。

(A) 130. 下列对于 Altium Designer 总线（Bus）描述错误的是？

A. 总线上不需要标示网络标号。
B. 总线与导线都一样有四种布线模式。
C. 总线是一种 multi-wire 连接方式。
D. 若要绘制总线，可按 P 、 B 键。

(C) 131. 下列对于 Altium Designer 总线入口（Bus Entry）的叙述，哪项正确？

A. 总线入口为 60 度角的特殊导线。
B. 放置总线入口的快捷键为按 P 、 E 键。
C. 总线入口可为 45 度或 135 度。
D. 按钮为放置总线入口的按钮。

(D) 132. 下列对于 Altium Designer 输出/入端口（Port）的描述，哪项有误？

A. Port 为输出/入端口。
B. 放置输出/入端口的快捷键为按 P 、 R 键。
C. 在多图纸设计中，输出/入端口用以连接原理图与另一个原理图之间的信号。
D. 输出/入端口并无 I/O Type 的设定。

(A) 133. 下列对于 Altium Designer 图纸入口（Sheet Entry）的叙述，哪项正确？

A. 图纸入口可视为图表符的信号引脚。
B. 束线入口（Harness Entry）可取代图纸入口。
C. 无法自行编辑图纸入口的颜色和方向。
D. 图纸入口的信号来源是用户自行在图表符定义的。

(C) 134. 下列哪项不是 Altium Designer 原理图设计的布线模式？

A. 90 Degree。
B. Any Angle。
C. Dashed Wire。
D. Auto Wire。

(D) 135. 下列哪个功能是 Altium Designer 原理图编辑环境不支持的？

A. Snippets。
B. Clipboard。
C. Device Sheet Symbol。
D. Polygon Pours。

(C) 136. 下列哪个功能是 Altium Designer 的原理图编辑环境不支持的？

A. Smart Paste。
B. Mix Circuit Simulation。
C. Board Insight。
D. Find Similar Object。

(C) 137. 下列对于 Altium Designer 原理图设计中查找相似对象（Find Similar Object）的描述，哪项有误？

A. Find Similar Object 的快捷键为 Shift + F 键。
B. Find Similar Object 的查找条件有 Any、Same、Different 三种。
C. Find Similar Object 只能查找目前使用的文件。
D. Find Similar Object 的功能是快速搜索元件以方便编辑。

(C) 138. 下列对于 Altium Designer 原理图设计环境中，智能粘贴（Smart Paste）功能的叙述，哪项有误？

A. 智能粘贴功能可以使用数组式粘贴的方式粘贴多个元件。
B. 进行智能粘贴前，须先将元件进行复制。
C. 对象在智能粘贴中只能转贴为同一类型的对象。
D. 智能粘贴（Smart Paste）的快捷键为 Shift + Ctrl + V 键。

(C) 139. 下列哪项是对于 Altium Designer 原理图设计环境中智能 PDF（Smart PDF）功能的描述？

A. Smart PDF 可以将目前显示的文件或整个工程输出为 PDF 格式。
B. Smart PDF 可以将 Schematics、PCB、Bill of Material 输出为 PDF 格式。
C. Smart PDF 所输出的 PDF 文件无法在 pdf 书签索引中显示元件及其网络。
D. Smart PDF 功能可以在 OutputJob Editor 中进行输出。

(D) 140. Import Wizard 无法载入下列哪种类型文件？

A. 99SE DDB Files。
B. PCAD Designs and Libraries Files。
C. Orcad Designs and Libraries Files。
D. Allegro/Schematic and PCB Files。

(C) 141. 下列关于网络标号（Net Label）的描述，哪一项是错误的？

A. 放置网络标号的快捷键为先按 P 键，再按 N 键。
B. 网络标号以文字方式放置在导线。
C. 网络标号也可以进行不同张原理图的跨页连接。
D. 网络标号建立在原理图的连接点上，而不需要实体的布线，即可连接两个电气端点。

(A) 142. 下列关于原理图网络表（Netlist）的描述，哪一项是错误的？

A. Altium Designer 的原理图必须先产生网络表（Netlist）才能传送到 PCB 编辑器。
B. 网络表是链接各电路设计软件间的媒介。
C. Altium Designer 可以产生 Verilog、VHDL file 的网络表（Netlist）。
D. Altium Designer 可以产生 XSPICE 格式的网络表供数模混合电路仿真。

(D) 143. Altium Designer 无法产生哪种 Netlist 文件？

A. PCAD。
B. Protel2。
C. VHDL File。
D. Protel3。

(D) 144. 下列关于 Altium Designer 的基本操作，哪项有误？

A. 按鼠标右键可以任意移动图纸。
B. 对图纸 Zoom in，可按住 Ctrl 键、鼠标滚轮前推。

C. 对图纸 Zoom out，可按住 Ctrl 键、鼠标滚轮后推。
D. 按 Ctrl + 键可以让图纸左右移动。

(C) 145. 下列关于 Altium Designer 原理图设计中的快捷键操作，哪项有误？
A. Tab 键：移动对象时，进入属性对象编辑。
B. End 键：页面刷新。
C. （空格键）：顺时针旋转对象。
D. Delete 键：删除被选中的对象。

(B) 146. 下列关于 Altium Designer 原理图设计中的快捷键操作，哪项有误？
A. ~ 键：实时快捷键说明。
B. Alt + F4 键：全屏模式。
C. Page Up 键：Zoom in。
D. Page Down 键：Zoom out。

(B) 147. 下列关于 Altium Designer 原理图设计中的快捷键操作，哪项有误？
A. 按 J 、 C 组合键：快速查找元件。
B. 按 D 、 O 组合键：Preference 设定。
C. Ctrl + S 组合键：快速存档。
D. G 键：原理图纸的栅格单位切换。

(A) 148. 下列关于 Altium Designer 原理图设计中的快捷键操作，哪项有误？
A. Ctrl 键加鼠标右键拖曳：不断线移动。
B. Ctrl + C 键：复制被选中的对象。
C. Ctrl + V 键：粘贴被选中的对象。
D. Shift + 键：切换布线模式。

(D) 149. 下列关于文档参数选项（Document Options）的描述，哪一项是错误的？
A. Document Options 的快捷键为先按 D 键，再按 O 键。
B. Document Options 可以指定原理图的模板。
C. Document Options 可以设定原理图的显示栅格与电气栅格。
D. Document Options 中的参数（Parameters）设定与特殊字符串是无关的。

(D) 150. 下列关于原理图列表（SCH List）的描述，哪一项是错误的？
A. 可以列表式的显示一张以上的文件内的所有设计对象。
B. 快速更改对象的属性。
C. SCH List 的快捷键为 Shift + F12 键。
D. SCH List 面板中不能取消显示选中的对象。

(C) 151. 下列关于原理图检查器（SCH Inspector）的描述，哪一项是错误的？
A. SCH Inspector 面板让使用者查询和编辑目前或已打开的文件一个以上的对象属性。
B. SCH Inspector 可以让用户对多个同类型对象进行修改。

C. SCH Inspector 的快捷键为 F12 键。
D. SCH Inspector 面板只显示所有被选对象的共有属性。

(A) 152. 下列关于原理图标注（Annotate Schematics）的描述，哪一项是错误的？
A. Annotation 标注对话框中无法重置元件的元件标号。
B. Annotate Schematics Quietly 对目前未标注的组件配置标注，而不必打开标注对话框。
C. Annotation 有四种处理顺序：Up Then Across、Down Then Across、Across Then Up、Across Then Down。
D. 在原理图中使用“Tools”→“Annotate Schematic”命令来打开 Annotation 对话框。

(C) 153. 下列对于导航面板（Navigator）的描述，哪一项是错误的？
A. Navigator 面板可以浏览 PCB 文件内的网络（nets）、元件（components）、焊盘（pad）。
B. Navigator 可以浏览元件的引脚定义或者是 Sheet Symbol。
C. 对于设计好的工程及其中的原理图文件，皆不须进行 compile。
D. 选中 Navigator 对象时，可以同步在相应的文件中选中。

(D) 154. 下列关于原理图设定操作，哪项叙述有误？
A. 可以设定原理图所要应用的模板文件。
B. 原理图模板（Template）的扩展名为*.schdot。
C. 可在 Document Options 设定字符串的参数。
D. 原理图无法打印为 PDF 格式。

(D) 155. 下列关于图表符（Sheet Symbol）的描述，哪一项是错误的？
A. 放置图表符的快捷键为 P 、 S 键。
B. 按钮的功能是放置图表符。
C. 层次化原理图设计利用图表符链接各张原理图。
D. 无法编辑图表符的尺寸大小。

(C) 156. 下列哪项是图纸入口（Sheet Entry）的功能？
A. 用以链接不同的电源符号。
B. 可使用 Bus Entry 取代。
C. Sheet Symbol 必须使用 Sheet Entry 进行不同张原理图的信号连接。
D. Sheet Entry 无法使用 Harness Type。

(D) 157. 下列有关线束（Harness）功能的描述，哪一项是错误的？
A. 线束的组成有分成信号线束、线束入口、线束连接器、线束约束文件。
B. 线束约束文件是信号线束的文字定义规范格式。
C. 线束入口是真实的网络、总线与信号线束的连接点。
D. 线束约束文件的扩展名为.Harnessdefine。

(D) 158. 下列关于 No ERC 的使用方式，哪项有误？

A. × 为 No ERC 的命令符号。

B. No ERC 的快捷键为 P 、 V 、 N 键。

C. 放置 No ERC 的电路节点上，不会出现其任何的警告或错误信息。

D. No ERC 的符号只能使用红色以便于辨别。

(C) 159. 下列关于器件图表符（Device Sheet Symbol）的描述正确的是？

A. Device Sheet Symbol 在 Altium Designer 软件关闭后随即消失。

B. Device Sheet Symbol 无法放置自行设计的电路。

C. Device Sheet Symbol 目的是实现电路复用（Reuse）。

D. Device Sheet Symbol 存放在 Library 中。

(A) 160. 下列关于原理图设计中错误报告（Error Reporting）的描述，哪一项是错误的？

A. 错误报告仅可以设定三种等级 Error、Warning、No Report。

B. Error Reporting 可以进行 Bus、Code Symbols、Components 种类的违反规则描述。

C. Error Reporting 可以进行 IIarncsses、Nets 种类的违反规则描述。

D. Altium Designer 有针对 Error Reporting 的安装默认值。

(C) 161. 下列关于原理图设计中连接矩阵（Connection Matrix）的描述，哪一项是错误的？

A. Connection Matrix 有四种模式 Fatal Error、Error、Warning、No Report。

B. 可依电路特性设定不同属性 Pin 脚连接的规则。

C. 在 Document Option 页中进行设定。

D. 在 Project Option 页中进行设定。

(B) 162. 下列有关 Clipboard 与 Snippets 面板的描述，哪一项是错误的？

A. 可以将部分电路保存在 Clipboard 中进行复制或粘贴的操作。

B. Snippet 无法保存 PCB 设计。

C. 软件关闭后再打开，Snippet 面板中保存的原理设计图仍然存在。

D. Snippet 是将所需的一段电路设计并保存在文件夹中。

(D) 163. 下列有关供应商查寻（Supplier Search）功能的描述，哪一项是错误的？

A. Supplier Search 面板功能提供了供货商的元件数据。

B. 可以将 Supplier Search 到的元件数据应用到元器件符号上。

C. 元件数据以 PDF 文件格式呈现。

D. 查找到的元件数据无法显示价格。

(C) 164. 关于导线（Wire）的描述，哪一项是错误的？

A. 可以改变导线颜色和宽度。

B. 可以采用指定坐标的方式绘制。

C. 只能以 45 度或 90 度角布线。

D.　可使用自动连接（AutoWire）模式，指定两端点即自动布线。

(B) 165. 关于总线（Bus）的描述，哪一项是错误的？

A.　总线和导线都有四种模式。
B.　总线的宽度分为 Small、Medium、Large 等三种。
C.　总线的颜色可以改变。
D.　总线常与 Bus Entry 搭配使用。

(C) 166. 下列关于网络标号（Net Label）的使用方式，哪项正确？

A.　CLK_BRD。
B.　CLK_BRD 。
C.　CLK_BRD。
D.　CLK_BRD。

(D) 167. 下列关于网络标号（Net Label）的描述中错误的是？

A.　在其属性对话框里，可以设定颜色、坐标、网络标号。
B.　选中网络标号后，按空格键，该网络标号将逆时针旋转 90 度。
C.　具有相同网络标号的导线，将可无线连接。
D.　网络标号属性对话框中无法改变网络标号的字体。

(B) 168. 对于电源符号（Power Port）描述中错误的是？

A.　GND、VCC 都是电源符号。
B.　电源符号的网络标号无法改变。
C.　选取电源符号后，按　　　　键将会逆时针旋转 90 度。
D.　电源符号的属性对话框里，可改变颜色属性。

(D) 169. 对于放置端口（Place Port）描述中错误的是？

A.　Port 为端口的符号。
B.　端口符号可以改变名称、颜色、长度。
C.　选中端口后，按　　　　键，该端口将逆时针旋转 90 度。
D.　端口的 I/O Type 只有 Input 和 Output。

(C) 170. 下列对于手工连接点（Manual Junction）描述中错误的是？

A.　可以编辑手工连接点的颜色、坐标、大小等属性。
B.　手工连接点和自动连接点的功能相同，均具有电气特性。
C.　手工连接点只能使用在 Wire 布线上，无法使用在总线。
D.　绿色方框内的红点即为手工连接点的符号。

(D) 171. 关于自动连接点（Auto-Junction）的使用方式，哪项有误？

A. 为连接点。
B. 连接点具有电气特性。
C. 自动连接点和手工连接点的不同，在于无法改变自动连接点的颜色和大小。
D. 在原理图中，可设定是否显示连接点。

(C) 172. 下列哪项不是 Altium Designer 原理图设计中使用到的指示性符号（Directive）？

A. Differential Pair。
B. No ERC。
C. GND Power Port。
D. DIFFPAIR Parameter Set。

(C) 173. 下列关于指示性符号（Directives）的描述中错误的是？

A. 指示性符号可指示信号的内容或参数。
B. No ERC 指示程序不必检查该引脚的正确性。
C. 探针（Probe）是进行数字电路仿真时，加入激励信号状态的节点。
D. PCB 版图指示（PCB Layout）是在原理图上制定电路板的设计规则。

(D) 174. 下列哪项不属于指示性符号 Directives 工具？

A. No ERC。
B. Differential Pair。
C. Net Class。
D. Place Polygon。

(D) 175. 下列对于指示性符号（Directives）描述中错误的是？

A. 探针（Probe）是在产生数字仿真的网络表时，该点将成为一个节点。
B. 网络类指示（Net Class）的功能是在原理图上进行网络分类。
C. 差分对指示（Differential Pair）在原理图上定义差分对。
D. 参数组（Parameter Set）在原理图上放置参数，但无法取代测试向量、激励信号、网络分类指示。

(D) 176. 下列关于在文本字符串（Text String）里放置特殊字符串（Special String）功能描述正确的是？

A. 特殊字符串是指可以输入特殊字型的字符串。
B. 特殊字符串可以使文字转变为图形。
C. 特殊字符串是指在原理图中有电气属性的对象。
D. 特殊字符串是指可以使用参数方式设定文本字符串的内容。

(C) 177. 下列对 Text String 中的 Special String 参数描述错误的是？

A. =Time 使用者所设定的时间。
B. =DocumentName 所编辑的原理图文件名。

C. =Address1 目前原理图的路径地址。
D. =Date 使用者所设定的日期。

(D) 178. 下列哪项对电气规则检测（ERC）功能的描述有误？
A. Error Reporting 是对于违反规则的描述设定报告模式。
B. Connection Matrix 可依电路特性设定不同属性 pin 脚连接的规则。
C. Error Reporting 与 Connection Matrix 的报告模式都是 Fatal、Error Error、Warning、No Report。
D. Error Reporting 不必经过 Compile 可以即时产生检查错误的信息。

(A) 179. 如何分辨 Wiring tools 中的 Wire 线与 Drawing tools 中的 Line 线？
A. 比较 Wire 线与 Line 线是否有网络标号。
B. 比较 Wire 线与 Line 线的颜色。
C. 比较 Wire 线与 Line 线的宽度。
D. 比较 Wire 线与 Line 线的布线模式。

(A) 180. 下列哪项是指示性符号（Directives）中差分信号对（Differential Pair）的功能？
A. 用来差分对信号的布线。
B. 用来要求编译程序不检查指定区域内的电路。
C. 在原理图上进行网络分类。
D. 在原理图上放置一个 PCB 布线指示。

(D) 181. 下列哪项是指示性符号（Directives）中网络类（Net Class）的功能？
A. 放置测试向量状态。
B. 进行数字仿真加入激励信号的节点。
C. 在原理图上制定电路板的设计规则。
D. 在原理图上放置网络类指示。

(B) 182. 下列哪项是指示性符号（Directives）中 PCB Layout 的功能？
A. 在电路板设计中放置仪器探针。
B. 在原理图中制定电路板的设计规则。
C. 在电路板上略过电路规则检查。
D. 在 PCB 电路板 Layout 过程中放置一个虚拟仪器探针。

(B) 183. 下列哪项不是指示性符号（Directives）？
A. 编译屏蔽（Compile Mask）。
B. 参数检查（Parameters Check）。
C. 探针（Probe）。
D. 虚拟仪器探针（Instrument Probe）。

(B) 184. 关于文本框（Text Frame）的描述中错误的是？
A. 放置文本框的快捷键为先按 P 键，再按 F 键。

B. 文本框会出现在原理图页面中的固定位置。
C. 文本框属于非电气对象。
D. 可直接在编辑区里编辑文本框。

(D) 185. Altium Designer 可以产生下列哪一项报告？

A. BOM（Bill of Materials）。
B. Netlist。
C. Design Hierarchy Report。
D. 以上都可以。

(A) 186. 下列哪项不被跳转（Jump）功能支持？

A. 可以跳转到不同的设计工程。
B. 可以跳转到指定的坐标位置。
C. 可以跳转到指定标号的元件。
D. 跳到指定元件的快捷键为先按 J 键，再按 C 键。

(D) 187. 下列对放置（Place）工具中的备注（Note）功能描述错误的是？

A. 备注（Note）功能的快捷键为按 P 、 E 、 O 键。
B. 备注（Note）是属于非电气属性工具的设计对象。
C. Text 此为备注（Note）的符号。
D. 备注（Note）内的文字字体是无法改变的。

(C) 188. 下列对于 Wire 线的使用方式哪项有误？

A. C15 10uF C11 0.1uF 使用自动布线（Auto Wire）模式连接。
B. 可分别针对布线（Wire）的节点或某一个线段做选取。
C. C11 0.1uF R1 Res1 1K 此连接方式也可以通过原理图工程的编译而不会有任何错误或警告。
D. 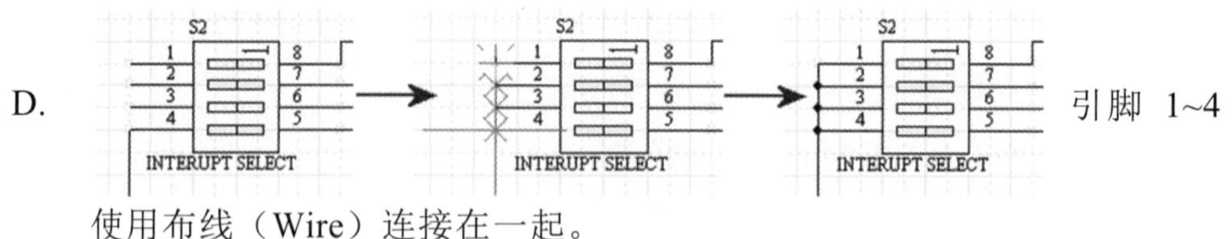

引脚 1~4 使用布线（Wire）连接在一起。

(D) 189. 下列对于 Bus 总线的使用方式的描述哪项有误？

A. A[0..2] A[0..2] 可以使用总线（Bus）布线连接 I/O 端口。

B. 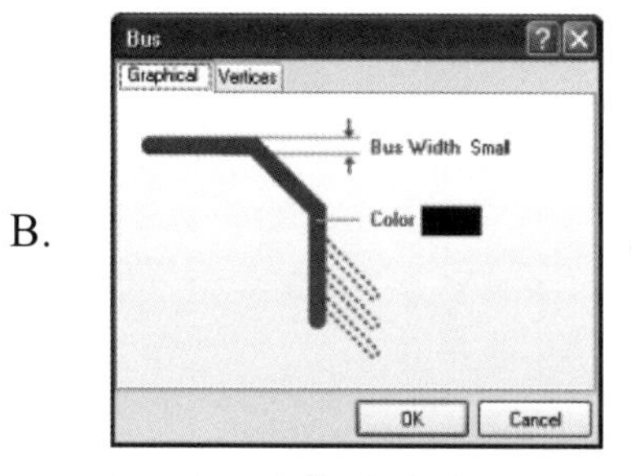

总线（Bus）的属性设定画面。

C. 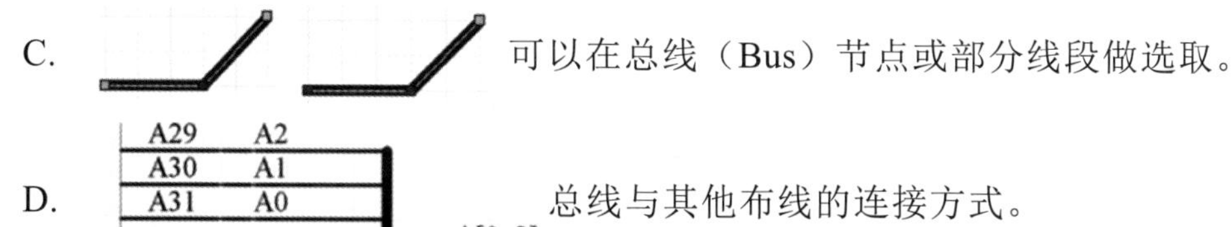 可以在总线（Bus）节点或部分线段做选取。

D. A29 A2 A30 A1 A31 A0 A[0..2] 总线与其他布线的连接方式。

(D) 190. 下列对于总线入口（Bus Entry）的操作哪项有误？

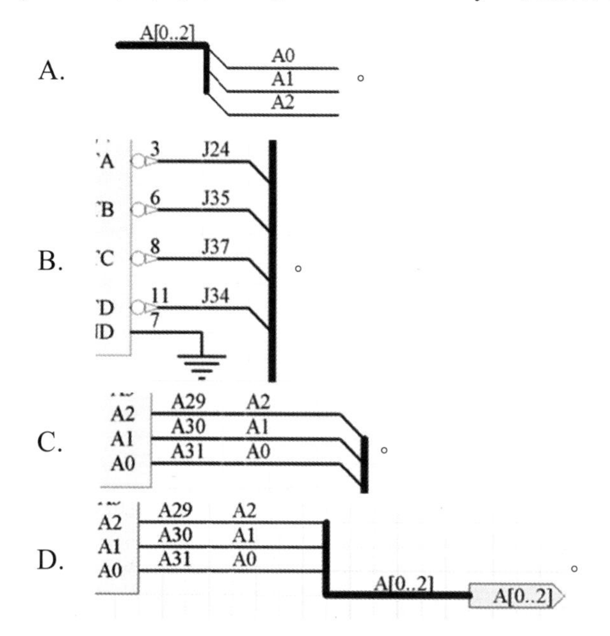

A. 。

B. 。

C. 。

D. A29 A2 A30 A1 A31 A0 A[0..2] A[0..2] 。

(D) 191. 关于放置元件（Place Part）的描述中错误的是?

A.　元件是展示电子装置的原理图符号。
B.　元件保存在原理图元件库中。
C.　放置元件的快捷键是连续按 P 键两下。
D.　每个元件之中只能有一个单元元件。

(D) 192. 下列哪项不是“放置”➔“绘图工具”命令中的功能？

A.　放置圆弧线（Arc）。
B.　放置椭圆弧线（Elliptical Arc）。
C.　放置线段（Line）。
D.　放置导线（Wire）。

(D) 193. 下列哪项不是智能粘贴（Smart Paste）的功能？

A. 数组式粘贴。
B. 复制网络标号转换为输出/入端口。
C. 复制字符串，转换为网络标号。
D. 产生报告文件。

(B) 194. 关于端口（Port）的应用，哪项有误？

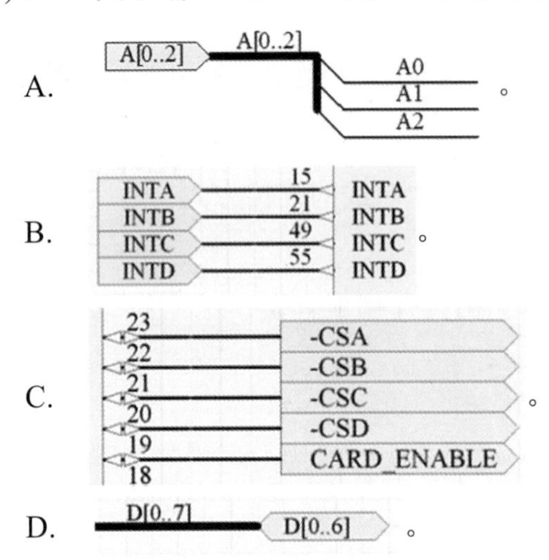

(D) 195. 关于离图连接（Off Sheet Connector）的描述中错误的是？

A. OffSheet 为离图连接符号。
B. 放置离图连接的快捷键为 P 、 C 键。
C. 离图连接在原理图中是属于电气特性的符号。
D. 离图连接是使用于单张式原理图的信号连接。

(D) 196. 关于图表符（Sheet Symbol）与原理图入口（Sheet Entry）的操作，哪项有误？

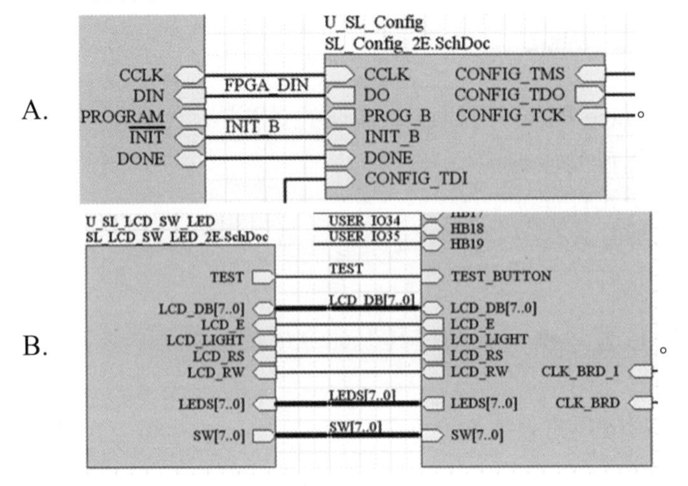

C.

D.

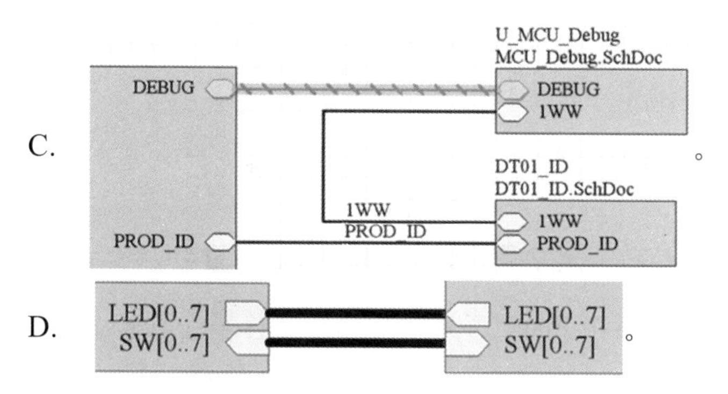

(C) 197. 关于器件图表符（Device Sheet Symbol）的操作，哪项有误？

A. 

为器件图表符的符号。

B. 放置器件图表符的快捷键为 P 、 I 键。

C. 可以直接单击器件图表符内容对电路设计做修改编辑。

D. 可以将自己的电路设计转为器件图表符使用。

(A) 198. 关于指示性符号（Directives）工具中激励信号的（Stimulus）描述中错误的是？

A. 一个激励信号只能设定一个参数名称与数值。

B. 激励信号是在进行电路仿真时所使用的驱动电路输入信号。

C. 放置激励信号的快捷键为 P 、 V 、 S 键。

D. Simulation Stimulus 为激励信号的符号。

(B) 199. 关于指示性符号(Directives)工具中的测试向量索引(Test Vector Index)的描述中错误的是？

A. 一个测试向量索引能设定多个参数名称与数值。

B. 测试向量索引是在进行电路仿真时所要输入的驱动电路信号。

C. 放置测试向量索引的快捷键为 P 、 V 、 T 键。

D. Test Vector 为测试向量索引的符号。

(C) 200. 关于指示性符号（Directives）工具中的探针（Probe）的描述中错误的是？

A. 为探针的符号。

B. 放置探针的快捷键为 P 、 V 、 R 键。

C. 探针是用来作为模拟仿真使用。

D. 可实时查看可编程器件 FPGA 引脚的状态。

(D) 201. 下列对指示性符号(Directives)工具中的虚拟仪器探针 Instrument Probe

的描述中错误的是？

A. 进行 FPGA 设计时用来连接虚拟仪器的探针。

B. NetName 为虚拟仪器探针的符号。

C. Instrument Probe 的快捷键为依次按 P 、 V 、 I 键。

D. 虚拟仪器探针的探针符号需放置在测试点的网络标号上。

(D) 202. 下列对于原理图编辑器中 Place 工具中的文本字符串（Text String）的描述中错误的是？

A. Text String 为非电气特性符号。

B. Text 为 Text String 的符号。

C. Text String 的快捷键为先按 P 键，再按 T 键。

D. Text String 的功能与 Text Frame 的功能相同。

(A) 203. 下列对于放置（Place）工具中的文本框（Text Frame）的描述中错误的是？

A. Text Frame 属于电气特性的符号。

B. Text Frame 用来定义原理图的文字内容。

C. Text Frame 的快捷键是依次按 P 、 F 键。

D. 可以用矩形的方式来改变文本框的大小。

(D) 204. 下列哪项不是放置绘图工程（Place Drawing Tools）中的功能？

A. Ellipse。

B. Pie Chart。

C. Rectangle。

D. Bus。

(A) 205. 下列哪项不是放置绘图工具（Place Drawing Tools）中的功能？

A. Place Port。

B. Rectangle。

C. Round Rectangle。

D. Polygon。

(B) 206. 下列对于绘图工具（Drawing Tools）的描述中错误的是？

A. 可以使用绘图工具中的图像（Graphic）功能放置图片。

B. 绘图工具的功能在原理图中具有电气特性。

C. 可以使用 Bezier 绘制贝塞尔曲线。

D. 可以使用绘图工具绘制原理图模板。

(C) 207. 下列关于多图纸设计（Multi Sheet）的描述中错误的是？

A. 多图纸设计可以分成平行化与层次化设计。

B. 多图纸的层次化设计可以由上至下或由下至上方式设计。
C. 利用图表符（Sheet Symbol）方式进行图纸间的连接完全不需要 Entry 端口。
D. VHDL 文件也可以建立图表符（Sheet Symbol），使用在多图纸设计中。

(D) 208. 下列关于多通道设计（Multi Channel）的描述中错误的是？
A. 可以在层次化原理图设计中重复使用相同的原理图。
B. 使用 REPEAT 命令产生所要重复的内层原理图图名。
C. 图表符端口也是利用 REPEAT 命令将信号送到每个信道。
D. 内层原理图中的所有信道卷标都可以编辑。

(A) 209. 下列对于查找相似对象（Find Similar Objects）功能的描述中错误的是？
A. 查找相似对象的快捷键为 Ctrl + F 键。
B. 查找相似对象的对话框里列出此元件的所有属性与参数。
C. 筛选条件分成 Any、Same、Different 三种。
D. 查找相似对象的快捷键为 Shift + F 键。

(D) 210. 下列对于切割线（Break Wire）功能的描述中错误的是？
A. 切割线功能是将一个布线切断为两个部分。
B. 使用切割线功能时可以按 空格键切换三种模式。
C. 三种切割线模式分别为 Snap to segment、Snap grid size multiple、Fix Length。
D. 使用切割线功能时可以按 Tab 键，只能编辑切线宽度。

(D) 211. 下列对于查找与替换文字的功能的描述中错误的是？
A. 查找文字的快捷键为 Ctrl + F 键。
B. 替换文字的快捷键为 Ctrl + H 键。
C. 查找文字也可以查找到网络标号与元件标号。
D. 查找文字与替换文字的功能限定在当前打开的原理图。

(C) 212. 关于智能 PDF（Smart PDF）功能的描述中错误的是？
A. 智能 PDF（Smart PDF）功能可以将原理图、PCB 设计、BOM 表转换为 PDF 文件输出。
B. 智能 PDF（Smart PDF）设定阶层结构中包括元件标号、网络标号、原理图进端口。
C. 要使用智能 PDF（Smart PDF）的功能，要先安装 Acrobat 的 PDF 软件才可以使用输出 PDF 文件。
D. 智能 PDF（Smart PDF）功能也可以使用在 OutputJob 编辑文件中选择输出。

(C) 213. 如图所示，输出材料清单（Bill of Materials）的对话框里，A 区域的功能是什么？

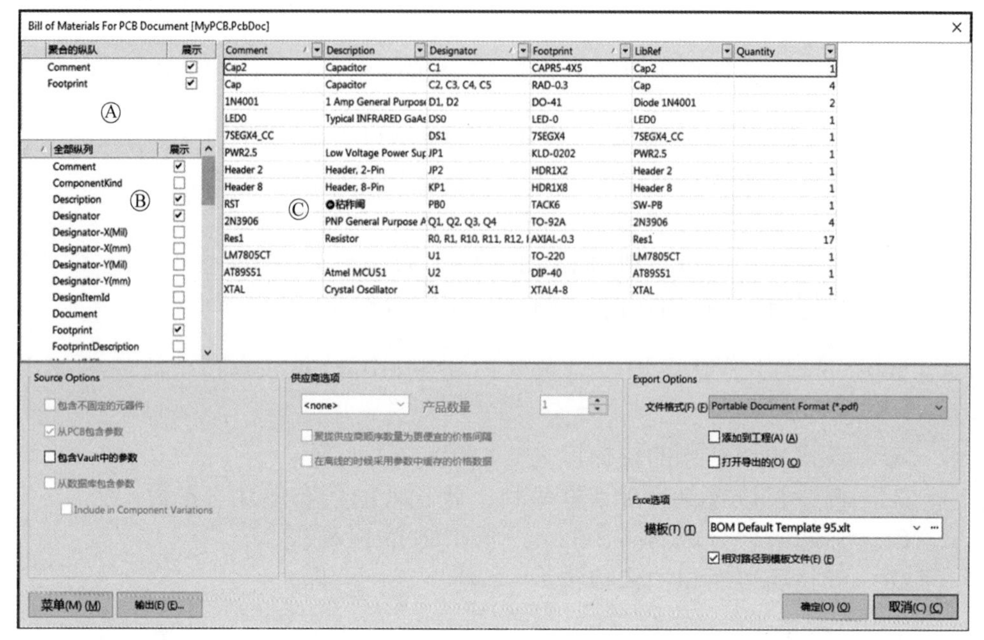

A. 新增参数列。
B. 排序参数列。
C. 群组参数列。
D. 应用模板。

(D) 214. 编辑元件时，若要快速切换到下一个部件编辑视图，应如何操作？

A. 单击 按钮。
B. 单击 按钮。
C. 单击 按钮。
D. 单击 按钮。

(D) 215. 原理图输出 BOM（Bill of Materials）表时，若要新增“价格”参数列，应如何操作？

A. 到元件属性内增加。
B. 到元件库编辑器内增加。
C. 到参数编辑器内增加。
D. 以上都是。

(A) 216. 在 Altium Designer 中的快捷键除了自行设定外，程序还提供默认功能，应如何设定？

A. 在命令行中，某个命令内的其中一个字母下会有个下划线，只需按下那个字母及可调出该命令。
B. 在命令行中，某个命令内的其中一个字母会有个线框，只需按下那个字母及可调出该命令。

C. 在命令行中，某个命令内的其中一个字母会有固定的颜色，只需按下那个字母及可调出该命令。

D. 在命令行中，某个命令内的其中一个字母会有不同的字体，只需按下那个字母及可调出该命令。

(C) 217. 在 Altium Designer 中有多种图纸放大缩小的快捷键，下列哪一个不是预设的？

A. 按住 Ctrl 键，再操作鼠标中间滚轮。

B. 按下鼠标中间滚轮不放，再将鼠标往前推或往后拉。

C. 按 + 或 - 键。

D. 按 Page Up 或 Page Down 键。

(B) 218. 当不小心把视图移到未知的区域时，下列哪一项快捷键可以快速回到图纸的位置？

A. 按 Ctrl + Page Down 键。

B. 按 Z 、 A 键。

C. 按 Z 、 Page Down 键。

D. 按 Ctrl + Z 键。

(D) 219. 如果想要自行设定快捷键，下列哪种方式是正确的做法？

A. 到环境设定内找到快捷键的页面做设定。

B. 在要设定的命令上单击鼠标右键做设定。

C. 按 D + O 键做设定。

D. 在要设定的功能命令上按住 Ctrl 键，再单击鼠标左键。

(A) 220. 如果想要快速执行 PCB 工程 ERC 设计规则检查，可以利用下列哪一项快捷键？

A. 按 C 、 C 键。

B. 按 C 、 O 键。

C. 按 C 、 D 键。

D. 按 C 、 P 键。

(B) 221. 如果想要快速执行元件标号自动排序，可以利用下列哪一项快捷键？

A. 按 T 、 C 键。

B. 按 T 、 A 键。

C. 按 T 、 L 键。

D. 按 T 、 D 键。

(B) 222. 如果想要快速进入工程设定页面，可以利用下列哪一项快捷键？

A. 按 C 、 C 键。

B. 按 C 、 O 键。

C. 按 C 、 D 键。

D. 按 C 、 P 键。

(A) 223. 原理图绘制时，可以利用下列哪一项快捷键来放置导线？

A. 按 P 、 W 键。
B. 按 P 、 I 键。
C. 按 P 、 R 键。
D. 按 P 、 E 键。

(A) 224. 原理图绘制时，可以利用下列哪一项快捷键来放置总线？

A. 按 P 、 B 键。
B. 按 P 、 U 键。
C. 按 B 、 B 键。
D. 按 B 、 U 键。

(C) 225. 原理图绘制时，如果想要快速跳到某元件的位置，可以利用下列哪一项快捷键？

A. 按 J 、 O 键。
B. 按 J 、 L 键。
C. 按 J 、 C 键。
D. 按 J 、 M 键。

(A) 226. 原理图绘制时，如果想要快速移动到某个坐标点，可以使用下列哪一项快捷键？

A. 按 J 、 L 键。
B. 按 J 、 S 键。
C. 按 M 、 L 键。
D. 按 M 、 S 键。

(A) 227. 原理图绘制时，可以利用下列哪一项快捷键来执行测量距离的功能？

A. 按 Ctrl + M 键。
B. 按 Ctrl + D 键。
C. 按 Alt + M 键。
D. 按 Alt + D 键。

(D) 228. 原理图绘制时，下列哪一项为最优先的操作步骤？

A. 放置网络标号。
B. 放置电源符号。
C. 放置导线。
D. 放置元件。

(D) 229. 原理图绘制进行放置元件前，一定要先进行什么操作，否则无法放置元件？

A. ERC 规则检查。

B. 放置导线。
C. 打开电路板文件。
D. 加载元件库。

(D) 230. 下列哪项不是 Altium Designer 所支持输出的 BOM 表格式？
A. *.xls / *.csv。
B. *.pdf / *.txt。
C. *.xml / *.html。
D. 以上都可以。

(D) 231. 下列哪项不是输出 BOM（Bill of Materials）表的格式？
A. .xls。
B. .pdf。
C. .txt。
D. .jpg。

(D) 232. 自定义工具栏可以设定哪些项目？
A. 常用的功能命令设为工具栏。
B. 随意地调整工具栏的位置。
C. 显示或关闭工具栏。
D. 以上都可以。

(C) 233. 在编辑原理图元件时，若要新增单元元件，应如何操作？
A. 按 + 键。
B. 单击按钮。
C. 单击按钮。
D. 单击按钮。

(A) 234. 对于较复杂、引脚较多的元件，可采用哪种元件设计方式？
A. 使用多部件器件。
B. 使用多个替换图。
C. 使用隐藏引脚。
D. 以上都可以。

(D) 235. 在元件符号库编辑器内若要进行元件检查，应如何操作？
A. 执行“工具”➔“元件检查”命令。
B. 执行“工具”➔“元件规则检查”命令。
C. 执行“报告”➔“元件检查”命令。
D. 执行“报告”➔“元件规则检查”命令。

(D) 236. 下列哪项是在原理图绘制中，可以选择使用的单位?
A. Mils。
B. Inches。

C. DXP Defaults。
D. 以上都可以。

(D) 237. 下列哪项是在原理图绘制中，可以使用的单位？

A. Millimeters。
B. Centimeters。
C. Meters。
D. 以上都可以。

(D) 238. 若要将所选取的对象，移入邻近工作栅格，应如何操作？

A. 单击按钮。
B. 单击按钮。
C. 单击按钮。
D. 单击按钮。

(C) 239. 若要在原理图里放置特殊字符串，应如何操作？

A. 按 P 、 S 键。
B. 单击 A 按钮。
C. 执行“放置”➔“文本字符串”命令。
D. 执行“视图”➔“特殊字符串”命令。

(A) 240. 每次移动半格编辑区的自动移动是什么？

A. Auto Pan ReCenter。
B. Auto Pan Fixed Jump。
C. Auto Pan Half Jump。
D. Auto Pan Off。

(C) 241. 放置元件图表符时，若不想要显示水印，应如何操作？

A. 在参数选择（Preferences）对话框的 Graphical Editing 页里选择不显示水印选项。
B. 在参数选择（Preferences）对话框的 Device Sheets 页里选择不显示水印选项。
C. 在参数选择（Preferences）对话框的 Device Sheets 页里取消选择显示设备图表符的水印选项。
D. 按 Alt + N 键。

(D) 242. 哪个按钮具有连续复制功能？

A. 。
B. 。
C. 。
D. 。

6-2 客观题库二

在客观题库二里，主要是针对 PCB 设计方面的试题。

(A) 1. 若要将 PCB 编辑区里的元件，添加到封装（footprint)库，应如何快速有效地处理？

A. 复制此元件，并粘贴到 PCB Library 中的新建元件编辑区，再依需求修改元件外形与属性。
B. 复制此元件，直接粘贴到 PCB Library 面板里。
C. 依据此元件，在 PCB Library 中的新建元件编辑区中手动绘制。
D. 应用元器件向导找到类似的元件建立，再做修改。

(D) 2. 下列哪项不属于元件类型？

A. standard。
B. graphical。
C. mechanical。
D. physical。

(C) 3. 装配孔或跳线类的元件，可将其元件类型（Type）属性设定为什么？

A. standard。
B. physical。
C. mechanical。
D. net tie。

(C) 4. 若要锁定元件不被移动，则可选择哪个选项？

A. Lock Primitives。
B. Lock Strings。
C. Locked。
D. Lock All。

(A) 5. 若要查询对象的属性，可用鼠标右键单击该对象，然后选择弹出菜单的哪个命令？

A. Properties 命令。
B. Find Similar Objects 命令。
C. Options 命令。
D. Unions 命令。

(B) 6. 在 PCB 元件编辑环境里，若要新增元件应如何操作？

A. 单击按钮。

B. 执行“工具”→“新建元件”命令。
C. 执行“文件”→“新建元件”命令。
D. 执行“设计”→“新建元件”命令。

(C) 7. 下列哪项不是改变 PCB 板层的方法？
A. 按 + 、 - 键。
B. 按 * 键。
C. 按 L 键。
D. 单击编辑区下方的层名称。

(B) 8. 若要快速切换信号层，可使用哪个快捷键？
A. 按 + 、 - 键。
B. 按 * 键。
C. 按 \ 键。
D. 按 / 键。

(C) 9. 若要修改机械层（Mechanical Layer）的层名称，应如何处理？
A. 执行“工具”→“板层堆栈管理器”命令。
B. 执行“设计”→“板层堆栈管理器”命令。
C. 执行“设计”→“板层与颜色设定”命令。
D. 执行“工具”→“板层与颜色设定”命令。

(A) 10. 在 Altium Designer 中，英文 Solder Mask 是指什么层？
A. 阻焊层。
B. 丝印层。
C. 助焊层。
D. 钻孔层。

(C) 11. 在 Altium Designer 中，英文 Paste Mask 是指什么层？
A. 阻焊层。
B. 丝印层。
C. 助焊层。
D. 钻孔层。

(B) 12. 在 Altium Designer 中，英文 Overlay 是指什么层？
A. 阻焊层。
B. 丝印层。
C. 助焊层。
D. 钻孔层。

(D) 13. 在 Altium Designer 中，英文 Drill Drawing 是指什么层？
A. 阻焊层。
B. 丝印层。

C. 助焊层。
D. 钻孔层。

(B) 14. 在 Altium Designer 中，英文 Mechanical 是指什么层？
A. 丝印层。
B. 机械层。
C. 钻孔层。
D. 阻焊层。

(A) 15. 在层叠管理器（Layer Stack Manager）里，若要新增布线层，应如何操作？
A. 单击 Add Layer 按钮。
B. 单击 Add Plane 按钮。
C. 单击 Properties ... 按钮。
D. 单击 Place Stackup Legend 按钮。

(A) 16. 哪种层是整面铜膜？
A. 内电层（Internal Plane）。
B. 信号层（Layer）。
C. 布线层（Wire）。
D. 机械层（Mechanical）。

(A) 17. 若要定义盲孔或埋孔，可在哪里设定？
A. 层叠管理器。
B. 钻孔对管理器。
C. 钻孔编辑管理器。
D. 钻孔尺寸编辑器。

(C) 18. 若要设定层在编辑区里显示的颜色，应如何操作？
A. 执行“设计”➔“板层层叠管理器”命令。
B. 按 D 键。
C. 按 L 键。
D. 按 V 键。

(C) 19. 若要在 PCB 编辑区放置板层对象，可在层叠管理器中，单击哪个按钮？
A. 单击 Configure Drill Pairs... 按钮。
B. 单击 Impedance Calculation... 按钮。
C. 单击 Place Stackup Legend 按钮。
D. 单击 Properties ... 按钮。

(A) 20. 下列哪个板层的层名称可以更改？
A. Mechanical Layer。
B. Top Overlay。

C. Bottom Solder。
D. Drill Drawing。

(C) 21. 在 Altium Designer 的 PCB 编辑区里，信号层（Signal Layer）最多可增加到几层？

A. 4。
B. 16。
C. 32。
D. 64。

(D) 22. 在 Altium Designer 的 PCB 编辑区里，机械层（Mechanical Layer）最多可增加到几层？

A. 8。
B. 16。
C. 24。
D. 32。

(B) 23. 在 Altium Designer 的 PCB 编辑区里，内电层（Plane Layer）最多可增加到几层？

A. 4。
B. 16。
C. 32。
D. 64。

(A) 24. 若要更改信号层（Signal Layer）的层名称，可调用哪个命令？

A. 执行“设计”➔“层叠管理器”命令。
B. 执行“工具”➔“层叠管理器”命令。
C. 执行“设计”➔“板层与颜色设定”命令。
D. 执行“工具”➔“板层与颜色设定”命令。

(A) 25. 若要更改内电层（Plane Layer）的层名称，可调用哪个命令？

A. 执行“设计”➔“层叠管理器”命令。
B. 执行“工具”➔“层叠管理器”命令。
C. 执行“设计”➔“板层与颜色设定”命令。
D. 执行“工具”➔“板层与颜色设定”命令。

(C) 26. 若要更改机械层（Mechanical Layer）的层名称，可调用哪个命令？

A. 执行“设计”➔“层叠管理器”命令。
B. 执行“工具”➔“层叠管理器”命令。
C. 执行“设计”➔“板层与颜色设定”命令。
D. 执行“工具”➔“板层与颜色设定”命令。

(C) 27. 在四层电路板层叠结构中，VCC 与 GND 应在第几层？

A. 1、2 层。
B. 1、4 层。
C. 2、3 层。
D. 3、4 层。

(B) 28. 在 Altium Designer 的 PCB 编辑环境里，若要执行交互式（Interactive Routing）命令，可单击哪个图标？

A. 。
B. 。
C. 。
D. 。

(D) 29. 在 Altium Designer 的 PCB 编辑环境里，不支持哪种布线转角模式？

A. 90 度。
B. 45 度。
C. 任意角度。
D. 椭圆弧。

(A) 30. 当进行布线时，若要切换成可推挤障碍（Push Obstacles）模式，可使用哪个快捷键来切换？

A. Shift + R 键。
B. Shift + Ctrl 键。
C. Shift + S 键。
D. Shift + 键。

(B) 31. 进行布线时，下列哪个快捷键是无作用的？

A. * 键。
B. X 键。
C. 键。
D. 1 键。

(B) 32. 进行布线时，下列哪项不是切换线宽的方式？

A. 按 3 键。
B. 按 Alt + W 键。
C. 按 Shift + W 键。
D. 按 Tab 键。

(C) 33. 进行布线时，若要切换布线层，可使用哪个按键？

A. 按 X 键。
B. 按 Y 键。

C. 按 * 键。

D. 按 / 键。

(D) 34. 在布线时切换布线层，将会自动加上过孔，此时若要修改/指定过孔的大小外形，可使用哪个快捷键？

A. 按 4 键。

B. 按 Shift + V 键。

C. 按 Tab 键。

D. 以上都可以。

(C) 35. 若要暂停自动布线，应如何处理？

A. 单击 Cancel 按钮。

B. 单击按钮。

C. 执行“自动布线”➔“Pause”命令。

D. 执行“工具”➔“拆除布线”命令。

(D) 36. PCB 布线时，若布线无法通过某个区域，可能的原因是什么？

A. 安全间距规则设定太大，导致布线过不去。

B. 对象被隐藏没有显示出来。

C. 布线模式设定成遇到违反规则就停止的模式。

D. 以上都是。

(C) 37. 下列关于 PCB 线宽设定，哪项叙述有误？

A. 可依照阻抗设定线宽。

B. 可设定最大、最小、优选线宽。

C. 可在喜好线宽面板里调整线宽。

D. 手动输入线宽方式，不被规则所限制。

(A) 38. 在 PCB 编辑时，布线的阻抗值会对什么造成影响？

A. 影响 PCB 信号完整性分析的结果。

B. 布线成功率。

C. PCB 制造程序。

D. PCB 成本。

(B) 39. 进行自动布线时，若想要保留原本的布线，应如何设定？

A. 在自动布线设定对话框里，选择 Un-Route 选项。

B. 在自动布线设定对话框里，选择 Locked All Pre-route 选项。

C. 执行“自动布线”➔“Pre-route”命令。

D. 执行“自动布线”➔“Locked All Pre-route”命令。

(A) 40. 采用 45 度或 90 度圆弧转角模式布线时，若要调整圆弧角度大小，可使用哪些快捷键？

A. < 、 > 键。
B. { 、 } 键。
C. [、] 键。
D. + 、 - 键。

(C) 41. 在 Altium Designer 的 PCB 编辑环境下，若要关闭放大镜，应如何操作？

A. 按 Shift + H 键。
B. 按 Ctrl + H 键。
C. 按 Shift + M 键。
D. 按 Ctrl + M 键。

(B) 42. 在 Altium Designer 的 PCB 编辑环境下，若要切换为全屏显示，应如何操作？

A. 按 Alt + F1 键。
B. 按 Alt + F5 键。
C. 按 Ctrl + F1 键。
D. 按 Ctrl + F5 键。

(A) 43. 在 Altium Designer 的 PCB 编辑环境下，默认切换公英制单位的快捷键为何？

A. Q 键。
B. U 键。
C. R 键。
D. S 键。

(C) 44. 在 PCB 编辑环境里，若要把 TOP 层的元件翻到背面，可按哪个快捷键？

A. X 键。
B. Y 键。
C. L 键。
D. Z 键。

(B) 45. 在 PCB 编辑环境里，若要切换单层显示模式，可使用哪个快捷键？

A. Shift + H 键。
B. Shift + S 键。
C. Shift + G 键。
D. Shift + D 键。

(B) 46. 若要连续粘贴复制的对象，可使用哪个快捷键？

A. Ctrl + V 键。
B. Ctrl + R 键。
C. Ctrl + C 键。
D. Shift + S 键。

(C) 47. 在 PCB 编辑环境下，若要进入 3D 展示模式，可使用哪个快捷键？
A. 1 键。
B. 2 键。
C. 3 键。
D. 4 键。

(D) 48. 下列哪种方式可保存编辑中的 PCB？
A. 执行“文件”→“保存”命令。
B. 按 Ctrl + S 键。
C. 单击 按钮。
D. 以上都可以。

(C) 49. 在默认状态下，每次单击 键（空格键），操作中的对象会旋转多少度？
A. 30 度。
B. 45 度。
C. 90 度。
D. 以上都不对。

(D) 50. 在 Altium Designer 的 PCB 编辑环境里，如何将当头显示关闭？
A. 按 Ctrl + Z 键。
B. 按 Shift + D 键。
C. 按 Shift + G 键。
D. 按 Shift + H 键。

(B) 51. 在 Altium Designer 的 PCB 编辑环境里，若要设定层颜色应如何操作？
A. 按 C 键。
B. 按 L 键。
C. 按 S 键。
D. 按 A 键。

(C) 52. 在 Altium Designer 的 PCB 编辑环境里，若想要查找相似对象，应如何操作？
A. 按 Ctrl + S 键。
B. 按 Ctrl + F 键。

C. 按 Shift + F 键。
D. 按 Shift + S 键。

(B) 53. 在 Altium Designer 的 PCB 编辑环境里，切换单位的快捷键是什么？
A. G 键。
B. Q 键。
C. Ctrl + Q 键。
D. Ctrl + G 键。

(D) 54. 在 Altium Designer 的 PCB 编辑环境里，若要打开当头显示中的放大镜，应该如何操作？
A. 单击按钮。
B. 按 Shift + D 键。
C. 按 Shift + X 键。
D. 按 Shift + M 键。

(B) 55. 在 PCB 的操作环境中，若画面偏离工作区太远，可利用下面哪个快捷键快速回到工作区内？
A. 按 Ctrl + Page Up 键。
B. 按 Ctrl + Page Down 键。
C. 按 Z 、 I 键。
D. 按 Z 、 O 键。

(D) 56. 在 PCB 的操作环境中，哪一个不是切换层的快捷键？
A. + 键。
B. - 键。
C. * 键。
D. / 键。

(D) 57. 在 PCB 的操作环境中，切换电气栅格的预设快捷键是什么？
A. G 键。
B. Shift + G 键。
C. E 键。
D. Shift + E 键。

(B) 58. 若要在电路板编辑区里放置层名称，可使用哪一个功能变量？
A. .Print_Output name。
B. .layer Name。
C. .File Name。
D. .File Path。

(A) 59. 在输出 Gerber 时，若出现“The Film is too small for this PCB”错误信

息，应如何处理？

A. 由于 PCB 太大，导致 Gerber 容纳不下，可将 Gerber 设定大一点，或将 PCB 改小。
B. 由于内存不足，应扩增计算机的内存。
C. 由于屏幕分辨率不够，应调整屏幕分辨率，至少为 1280×1024 或更高。
D. 由于硬盘空间不足，应删除硬盘中没用的数据，以增加可用空间。

(D) 60. 在 Altium Designer 的 PCB 编辑环境里，对于在 PCB 板中放置字符串的描述中错误的是？

A. 可以设定字号。
B. 可以设定中文字，包含竖式排列。
C. 设定反相字时，可设定反相字外围宽度。
D. 中文字输出 gerber 会变成乱码。

(B) 61. 在编辑 xxx.PrjPCB PCB 工程时，如何在原理图编辑环境里，将数据转移到 PCB？

A. 执行“工具”➔“Update Schematics in xxx.PrjPCB”命令。
B. 执行“设计”➔“Update PCB Document xxx.PCBDOC”命令。
C. 执行“设计”➔“Update Schematics in xxx.PrjPCB”命令。
D. 执行“工具”➔“Update PCB Document xxx.PCBDOC”命令。

(D) 62. 在编辑 XXX.PrjPCB PCB 工程时，若要将原理图的数据转移到 PCB，可在 PCB 编辑器里使用哪个命令？

A. “文件”➔“加载”命令。
B. “文件”➔“导入”命令。
C. “工具”➔“Import Changes From XXX.PrjPCB”命令。
D. “设计”➔“Import Change From XXX.PrjPCB”命令。

(B) 63. 在编辑 XXX.PrjPCB PCB 工程时，若要把 PCB 编辑区里修改的数据，更新到原理图，可在 PCB 编辑区里执行哪个命令？

A. “工具”➔“Update Schematic in XXX.PrjPCB”命令。
B. “设计”➔“Update Schematic in XXX.PrjPCB”命令。
C. “工具”➔“Import Changes From XXX.PrjPCB”命令。
D. “设计”➔“Import Changes From XXX.PrjPCB”命令。

(D) 64. 若要在 PCB 编辑区里进行放大、缩小操作，应如何操作？

A. 按住 Ctrl 键，鼠标滚轮往前推、往后拉。
B. 按 Page Up 、 Page Down 键。
C. 按住鼠标滚轮，再将鼠标前后移动。
D. 以上都可以。

(C) 65. 在 Altium Designer 的 PCB 或原理图编辑环境里，按住 Ctrl 键再将鼠

标滚轮往前推，有什么作用？

A. 编辑区上移。
B. 编辑区左移。
C. 编辑区放大显示比例。
D. 编辑区缩小显示比例。

(B) 66. 进行交互式布线时，若要切换布线宽度，应如何操作？

A. 按 W 键。
B. 按 Shift + W 键。
C. 按 2 键。
D. 按 4 键。

(A) 67. 进行元件布局时，可通过哪种方式来移动元件？

A. 执行“编辑”→“移动”→“移动元件”命令。
B. 执行“工具”→“移动”→“移动元件”命令。
C. 执行“放置”→“移动”→“移动元件”命令。
D. 执行“设计”→“移动”→“移动元件”命令。

(C) 68. 下列哪项不是改变元件放置位置的方法？

A. 直接在元件属性对话框里设定元件放置角度。
B. 选中所要操作的元件，再按 空格键即可旋转元件。
C. 选中所要操作的元件，再按 R 键来翻转元件并改变放置层。
D. 选中所要操作的元件，再按 L 键来翻转元件并改变放置层。

(A) 69. 在 Altium Designer 的 PCB 编辑环境里，若要进行切割线，应如何操作？

A. 执行“编辑”→“切断轨迹（Slice Track）”命令。
B. 执行“放置”→“切断轨迹（Slice Track）”命令。
C. 执行“编辑”→“切断轨迹（Slice Track）”命令。
D. 执行“放置”→“切断轨迹（Slice Track）”命令。

(C) 70. 在 Altium Designer 的 PCB 编辑环境里，若要删除某 Net 的全部布线，应如何操作？

A. 执行“工具”→“删除”→“网络”命令。
B. 执行“设计”→“删除”→“网络”命令。
C. 执行“工具”→“取消布线”→“网络”命令。
D. 执行“设计”→“取消布线”→“网络”命令。

(B) 71. 在 Altium Designer 的 PCB 编辑环境里，若连接全部消失了，应如何将连接重新显示？

A. 执行“编辑”→“连接”→“显示所有”命令。
B. 执行“查看”→“连接”→“显示所有”命令。
C. 执行“设计”→“连接”→“显示所有”命令。
D. 执行“工具”→“连接”→“显示所有”命令。

(B) 72. 在 Altium Designer 的 PCB 编辑环境里，若要将 PCB 翻转，应如何操作？

A. 执行“编辑”➔“翻转板子”命令。
B. 执行“查看”➔“翻转板子”命令。
C. 执行“设计”➔“翻转板子”命令。
D. 执行“工具”➔“翻转板子”命令。

(B) 73. 在 Altium Designer 的 PCB 元件编辑环境里，如何启用 PCB 封装向导？

A. 执行“设计”➔“元器件向导...”命令。
B. 执行“工具”➔“元器件向导...”命令。
C. 执行“文件”➔“元器件向导...”命令。
D. 执行“工具”➔“封装向导...”命令。

(D) 74. 如何选中所有对象？

A. 按 S 、 A 键。
B. 执行“编辑”➔“选中”➔“全部”命令。
C. 直接框选。
D. 以上都可以。

(C) 75. 关于打印设定的描述中正确的是？

A. 只能黑白打印。
B. 能打印内定层，不能增加或减少。
C. 可以分层打印或是合并打印。
D. 只能 1:1 打印，不能调整打印比例。

(B) 76. 在 Altium Designer 新建 PCB 文件的扩展名是什么？

A. PCBLIB。
B. PCBDOC。
C. PRJPCB。
D. DOCPCB。

(D) 77. 以下哪种方式可以更改 PCB 文件的名称？

A. 执行“文件”➔“另存为”命令。
B. 利用存储管理器。
C. 直接选中 PCB 修改名称。
D. 以上都可以。

(A) 78. 在 Altium Designer 的原理图编辑环境里，如何将元件与 NET 等项目输出到 PCB？

A. Update 方式将其不同的项目更新至 PCB 上。
B. 利用 NETLIST 的文件导入到 PCB。
C. SCH 另存成 PCB。
D. 以上都不是。

(D) 79.　在 Altium Designer 的 PCB 编辑环境里，建立板框的方法是什么？

A.　执行“设计”➔“板子形状”➔“按照选择对象定义”命令。

B.　Import（导入）　DXF 或 DWG。

C.　画一个封闭区域再转换成 Board Shape。

D.　以上都可以。

(B) 80.　如果要调整板内区域的位置，该用哪条命令？

A.　编辑区域命令。

B.　移动区域命令。

C.　修改区域命令。

D.　编辑区域命令。

(C) 81.　如果要修改板内区域的形状，该用哪条命令？

A.　编辑区域命令。

B.　移动区域命令。

C.　修改区域命令。

D.　编辑区域命令。

(D) 82.　下列项目里，哪项是 PCB 面板可浏览查看的项目？

A.　Hole Size Editor。

B.　Component。

C.　Net。

D.　以上都是。

(B) 83.　为什么 PCB 文件要存放在工程下？

A.　在工程下才能编辑。

B.　必须要和原理图在同一个工程中实现设计数据同步更新。

C.　因为打开 PCB 自动锁定在工程下。

D.　因为规则相关项目都在工程内设定。

(A) 84.　如图中所框选的是什么？

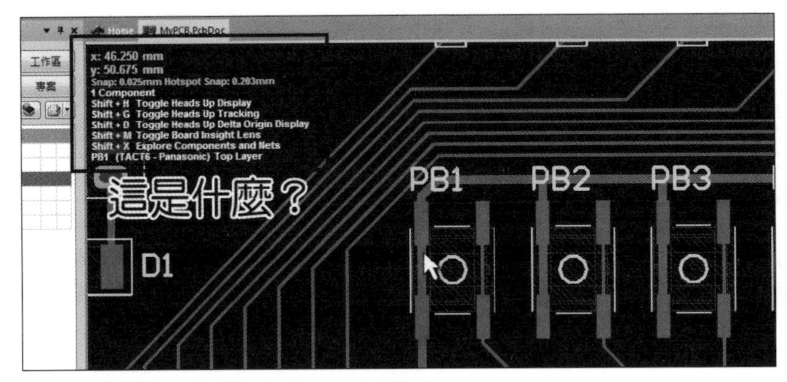

A.　当头显示（Headup Display）。

B.　保存管理器。

C. 小图框。
D. PCB 编辑器。

(D) 85. 图中所框选的标题栏，有什么作用？

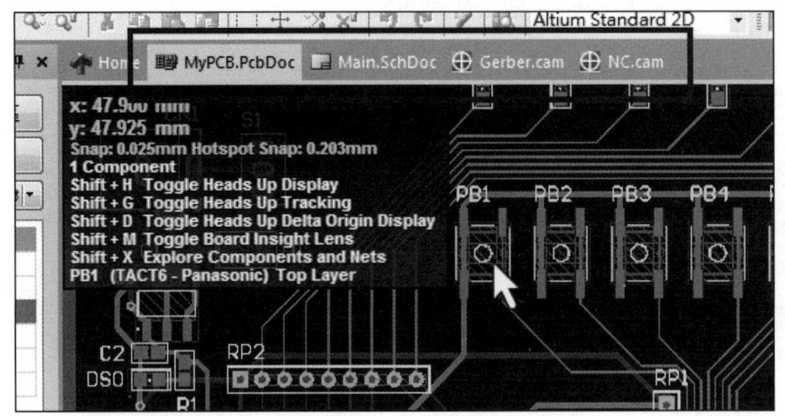

A. 可任意拖动文件的位置，甚至移动到另一个屏幕。
B. 可关闭所选的文件。
C. 可做画面的切割，分割成上下或左右屏幕，以方便比对。
D. 以上都是。

(B) 86. 在 Altium Designer 的电路板编辑环境里，若要存档，可单击哪个图标？

A. 。
B. 。
C. 。
D. 。

(C) 87. 在 Altium Designer 编辑环境里，若要新建 PCB 文件，应该如何操作？

A. 按 F 键、再按 P 键。
B. 单击图标。
C. 按 F 键、再按 N 键、再按 P 键。
D. 以上都可以。

(D) 88. 若要打开元件属性对话框，应如何操作？

A. 鼠标光标指向元件，双击左键。
B. 鼠标光标指向元件，单击右键在下拉菜单中，再选择 Properties 选项。
C. 移动元件时，按 Tab 键。
D. 以上都可以。

(B) 89. 在 Altium Designer 的 PCB 编辑环境里，若要进行图形的排列，可单击哪个图标按钮？

A. 。
B. 。
C. 。

D.  [按钮图标]。

(A) 90. 在 PCB 编辑环境里，[按钮图标]按钮的功能是什么？

A. 设定栅格。
B. 查找对象。
C. 排列对象。
D. 绘制尺寸线。

(C) 91. 在 PCB 编辑环境里，[按钮图标]按钮有什么功能？

A. 编辑器件。
B. 查找器件。
C. 放置器件。
D. 链接资料。

(D) 92. 若要进行器件布局区间的器件排列，应如何操作？

A. 执行“设计”➔“按照 Room 排列”命令。
B. 执行“工具”➔“按照 Room 排列”命令。
C. 执行“设计”➔“器件布局”➔“按照 Room 排列”命令。
D. 执行“工具”➔“器件布局”➔“按照 Room 排列”命令。

(C) 93. 在 Altium Designer 中，器件放置 Room 的工具按钮（[按钮图标]），主要是应用在哪里？

A. 平行化电路设计。
B. 传统式层次化电路设计。
C. Multi-Channel 电路设计。
D. 一般电路设计。

(D) 94. PCB 元件布局的设计规则，属于哪个设计规则？

A. Routing。
B. Electrical。
C. Manufacturing。
D. Placement。

(A) 95. 下列哪项不是元件布局的设计规则项目？

A. Short-Circuit。
B. Net to Ignore。
C. Height。
D. Component Clearance。

(B) 96. 下列哪项不是 Altium Designer 所提供的 DRC 设计规则检测功能？

A. Online DRC。
B. Manual DRC。
C. Batch DRC。

D. Dead Copper Area Check。

(C) 97. 若要执行批量设计规则检查，应如何操作？

A. 随时都在进行中。
B. 执行“设计”➔“设计规则检查”命令。
C. 执行“工具”➔“设计规则检查”命令。
D. 执行“报告”➔“设计规则检查”命令。

(D) 98. 在 PCB 编辑环境里，若要设定元件栅格间距，应如何处理？

A. 按 G 键。
B. 单击 ▦ ▾ 按钮。
C. 执行“设计”➔“板参数选项”命令。
D. 以上都可以。

(B) 99. 在 Altium Designer 里不提供下列哪种对象的分类（Classes）？

A. 焊盘（Pad）。
B. 过孔（Via）。
C. 层（Layer）。
D. 差分对（Differential Pair Classes）。

(D) 100. 在 Altium Designer 里，若要由 PCB 编辑区里的已布线电路产生网络表，该如何操作？

A. 执行“工具”➔“从连接铜皮生成网络表”命令。
B. 执行“工具”➔“网络表”➔“从连接铜皮生成网络表”命令。
C. 执行“报告”➔“网络表”➔“从连接铜皮生成网络表”命令。
D. 执行“设计”➔“网络表”➔“从连接铜皮生成网络表”命令。

(C) 101. 在设定 PCB 设计规则时，若要设定布线间距，不得小于某个数值，可用哪类设计规则？

A. Placement。
B. Routing。
C. Clearance。
D. High Speed。

(B) 102. 下列哪个设计规则可设定布线层？

A. Width。
B. Routing Layer。
C. Routing Priority。
D. Routing Corners。

(C) 103. 在设定线宽规则时，其中的 Preferred Width 项目有什么功能？

A. 最粗线宽限制。
B. 最细线宽限制。

C. 自动布线之预置线宽。
D. 平均线宽限制。

(B) 104. 若要限制布线时的过孔数量，可在哪类设计规则中制定？
A. High Speed。
B. Routing。
C. Plane。
D. SMT。

(A) 105. 若要定义敷铜中网络的连接方式，可在哪类设计规则中定义？
A. High Speed。
B. Routing。
C. Plane。
D. SMT。

(B) 106. Minimum Annular Ring 设计规则的功能是什么？
A. 设定圆环布线的规范。
B. 设定焊盘的环宽的规范。
C. 设定圆弧大小的规范。
D. 设定元件放置角度的规范。

(A) 107. Supply Nets 设计规则的用途是什么？
A. 制定信号完整性分析的电路板电源电压。
B. 制定信号完整性分析的电路板电源网络。
C. 制定信号完整性分析的驱动信号。
D. 制定电路板设计的电源网络。

(C) 108. 在信号完整性分析里，Slope Time 有何意义？
A. 激励信号的延迟时间。
B. 线路的延迟时间。
C. 线路的反应时间。
D. 激励信号的反应时间。

(C) 109. 若不要在布线上显示网络标号，可通过层颜色设置对话框中的哪一项设定？
A. 板层和颜色。
B. 显示/隐藏。
C. 视图选项。
D. 透明度。

(B) 110. 下列哪项不是 Altium Designer 提供的电路板报告文件格式？
A. 文本文件。
B. 电子表格。

C. 超文本文件。
D. 动态网页文件（XML）。

(B) 111. 若要对某个 SMD 器件进行引脚网络扇出（Fanout）布线，应如何操作？

A. 执行“自动布线”➔“选择的器件”命令。
B. 执行“自动布线”➔“扇出”➔“选择的器件”命令。
C. 执行“工具”➔“选择的器件”命令。
D. 执行“设计”➔“扇出”➔“器件”命令。

(B) 112. 下列哪项不是电气属性对象？

A. 过孔。
B. 字符串。
C. 焊盘。
D. 布线。

(A) 113. 在 PCB 编辑区里，下列哪项表示网络？

A. 连接。
B. 导线。
C. 布线。
D. 文字。

(B) 114. 在 Altium Designer 的 PCB 编辑环境里，若显示该 PCB 里过孔总数，可放置哪个特殊字符串？

A. =Via_count。
B. .Via_count。
C. =Total_vias。
D. .Total_vias。

(C) 115. 下列哪项不是 Altium Designer 所提供的钻孔形式？

A. 圆孔。
B. 方孔。
C. 三角孔。
D. 槽孔。

(C) 116. 在 Altium Designer 的 PCB 编辑环境里，如何打开多边形敷铜器？

A. 执行“工具”➔“多边形敷铜”命令。
B. 执行“设计”➔“多边形敷铜”命令。
C. 执行“工具”➔“多边形敷铜”➔“多边形敷铜器”命令。
D. 执行“设计”➔“多边形敷铜”➔“多边形敷铜器”命令。

(D) 117. 在 Altium Designer 中，若要在 pad、via、track 等设定显示 Net 的方式，应如何操作？

A. 执行“工具”➔“板层和颜色设定”命令。
B. 执行“设计”➔“板层和颜色设定”命令。
C. 执行“工具”➔“板层和颜色设定”命令，显示选项页。
D. 执行“设计”➔“板层和颜色设定”命令，显示选项页。

(C) 118. 若要修改铺铜的外形，可采用哪种操作？
A. 按 M、G 键。
B. “编辑”➔“移动”➔“移动/调整多段走线的大小”命令。
C. 在铺铜上右键单击执行“多边形操作”➔“Resize Polygon”命令。
D. 以上都可以。

(D) 119. 自行应用线段或弧线画出一个封闭区域后，可将该区域转化成哪些对象？
A. Polygon。
B. Board Cutout。
C. Polygon Cutout。
D. 以上都可以。

(D) 120. PCB 编辑环境里，使用 PCB 面板内的网络（Net）类别查看电路，可看到哪些信息？
A. Net Unroute 的长度。
B. Net 连接到的各个 pad、via、track 的项目。
C. Net 完成布线的长度。
D. 以上都可以。

(D) 121. 在 Altium Designer 里，若要切换到保存之前的版本，应在哪里操作？
A. 文件管理器。
B. 工程面板。
C. 时光回溯器。
D. 存储管理器。

(A) 122. 在 Altium Designer 里，若要比较两个 PCB 文件的数据差异，应如何操作？
A. 执行“工程”➔“显示差异…”命令。
B. 执行“工具”➔“显示差异…”命令。
C. 执行“设计”➔“显示差异…”命令。
D. 执行“查看”➔“显示差异…”命令。

(B) 123. 下列哪项为驱动 PCB 雕刻机必要的文件？
A. 钻孔图与 PCB 组合图。
B. Gerber 文件与 NC 钻孔文件。
C. 分层打印图与 NC 钻孔文件。
D. 分层打印图与钻孔组合。

(C) 124. 在 Altium Designer 的 PCB 编辑环境里，若要测量两对象的间距，应如何操作？

A. 执行“设计”➔“测量距离”命令。
B. 执行“工具”➔“测量距离”命令。
C. 执行“报告”➔“测量选取对象”命令。
D. 执行“工具”➔“测量选取对象”命令。

(A) 125. 打印时，若要印出 PCB 板所有的层，可直接在 OutJob 窗口的 PCB Prints 项目中 Configuration 里执行哪个命令？

A. Create Composite 命令。
B. Create Final 命令。
C. Create Drill Drawing 命令。
D. Create Assembly Drawing 命令。

(D) 126. 在 Altium Designer 的 PCB 编辑环境里，若要设置相对原点，应如何操作？

A. 执行“编辑”➔“坐标”命令。
B. 执行“编辑”➔“原点”命令。
C. 执行“放置”➔“原点”命令。
D. 执行“编辑”➔“原点”➔“设置”命令。

(A) 127. 下列哪项为表贴式焊盘与通孔式焊盘的差异？

A. 表贴式焊盘不必钻孔。
B. 通孔式焊盘不必钻孔。
C. 表贴式焊盘比较大。
D. 以上都是。

(D) 128. 下列哪项是表贴式焊盘的优点？

A. 不必钻孔。
B. 体积小。
C. 成本较低。
D. 以上都是。

(C) 129. 在 Altium Designer 的 PCB 操作环境里，若要查询电路板上所有孔径数据，可使用哪个面板？

A. PCB Rule And Violations 面板。
B. PCB Inspector 面板。
C. Hole Size Editor 面板。
D. Navigator 面板。

(B) 130. 在放置文字时，若想放置反向的字，应如何操作？

A. 选择比划选项，再勾选反向的选项。
B. 选择 True Type 选项，再勾选反向的选项。

C. 选择条形码选项，再勾选反向的选项。
D. 以上都不是。

(B) 131. 若要删除目前编辑电路板元件库的某元件，在 PCB Library 面板内的元件区域内，应如何操作？

A. 选中该元件按 Del 键。
B. 单击鼠标右键，再选择删除命令。
C. 单击鼠标右键，再选择清除命令。
D. 直接将该元件拖曳到窗口外。

(B) 132. 在输出 Gerber 或打印时，若要显示钻孔表格在 PCB 上，应放置哪个字符串？

A. =Legend。
B. .Legend。
C. =Printout。
D. .Printout。

(D) 133. 在 Altium Designer 的 PCB 元件编辑环境里，若要产生元件库的元件列表数据，应如何操作？

A. 执行“工具”➔“器件列表”命令。
B. 执行“工具”➔“库列表”命令。
C. 执行“报告”➔“器件列表”命令。
D. 执行“报告”➔“库列表”命令。

(B) 134. 输出 GERBER，欲输出钻孔符号表，要放上哪一个特殊字符串？

A. .Comment。
B. .Legend。
C. .Pad_Count。
D. .Printout_Name。

(B) 135. 下列哪个选项的功能可将对象设成群组，一起移动？

A. Clipboard。
B. Unions。
C. Snippets。
D. Align。

(D) 136. 下列哪项不是 Altium Designer 所提供的 PAD（焊盘）外形？

A. 椭圆形。
B. 矩形。
C. 圆角矩形。
D. 以上都是。

(B) 137. 在查找元件时，可使用哪些通配符辅助查找？

A. #。
B. *。
C. %。
D. @。

(D) 138. 在 Altium Designer 里，可采用哪些方式产生 PCB 板框？
A. 手动绘制。
B. 键入坐标方式绘制。
C. 载入机械图文件（DXF、DWG）。
D. 以上都是。

(C) 139. 在 Altium Designer 的 PCB 编辑区里，如何切换显示栅格？
A. G 键。
B. Shift + G 键。
C. Shift + Ctrl + G 键。
D. Shift + E 键。

(A) 140. 在 Altium Designer 的 PCB 编辑区里，如何切换工作栅格？
A. G 键。
B. Shift + D 键。
C. Shift + G 键。
D. Shift + E 键。

(D) 141. PCB Import Wizard（导入向导）不提供哪些文件类型的导入功能？
A. PADS。
B. Allegro。
C. CADSTAR。
D. NewsLayout。

(D) 142. 在编辑状态下，对象碰到板边时就会移动视图画面，称为自动边移，Altium Designer 提供哪些自动边移选项？
A. 锁定距离。
B. 跳到中心点。
C. 不动作。
D. 以上都是。

(A) 143. 下列哪项是 PCB 元件库文件的扩展名？
A. PCBLIB。
B. SCHLIB。
C. INTLIB。
D. PCB3DLIB。

(B) 144. 下列哪项是 SCH 元件库文件的扩展名？

A. PCBLIB。
B. SCHLIB。
C. INTLIB。
D. PCB3DLIB。

(C) 145. 下列哪项是元件集成库文件的扩展名？

A. PCBLIB。
B. SCHLIB。
C. INTLIB。
D. PCB3DLIB。

(A) 146. 原理图要更新到 PCB 前，下列哪个是最重要的？

A. 确认每个元件都有 PCB 封装。
B. 确认每个元件都有 3D 模型。
C. 确认每个元件都有仿真模型。
D. 确认每个元件都有信号分析模型。

(B) 147. 下列哪项为 TOP（顶层）Gerber 文件的扩展名？

A. G1。
B. GTL。
C. GM1。
D. GTO。

(A) 148. 当 PCB 布线完成后，若要移动某个元件时，连接元件的布线仍存在，应如何删除？

A. 执行“工具”➔“取消布线”➔“器件”命令。
B. 执行“工具”➔“取消布线”➔“全部”命令。
C. 圈选要删除的线段逐一删除。
D. 单击要删除的线段逐一删除。

(A) 149. 在 PCB 编辑区里，若无法移动元件，应如何处理才能移动？

A. 取消锁住的选项。
B. 取消锁住字符串的选项。
C. 取消锁住对象的选项。
D. 以上都是。

(B) 150. 若要将原理图正确更新到 PCB，除了要正确指定 PCB 封装外，元件数据同步是靠什么来判断的？

A. 元件标号（Designer）。
B. 标识符（UniqueID）。
C. 封装名称（Footprint）。
D. 元件名称（Name）。

(D) 151. 在 PCB 元件库里新增元件的方式有哪些？

A. 元器件封装向导。
B. 整批建立 IPC 元件封装。
C. 从 PCB 上提取元件封装数据。
D. 以上都是。

(D) 152. 关于 PCB 新增字符串下列哪项有误？

A. 可输入中文字。
B. 可使用粗体字、斜体字、功能变量。
C. 可创建条形码。
D. 可使用“工具”➔“字符串”命令进行放置字符串。

(B) 153. 关于 PCB 的规则检查的操作方式哪项正确？

A. 执行“工程”➔“Compile Pcb Project”命令。
B. 执行“工具”➔“设计规则检查…”命令。
C. 按 End 键来刷新。
D. 在线实时检查，不用做任何动作。

(A) 154. 工具栏不小心被删除了（例如“设计(D)”），最佳的恢复界面的方法是？

A. 在自定义工具栏把工具栏找回来。
B. 软件重新安装。
C. 还原默认值。
D. 软件关掉，再重新打开即可。

(D) 155. 关于 DRC 检查的描述，下列哪项有误？

A. Design Rule Check 的缩写。
B. 可以设定错误信息限制数量。
C. 可依选项勾选设定 DRC 检查。
D. DRC 可检查原理图。

(D) 156. 关于测试点的描述中错误的是？

A. 选取 Pad 或 Via 作为测试点的选项即可。
B. Outjob 可以输出 testpoint report。
C. 测试点可以针对顶层或底层分别设定。
D. 设定为测试点的 pad 或 via 不能布线。

(A) 157. 下列哪项不是 Altium Designer 提供的布线工具？

A. 3D 布线。
B. 总线布线。
C. 差分对布线。
D. 交互式布线。

(D) 158. PCB 有 3D 机械外形的好处是？

A. 实时查看机械结构与 PCB 有无冲突。

B. 3D 查看可随时移动元件。

C. 查看内层布线是否有问题。

D. 以上都是。

(D) 159. 关于当头显示的描述哪项有误？

A. 实时显示栅格、单位、快捷键及信号信息。

B. 利用当头显示可以方便绘制元件或线段。

C. 可依照个人使用习惯调整当头显示位置或开关。

D. 以上都不对。

(D) 160. 关于规则设定的描述，下列哪项有误？

A. 可由原理图设定规则，更新到 PCB。

B. 可导出及导入规则设定。

C. 可输出规则报表。

D. 可设定规则更新回原理图。

(D) 161. 关于板子形状下列描述哪项有误？

A. 若要自动依据所选对象设定板形，最好只有一个闭合的图形区域。

B. 可在 3D 视图模式中设定板形。

C. 板形设定与输出给机械软件或是 3D 视图有关联。

D. 板形设定只是让图看起来美观，并无实质作用。

(B) 162. 关于多边形铺铜挖空的描述哪项有误？

A. 可在建立元件时就加入多边形铺铜挖空。

B. 多边形铺铜挖空使用完毕后就可删除。

C. 放置好多边形铺铜挖空后，需要重新执行敷铜操作。

D. 多边形铺铜挖空可设定圆角。

(D) 163. 下列描述中错误的是？

A. DRC 是 Design Rule Check 的缩写。

B. Layer Stack Manager 用以设定电路板板层的结构。

C. Polygon Pour 是在电路板空白处铺设铜区，并设定敷铜区的网络名称。

D. Signal Integrity 用来评估电路板的设计是否完整。

(B) 164. 从原理图 Update 到 PCB 时，为何会出现“Cannot Locate Document [PCB1.Pcb.Doc]”错误信息？

A. PCB 不在同一个工程里。

B. PCB 尚未保存。

C. PCB 与原理图已完全同步，不需要再更新。

D. 有两张以上的 PCB 在同一个工程内，软件不能判断要转到哪个 PCB。

(B) 165. 在 PCB 参数选项对话框（Preference）中的 Interactive Routing 页里，Automatically Remove Loop（自动移除回路）选项功能是什么？

A. 自动删除不需要的布线。
B. 删除构成封闭回路的旧布线。
C. 自动删除回路上的焊盘。
D. 自动删除回路上的元件。

(A) 166. 电路板生成的正常顺序应该是什么？

A. SCH >> PCB >> GERBER。
B. GERBER >> SCH >> PCB。
C. SCH >> GERBER >> PCB。
D. PCB >> GERBER >> SCH。

(A) 167. 当原理图数据转移到 PCB 时，哪些数据会被更新到 PCB？

A. 元件与网络。
B. 网络与设计者名称。
C. 元件与供货厂商数据。
D. 设计时的注意事项及设计规则。

(D) 168. 在 Altium Designer 的 IPC 封装向导（IPC Compliant Footprint Wizard）不提供哪些元件的服务？

A. BGA。
B. SOP。
C. PQFP。
D. PGA。

6-3 客观题库三

在客观题库三里，主要是针对设计概念相关的试题。

(B) 1. 下列关于电路板设计中，常用专有名词的中英文对照，哪项有误？

A. **Datasheet** 数据手册。
B. **Footprint** 焊盘。
C. **Drilling** 钻孔。
D. **Thru-hole** 通孔。

(A) 2. 下列关于电路板设计中，常用各专有名词的中英文对照，哪项有误？

A. **Netlist** 栅格。
B. **Solder mask** 阻焊层。
C. **Clearance** 间距。

D.　**Pad** 焊盘。

(D) 3.　下列哪项不是目前常用的 IC 封装类型？

A.　DIP（Dual In-line Package）。
B.　TQFP（Thin Quad Flat Package）。
C.　BGA（Ball Grid Array）。
D.　FPGA（Field Programmable Gate Array）。

(D) 4.　下列哪项不是印刷电路板的基本组成？

A.　通孔（Thru-hole）。
B.　布线（Rout）。
C.　介电层（Dielectric）。
D.　网络表（Netlist）。

(A) 5.　下列哪项不是 PCB 阻焊层（Solder Mask）的使用目的？

A.　可以进行 PCB 静电防护的工作。
B.　保护电路板不受焊锡短路的影响。
C.　保护电路板不会因焊接元件时产生高温的影响。
D.　隔离电路板的电气。

(B) 6.　下列关于 PCB 设计的基本观念，描述错误的是？

A.　SMD 为 Surface Mounted Devices 表贴器件。
B.　电路板上的焊盘（pad）只能是圆形或方形。
C.　Gerber 文件是描述 PCB 影像的电子文件格式，通常有数个 Gerber 文件组合成一个完整电路板的数据图形文件。
D.　Netlist 是电子设计自动化软件中用以描述电路连接的信息。

(C) 7.　下列哪项不是电镀孔（Plated Throu-Hole）的作用？

A.　不管是否有插入元件，上层到下层都是导通的。
B.　焊接时可散热，可用于较小的焊盘。
C.　保护电路板不受焊锡短路的影响。
D.　支撑表面焊盘，可用于较小的焊盘。

(D) 8.　下列哪项不是 PCB 制造的基本步骤之一？

A.　蚀刻。
B.　钻孔。
C.　电镀。
D.　打件。

(C) 9.　下列哪项不是 PCB 布线（Rout）宽度需要考虑的重要因素？

A.　阻抗。
B.　电流。
C.　板层材料。

D. 信号频率。

(D) 10. 下列关于 Netlist（网络表）功能描述中错误的是？

A. 原理图绘图转换成 PCB 输入数据的重要文件。
B. 电路中元件连接的信息描述。
C. Netlist 可以使用 VHDL 或 Verilog HDL 文件表示。
D. Netlist 可直接转换成原理图。

(D) 11. 下列哪项不是 PCB 蚀刻（Etching）的方式？

A. 化学蚀刻法。
B. 电浆。
C. 激光。
D. 电镀。

(D) 12. 下列哪项不是英制尺寸的 SMD 电阻封装？

A. 0402。
B. 0603。
C. 1210。
D. 1314。

(C) 13. 下列哪种元件模型为原理图与电路板的媒介？

A. Simulation。
B. Signal Integrity。
C. Footprint。
D. PCB3D。

(D) 14. 下列关于绘制原理图中，常用名词的中英文对照，哪项有误？

A. **Bus** 总线。
B. **Port** 信号端口。
C. **Net Label** 网络标号。
D. **Differential Pair** 差动放大器。

(B) 15. 下列关于绘制原理图中，常用名词的中英文对照，哪项有误？

A. **Junction** 电路接点。
B. **Bidirectional Port** 无方向性端口。
C. **Sheet Entries** 图纸入口。
D. **Open Collector Pin** 集电极开路引脚。

(C) 16. 完成整个电路板设计流程，下列较为适当的顺序是哪项？

A. 建立元件库➔电路板 Layout 设计➔产生 Gerber 文件➔绘制原理图。
B. 绘制原理图➔建立元件库➔产生 Gerber 文件➔电路板 Layout 设计。
C. 建立元件库➔绘制原理图➔电路板 Layout 设计➔产生 Gerber 文件。
D. 产生 Gerber 文件➔电路板 Layout 设计➔建立元件库➔绘制原理图。

(D) 17.　下列哪项不是绘制原理图时设定的规则？

A.　设定 Output Pin 与同样 Output Pin 连接。

B.　包含了重复的输出/入端口。

C.　定义元件时，引脚对应不正确。

D.　设定测试点的钻孔直径。

(A) 18.　下列绘制原理图的方式，哪项不恰当？

A.　R2 R1 R3 1K 1K 1K

B.　A[0..2] A[0..2]

C.　+12V C5 0.1uF C10 0.1uF

D.　PCB Rule -12V D1 C16 10uF 1N4004

(A) 19.　下列绘制原理图的方式，哪项会产生错误？

A.

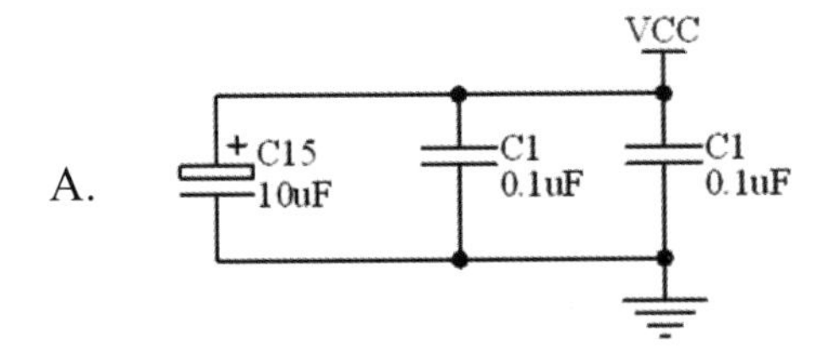

B.

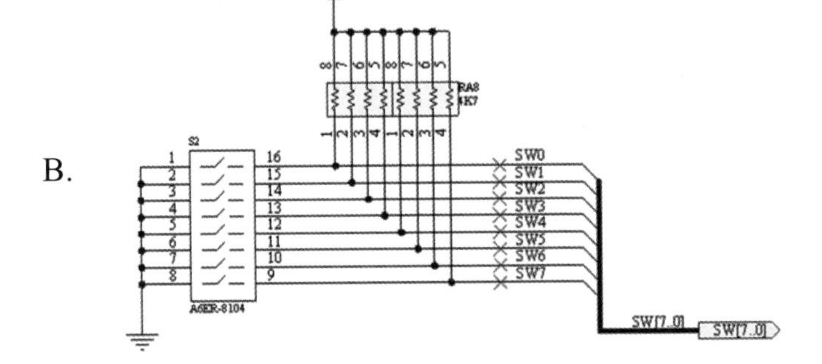

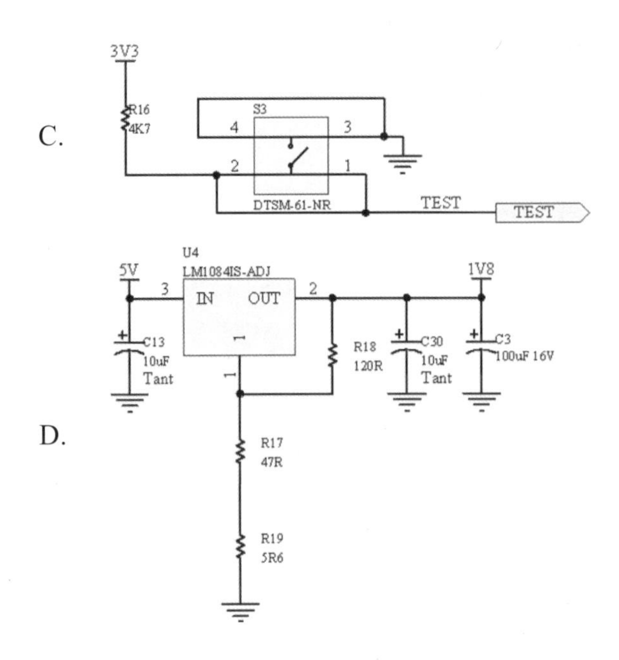

(C) 20. 下列对原理图设计过程描述中错误的是?

A. 绘制原理图中的元件标号不可重复。

B. 原理图页面可以标注设计者、设计日期时间、公司等数据。

C. 原理图绘制完成后，只能以人工方式进行比对电路的连接是否正确。

D. 大规模电路设计可以分在几张小尺寸的原理图中进行绘制。

(A) 21. 下列对原理图设计过程描述中错误的是?

A. PCB 设计规则不能在原理图设计中进行设定。

B. 大型的电路设计可以分成不同张的原理图文件来进行绘制。

C. 多张原理图的设计可分为平行化原理图设计与层次化原理图设计。

D. “由上而下”的绘图方式是指绘制上层原理图，再由“从图表符产生原理图”工具产生内层电路及输出/入端口，再绘制内层电路。

(B) 22. 下列对于元件库中元件的描述中错误的是?

A. 元件的引脚定义可以隐藏不显示出来。

B. 元件的电气引脚不能设定成三态引脚（HiZ Pin）。

C. 一个元件符号模型可以加载多个模型，例如 Footprint、Simulation…等。

D. 元件可以设计成多部件式元件符号。

(D) 23. 下列对原理图结构关系的描述中错误的是?

A. 平行化原理图结构中用 Off-Sheet Connector 或 Port 实现跨原理图间信号的连接。

B. 层次化原理图结构是以图表符（Sheet Symbol）作为链接内层原理图文件的媒介。

C. 层次化原理图中的图表符（Sheet Symbol）以图纸入口（Sheet Entry）与输出/入端口（Port）作为原理图和原理图之间的信号连接。

D. 输出/入端口（Port）只能做单一信号的连接，无法做总线（Bus）的连接。

(D) 24. 下列对 BOM 表的描述中错误的是？

A. BOM 的全名是 Bill Of Materials。
B. BOM 的内容记载了物料编号、元件的明细、数量等信息。
C. BOM 的表格内容可依照需求进行设定。
D. BOM 表只有在绘制原理图时才会使用到。

(B) 25. 下列对于元件库建立元件符号（Symbol）模型描述中错误的是？

A. 可依厂商提供的元件数据手册（Datasheet）中描述的引脚定义自己绘制元件。
B. EDA 软件会提供市面上所有厂商的元件符号（Symbol）模型。
C. 建立元器件符号库（SCHLib）时可以不必照引脚定义编号顺序排列。
D. 建立元器件符号库（SCHLib）完成后，可依设计方便而移动引脚定义。

(C) 26. 下列对于建立元件标号描述错误的是？

A. 原理图的元件标号不可重复。
B. 元件标号的自动排序功能可以由上至下、由左至右，或相反。
C. 原理图绘制完成转移到电路板的元件标号可不一样。
D. 元件标号可以由软件自动配置。

(D) 27. 下列哪项不是对原理图设计中查错功能的设定方式？

A. Error Reporting。
B. Connection Matrix。
C. Schematic Compile。
D. Signal Integrity。

(A) 28. 建立元件符号（Symbol）模型时，下列哪项为最关键部分？

A. 引脚定义。
B. 图形的大小。
C. 元件价格。
D. 图形的颜色。

(D) 29. 下列关于差分对（Differential Pair）描述中错误的是？

A. 差分对（Differential Pair）是指电路板中的一种高速信号布线模式。
B. 差分对（Differential Pair）由两条反相信号线所构成。
C. 差分对（Differential Pair）通常保持两条信号线必须是等长与等距布线。
D. 差分对（Differential Pair）只能用在模拟信号的布线，不能用在数字信号的布线。

(B) 30. 下列哪项不是元件的引脚电气类型（Electrical Type）？

A. I/O。

B. Open Output。
C. Power。
D. Passive。

(C) 31. 下列哪项不是 PCB 中层栈的名称？
A. 机械层。
B. 阻焊层。
C. 系统层。
D. 丝印层。

(A) 32. 下列 PCB 中对层栈描述错误的是？
A. 禁止布线层（Keep-Out Layer）不可以摆放文字或外框等图形，只能进行 PCB 布线。
B. 丝印层是产生电路板上印刷文字图案的图层。
C. 机械层提供辅助电路板制造与组装的说明数据。
D. 顶层阻焊层（Top Solder）建构顶层印刷绿漆的图层。

(B) 33. 下列 PCB 中对层栈描述错误的是？
A. 通常设计板框是在禁止布线层（Keep-out Layer）或机械层（Mechanical Layer）绘制。
B. 丝印层可以印文字或图案，但无法印出中文。
C. 顶层助焊层（Top Paste）是用于构建顶层锡膏钢网的设计数据。
D. Top Layer 是电路板顶层用以布线、摆放元件或铺铜使用。

(D) 34. 下列关于 PCB 设计规则（Design Rule）的描述中正确的是？
A. PCB 设计规则无法在绘制原理图时，让工程师预先进行设定。
B. 同一套 PCB 设计规则无法给别的 PCB 工程使用。
C. 设定 PCB 设计规则后，即可使用软件自动布线或交互式布线。
D. PCB 设计规则的作用是为了 PCB Layout 设计流程中，提供标准设计规范。

(C) 35. PCB 设计规则中的 Differential Pairs Routing 包含以下哪项的约束条件？
A. 过孔的样式。
B. 布线的模式。
C. 差分对的间距。
D. 扇出控制的方向。

(B) 36. PCB 扇出式（Fan out）布线模式主要是针对哪一种类型的元件进行引出布线？
A. DIP。
B. SMD。
C. Connector。
D. Regulator。

(A) 37. PCB 设计规则中，以下哪项用于设定布线层？

A. Routing Layer。

B. Routing Priority。

C. Routing Corners。

D. Routing Topology。

(A) 38. 下列 PCB Layout 布线方式哪项不合适？

A.

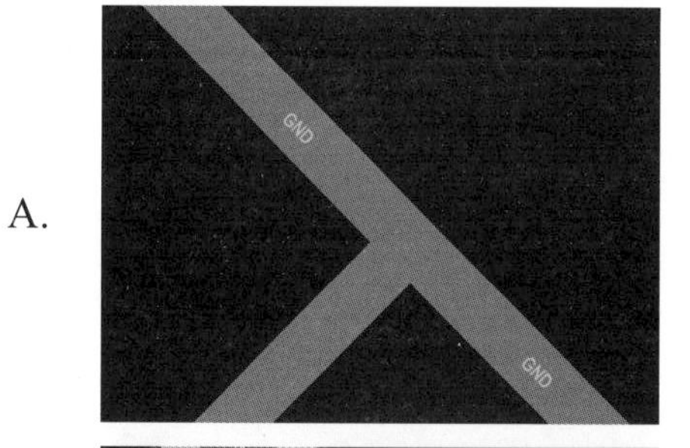

B.

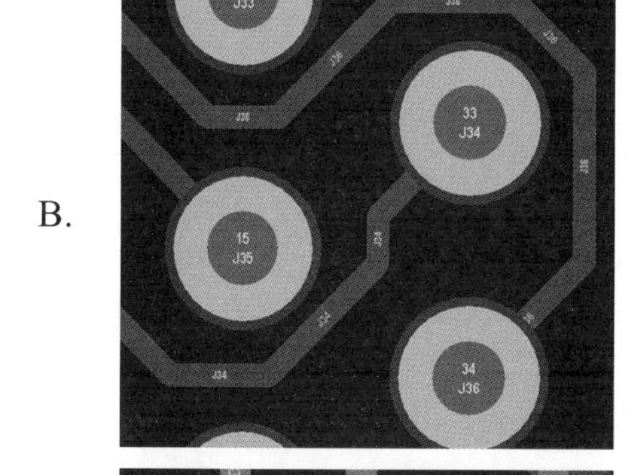

C.

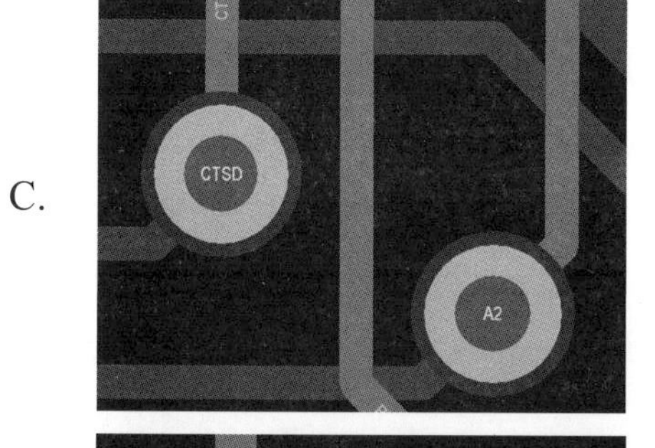

D.

(A) 39. 下列哪项是禁止布线层（Keep Out Layer）的用途之一？

A. 设置布线的区域。
B. 可进行 PCB 布线。
C. 可以放置元件。
D. 显示钻孔图。

(C) 40. 电路板设计中机械层（Mechanical Layer）的用途是什么？

A. 辅助顶层表贴式焊盘的焊接。
B. 显示钻孔指示图。
C. 提供电路板制造与组装的说明数据。
D. 辅助底层插针式焊盘以喷锡方式焊接。

(D) 41. 板层层栈设计可做几层板？

A. 2 层。
B. 4 层。
C. 8 层。
D. 以上都可以。

(A) 42. 下列关于板层层栈（Layer Stack）描述中错误的是？

A. 板层层栈最多只能到 16 层。
B. 内电层即为内部电源层（Internal Plane）。
C. 埋孔（Buried Vias）是建立电路板内层电路连接，且在电路板表面不能被观察到的过孔。
D. 盲孔（Blend Vias）是电路板最外层与邻近内层导通，电路板一侧看得到，另一侧看不到的过孔。

(A) 43. 下列哪项不是过孔（Via）的功能？

A. 防干扰。
B. 连接 PCB 顶层和底层的焊盘。
C. 散热。
D. PCB 不同层面的导通连接。

(A) 44. 下列哪项不是铺铜的主要作用？

A. 美观。
B. 散热。
C. 降低信号噪声干扰。
D. 电磁屏蔽。

(C) 45. 下列对铺铜方式描述中错误的是？

A. 铺铜可以是完整块状铺铜或者是网状铺铜。
B. 铺铜的形状可以是多边形。
C. 一个板层只能有一块铺铜。
D. 铺铜可指定所要连接的网络。

(D) 46.　下列哪项无法在 PCB 设计规则中设定？

A.　布线宽度（Width）。
B.　元件安全间距（Clearance）。
C.　过孔（Via）大小。
D.　电路仿真的类型。

(D) 47.　下列哪项是元件封装（footprint）模型？

A.
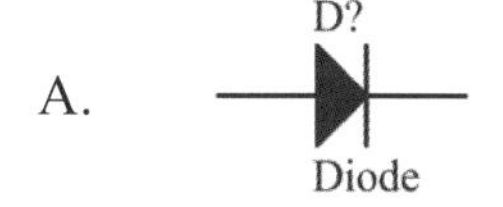

B.
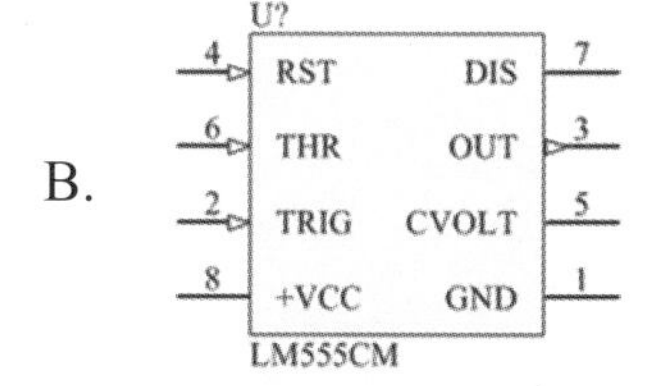

C.
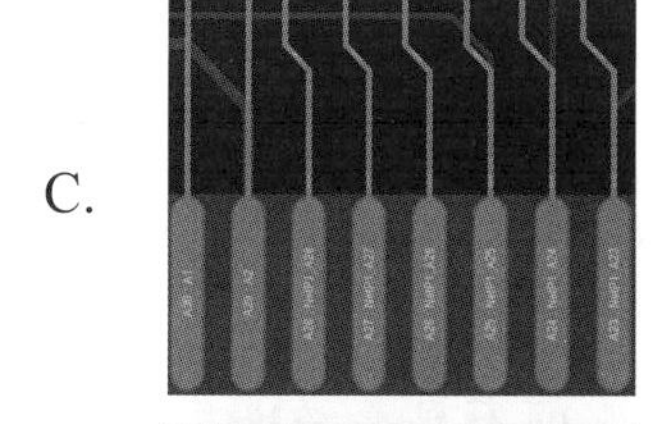

D.
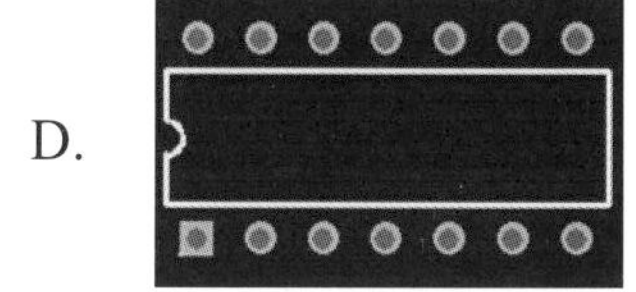

(B) 48.　如图所示，此元件的封装（footprint）为哪种类型？

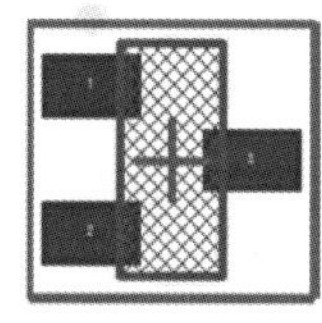

A.　TO92A
B.　SOT23
C.　TQFP
D.　SOIC16

(A) 49.　下列哪种元件为 BGA 封装模型的图形？

A.
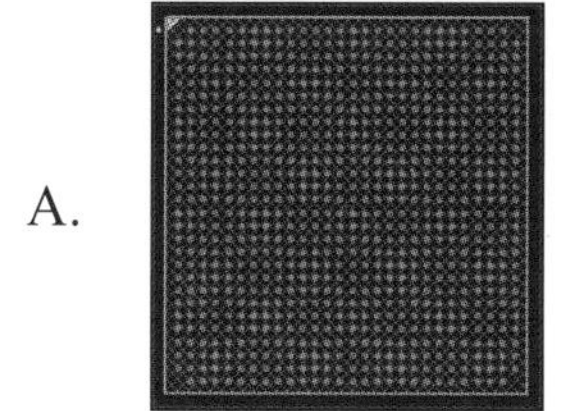

B. 

C. 

D. 

(B) 50. 下列关于 PCB 布线的注意事项，哪项有误？

A. 电源布线的宽度比一般信号略宽。
B. 印刷板的文字标注可印在焊盘上。
C. 布线避免使用 90 度角转弯，可使用平滑圆弧或 45 度角转弯的布线。
D. 补泪滴（Teardrops）可以加强焊盘、过孔的连接。

(D) 51. 在 Altium Designer 里绘制原理图时，下列哪项不是系统所提供的电源符号外形？

A. Arrow。
B. Bar。
C. Circle。
D. Digital。

(A) 52. Altium Designer 所提供的接地符号，不包括哪一种？

A. Power Earth。
B. Power Ground。
C. Signal Ground。
D. Earth。

(B) 53. 下列哪项为 Altium Designer 所提供的接地符号？

A. 。
B. 。
C. 。
D. 。

(D) 54. 在 Altium Designer 里，通常机壳接地会使用哪个符号？

A. 。

B. 。

C. 。

D. 。

(C) 55. 在 Altium Designer 的原理图里，相关**导线**（Wire）描述中正确的是？

A. 预设为黑色。
B. 不可绘制斜的导线。
C. 只提供四种线宽。
D. Small 为最细的导线线宽。

(C) 56. 在 Altium Designer 的原理图编辑环境里，若设定**导线**（Wire）的锁定选项，下列哪项不正确？

A. 不可直接删除该导线。
B. 不可直接移动该导线。
C. 不可编辑该导线。
D. 经解除锁定后，可以移动该导线。

(A) 57. 在 Altium Designer 的原理图编辑环境里，若选取元件后，下列哪项描述不正确？

A. 按 键（空格键）可顺时针旋转该元件。
B. 按 Tab 键可打开该元件的属性对话框。
C. 按 X 键可左右翻转该元件。
D. 按 Y 键可上下翻转该元件。

(B) 58. 在 Altium Designer 的原理图编辑环境里，选中**元件标号**后，下列哪项描述正确？

A. 元件的四周出现蓝色或绿色方块。
B. 元件的四周与边线中间出现白色方块。
C. 按 Delete 键可删除该**元件标号**。
D. 按 Tab 键可打开该**元件标号**的属性对话框。

(C) 59. 如图所示，在**导线**与**电源符号**连接处出现**连接点**，可能的原因是？

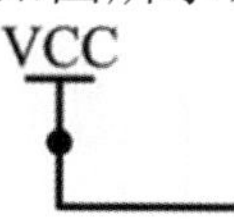

A. 程序死机。
B. 被放置**连接点**。
C. 同一个位置重复放置两个**电源符号**。

D. 同一个位置重复画了两条**导线**。

(D) 60. 如图所示，对于其中两个**连接点**（Junction）描述中正确的是？

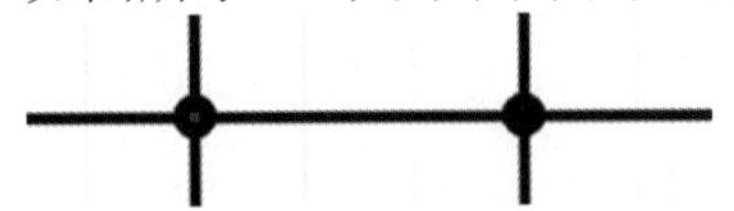

A. 左边连接点具有电气连接功能、右边连接点没有电气连接功能。
B. 左边为自动连接点、右边为手工连接点。
C. 将水平导线删除后，两个连接点将消失。
D. 移开左边垂直导线后，其左边连接点不会消失；移开右边垂直导线后，右边连接点将消失。

(C) 61. 对于 Altium Designer 的**手工连接点**（Junction）的描述中正确的是？
A. 系统提供 2 种不同尺寸的**手工连接点**。
B. 预设的板的**手工连接点**为 **Small** 尺寸。
C. **手工连接点**可选取、移动与删除。
D. **手工连接点**没有属性。

(A) 62. 如图所示，此总线系统里的三条导线，下列描述中正确的是？

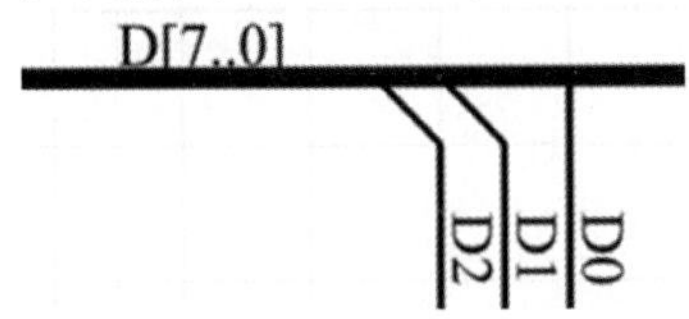

A. D0、D1 与 D2 上的导线都已正确连接到 D[7…0]总线。
B. D0 导线没有连接到总线，而 D1 与 D2 导线都正确连接到总线。
C. D2 导线没有连接到总线，而 D0 与 D1 导线都正确连接到总线。
D. D2 导线使用**总线进出点**（Bus Entry）连接到总线。

(B) 63. 在 Altium Designer 的原理图里，下列哪个网络标号可正确连接到导线？

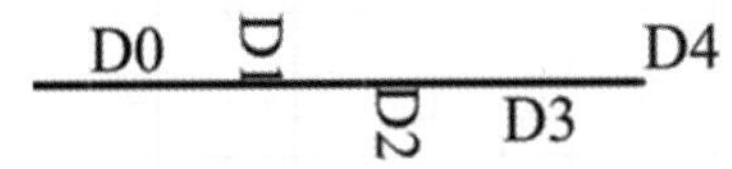

A. D0、D3、D4 可连接到导线上。
B. D0、D2、D4 可连接到导线上。
C. 只有 D0 可连接到导线上。
D. 全都可连接到导线上。

(D) 64. 关于图表符的描述，错误的是？
A. 图表符功能可以将关联子原理图转换为一个器件。
B. 图表符拥有**图表符名称**（Designator）和**关联子原理图文件名**（File Name）属性。
C. 按 P 、 S 键进行放置**图表符**。
D. 单击按钮可进行放置**图表符**。

(C) 65.　若要在**图表符**里放置**图纸入口**，应如何开始？

A.　按 P 、 S 键。

B.　按 P 、 E 键。

C.　单击按钮。

D.　单击按钮。

(A) 66.　若要在原理图放置 $R/\overline{W}$ **网络标号**，应如何输入？

A.　R/W\。

B.　R/W/。

C.　/R/W。

D.　\R/W。

(A) 67.　在 Altium Designer 的原理图里，下列哪项不是**输出/入端口**（Port）所提供的功能？

A.　电路板对外部电路的实体连接器。

B.　可连接外层原理图的电气信号。

C.　可在产生内层原理图时自动产生。

D.　可作为平行化原理图的电气信号连接。

(D) 68.　Altium Designer 原理图里的元件，可加载多种元件模型，若要继续进行电路板设计，则必须加载哪种元件模型？

A.　Signal Integrity。

B.　Simulation。

C.　PCB3D。

D.　Footprint。

(B) 69.　在编辑原理图时，若要调整元件引脚位置，必须从元件的哪个属性着手？

A.　取消 Lock 选项。

B.　取消 Lock Pins 选项。

C.　选择 Swap Pins 选项。

D.　选择 Change Pins 选项。

(A) 70.　在编辑原理图时，若要显示隐藏元件引脚，必须从元件的哪个属性着手？

A.　选择 Show All Pins On Sheet（Even if Hidden）选项。

B.　选择 All Pins 选项。

C.　取消 Hidden Pins 选项。

D.　取消 Show Hidden Pins 选项。

(B) 71.　在编辑原理图时，若要自行编辑元件颜色，必须从元件的哪个属性着手？

A.　选择 Edit Colors 选项。

B.　选择 Local Colors 选项。

C.　选择 User Colors 选项。

D.　取消 Global Colors 选项。

(C) 72.　在 Altium Designer 的原理图编辑区里，关于栅格的描述，错误的是？

A.　按 G 键可切换栅格间距。
B.　可分为点状栅格（Dot Grid）与线状栅格（Line Grid）。
C.　栅格间距有 1、2、5、10 等 4 种。
D.　可在参数选项对话框中的 Schematic/Grids 页里设定栅格颜色。

(C) 73.在连接线路时，对于交叉但不连接的导线，如何设定才能达到如图的效果？

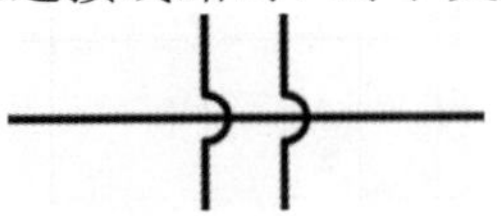

A.　在参数选项（Preferences）对话框里的 Schematic/Graphic Editing 页，选择产生跨线选项。
B.　在参数选项（Preferences）对话框里的 Schematic/General 页，选择转换跨线选项。
C.　在参数选项（Preferences）对话框里的 Schematic/General 页，选择显示跨线选项。
D.　无此功能。

(A) 74.　若要在一个 T 形连接线上（如左图），再绘制一条导线后，变成右图所示，应如何设定？

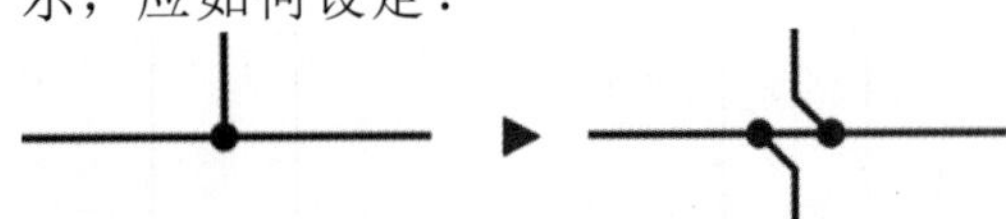

A.　在参数选项（Preferences）对话框里的 Schematic/General 页，选择转换交叉连接点选项。
B.　在参数选项（Preferences）对话框里的 Schematic/Graphic Editing 页，选择转换交叉连接点选项。
C.　在参数选项（Preferences）对话框里的 Schematic/Graphic Editing 页，选择显示交叉连接点选项。
D.　无此功能。

(A) 75.　若要将一个元件放置在导线上，即将该导线分割并连接该元件的两引脚，如图所示，应如何设定？

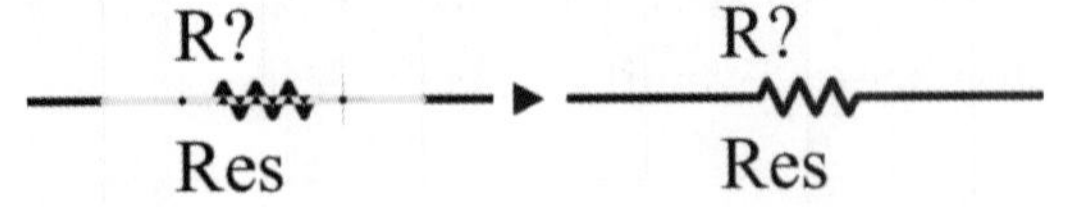

A.　在参数选项（Preferences）对话框里的 Schematic/General 页，选择自动连接选项。
B.　在参数选项（Preferences）对话框里的 Schematic/General 页，选择元件切除导线选项。
C.　在参数选项（Preferences）对话框里的 Schematic/Graphic Editing 页，选择切除元件下的导线选项。
D.　无此功能。

(D) 76. 如图所示，若元件引脚上出现方向标示符号，应如何取消此标示？

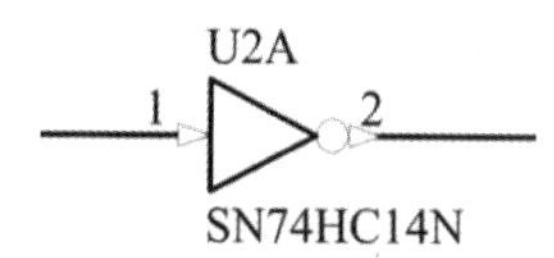

A. 选中此引脚，再按 Delete 键。

B. 在参数选项（Preferences）对话框里的 Schematic/Graphic Editing 页，选择取消显示引脚方向符号选项。

C. 在参数选项（Preferences）对话框里的 Schematic/General 页，选择不显示引脚方向符号选项。

D. 在参数选项（Preferences）对话框里的 Schematic/General 页，取消选择引脚方向选项。

(D) 77. 如图所示，关于电阻右边引脚上多一个连接点的描述，错误的是？

R10
4.7K

A. 仍然可正确地进行电气连接。

B. 这个连接点是程序自动产生的。

C. 连接导线时，与引脚重叠。

D. 在此有两个电阻器重叠。

(B) 78. 关于原理图设计的描述，错误的是？

A. 输入引脚不可以空接。

B. 输出引脚不可以空接。

C. 信号流程尽可能由左而右。

D. 相同功能的电路尽量放在一起或在同一张原理图里。

(C) 79. 关于平行化原理图设计的描述，错误的是？

A. 使用**端口**（Port）作为不同原理图间的信号连接。

B. 在不同原理图里，相同的**网络标号**（Net Label）即相连接。

C. 在不同原理图里，相同的**网络标号**（Net Label）并不连接。

D. 在不同原理图里，相同的**电源符号**即相连接。

(D) 80. 关于层次化原理图设计的描述，错误的是？

A. 管理较容易。

B. 上、下层之间，以相同名称的**图纸入口**（Sheet Entry）与**端口**（Port）连接。

C. 以图表符的**文件名**（File Name）来链接内层电路。

D. 以图表符的**图表符名称**（Designator）来链接内层电路。

(C) 81. 关于 Altium Designer 的指示性（Directives）符号的参数描述，正确的是？

A. 可同时显示参数的名称与数值。

B. 可不显示参数的名称与数值。

C. 可只显示参数的名称，但不显示参数的数值。
D. 可只显示参数的数值，但不显示参数的名称。

(C) 82. 如图所示，在编辑窗口里分为两页，每一页只有一个原理图编辑窗口（左上），若要变成两个编辑窗口（右下），应如何操作？

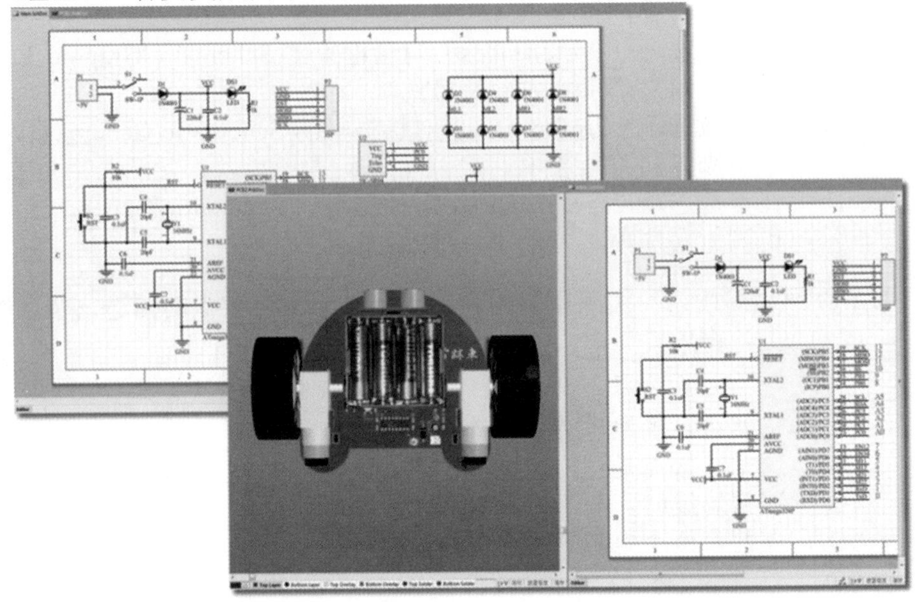

A. 指向编辑区单击鼠标右键，在下拉菜单中选择左右并列选项。
B. 指向编辑区的卷标页单击鼠标右键在下拉菜单中选择左右并列选项。
C. 执行“窗口”➔“编辑区垂直并列”命令。
D. 执行“窗口”➔“编辑区水平并列”命令。

(A) 83. 如图所示，在编辑窗口里分为两个编辑窗口（左上），若要恢复窗口内只有单一编辑区（右下），应如何操作？

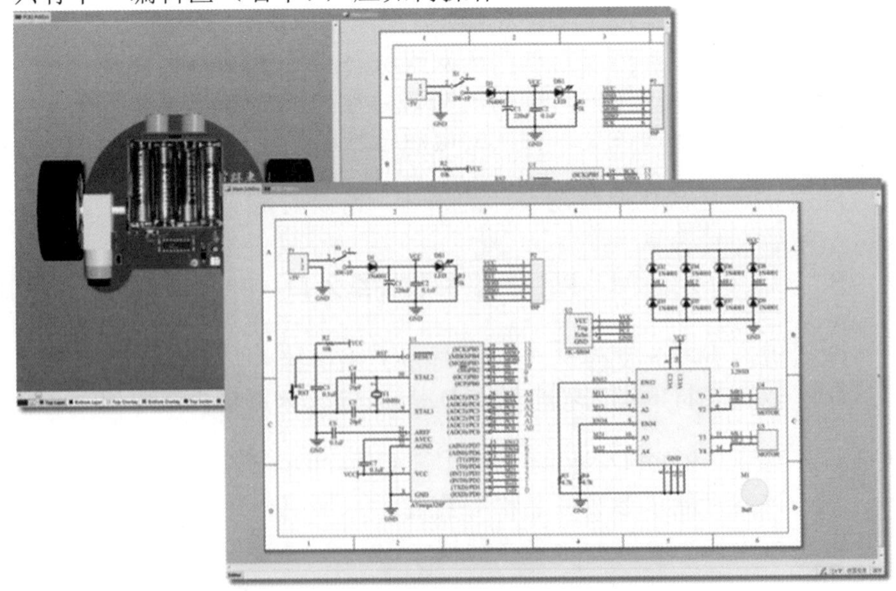

A. 指向编辑区卷标页单击鼠标右键，在下拉菜单中选择全部合并选项。
B. 执行“窗口”➔“编辑区水平合并”命令。
C. 执行“窗口”➔“编辑区垂直合并”命令。
D. 执行“窗口”➔“编辑区复原”命令。

(A) 84. 在编辑窗口里已打开三个编辑区，若要将这三个编辑区同时排列于同一个窗口，如图所示，应如何操作？

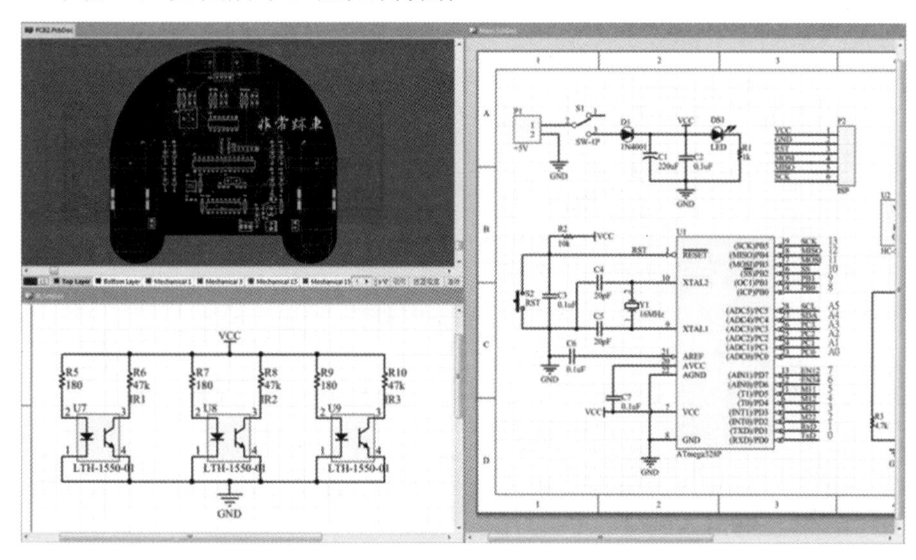

A. 指向编辑区卷标页单击鼠标右键在下拉菜单中选择全部贴排选项。
B. 指向编辑区卷标页单击鼠标右键在下拉菜单中选择全部显示选项。
C. 执行“窗口”➔“程序窗口全部贴排”命令。
D. 执行“窗口”➔“程序窗口全部显示”命令。

(B) 85. 若要从编辑中的原理图产生材料清单，应如何操作？

A. 执行“文件”➔“Bill of Materials”命令。
B. 执行“报告”➔“Bill of Materials”命令。
C. 执行“文件”➔“产生材料清单”命令。
D. 执行“报告”➔“产生材料清单”命令。

(B) 86. 在原理图编辑区里，若要产生 Excel 格式的材料清单，应如何操作？

A. 执行“文件”➔“Bill of Materials”命令。
B. 执行“报告”➔“Bill of Materials”命令。
C. 执行“文件”➔“Simple BOM”命令。
D. 执行“报告”➔“Simple BOM”命令。

(D) 87. 在原理图编辑区里，若要对该原理图进行批次电气规则检查（ERC），应如何操作？

A. 指向编辑区卷标页单击鼠标右键在下拉菜单中选择电气规则检查选项。
B. 执行“文件”➔“电气规则检查”命令。

C. 执行“项目”➔“电气规则检查”命令。
D. 执行“项目”➔“Compile Document xxx.SchDoc 检查”命令，其中 xxx 为此电路图的文件名。

(B) 88. 如图所示，其中 RST 网络有什么问题？

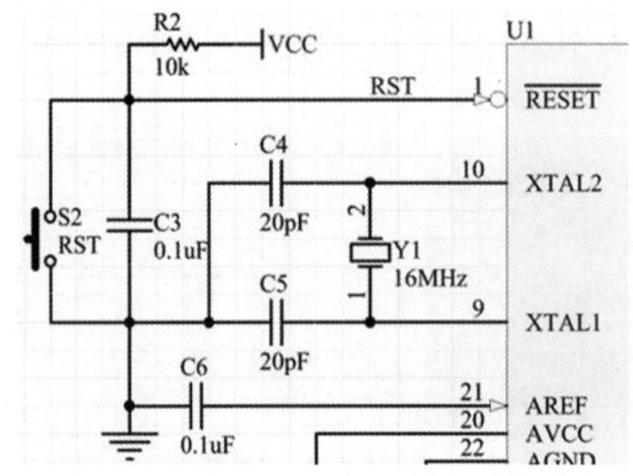

A. U1 的第 1 脚不可为低态使能引脚。
B. 此网络中没有驱动源（no driving source），不一定是错误。
C. 此网络中没有驱动源（no driving source），将会造成错误。
D. 此网络中不可连接按钮开关。

(A) 89. 如图所示，对项目进行电气规则检查时，将会出现什么告警信息？

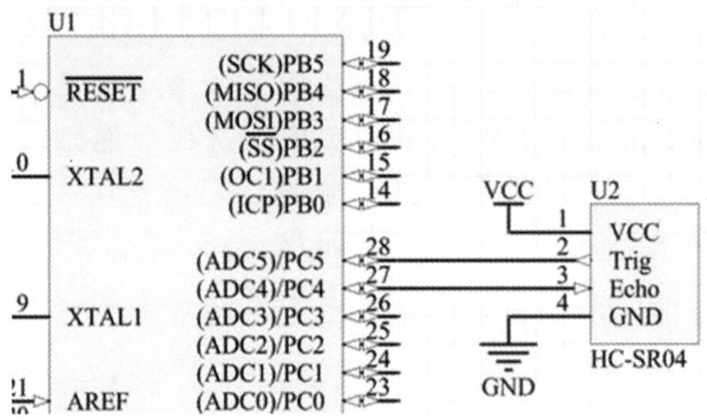

A. 输出引脚连接到输出/入引脚的告警信息。
B. 输入引脚连接到输出/入引脚的告警信息。
C. 输出/入引脚空接的告警信息。
D. 没有告警信息。

(D) 90. 在电路设计里，下列哪项属于不可靠性设计？
A. 输入引脚连接到被动式引脚（Passive Pin）。
B. 输入引脚与高阻抗引脚（HiZ Pin）连接。
C. 输入引脚与发射极开路输出引脚（Open Emitter Pin）连接。
D. 输入引脚空接。

(A) 91. 在电路设计里，下列哪项属于不允许的设计？
A. 输出引脚与电源引脚（Power Pin）连接。

B. 集电极开路输出引脚（Open Collector Pin）与集电极开路输出引脚连接。
C. 输出引脚与被动式引脚（Passive Pin）连接。
D. 输出引脚空接。

(A) 92. 在电路设计里，若将两个或更多个发射极开路输出引脚（Open Emitter Pin）连接输出，则会怎样？
A. 产生线“与”功能，称为 Wired-AND。
B. 产生线“或”功能，称为 Wired-OR。
C. 电气规则检查时，将产生错误信息。
D. 可能会短路。

(B) 93. 在电路设计里，若将两个或更多个集电极开路输出引脚（Open Collector Pin）连接输出，则会怎样？
A. 产生线“与”功能，称为 Wired-AND。
B. 产生线“或”功能，称为 Wired-OR。
C. 电气规则检查时，将产生错误信息。
D. 可能会短路。

(D) 94. 下列哪种引脚称为三态引脚？
A. 被动式引脚（Passive Pin）。
B. 发射极开路输出引脚（Open Collector Pin）。
C. 集电极开路输出引脚（Open Collector Pin）。
D. 高阻抗引脚（HiZ Pin）。

(C) 95. CMOS 电路或微处理器的输入引脚空接时，可能会有什么结果？
A. 视为高态使能。
B. 视为低态使能。
C. 不确定状态。
D. 没有影响。

(B) 96. 在微处理器电路、CPLD/FPGA 电路等数字电路里，通常哪些网络的频率较高？
A. 输入信号。
B. 时钟脉冲。
C. 输出信号。
D. 使能信号。

(D) 97. Altium Designer 的电路图编辑环境与元件符号编辑环境，有什么相同之处？
A. 坐标原点都在左下方。
B. 按 K 键可切换栅格间距，而切换的顺序为 1、5、10。
C. 按两下 P 键即可放置元件。
D. 按 End 键即可重画编辑区。

(C) 98. Altium Designer 的原理图编辑环境与原理图元件编辑环境，若要显示所有对象，应如何操作？

A. 按 Ctrl + A 键。

B. 按 Ctrl + Page Up 键。

C. 按 Ctrl + Page Down 键。

D. 按 End 键。

(A) 99. Altium Designer 的原理图编辑环境与元件符号编辑环境，若要采用每次移动半个编辑区的自动边移（AutoPan）模式，则须设定为哪个自动边移模式选项？

A. Auto Pan ReCenter。
B. Auto Pan Fixed Jump。
C. Auto Pan Jump Half。
D. Auto Pan Fixed Half。

(A) 100. 如图所示，哪个引脚是施密特（Schmitt）触发器引脚？

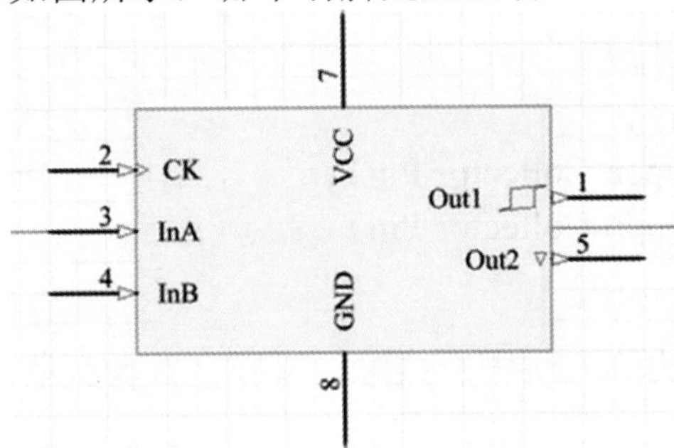

A. 第 1 脚。
B. 第 2 脚。
C. 第 5 脚。
D. 都不是。

(C) 101. 如图所示，哪个引脚是高阻抗（HiZ）式引脚？

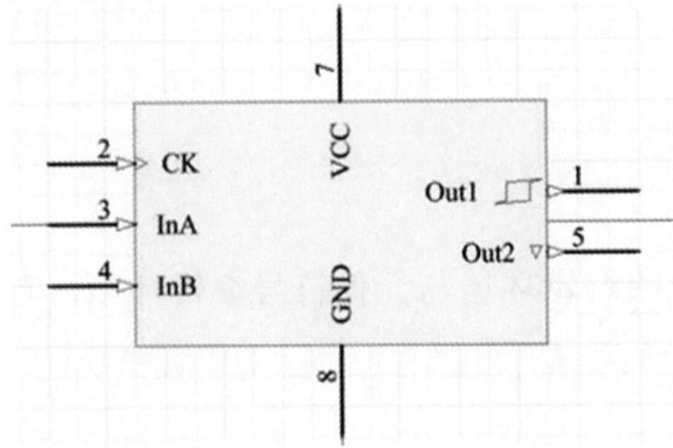

A. 第 1 脚。
B. 第 2 脚。
C. 第 5 脚。

D.　第 3、4 脚。

(B) 102. 在编辑原理图元件时，若想改变引脚名称的方向，如图中垂直的 GND 引脚，将其引脚名称调整为水平方向，则可在引脚属性对话框里，如何操作？

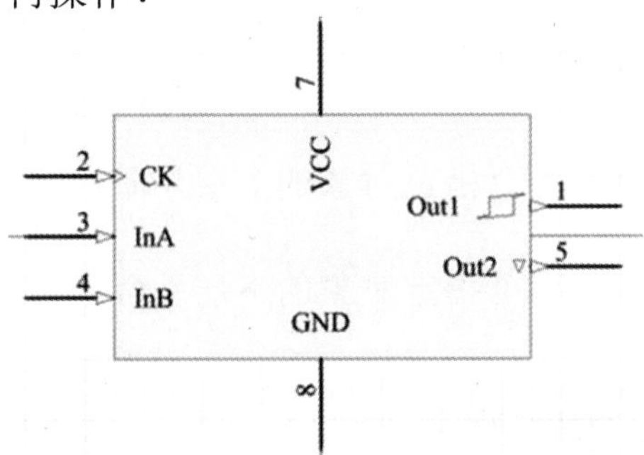

A.　选择 Name Position and Font 区域中的 Custom Position 选项，然后在 Orietation 字段选择 0 Degrees 选项。

B.　选择 Name Position and Font 区块中的 Custom Position 选项，然后在 Orietation 字段选择 90 Degrees 选项。

C.　在 Pin Orietation 字段选择 Horizental 选项。

D.　在 Pin Orietation 字段选择 Vertical 选项。

(D) 103. 在编辑多部件元件符号时，如何新增部件？

A.　单击按钮。

B.　执行“设计”➔“新增部件”命令。

C.　执行“放置”➔“新增部件”命令。

D.　单击按钮在下拉菜单中单击按钮。

(C) 104. Altium Designer 的原理图编辑区提供公制与英制单位，在公制方面，除了 Millimeters 外，还有哪几种单位？

A.　Meters 与 Centimeters。

B.　Centimeters 与 Auto-Metric。

C.　Meters、Centimeters 与 Auto-Metric。

D.　只有 Millimeters，没有其他单位。

(D) 105. Altium Designer 的原理图编辑区提供公制与英制单位，在英制方面，除了 Dxp Defaults 外，还有哪几种单位？

A.　Mils。

B.　Mils 与 Inches。

C.　Inches 与 Auto-Imperial。

D.　Mils、Inches 与 Auto-Imperial。

(B) 106. 如图所示，在编辑原理图元件时，如何将覆盖引脚的矩形，往下一图层移动，以显示引脚名称？

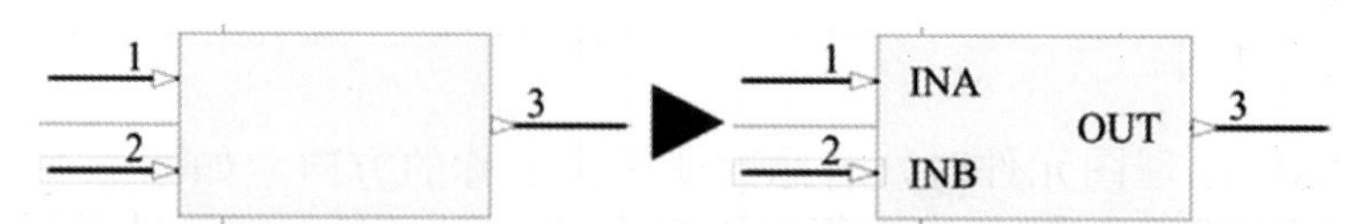

A. 执行“编辑”➔“移动”➔“上推一层”命令，再指向矩形单击鼠标左键、右键各一下。

B. 执行“编辑”➔“移动”➔“下推一层”命令，再指向矩形单击鼠标左键、右键各一下。

C. 执行“编辑”➔“移动”➔“移至指定对象的上层”命令，再指向矩形单击鼠标左键。

D. 执行“编辑”➔“移动”➔“移至指定对象的下层”命令，再指向矩形单击鼠标左键。

(B) 107. 如图所示，其中 D10 二极管的功能是什么？

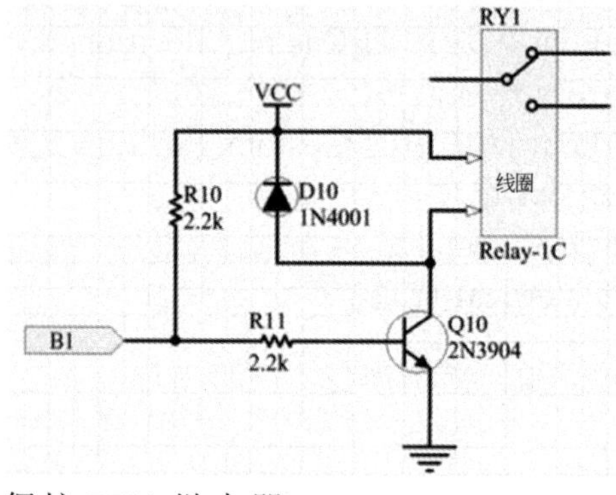

A. 保护 RY1 继电器。

B. 保护 Q10 三极管。

C. 提供 Q10 电源。

D. 提供 RY1 继电器激磁电流。

(D) 108. 如图所示，U12（光耦合器）有什么作用？

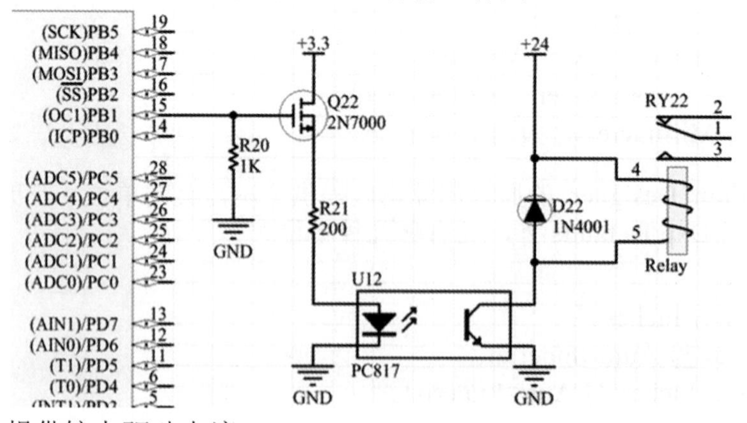

A. 提供较大驱动电流。

B. 防止高频干扰信号。

C. 为了提高控制信号的传输距离。

D.　隔离电源。

(C) 109. 通常在 TTL 或 CMOS 数字 IC 的电源引脚与接地引脚上，并接一个 0.1μF 电容，其目的是什么？

A.　提供足够电源。
B.　消除低频干扰信号。
C.　消除高频干扰信号。
D.　提升速度。

(A) 110. 如图所示，其中的 R3 与 R4 有什么作用？

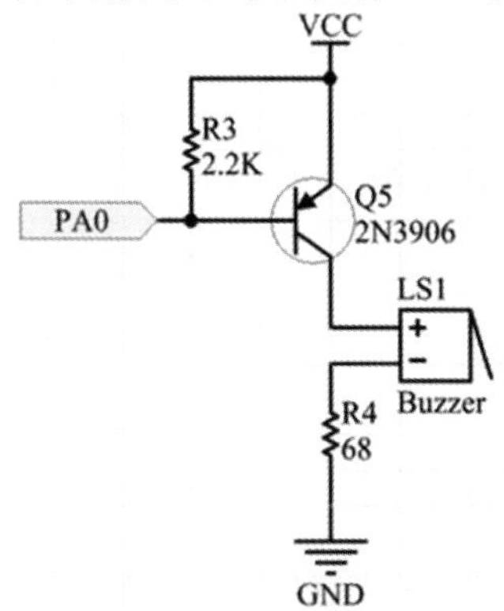

A.　R3 用以设定无信号输入时的基准，R4 用以限制流过蜂鸣器（Buzzer）的电流。
B.　R3 用以提供 Q5 晶体管的偏压电流，R4 用以提供蜂鸣器（Buzzer）的驱动电流。
C.　R3 用以提升信号输入的灵敏度，R4 用以降低噪声电流。
D.　R3 用以增加输入阻抗，R4 用以增加输出阻抗。

(B) 111. 如图所示的数字电路，下列描述中正确的是？

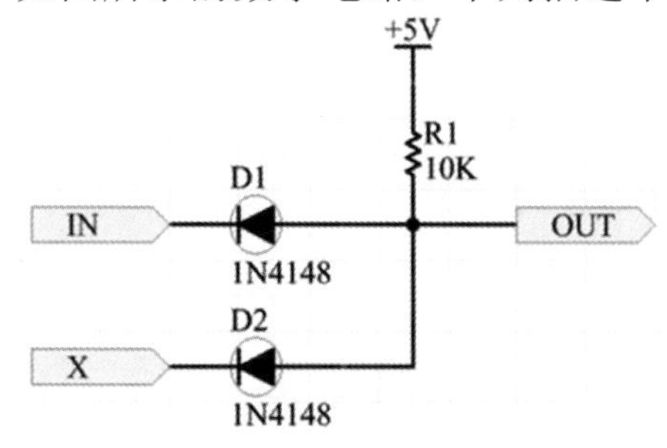

A.　由于二极管逆向偏压，两个输入信号都无法传至 OUT 端。
B.　当 X 端输入高态使能时，IN 端的信号可输出到 OUT 端。
C.　此电路相当于或非门功能。
D.　此电路相当于与非门功能。

(A) 112. 如图所示为 ISP 电路，在 P1 连接器的 2、4、8、10 脚接地，有什么作用？

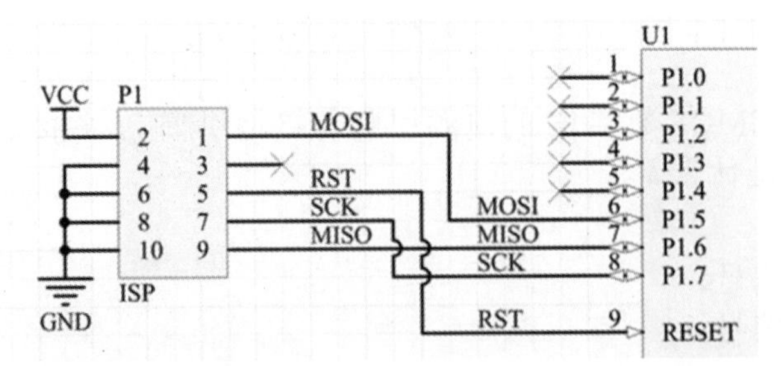

A. 在外部连接线中，用接地线将每条信号线隔离，以达到防护的效果。
B. 为了提升供电能力。
C. 把未使用引脚接地，以避免基准未确定。
D. 没有特别意义。

(A) 113. 在 PCB 编辑环境里执行从工程导入更新数据命令时，若出现 “Cannot Locate Document[PCB2.PcbDoc]” 信息，代表什么意义？

A. 目前的 PCB2.PcbDoc 尚未保存。
B. 不知道要把数据放到 PCB2.PcbDoc 的哪个位置？
C. 尚未指定所要更新的文件。
D. 程序已死机，须重新打开 Altium Designer。

(B) 114. 将工程数据导入更新到 PCB 时，不包括下列哪个项目？

A. 元件（Components）与网络（Nets）。
B. 元件路径（Path）。
C. 元件分类（Class）。
D. 元件放置区域（Room）。

(C) 115. 差分对（Differential Pair）具有什么特色？

A. 属于放大电路的布线。
B. 用于传感器电路的布线。
C. 用于高速线路的布线。
D. 为了节省线路长度的布线。

(B) 116. 在电路板里，差分对有什么显著特征？

A. 与其他布线的间距特别大。
B. 两线几乎等长、等间距。
C. 通常差分对的线径比较细，布线距离比较长。
D. 通常差分对都会沿着地线走。

(A) 117. 在电路板设计时，下列哪项是最基本的元件布局方法？

A. 根据原理图中元件的相关位置，在 PCB 编辑区里布置元件。
B. 按元件标号顺序布置元件。
C. 按元件种类布置元件。
D. 使用 Altium Designer 提供的自动元件布局。

(D) 118. 在进行 PCB 元件布局时，如何改变元件方向？

A. 按 X 键左右翻转。
B. 按 Y 键上下翻转。
C. 按 键（空格键）逆时针旋转。
D. 以上都可以。

(D) 119. 在设计 PCB 时，元件通常放置在哪个层？

A. 顶层或电源层。
B. 底层或电源层。
C. 机械层或电源层。
D. 顶层或底层。

(B) 120. 按 PCB 上元件装配方式分类，元件封装类型可分为？

A. 插针式封装与无引脚封装。
B. 插针式封装与表贴式封装。
C. 无引脚式封装与表贴式封装。
D. 无引脚式封装、插针式封装与表贴式封装。

(D) 121. 关于插针式封装元件的组装方式，下列哪项不正确？

A. 可采用手工插装与机器自动插装。
B. 可采用卷锡（喷锡）机或锡炉焊接。
C. 通常元件由顶层插入，而在底层焊接。
D. 必须配合钢网与锡膏来焊接。

(A) 122. 若要在 Altium Designer PCB 编辑电路板设计环境里产生(Pick & Place)文件，应如何操作？

A. 执行“文件”➔“装配输出”➔ Generate pick and place files 命令。
B. 执行“文件”➔“装配输出”➔ Assembly Drawings 命令。
C. 执行“文件”➔“辅助制造输出”➔ Generate pick and place files 命令。
D. 执行“文件”➔“辅助制造输出”➔ Assembly Drawings 命令。

(C) 123. 对 PCB 层栈属性的设定，下列哪些层不具有电气属性？

A. 顶层（Top Layer）。
B. 底层（Bottom Layer）。
C. 顶层丝印层（Top Overlay）。
D. 中间层（Middle Layer）。

(A) 124. 对于 SMD 器件的单面板而言，其元件放置的层与布线层，分别在哪些层？

A. 元件放置与布线都在顶层。
B. 元件放置在顶层，布线在底层。
C. 元件放置在底层，布线在顶层。
D. 以上模式均不对。

(C) 125. 在 Altium Designer 里，通常机械层有哪些用途？

A. 布线与组装。
B. SMD 焊接与元件插装。
C. 3D 对象与组装指示。
D. 插针式元件的插装与辅助焊接。

(D) 126. Altium Designer 所产生的 Pick & Place 文件的默认扩展名是什么？

A. *.pik。
B. *.apk。
C. *.pkp。
D. *.txt。

(A) 127. Altium Designer 所产生的 Pick & Place 文件的格式是什么？

A. 文本文件或 CSV 文件。
B. Excel 文件或 pik 文件。
C. Json 文件或文本文件。
D. Html 文件或 CSV 文件。

(A) 128. 对于电路板的顶层丝印层（Top Overlay）的描述，错误的是？

A. 可用来保护电路板的线路。
B. 可用来标示元件图案、元件标号或元件值等。
C. 常以白色油墨印在顶层，但也可使用其他颜色。
D. 可用来标注版本或产品条形码。

(C) 129. 关于 SMD 元件的描述中错误的是？

A. SMD 元件的体积小、手工组装不易；生产时，通常会使用贴片机自动贴件。
B. 在设计上，默认 SMD 元件放置在顶层。
C. SMD 元件价格高、组装不易，已逐渐被淘汰。
D. SMD 元件可放置在顶层或底层，若顶层及底层同时有 SMD 元件时，组装成本较高。

(B) 130. 关于禁止布线层（Keepout Layer）的描述，错误的是？

A. 禁止布线层可被当作板框使用。
B. 禁止布线层类似机械层，没有电气属性。
C. 禁止布线层必须是封闭区间。
D. 除了当作板框外，禁止布线层定义的区间内不可以布线。

(B) 131. 下列哪些不是 Altium Designer 的钻孔种类？

A. 圆孔。
B. 椭圆孔。
C. 方孔。
D. 槽型孔。

(D) 132. 关于钻孔是否需要电镀工艺处理（镀孔），以下描述正确的是？

A. 过孔与焊盘都必须镀孔。
B. 过孔与焊盘都可选择是否镀孔。
C. 过孔选择是否镀孔与焊盘不可选择是否镀孔。
D. 过孔不可选择是否镀孔与焊盘可选择是否镀孔。

(C) 133. 关于镀孔的设定与否，对于电路板制造有什么影响？

A. 不管有无设定镀孔，都先钻孔再电镀。
B. 设定镀孔的钻孔，将先电镀再钻孔。
C. 设定镀孔的钻孔，将先钻孔再电镀。
D. 不会影响电路板制造。

(D) 134. Altium Designer 支持的测试探针报告有哪几种格式？

A. Json、Text 与 CSV。
B. Word、Excel 与 Text。
C. CSV、Excel 与 Text。
D. Text、CSV 与 IDC-D-356A。

(A) 135. Altium Designer 产生的 Gerber 文件里，下列哪项不是 Solder Mask 的功能？

A. Solder Mask 主要用于 SMD 焊接。
B. Solder Mask 又称为阻焊层。
C. Solder Mask 用于自动焊接。
D. 此底片为负片。

(C) 136. 如图所示，RP1 的 8 个引脚与 U1 的 8 个引脚连接，若要选中 U1 所连接的 8 个焊盘，应如何操作？

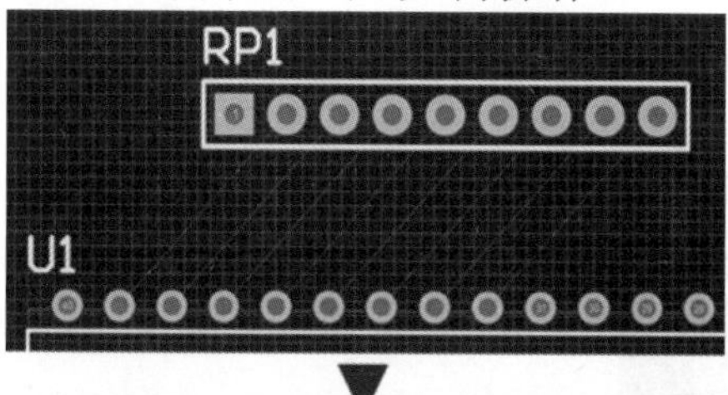

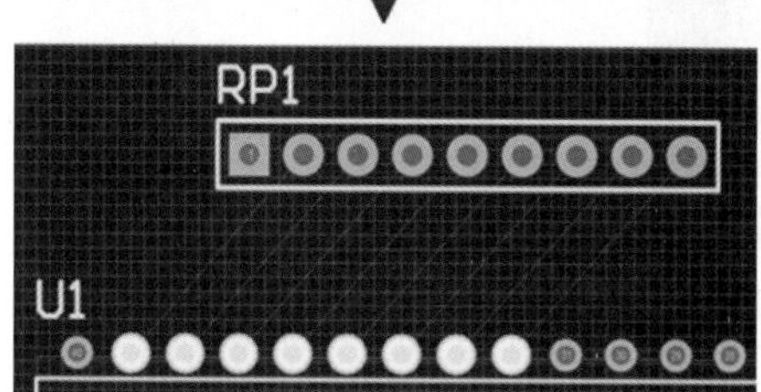

A. 按住 Ctrl 键，再一个一个单击所要选中的焊盘。
B. 按住 Alt 键，再一个一个单击所要选中的焊盘。
C. 按住 Ctrl 键，再拖曳选中所要选中的焊盘。

D. 按住 Shift 键，再拖曳选中所要选中的焊盘。

(D) 137. 交互式总线布线的操作流程是什么？

A. 按 P 、 B 键，即可布线。
B. 单击按钮，即可布线。
C. 选中所要布线的焊盘后，再按 P 、 B 键，即可布线。
D. 选中所要布线的焊盘后，再按 P 、 M 键，即可布线。

(B) 138. Altium Designer 默认状态下，元件放置在顶层，若要改为放置在底层，应如何操作？

A. 选中元件后，再按 * 键即可。
B. 在元件属性对话框里的板层字段，设定为 Bottom 选项即可。
C. 执行“编辑”➔“翻转板子”命令。
D. 执行“查看”➔“翻转板子”命令。

(A) 139. 如图所示，产生了什么错误？

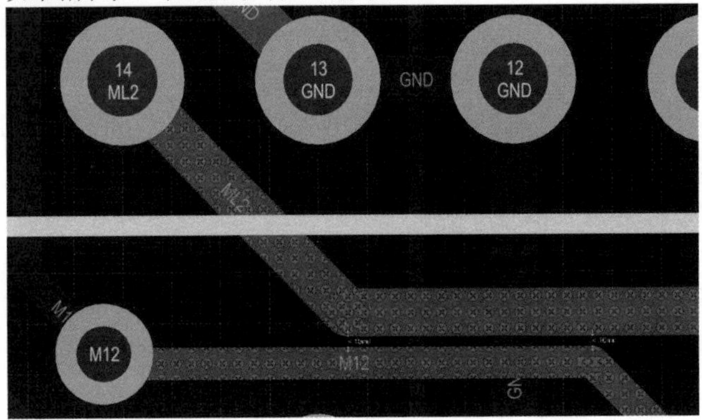

A. 两条布线的安全间距违反设计规则的规定。
B. 布线未连接。
C. 布线太靠近顶层丝印。
D. 布线太靠近阻焊层边界。

(D) 140. 如图所示，此处发生了什么问题？

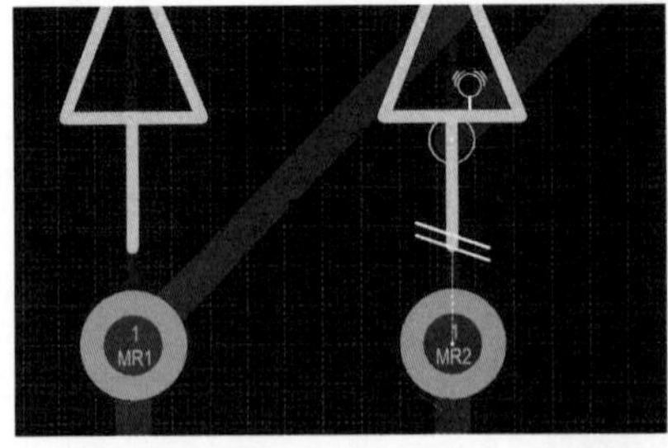

A. 由于无法连接，所以发出求救信息。
B. 可能有错误网络，所以请求协助。
C. 无法布线，请求协助。
D. 未完成布线，并产生天线效应（Antenna）。

(C) 141. 如图所示，其中白色的符号代表什么意义？

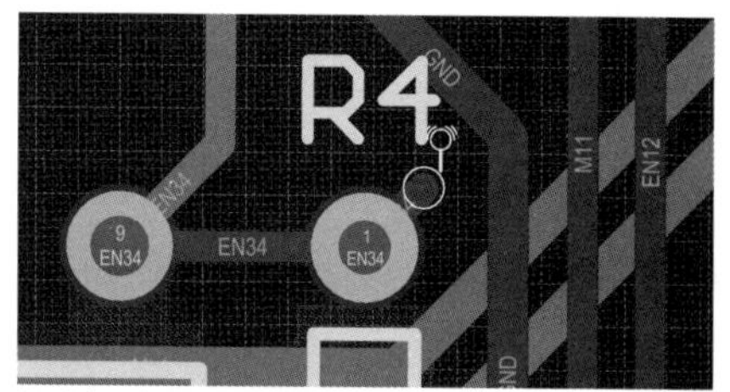

A. 欠缺过孔。
B. 欠缺焊盘。
C. 天线效应（Antenna）。
D. 未完成布线。

(B) 142. 如图所示的白色记号处，可能产生什么不良影响？

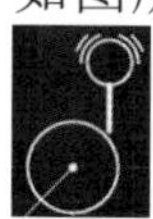

A. 线路将产生振荡。
B. 线端将发射电磁波，就像一个天线。
C. 造成负载效应。
D. 信号将衰减。

(A) 143. 如图所示，此处的电路板设计，违反了哪项约束规则？

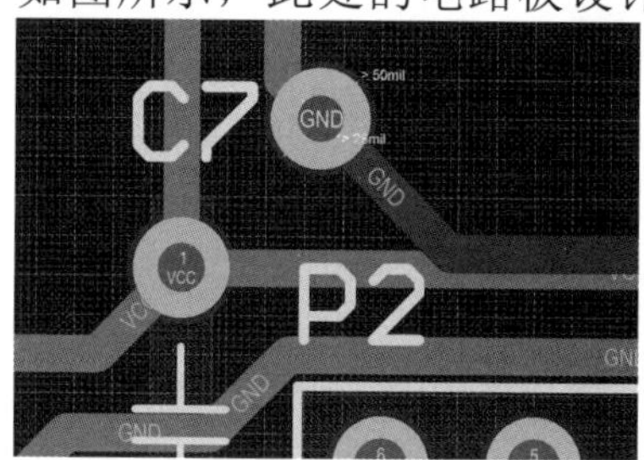

A. 过孔尺寸及其钻孔都大于设计规则的规定。
B. 焊盘尺寸及其钻孔都大于设计规则的规定。
C. 电源线（VCC）与接地线（GND）太靠近。
D. 不违反任何设计规则。

(C) 144. 如图所示，为什么右边的 U7 元件与左边的 R5、R6 显示不同的颜色？

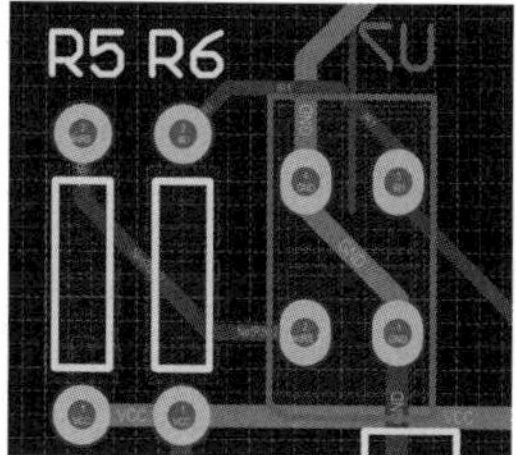

A. U7 元件放置错误，R5、R6 元件放置没有错误。
B. U7 元件被左右翻转，R5、R6 元件放置正确。

C. U7 在底层，R5、R6 在顶层。

D. U7 的颜色被设计者修改。

(A) 145. 如图所示，其中违反了哪项设计规则？

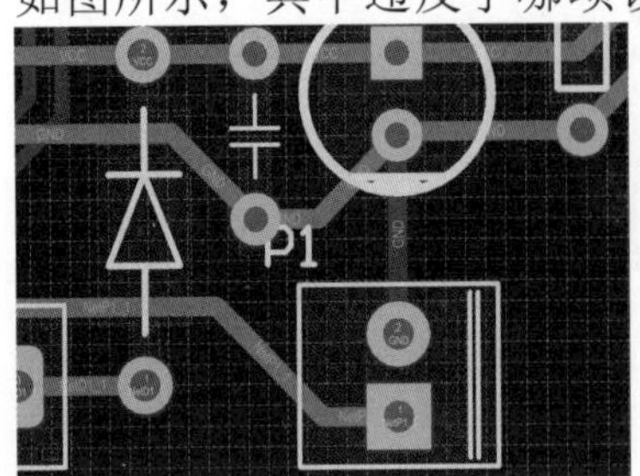

A. P1 与焊盘重叠，违反 Silk to Solder Mask Clearance Constraint 规定。

B. P1 与焊盘重叠，违反 Silk to Silk Clearance Constraint 规定。

C. P1 与焊盘重叠，违反 Silk to Pad Clearance Constraint 规定。

D. P1 与焊盘重叠，违反 Designator to Pad Clearance Constraint 规定。

(C) 146. 如图所示，其中违反了哪项设计规则？

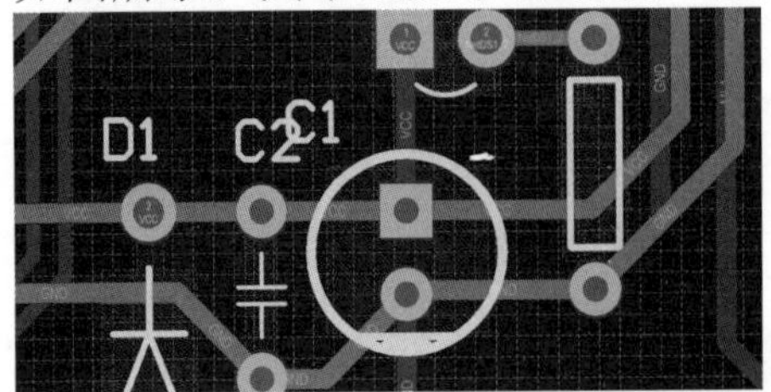

A. C1 电容器的圆圈太接近焊盘，违反 Silk to Pad Clearance Constraint 规定。

B. C1 电容器的圆圈太接近焊盘，违反 Silk to Solder Mask Clearance Constraint 规定。

C. C1 与 C2 重叠，违反 Silk to Silk Clearance Constraint 规定。

D. 不违反任何设计规则。

(D) 147. 如图所示，其中违反了哪项设计规则？

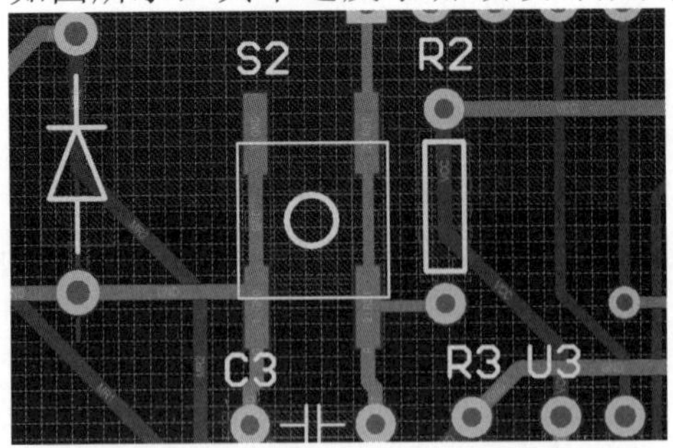

A. S2 元件的丝印层图案压在焊盘上，违反 Silk to Pad Clearance Constraint 规定。

B. S2 元件的丝印层图案压在焊盘上，违反 Silk overlay Pad Constraint 规定。

C. S2 元件的丝印层图案压在焊盘上，违反 Silk to Solder Paste Clearance Constraint 规定。

D. S2 元件的丝印层图案压在焊盘上，违反 Silk to Solder Mask Clearance Constraint 规定。

(D) 148. 在 Altium Designer 的电路板设计环境里，元件被设定锁定选项时，下列描述中错误的是？

A. 无法移动该元件。
B. 无法删除该元件。
C. 无法选中该元件。
D. 无法编辑该元件。

(B) 149. 若要在 Altium Designer 的原理图编辑时定义差分对（differential pairs），应如何处理？

A. 直接在导线的属性对话框里设定差分对选项，该导线就是差分对。
B. 直接在导线上放置差分对的指示性符号，该导线就是差分对。
C. 在导线上放置网络标号，而其开头为 DP_，该导线就是差分对。
D. 在导线上放置网络标号，而其末尾为_H 或_L，该导线就是差分对。

(A) 150. 若要在 Altium Designer 的 PCB 编辑时定义差分对（differential pairs），应如何处理？

A. 在 PCB 面板的最上方字段里选中 Differential Pairs Editor 选项，即可在面板里定义差分对。
B. 直接在焊盘的属性对话框里设定差分对选项，该焊盘上的网络就是差分对。
C. 执行“设计”➔“网络表”➔“编辑网络”命令，打开网络表管理器，即可在其中定义差分对。
D. 执行“工具”➔“差分对”命令，打开差分对编辑器，即可在其中定义差分对。

(B) 151. 每组差分对由两条导线构成，而在布线的过程中，两线间距尽可能保持固定，称为耦合（couple）。Altium Designer 的交互式差分对布线，可提供哪些服务？

A. 按指定间距的两条线同时进行交互式布线，但无法绕过障碍物。
B. 自动限制两布线保持为耦合状态的间距，以及对于无法耦合的布线长度也自动限制。
C. 布线时，两布线保持耦合状态，间距绝不可超过耦合范围。
D. 与交互式总线布线相同，但只能布两条线。

(D) 152. 关于差分对（differential pairs）的描述，错误的是？

A. 在差分对中，两条线传输的信号为互补信号。
B. 基本上，差分对的布线为等间距布线。
C. 差分对用于高速信号线布线。
D. 差分对中有一条地线，以防止噪声干扰。

(B) 153. 关于 Altium Designer 所提供的交互式布线（Interactive Routing）的描述，错误的是？

A. 这种布线方式可由使用者自由操控，但不会违反设计规则（自动避开违规）。

B. 进行交互式布线时，若尚未全部完成布线就单击鼠标右键，程序将自动完成布线。

C. 进行交互式布线时，只要在起点单击鼠标左键，再移至终点双击鼠标左键，就可能会自动连接这两点。

D. 当进行交互式布线时，在走出线条后若有转弯，则靠近游标的线为空心线，而前一段为半实线（布线之中为格子线条）；单击鼠标左键，则半实线变为实线（固定）、原本的空心线变成半实线。

(B) 154. 在 Altium Designer 的 PCB 编辑区里，若要知道 PCB 设计中，定义了多少个过孔（Via），可如何操作？

A. 执行“工具”➔“板子信息”命令，即可显示过孔数量报告对话框。

B. 执行“报告”➔“板子信息”命令，即可显示过孔数量报告对话框。

C. 执行“文件”➔“装配输出”➔“钻孔报表”命令，即可显示过孔数量报告对话框。

D. 执行“文件”➔“辅助制造输出”➔“钻孔报表”命令，即可显示过孔数量报告对话框。

(C) 155. 如图所示的四段布线转角方式，下列描述中错误的是？

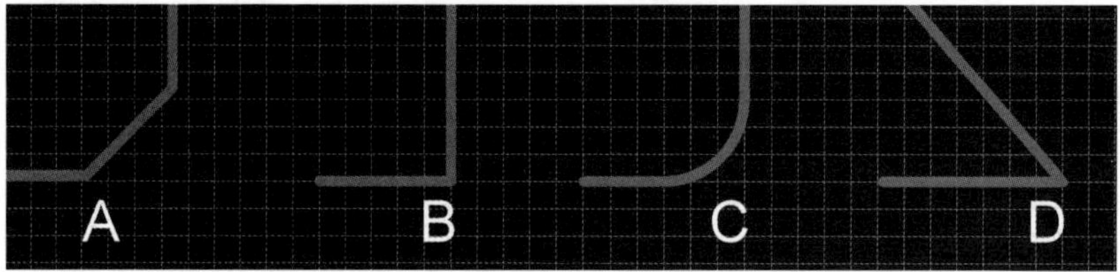

A. A 布线为数字电路最常用的方式，但较占用布线空间。

B. B 布线最节省布线空间，但有电磁波顾虑，应尽量避免，仅用于频率较低的信号线上。

C. C 布线可用于数字或模拟电路，布线美观，但有严重的电磁波干扰。

D. D 布线有严重电磁波干扰，且占用布线空间，布线时应当避免。

(D) 156. 在 Altium Designer 的 PCB 编辑环境里，提供哪些布线转角模式？

A. 直角、45～135 度角、90 度圆弧线等三种转角模式。

B. 直角、45～135 度角、任意角度等三种转角模式。

C. 直角、135～90 度角、任意角度、弧线等四种转角模式。

D. 直角、45～135 度角、任意角度、弧线、90 度圆弧线等五种转角模式。

(D) 157. 在 Altium Designer 的 PCB 编辑环境里，若要切换布线转角模式，应如何操作？

A. 在布线状态下，每按一次 Tab 键，切换一种转角模式。

B. 在布线状态下，每按一次 键，切换一种转角模式。
C. 在布线状态下，每按一次 Ctrl + 键，切换一种转角模式。
D. 在布线状态下，每按一次 Shift + 键，切换一种转角模式。

(B) 158. 在 Altium Designer 的 PCB 编辑环境进行布线过程中，关于切换布线板层的描述中正确的是？

A. 按 * 键即可切换布线板层，再按 V 键即可产生一个过孔。
B. 按 * 键即可切换布线板层，并自动产生一个过孔。
C. 按 Tab 键即可切换布线板层。
D. 按 Alt + Tab 键即可切换布线板层。

(A) 159. Altium Designer 的 PCB 编辑环境的缺省条件下，允许两个可布线板层，若要设定成单面板布线，应如何操作？

A. 在设计规则对话框里，将 Routing/Routing Layers/RoutingLayers 页的板层选项，只选择 Bottom Layer 的允许布线选项即可。
B. 在板层组管理器里选择单面板选项即可。
C. 在层叠管理器里单击单面板按钮即可。
D. 在层叠管理器里单击菜单，在下拉菜单中选择 Presets Single Layer 即可。

(C) 160. 关于单面板布线的描述中正确的是？

A. 不管有无网络，都只能在设定允许布线的板层上布线。
B. 元件只能放置在同一个板层。
C. 若是 SMD 的焊盘，不管在顶层还是底层，只要有网络都可布线；若是插针式焊盘，不管是在哪个板层进行布线，都将自动切换到允许布线的板层上布线。
D. 不管在哪个板层布线，按 * 键都无法切换板层与设置过孔。

(D) 161. 如图所示，代表什么意义？

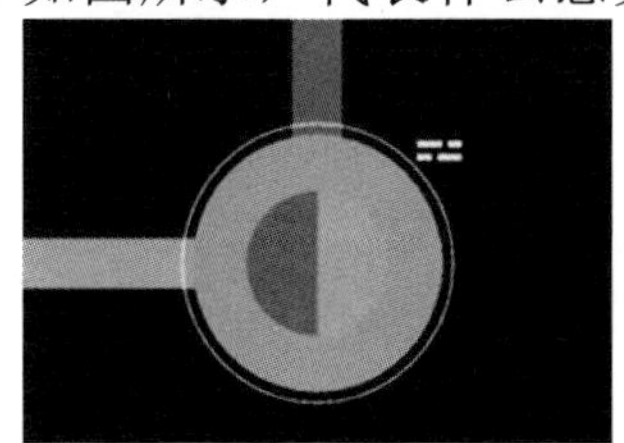

A. 此焊盘或过孔无法电镀。
B. 此焊盘或过孔违反设计规则。
C. 此为电镀孔或通孔（Plated Through Hole, PTH）。
D. 此过孔为盲孔（Blind Via Hole）或埋孔（Buried Via Hole）。

(B) 162. 对于含有两个中间板层（Mid Layer1 与 Mid Layer2）的四层板而言，若目前在底层布线，而想要连接到 Mid Layer2 板层继续布线，应如何操作？

A. 按 * 键。

B. 按 - 键。
C. 按 + 键。
D. 按 \ 键。

(A) 163. 关于含有两个内电层(Internal Plane1 与 Internal Plane2)的四层板而言，下列描述中错误的是？

A. 可设置埋孔（Buried Via Hole）。
B. 可设置盲孔（Blind Via Hole）。
C. 内电层为整片铜膜的层。
D. 内电层的 Gerber 为负片。

(C) 164. 在 Altium Designer 的 PCB 编辑区里，将一个没有网络（No Net）的过孔（Via）移动到 A1 网络的布线上，将会出现什么问题？

A. 变成绿色，代表错误。
B. 此过孔自动滑开，以避免与 A1 网络连接。
C. 过孔自动挂上 A1 网络。
D. 该布线将被推开。

(C) 165. 关于内电层（Internal Plane）的描述中错误的是？

A. 可在内电层利用线条或弧线等绘制一个封闭区间，即可将该区间分割为其他网络的板层。
B. 可在内电层里，放置填充（Fill）矩形表示该区域内没有铜导体。
C. 内电层只能为 GND 或 VCC 的单一网络板层。
D. 若要浏览与编辑内层分割，可在 PCB 面板上方字段选择 Split Plane Editor 选项，切换到分割内层面板。

(B) 166. 若要删除某内电层里的分割内层，应如何操作？

A. 切换到该内电层，选中所要删除的分割区，再按 Delete 键即可删除。
B. 切换到该内电层，选中所要删除分割区的边线，再按 Delete 键即可删除。
C. 在 PCB 面板里，切换到 Split Plane Editor，选中所要删除的分割区，再按 Delete 键即可删除。
D. 选中所要删除的分割区，再执行“工具”➔“分割内层”➔“删除分割区”命令即可删除。

(D) 167. Altium Designer 提供哪几种敷铜模式？

A. 网格（Hatched）敷铜模式、网状（Meshed）敷铜模式和线框（Boundary）敷铜模式。
B. 实心（Solid）敷铜模式、网状（Meshed）敷铜模式和线框（Boundary）敷铜模式。
C. 网状（Meshed）敷铜模式、网络（Hatched）敷铜模式和实心（Solid）敷铜模式。
D. 网格（Hatched）敷铜模式、实心（Solid）敷铜模式和轮廓线（None）敷铜模式。

(D) 168. 下列对于敷铜（Polygon pour）作用描述错误的是？

A. 通常敷铜都会接地。
B. 敷铜可隔绝噪声干扰。
C. 敷铜具备散热作用。
D. 敷铜的主要目的是美观与强化电路板。

(A) 169. 在敷铜区（Polygon pour）中，对于**死铜**（Dead Copper）的定义是？

A. 死铜是指与设定敷铜网络相隔离的孤立敷铜区。
B. 死铜是指面积小的敷铜区。
C. 死铜是指与地电源网络相连的敷铜区。
D. 死铜是指不导电的敷铜区。

(D) 170. 下列哪项不是 Altium Designer 敷铜参数定义中对于设定网络的选项？

A. Pour Over All Same Net Objects。
B. Pour Over Same Net Polygons Only。
C. Don't Pour Over Same Net Objects。
D. Don't Pour Over Same Net Polygons。

(B) 171. 在 Altium Designer 的 PCB 编辑环境里，如何进入 3D 展示模式？

A. 执行“查看”➔“3D 模式”命令。
B. 按 3 键。
C. 按 Shift + 3 键。
D. 按 Ctrl + 3 键。

(C) 172. 在 Altium Designer 的 3D 展示模式下，若要旋转电路板，应如何操作？

A. 按住 Ctrl 键，再按住鼠标右键不放，即可选中电路板，而随鼠标的移动而旋转。
B. 按住 Ctrl 键，再按住鼠标左键不放，即可选中电路板，而随鼠标的移动而旋转。
C. 按住 Shift 键，再按住鼠标右键不放，即可选中电路板，而随鼠标的移动而旋转。
D. 按住 Shift 键，再按住鼠标左键不放，即可选中电路板，而随鼠标的移动而旋转。

(C) 173. 在 Altium Designer 的 3D 展示模式下，按 0 键会有什么变化？

A. 回复最初显示状态。
B. 跳到（0, 0）坐标。
C. 以 0 度展示电路板，也就是由电路板正上方看下去的 3D 画面。
D. 没有动作。

(B) 174. 在 Altium Designer PCB 3D 展示模式下，按 9 键会有什么变化？

A. 加快 3D 旋转速度与移动量。
B. 将 3D 电路板的 X、Y 平面顺时针旋转 90 度。

C. 将显示区的内容放大 9 倍。
D. 没有动作。

(C) 175. 在 Altium Designer PCB 3D 展示模式下，按 2 键会有什么变化？
A. 设定为第 2 种配色模式。
B. 显示区的内容放大两倍显示。
C. 进入 2D 显示模式。
D. 没有作用。

(A) 176. 下列哪种 3D 配色模式，不是 Altium Designer 所提供的？
A. 透明模式。
B. 蓝色模式。
C. 红色模式。
D. 白色模式。

(B) 177. 下列哪项不是 Altium Designer PCB 编辑区里所提供的自动边移（Auto Pan）功能？
A. 视图自动复位到屏幕中央（Re-Center）。
B. 按 Ctrl 键可提高自动边移速度或降低自动边移速度。
C. 固定间距的自动边移。
D. 视图自动缩放到全屏尺寸（Adaptive）。

(B) 178. 在 Altium Designer PCB 编辑区里，每次按 键（空格键），浮动的元件将逆时针旋转 90 度。试问如何设定才能改变为逆时针旋转 45 度？
A. 在参数选项（Preferences）对话框里的 PCB Editor/Display 页，将旋转角度字段设定为 45 即可。
B. 在参数选项（Preferences）对话框里的 PCB Editor/General 页，将旋转角度字段设定为 45 即可。
C. 按住 Ctrl 键，再按 键（空格键），浮动的元件将逆时针旋转 45 度。
D. 不可改变。

(D) 179. 在 PCB 编辑区里，关于扇出（Fanout）式布线的描述中错误的是？
A. 扇出式布线又称为逃逸式布线（Escape Routes）。
B. 扇出式布线是针对 SMD 元件而设计。
C. 即使没有网络的焊盘，也可以进行扇出式布线。
D. 扇出式布线是针对有网络的焊盘布线。

(C) 180. 下列哪项不是 Altium Designer 所提供的布线模式？
A. 最短路径（Shortest）布线模式。
B. 菊状（Daisy）布线模式。
C. 竹状（Bamboo）布线模式。

D. 水平（Horizontal）布线模式、垂直（Vertical）布线模式。

(C) 181. 在 Altium Designer PCB 编辑里，下列哪项不是电源层连接的方式？

A. No Connect。
B. Direct Connect。
C. Radiation Connect。
D. Relief Connect。

(A) 182. 在 Altium Designer PCB 编辑里，采用花瓣式连接（Relief Connect），有什么作用？

A. 阻隔热传导效应。
B. 加强散热效果。
C. 容易辨识。
D. 增加导电效果。

(D) 183. 下列哪项为 Altium Designer PCB 编辑里所提供的敷铜与焊盘或过孔的连接方式？

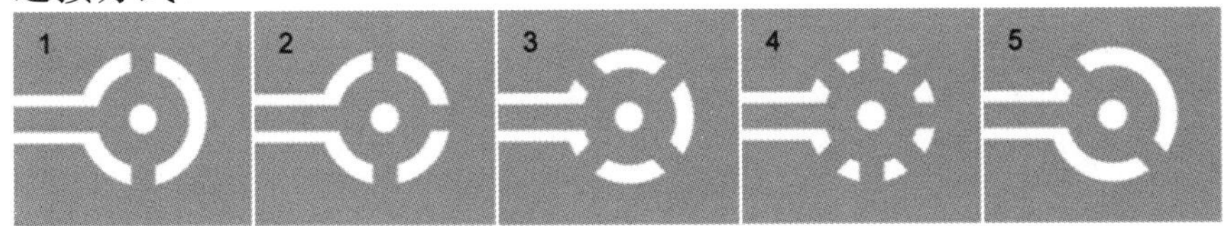

A. 全部都是。
B. 1、2 与 3。
C. 只有 2 与 3。
D. 1、2、3 与 5。

(B) 184. 若要衰减信号传输时被干扰的噪声，可如何处理？

A. 在传输线上连接一个电阻到电源。
B. 在传输线上串联一个小电阻（100Ω以下）。
C. 在传输线上连接一个电阻到地。
D. 在传输线上串联一个小电容（0.1μF）。

(A) 185. Altium Designer 所提供的 PCB 信号完整性分析（Signal Integrity），下列描述中错误的是？

A. 分析电路的功能与特性。
B. 电路板的电磁波干扰（Electromagnetic Interference，EMI）分析。
C. 分析线路阻抗。
D. 提供补偿方法。

(A) 186. 关于在 Altium Designer PCB 编辑环境里，对“放置”➔ Drill Table 命令，下列描述功能中错误的是？

A. 钻孔表里将列出所有圆孔，但不包含槽孔（非圆形孔）。
B. 钻孔表里列出所有钻孔尺寸与数量。

C. 钻孔表里标示每个孔是否镀孔。
D. 此钻孔表将放置在 Drill Drawing 层里。

(C) 187. 在 Altium Designer PCB 编辑环境里，如何开关当头显示器（Heads Up Display）？
A. 执行“视图”➔“抬头显示器”命令。
B. 按 H 键。
C. 按 Shift + H 键。
D. 按 Ctrl + H 键。

(D) 188. 关于 Altium Designer PCB 编辑环境里的当头显示器(Heads Up Display）的描述，错误的是？
A. 提供光标所指位置的坐标。
B. 若光标所指位置有错误，则显示该处所违反的设计规则。
C. 显示相关可使用的快捷键。
D. 显示光标所指布线的长度与线宽。

(C) 189. 关于 Altium Designer PCB 编辑环境所提供的放大镜（Insight Lens）的描述，错误的是？
A. 可按 Shift + M 键开/关放大镜。
B. 放大镜位置可固定或随光标而动。
C. 放大镜内也是以 3D 展示。
D. 3D 展示模式下也可使用，但放大镜内还是 2D 展示。

(B) 190. Altium Designer PCB 编辑环境与元件封装库编辑环境，有什么不同？
A. PCB 编辑环境提供放大镜、元件封装库编辑环境没有放大镜。
B. 默认原点位置不同。
C. 在 PCB 编辑环境可放置过孔，而元件封装库编辑环境不可以。
D. 在 PCB 编辑环境可放置多边形填充挖空（Polygon Pour Cutout）、元件封装库编辑环境则不可以。

(D) 191. 在 Altium Designer 所提供的元器件向导（Component Wizard）里，不提供哪种元件类型的模板？
A. 四边形 Quad Packs（QUAD）封装。
B. 电阻器与电容器。
C. 金手指。
D. 晶体管。

(C) 192. 若要应用 Altium Designer 的元器件向导（Component Wizard）新建一个 QFP44 封装元件，则可选择其中的哪个封装模板选项？
A. Small Outline Packages（SOP）。
B. Leadless Chip Carriers（LCC）。
C. Quad Packs（QUAD）。

D.　Ball Grid Arrays（BGA）。

(B) 193. 如图所示为元器件向导的封装（Footprint），下列描述中正确的是？

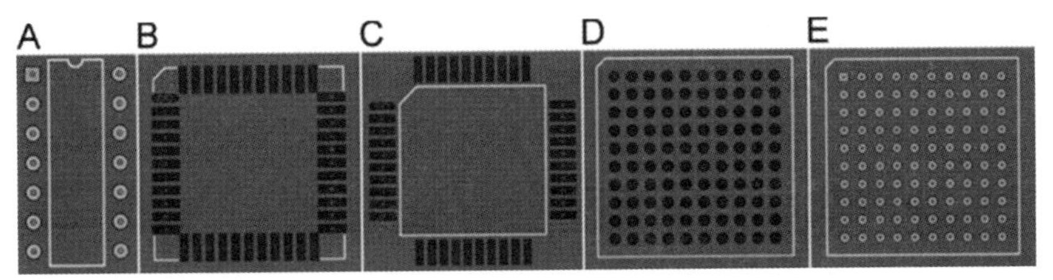

A.　A 为 DIP 封装、B 为 QUAD 封装、C 为 SOP 封装、D 为 PGA 封装、E 为 BGA 封装。

B.　A 为 DIP 封装、B 为 LCC 封装、C 为 QUAD 封装、D 为 BGA 封装、E 为 PGA 封装。

C.　A 为 DIP 封装、B 为 SOP 封装、C 为 QAUDP 封装、D 为 PGA 封装、E 为 SBGA 封装。

D.　A 为 SOP 封装、B 为 LCC 封装、C 为 QUAD 封装、D 为 BGA 封装、E 为 PGA 封装。

(D) 194. Altium Designer 提供 IPC 封装向导(IPC ® Compliant Footprint Wizard)，在此的 IPC 代表什么意义？

A.　工业计算机标准（Industrial Personal Computer）。

B.　工业用电路板（Industrial Printed Circuits）。

C.　工业元件封装（Industrial Packaging Components）。

D.　印刷电路板协会（Institute of Printed Circuits）。

(A) 195. 在 Altium Designer 所提供的 IPC 封装向导（IPC ® Compliant Footprint Wizard）里，下列哪种元件类型不适用于电感器？

A.　DPAK。

B.　CHIP。

C.　WIRE WOUND。

D.　MOLDED。

(C) 196. 在 Altium Designer 所提供的 IPC 封装向导（IPC ® Compliant Footprint Wizard）里，下列哪种元件类型可用于有极性的电容器？

A.　CHIP。

B.　PLCC。

C.　MOLEDE。

D.　CFP。

(C) 197. 在 Altium Designer 所提供的 IPC 封装向导（IPC ® Compliant Footprint Wizard）里，下列四种晶体管元件类型中，哪项可指定引脚数量（3、5 或 6 个引脚）？

A.　SOT143/343。

B. SOT223。
C. SOT23。
D. SOT89。

(D) 198. 关于 Altium Designer 所提供的 IPC 封装向导(IPC ® Compliant Footprint Wizard)的描述，错误的是？

A. SOP 与 SOJ 类似，而 SOP 采外张式引脚、SOJ 采内弯式引脚。
B. 只提供 SMD 封装的服务。
C. 中功率晶体管或稳压 IC 常采用 DPAK 或 SOT223。
D. SOP 封装比 SSOP 封装小。

(C) 199. 下列哪项不是 Altium Designer 所提供的元件 3D 模型？

A. 圆柱体（Cylinder）。
B. 球体（Sphere）。
C. DXF 模型。
D. STEP 模型。

(A) 200. 在 Altium Designer 所提供的元件 3D 模型里，哪项可贴图？

A. 挤压（Extruded）。
B. 圆柱体（Cylinder）。
C. STEP 模型。
D. DXF 模型。